输电线路全过程机械化施工技术
（2017年版）

国家电网公司输变电工程

通用设计

输电线路掏挖基础分册

国家电网公司　颁布

U0655464

中国电力出版社
CHINA ELECTRIC POWER PRESS

内容提要

输变电工程通用设计是国家电网公司加快科学发展、建设资源节约型、环境友好型社会，大力提高集成创新能力的重要体现；是实施标准化管理、统一工程建设标准、规范建设管理、合理控制造价的重要手段。

本书为《国家电网公司输变电工程通用设计　输电线路掏挖基础分册（2017年版）》，共有两篇，分别为总论和掏挖基础通用设计，包括6个模块、28个子模块、179张图纸、1436个基础，适用于平地、丘陵地区的110（66）～750kV输电线路工程。

本书可供电力系统各设计单位以及从事电力建设工程规划、管理、施工、设备制造、安装、生产运行等专业人员使用。

图书在版编目（CIP）数据

国家电网公司输变电工程通用设计. 输电线路掏挖基础分册：2017年版／国家电网公司颁布. —北京：中国电力出版社，2018.3
ISBN 978-7-5198-1296-6

Ⅰ.①国… Ⅱ.①国… Ⅲ.①输电-电力工程-工程设计-中国②输电线路-线路杆塔-工程设计-中国 Ⅳ.①TM7②TM757

中国版本图书馆CIP数据核字（2017）第257424号

出版发行：中国电力出版社
地　　址：北京市东城区北京站西街19号
邮政编码：100005
网　　址：http：//www.cepp.sgcc.com.cn
责任编辑：罗　艳（yan-luo@sgcc.com.cn，010-63412315）　高　芬
责任校对：王开云
装帧设计：张俊霞
责任印制：邹树群

印　　刷：三河市百盛印装有限公司
版　　次：2018年3月第一版
印　　次：2018年3月北京第一次印刷
开　　本：880毫米×1230毫米　横16开本
印　　张：14.75
字　　数：538千字
印　　数：0001-3000册
定　　价：220.00元

《国家电网公司输变电工程通用设计

输电线路掏挖基础分册（2017年版）》工作组

牵 头 单 位　国家电网公司基建部

成 员 单 位　中国电力科学研究院有限公司　　　　　国网经济技术研究院有限公司

　　　　　　国网河北省电力有限公司　　　　　　　国网甘肃省电力公司

　　　　　　国网四川省电力公司　　　　　　　　　国网福建省电力有限公司

　　　　　　国网安徽省电力有限公司　　　　　　　国网冀北电力有限公司

《国家电网公司输变电工程通用设计

输电线路掏挖基础分册（2017年版）》编制人员

第一篇　总论

编 写 人 员　葛兆军　白林杰　李锡成　丁燕生　张　强　程永锋　丁士君　赵庆斌　李占岭　王虎长

　　　　　　秦庆芝　刘学军　鲁先龙　郑卫锋　张　楷　毛　矛

第二篇　掏挖基础通用设计

1ZTW1、1ZTW2、1ZTW3、1JTW1、1JTW2、1JTW3、2ZTW1、2ZTW2、2ZTW3、2JTW1、2JTW2、2JTW3、5ZTW1、5ZTW2、5ZTW3、5JTW1、5JTW2、5JTW3 子模块

编 制 单 位　国网河北省电力公司、中国电建集团河北省电力勘测设计研究院有限公司

审 核 人 员　魏东亮　李占岭

设计总工程师　赵贞欣　吴晓锋

校 核 人 员　吴春生　李　旭　邱成明　底尚尚

编 写 人 员　张　楷　刘　哲　武　坤　王　峥　虞凤歧　闫　生

1ZTW4、1ZTW5、1JTW4、1JTW5、2ZTW4、2ZTW5、2JTW4、2JTW5、5ZTW5、5JTW5 子模块

编 制 单 位　国网甘肃省电力公司、中国能源建设集团甘肃省电力设计院有限公司

审 核 人 员　杨　光　苏少刚

设计总工程师　段辉顺　范雪峰

校 核 人 员　刘生奎　宋轶充　冯杨州　户世伟

编 写 人 员　毛　矛　魏晋龙　王公阳　安　宁　陈佐霞　高涵鹏

序

　　电网是关系国计民生的重要基础设施。从党的十九大到二十大是"两个一百年"奋斗目标的历史交汇期，电力需求将保持持续增长。国家电网公司认真贯彻党中央、国务院决策部署，加快建设坚强智能电网，推动能源资源在更大范围实现优化配置，为经济社会发展提供安全、高效、清洁、可持续的电力供应。

　　为进一步提高坚强智能电网建设能力，提升施工技术水平、保障施工安全、质量，减少现场人员投入，减轻劳动强度，推进绿色发展，以人为本，促进线路工程建设方式变革，实现由劳动密集型向装备密集型、技术密集型转变，国家电网公司组织开展了输电线路机械化施工研究与应用。为促进输电线路基础标准化建设，实现杆塔基础设计标准化、施工机械化，国家电网公司组织有关研究机构、设计单位，在充分调研、科学比选、反复论证的基础上，历时18个月，研究编写完成《国家电网公司输变电工程通用设计 输电线路掏挖基础分册（2017年版）》。

　　该书凝聚了我国电力系统广大专家学者和工程技术人员的心血和智慧，是国家电网公司推行标准化建设的又一重要成果。希望本书的出版和应用，能够提高我国输变电工程建设水平，提高施工机械化程度，促进电网又好又快发展，为建设坚强智能电网、服务经济社会发展作出积极贡献。

刘泽洪

2018年1月，北京

前　言

为进一步提高坚强智能电网建设能力、提升施工技术水平、保障施工安全、保证施工质量，有效解决施工现场人力紧缺、人工成本上涨等问题，促进线路工程建设方式变革，实现由劳动密集型向装备密集型、技术密集型转变，国家电网公司组织开展了输电线路机械化施工研究与应用，从"技术标准、工程设计、工程管理、装备体系、考核评价"五个维度开展专项研究和试点建设，形成系列化技术成果。通过全面总结提炼，编制完成了《国家电网公司输变电工程通用设计　输电线路掏挖基础分册（2017年版）》（简称《输电线路掏挖基础通用设计》）。

《输电线路掏挖基础通用设计》总结了输电线路机械化施工中有关掏挖基础的研究与应用成果，共6个模块、28个子模块、179张图纸、1436个基础，适用于平地、丘陵地区的110（66）～750kV输电线路工程。

由于编者水平有限，不妥之处在所难免，敬请读者批评指正。

编写组

2017 年 12 月

目　录

序

前言

第一篇　总　论

总　　论

2013 年以来，国家电网公司（简称公司）大力推进输电线路机械化施工创新与实践，为降低施工现场人力投入、提升安全质量与效益效率，实现工程建设由劳动密集型向装备密集型、技术密集型转变，进一步加强输电线路机械化施工标准化体系建设，实现杆塔基础设计标准化、施工机械化，国家电网公司组织开展了机械化施工技术研究与应用，取得了系列化技术成果。公司编制了适用于输电线路机械化施工的掏挖基础、挖孔桩基础、岩石锚杆基础通用设计，形成了 110（66）～750kV 电压等级的输电线路基础通用设计成果。

第 1 章　概　　述

1.1　目的与意义

为进一步提升以特高压为骨干网架、各级电网协调发展的坚强智能电网工程建设能力，提高电网整体效能，遵循"先进性、安全性、专业化、标准化、系列化"的要求，深入推广"标准化设计、机械化施工、流水式作业"的建设模式，推进输电线路建设方式转变，加强输电线路设计、施工、装备体系创新，实现由劳动密集型向装备密集型、技术密集型转变，公司组织开展了输电线路机械化施工技术体系研究。

输电线路机械化施工技术的开展是一项系统创新工程，需要创新设计方法、创新施工技术、创新装备研发，要求工程设计、施工装备、施工工艺、建设管理等各个环节协同配合，形成系列化技术成果，以显著提高输电线路建设效益和效率、提升安全质量水平，满足公司电网大规模建设需求，确保安全优质高效完成电网建设任务。

输电线路基础通用设计也是公司基建标准化建设的重要组成部分，是对标准化建设的深化，将进一步促进输变电工程"三通一标"工程建设。有利于提升工程建设标准化水平，提高施工机械化程度；有利于环保型基础的推广应用，对电网标准化建设、降低全寿命周期成本具有重要意义。

1.2　总体原则

输电线路基础通用设计根据输电线路机械化施工技术体系的指导原则，着重要处理和解决好通用设计方案的统一性、适应性、先进性、可靠性和经济性及其相互之间的辩证统一关系。

统一性：建设标准统一，基建和生产的标准统一，体现公司的企业文化特征。

适应性：综合考虑各地区的实际情况，结合输电线路机械化施工的要求，使得通用设计在公司系统中具备广泛的适用性，在一定的时间内，对不同外部条件的工程均能基本适用。

先进性：通用设计方案紧密结合输电线路机械化施工，在技术上具有先进性，注重环保，经济合理。

可靠性：规范设计准则，保证输电线路生产的安全可靠。

经济性：按照企业利益最大化原则，综合考虑初期投资和长期费用，追求全寿命周期内企业的最优经济效益。

第 2 章　编　制　过　程

2.1　工作组织方式

在公司基建部的统一组织和领导下，成立输电线路基础通用设计技术研究工作组，工作组由中国电力科学研究院（简称中国电科院）技术牵头，国网北京经济技术研究院（简称国网经研院）、河北省电力勘测设计研究院（简称河北院）、中国能源建设集团甘肃省电力设计院有限公司（简称甘肃院）、福建省电力勘测设计院（简称福建院）、四川电力设计咨询有限责任公司（简称四川咨询公司）、中国电力工程顾问集团华北电力设计院有限公司（简称华北院）、安徽华电工程咨询设计有限公司（简称安徽华电公司）参加。

（1）统一组织。公司基建部是输电线路基础通用设计的总负责单位，负责制订工作大纲，协调工作进度，解决工作中出现的问题。

（2）统一标准。在总体策划的基础上，统一设计原则、统一内容深度、统一表示方法、统一出版格式等。

（3）明确分工。按照确定的工作内容，明确各单位的工作内容和要求。

（4）综合协调、有序推进。统筹安排，定期组织和召开研究、协调、评审会议，有序推进。

2.2　工作过程

（1）2016 年 3 月 4 日，根据基建技术〔2016〕24 号《国网基建部关于印发 2016 年推进输电线路机械化施工工作要点的通知》，启动输电线路基础通用设计研究工作。

（2）2016 年 3 月 10 日，根据基建技术〔2016〕31 号《国网基建部关于下达 2016 年公司依托工程基建新技术研究应用项目的通知》，依托工程开展输电线路掏挖基础、挖孔桩基础、岩石锚杆基础的通用设计工作。

（3）2016 年 4 月，公司基建部组织召开输电线路基础通用设计技术要求及模块规划方案审定会，成立工作组，确定了模块命名原则与荷载划分条件。

（4）2016 年 5～11 月，工作组按照分工进行了输电线路基础通用设计的地质参数选取、模块命名等工作。公司基建部先后组织召开 4 次专题会议，确定掏挖基础、挖孔桩基础、岩石锚杆基础的设计条件、模块数量、图纸绘制格式等。

（5）2016 年 12 月，公司基建部组织召开 2 次评审会议，开展掏挖基础、挖孔桩基础、岩石锚杆基础的通用设计方案及典型施工图审查、修改等。

（6）2017 年 1 月，中国电科院会同有关省公司、设计单位及特邀专家组成检查组赴各设计单位进行集中、统一、全面校核审查通用设计成果。

（7）2017 年 4～12 月，公司基建部组织召开 4 次评审会议，开展基础通用设计方案及典型施工图的完善、统稿等，形成最终成果。

第 3 章　设　计　依　据

3.1　主要规程规范

GB 50007　《建筑地基基础设计规范》

GB 50009　《建筑结构荷载规范》

GB 50010　《混凝土结构设计规范》

GB 50025　《湿陷性黄土地区建筑规范》

GB 50046　《工业建筑防腐蚀设计规范》

GB 50119　《混凝土外加剂应用技术规范》

GB 50204　《混凝土结构工程施工质量验收规范》

GB 50233　《110kV～750kV 架空输电线路施工及验收规范》

GB 50545　《110kV～750kV 架空输电线路设计规范》

JGJ 18　《钢筋焊接及验收规程》

JGJ 94　《建筑桩基技术规范》

JGJ 106　《建筑基桩检测技术规范》

DL/T 1236　《输电杆塔用地脚螺栓与螺母》

DL/T 5219　《架空输电线路基础设计技术规程》

DL/T 5442　《输电线路铁塔制图和构造规定》

DL/T 5708　《架空输电线路戈壁碎石土地基掏挖基础设计与施工技术导则》

Q/GDW 1841　《架空输电线路杆塔基础设计规范》

Q/GDW 11330　《架空输电线路掏挖基础技术规定》

Q/GDW 11331　《输电线路岩石基础施工工艺导则》

Q/GDW 11332　《输电线路掏挖基础机械化施工工艺导则》

Q/GDW 11333　《架空输电线路岩石基础技术规定》

Q/GDW 11335　《输电线路灌注桩基础机械化施工工艺导则》

Q/GDW 11392　《架空输电线路灌注桩基础技术规定》

Q/GDW 11598　《架空输电线路机械化施工技术导则》

3.2　其他有关规定

《输电线路全过程机械化施工技术　设计分册》

《输电线路全过程机械化施工技术　装备分册》

《国网基建部关于进一步规范输电线路杆塔设计地脚螺栓选用要求的通知》（基建技术〔2017〕92 号）

第 4 章　调 研 及 专 题 研 究

4.1　基础型式

掏挖基础是一种将钢筋骨架置入机械或人工掏挖成型的土胎内，并将混凝土一次浇筑成型的原状土基础，其上拔稳定设计采用剪切法，适用于平地及丘陵地区，应用于黏性土、粉土、碎石土、黄土及戈壁碎石土等地质条件。

4.2　荷载划分

参考《国家电网公司输变电工程通用设计　110（66）kV 输电线路分册（2011 年版）》《国家电网公司输变电工程通用设计　220kV 输电线路分册（2011 年版）》《国家电网公司输变电工程通用设计　500（330）kV 输电线路分册（2011 年版）》《国家电网公司输变电工程通用设计　750kV 输电线路分册（2010 年版）》等公司颁布的输电线路杆塔通用设计，统计分析其中有关基础作用力大小的分布规律。

4.2.1　直线塔荷载划分

对 110（66）～750kV 电压等级输电线路杆塔通用设计中各子模块直线型杆塔基础的上拔力、下压力和相应水平力进行统计分析，得到了 110（66）～750kV 直线塔基础的作用力取值见表 4.2-1。

表 4.2-1　输电线路杆塔通用设计中直线塔基础作用力统计结果

电压等级（kV）	塔型数量	上拔力范围（kN）	水平力与上拔力比值	下压力与上拔力比值
66	32	123～474	0.09	1.17
110	222	98～1141	0.10	1.29
220	466	152～1900	0.12	1.33
330	136	220～1228	0.13	1.35
500	238	408～5485	0.14	1.26
750	88	577～3541	0.15	1.29

110（66）～750kV 各电压等级直线塔基础上拔力在给定步长范围内出现的频次直方图以及上拔力累积分布曲线分别如图 4.2-1～图 4.2-6 所示。其中，66、110kV 按照 50kN 步长进行统计，220、330kV 按照 100kN 步长进行统计，500、750kV 按照 200kN 步长进行统计。

对比分析直线塔上拔力分布直方图与累积分布曲线，不同电压等级直线塔涵盖 90% 基础上拔力范围见表 4.2-2，得出不同电压等级直线塔基础上拔力范围见表 4.2-3。

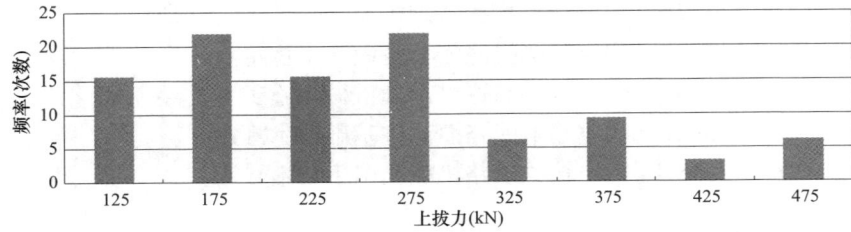

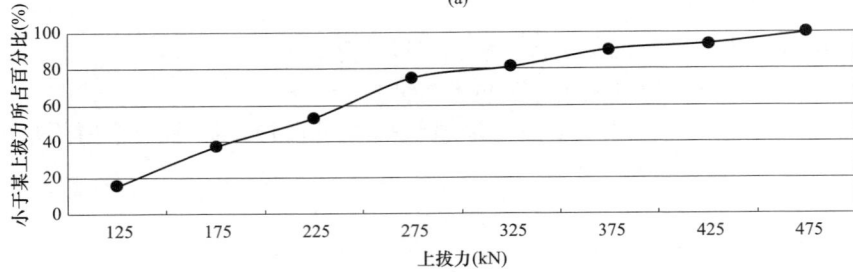

图 4.2-1　66kV 电压等级直线塔基础上拔力分布直方图及累积分布曲线

（a）基础上拔力分布直方图；（b）基础上拔力累积分布曲线

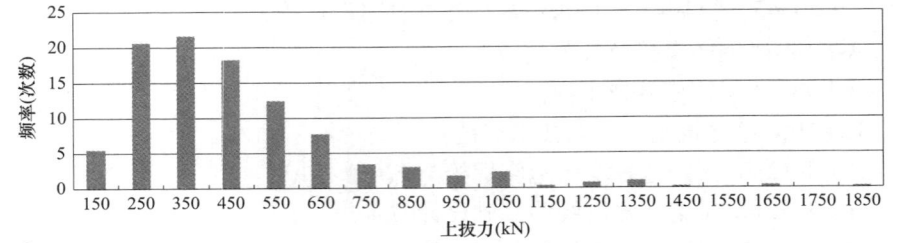

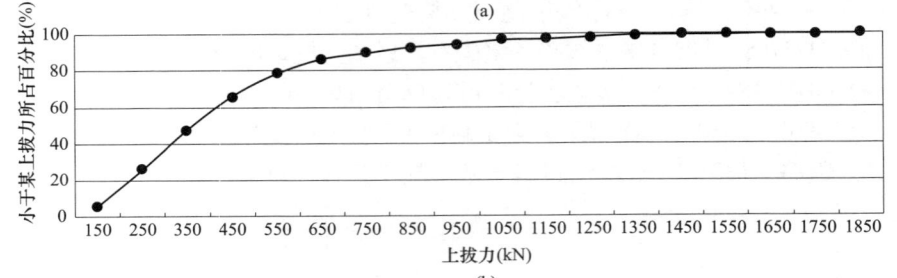

图 4.2-3　220kV 电压等级直线塔基础上拔力分布直方图及累积分布曲线

（a）基础上拔力分布直方图；（b）基础上拔力累积分布曲线

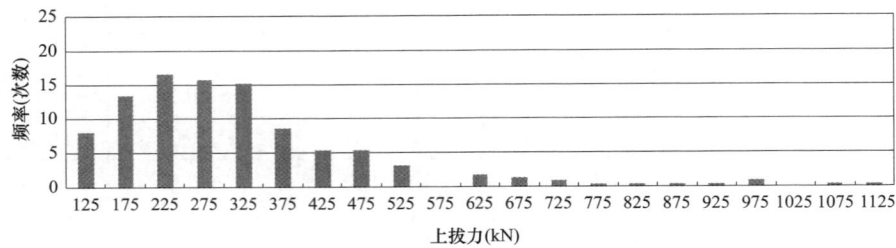

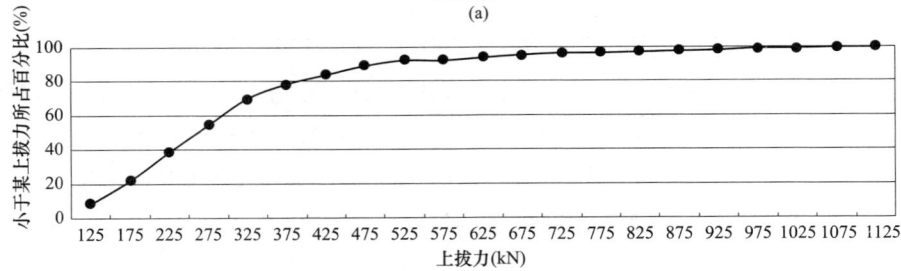

图 4.2-2　110kV 电压等级直线塔基础上拔力分布直方图及累积分布曲线

（a）基础上拔力分布直方图；（b）基础上拔力累积分布曲线

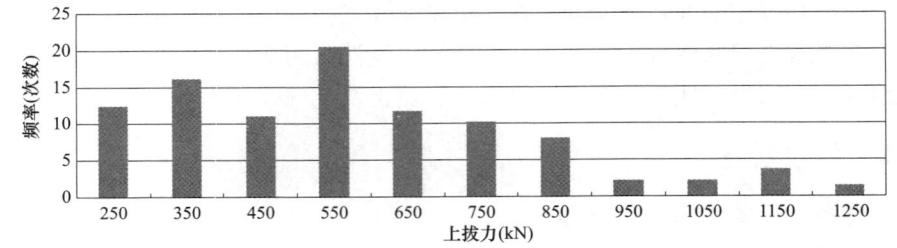

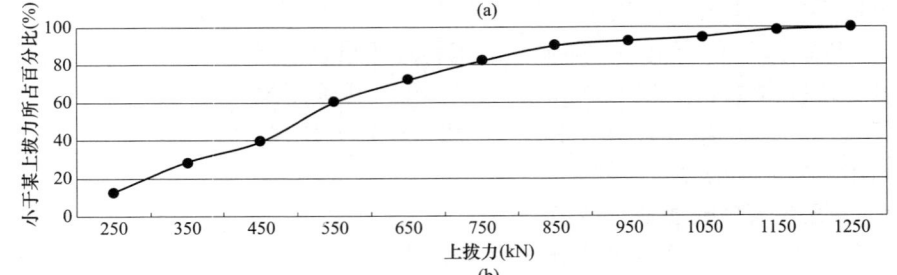

图 4.2-4　330kV 电压等级直线塔基础上拔力分布直方图及累积分布曲线

（a）基础上拔力分布直方图；（b）基础上拔力累积分布曲线

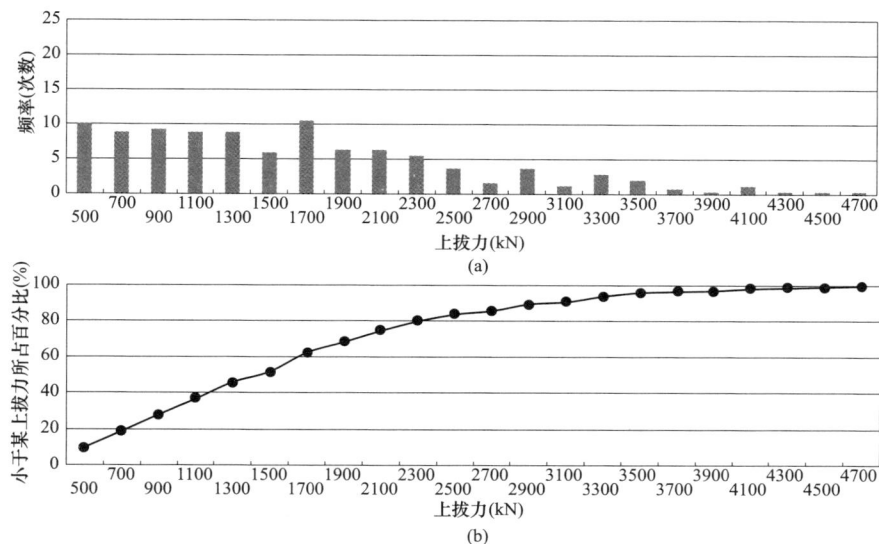

图 4.2-5　500kV 电压等级直线塔基础上拔力分布直方图及累积分布曲线

（a）基础上拔力分布直方图；（b）基础上拔力累积分布曲线

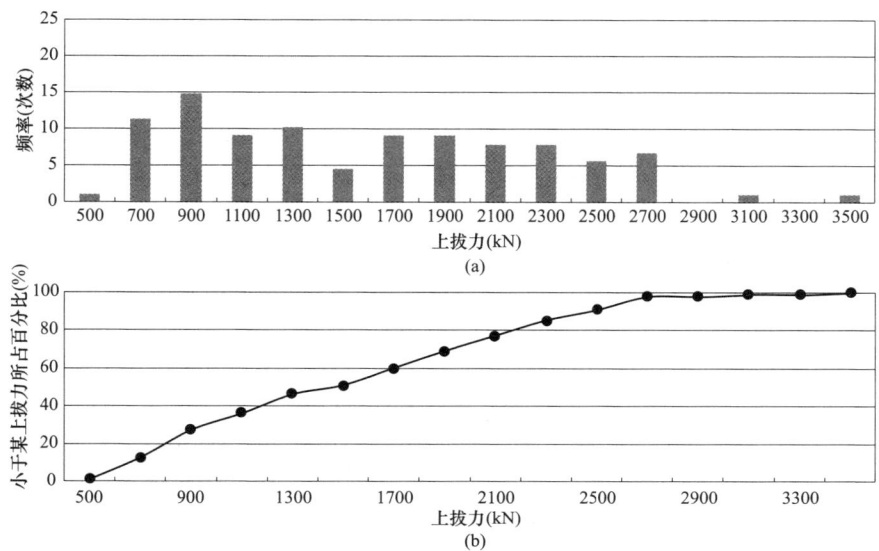

图 4.2-6　750kV 电压等级直线塔基础上拔力分布直方图及累积分布曲线

（a）基础上拔力分布直方图；（b）基础上拔力累积分布曲线

表 4.2-2　　　　　不同电压等级直线塔涵盖 90% 基础上拔力

电压等级（kV）	最小值（kN）	最大值（kN）
66	125	375
110	125	475
220	150	750
330	250	850
500	500	2900
750	500	2500

表 4.2-3　　　　　不同电压等级直线塔基础上拔力

电压等级（kV）	上拔力（kN）
110（66）	100～600
220（330）	600～1000
500（750）	1000～3000

注　1. 本表涵盖 90% 的输电线路杆塔通用设计基础上拔力。

　　2. 为避免设计模块存在重复，基础上拔力已进行归并，参照 8.3 节第（3）条。

针对 110（66）、220、330、500、750kV 电压等级的输电线路直线塔基础上拔力采用不同的分级步长：小荷载（100～600kN）为 50kN、中等荷载（600～1000kN）为 100kN、大荷载（1000～3000kN）为 200kN。

直线塔基础上拔力分级共划分为 25 种，其中，110（66）kV 直线塔基础上拔力划分为 11 种，220（330）kV 直线塔基础上拔力划分为 4 种，500（750）kV 直线塔基础上拔力划分为 10 种，下压力取上拔力的 130%，水平力取相应上拔力或下压力的 14%，详细见表 4.2-4。

4.2.2　I 型转角塔荷载划分

对输电线路杆塔通用设计中的各子模块中转角塔塔型的基础作用力进行统计分析，得出不同电压等级转角塔基础上拔力范围见表 4.2-5。I 型转角塔（简称转角塔）基础上拔力共划分为 20 种，其中，110（66）kV 转角塔基础上拔力划分为 7 种，220（330）kV 转角塔基础上拔力划分为 4 种，500（750）kV 转角塔基础上拔力划分为 9 种，下压力取上拔力的 130%，水平力取相应上拔力或下压力的 19%，详细见表 4.2-6。

表 4.2-4 不同电压等级直线塔基础作用力 （kN）

电压等级（kV）	基础作用力代号	T	T_x	T_y	N	N_x	N_y
110（66）	100	100	14	14	130	18	18
	150	150	21	21	195	27	27
	200	200	28	28	260	36	36
	250	250	35	35	325	46	46
	300	300	42	42	390	55	55
	350	350	49	49	455	64	64
	400	400	56	56	520	73	73
	450	450	63	63	585	82	82
	500	500	70	70	650	91	91
	550	550	77	77	715	100	100
220（330）	600	600	84	84	780	109	109
	700	700	98	98	910	127	127
	800	800	112	112	1040	146	146
	900	900	126	126	1170	164	164
	1000	1000	140	140	1300	182	182
500（750）	1200	1200	168	168	1560	218	218
	1400	1400	196	196	1820	255	255
	1600	1600	224	224	2080	291	291
	1800	1800	252	252	2340	328	328
	2000	2000	280	280	2600	364	364
	2200	2200	308	308	2860	400	400
	2400	2400	336	336	3120	437	437
	2600	2600	364	364	3380	473	473
	2800	2800	392	392	3640	510	510
	3000	3000	420	420	3900	546	546

表 4.2-5 不同电压等级转角塔基础上拔力

电压等级（kV）	上拔力（kN）
110（66）	300～600
220（330）	600～1000
500（750）	1000～2800

注 1. 本表涵盖 90% 的输电线路杆塔通用设计基础上拔力。

2. 为避免设计模块存在重复，基础上拔力已进行归并，参照 8.3 节第（3）条。

表 4.2-6 不同电压等级转角塔基础作用力 （kN）

电压等级（kV）	基础作用力代号	T	T_x	T_y	N	N_x	N_y
110（66）	300	300	57	57	390	74	74
	350	350	67	67	455	86	86
	400	400	76	76	520	99	99
	450	450	86	86	585	111	111
	500	500	95	95	650	124	124
	550	550	105	105	715	136	136
220（330）	600	600	114	114	780	148	148
	700	700	133	133	910	173	173
	800	800	152	152	1040	198	198
	900	900	171	171	1170	222	222
	1000	1000	190	190	1300	247	247
	1200	1200	228	228	1560	296	296
	1400	1400	266	266	1820	346	346
	1600	1600	304	304	2080	395	395
	1800	1800	342	342	2340	445	445
500（750）	2000	2000	380	380	2600	494	494
	2200	2200	418	418	2860	543	543
	2400	2400	456	456	3120	593	593
	2600	2600	494	494	3380	642	642
	2800	2800	532	532	3640	692	692

4.3 地质条件划分

掏挖基础主要适用于不受地下水影响的平地、丘陵地区，主要地质参数包括黏聚力 c、内摩擦角 φ、地基承载力特征值 f_{ak}、地基土水平抗力系数的比例系数 m 和重度 γ_s。通过对位于河北、河南、山东、山西、湖南、甘肃、宁夏、西藏、新疆、广西等地区的 20 余条线路工程中各塔位地质参数进行统计分析，得出黏性土、粉土、碎石土、黄土和戈壁碎石土 5 种岩土类别和以此为基础的 10 种地质参数。

掏挖基础岩土类别及设计参数见表 4.3-1。

表 4.3-1 掘挖基础岩土类别及设计参数

序号	代号	岩土类别	c（kPa）	φ（°）	f_{ak}（kPa）	m（kN/m⁴）	γ_s（kN/m³）	土的状态
1	1a		20	10	120	20000	16	
2	1b	黏性土	25	15	140	20000	16	可塑
3	1c		30	20	180	20000	16	
4	2a		15	20	140	20000	16	
5	2b	粉土	20	25	150	20000	16	中密
6	2c		5	20	160	20000	16	
7	3a	碎石土	15	20	140	50000	18	中密
8	3b		5	30	220	50000	18	
9	4a	黄土	8	18	120	14000	13	可塑
10	5a	戈壁碎石土	11	40	180	100000	18	中密

4.4 专题研究

4.4.1 掘挖基础深径比及扩底尺寸影响研究

掘挖基础因其可充分利用原状土体承载性能，有效避免施工过程的大开挖，已经成为我国架空输电线路工程中广泛应用的环保型基础型式之一。根据扩底掘挖基础结构特点，深径比、基底扩展角和主柱直径是影响掘挖基础抗拔性能的 3 个主要参数，中国电力科学研究院先后在甘肃的戈壁和黄土共 4 个原状土地基试验场地完成了 36 个扩底掘挖基础的现场真型抗拔试验，对深径比、扩展角和主柱直径 3 个因素的原状土地基扩底掘挖基础抗拔承载性能影响规律及其敏感性排序。

戈壁地基扩底掘挖影响因素的顺序为深径比、主柱直径和基底扩展角，而黄土地基扩底掘挖影响因素的顺序为基底扩展角、主柱直径和深径比。因此，可针对不同的地质条件，根据基础深径比、基底扩展角和主柱直径对扩底掘挖

基础抗拔承载性能影响敏感性排序，开展扩底掘挖基础的优化设计工作。

4.4.2 掘挖基础上拔力范围研究

各类型地基土掘挖基础上拔力取值范围见表 4.4-1。

表 4.4-1 各类型地基土掘挖基础上拔力取值范围

岩土类别	黏性土、粉土、碎石土	黄土	戈壁碎石土
上拔力取值范围（kN）	100~2000	100~1000	100~3000

（1）黏性土、粉土、碎石土。选取地质参数分类中的 1b、2b、3b 三种地质参数代表黏性土、粉土和碎石土三种岩土类别进行掘挖基础和挖孔桩基础（不扩底）按照混凝土量小为优的原则进行比较，由结果可知上拔力约为 1000kN 时两种基础型式出现分界点，即在分界点以下时掘挖基础为优，而在较大基础作用力条件下挖孔桩基础为优。鉴于掘挖基础埋深浅在某些特殊地区更易实现，将黏性土、粉土、碎石土三种岩土类别下的上拔力上限值定为 2000kN，即上拔力在 2000kN 以下时可对掘挖基础和挖孔桩基础进行技术经济比较后选用，上拔力在 2000kN 以上时选用挖孔桩基础。

（2）黄土。选取地质参数分类中的 4a 地质参数代表黄土类别进行掘挖基础和挖孔桩基础（不扩底）按照混凝土量小为优的原则进行比较，由结果可知在上拔力约为 1000kN 左右时两种基础型式出现分界点，即在分界点以下时掘挖基础为优，而在较大基础作用力条件下挖孔桩基础为优。基础上拔力大于 1000kN 时，基础扩大头尺寸过大，存在垮塌风险，且不能满足机械化施工要求 [D 不大于 $2d$（D 为圆形底板直径，d 为主柱直径）]，因此，黄土地基掘挖基础通用设计的基础上拔力上限定为 1000kN，即上拔力在 1000kN 以下时可对掘挖基础和挖孔桩基础进行技术经济比较后选用，上拔力在 1000kN 以上时选用挖孔桩基础。

（3）戈壁碎石土。戈壁碎石土地基承载性能较好，掘挖基础设计时基础作用力可取值到本通用设计规划的作用力上限值，上拔力取值可达到 3000kN。

第 5 章 设计条件及模块划分

5.1 设计条件

设计条件包含电压等级、地形地质条件及基础作用力等，电压等级及地形条件见表 5.1-1，岩土类别及设计参数见表 4.3-1，基础作用力分级详见表 4.2-4 和表 4.2-6。

表 5.1-1 电压等级及地形条件

电压等级（kV）	110（66）	220（330）	500（750）
地形条件	不受地下水影响的平地、丘陵地区		

5.2 基础编号

基础编号采用"□□□□-□-□"形式。

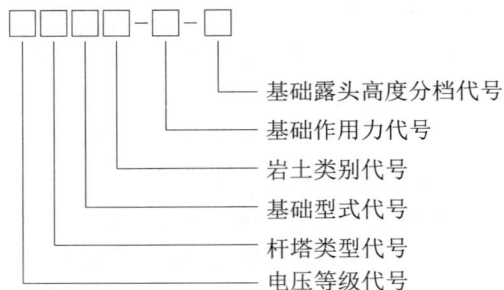

第 1 个"□"表示电压等级，标识符号为 1、2、5，分别代表 110（66）、220（330）、500（750）kV 三个电压等级。

第 2 个"□"表示杆塔类型，标识符号为 Z、J，分别代表直线塔和 Ⅰ 型转角塔。

第 3 个"□"表示基础型式，标识符号为 TW，代表掏挖基础。

第 4 个"□"表示岩土类别，标识符号为 1、2、3、4、5，分别代表黏性土、粉土、碎石土、黄土、戈壁碎石土。岩土类别后依次增加 a、b、c 等不同岩土参数组合，共 10 组。第二篇基础模块编号中的"*"代表某一类岩土参数组合，详见各模块。

第 5 个"□"表示基础作用力代号，数值代表基础上拔力，单位为 kN。

第 6 个"□"表示基础露头高度分档代号，标识符号为 02、07、12、17，单位为 dm。

以 1ZTW1a-550-12 为例，表示该基础为 110（66）kV、直线塔、掏挖基础、1a 类型岩土类别（黏性土，$c=20$kPa、$\psi=10°$）、基础上拔力为 550kN、基础露头高度 1.2m。

5.3 模块划分

掏挖基础通用设计包括 6 个模块，模块划分见表 5.3-1。

表 5.3-1 掏挖基础通用设计模块划分

序号	模块名	子模块名	电压等级（kV）	岩土类别	适用地形	适用上拔力（kN）	适用塔型
1		1ZTW1		黏性土			
2		1ZTW2		粉土			
3	1ZTW	1ZTW3		碎石土		100～600	直线塔
4		1ZTW4		黄土			
5		1ZTW5	110（66）	戈壁碎石土			
6		1JTW1		黏性土			
7		1JTW2		粉土			
8	1JTW	1JTW3		碎石土		300～600	转角塔
9		1JTW4		黄土			
10		1JTW5		戈壁碎石土			
11		2ZTW1		黏性土			
12		2ZTW2		粉土			
13	2ZTW	2ZTW3		碎石土	平地、丘陵地区	700～1000	直线塔
14		2ZTW4		黄土			
15		2ZTW5	220（330）	戈壁碎石土			
16		2JTW1		黏性土			
17		2JTW2		粉土			
18	2JTW	2JTW3		碎石土		700～1000	转角塔
19		2JTW4		黄土			
20		2JTW5		戈壁碎石土			
21		5ZTW1		黏性土		1200～2000	
22		5ZTW2		粉土			
23	5ZTW	5ZTW3		碎石土			直线塔
24		5ZTW4		黄土		—	
25		5ZTW5	500（750）	戈壁碎石土		1200～3000	
26		5JTW1		黏性土		1200～2000	
27		5JTW2		粉土			
28	5JTW	5JTW3		碎石土			转角塔
29		5JTW4		黄土		—	
30		5JTW5		戈壁碎石土		1200～2800	

第6章 设计方法与技术原则

6.1 设计方法

掘挖基础计算方法包括上拔稳定计算、下压稳定计算和主柱正截面承载力计算。

6.1.1 上拔稳定计算

采用剪切法

$$\gamma_f T_E \leq \gamma_E \gamma_{E2} \gamma_\theta R_T$$

（1）当 $h_t \leq h_c$ 时（见图 6.1-1）

$$R_T = \frac{A_1 c h_t^2 + A_2 \gamma_s h_t^3 + \gamma_s (A_3 h_t^3 - V_0)}{2.0} + G_f$$

（2）当 $h_t > h_c$ 时（见图 6.1-2）

$$R_T = \frac{A_1 c h_t^2 + A_2 \gamma_s h_c^3 + \gamma_s (A_3 h_c^3 + \Delta V - V_0)}{2.0} + G_f$$

式中　　γ_f——基础附加分项系数，按表 6.1-1 确定；

T_E——基础上拔力设计值，kN；

γ_E——水平力影响系数，根据水平力 H_E 与上拔力 T_E 的比值按表 6.1-2 确定；

γ_{E2}——相邻基础影响系数（见图 6.1-3），按表 6.1-3 确定；

γ_θ——基底展开角影响系数，当 $\theta > 45°$ 时，取 $\gamma_\theta = 1.2$；当 $\theta \leq 45°$ 时取 $\gamma_\theta = 1.0$；

R_T——基础单向抗拔承载力设计值，kN；

γ_s——基础底面以上土的加权平均重度；

c——按饱和不排水剪或相当于饱和不排水剪方法确定的黏聚力，kPa；

h_t——基础上拔埋置深度，m；

h_c——基础上拔临界深度，m，按表 6.1-4 确定；

A_1、A_2、A_3——无因次系数，由抗拔土体滑动面形态、内摩擦角 φ 和基础深径比 λ（h_t/D），按 DL/T 5219—2014《架空输电线路基础设计

技术规程》中的附录 D 计算或按表 D.0.3 确定；

V_0——h_t 深度范围内的基础体积，m^3；

ΔV——（$h_t - h_c$）范围内柱状滑动面体积，m^3；

G_f——基础自重力，kN。

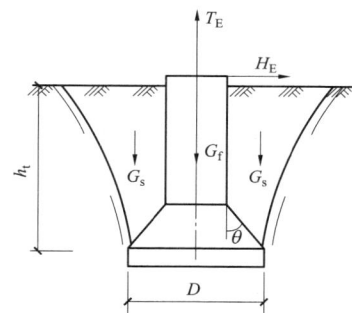

图 6.1-1　剪切法计算上拔稳定计算模型（$h_t \leq h_c$）

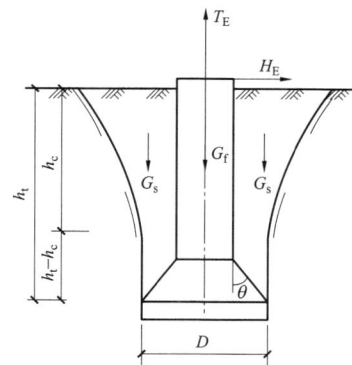

图 6.1-2　剪切法计算上拔稳定计算模型（$h_t > h_c$）

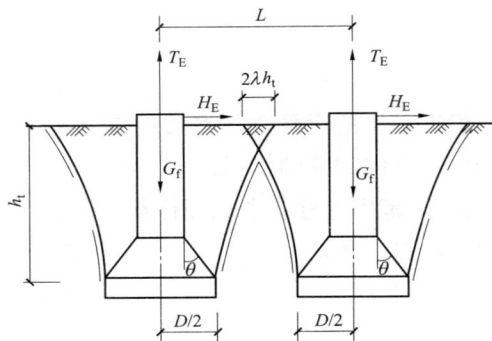

图 6.1-3 相邻上拔基础剪切法计算模型

表 6.1-1 掘挖基础的附加分项系数 γ_f

设计条件	上拔稳定	倾覆稳定
直线塔	1.1	1.1
转角塔	1.6	1.6

表 6.1-2 水 平 力 影 响 系 数 γ_E

水平力 H_E 与上拔力 T_E 的比值	γ_E
0.15～0.40	1.0～0.9
0.40～0.70	0.90～0.80
0.70～1.00	0.80～0.75

表 6.1-3 相邻基础影响系数 γ_{E2}

相邻上拔基础中心距离 L（m）	γ_{E2}
$L \geqslant D+2\lambda h_t$ 或 $L \geqslant D+2\lambda h_c$	1.0
$L=D$ 和 h_t 或 $h_c \leqslant 2.5D$	0.7
$L=D$ 和 $2.5D < h_t$ 或 $h_c \leqslant 3.0D$	0.65
$L=D$ 和 $3.0D < h_t$ 或 $h_c \leqslant 4.0D$	0.55
$D+2\lambda h_t$ 或 $D+2\lambda h_c > L > D$	按插入法确定

表 6.1-4 基础上拔临界深度 h_c （m）

土的名称	土的状态	基础上拔临界深度 h_c
碎石，粗、中砂	密实～稍密	4.0D～3.0D
细、粉砂，粉土	密实～稍密	3.0D～2.5D
黏性土	坚硬～可塑	3.5D～2.5D
	可塑～软塑	2.5D～1.5D

6.1.2 下压稳定计算

（1）当轴心荷载作用时，应符合下式要求

$$\gamma_{rf} p \leqslant f_a \tag{6.1-1}$$

式中　p——基础底面处的平均压力设计值，kPa；

$\quad\quad f_a$——修正后的地基承载力特征值；

$\quad\quad \gamma_{rf}$——地基承载力调整系数，取 0.75。

$$p = \frac{F+\gamma_G G}{A}$$

F——上部结构传至基础底面的竖向压力设计值，kN；

G——基础自重和基础上的土重，kN；

A——基础底面面积，m^2；

γ_G——永久荷载分项系数。对基础有利时，宜取 $\gamma_G = 1.0$；对基础不利时，应取 $\gamma_G = 1.2$。

（2）当偏心荷载作用时，应满足式（6.1-2）或（6.1-1）的要求

$$\gamma_{rf} p_{max} \leqslant 1.2 f_a \tag{6.1-2}$$

式中　p_{max}——基础底面边缘最大压力设计值，kPa。

$$p_{max} = \frac{F+\gamma_G G}{A} + \frac{M_x}{W_y} + \frac{M_y}{W_x}$$

$$p_{min} = \frac{F+\gamma_G G}{A} - \frac{M_x}{W_y} - \frac{M_y}{W_x}$$

M_x、M_y——作用于基础底面的 x 和 y 方向的力矩设计值，kN；

W_x、W_y——基础底面绕 x 和 y 轴的抵抗矩，m^3；

$\quad\quad p_{min}$——基础底面边缘的最小压力设计值，kPa；

当 $p_{min} < 0$ 时，p_{max} 可按下式计算

$$p_{max} = 0.35 \frac{F + \gamma_G G}{C_x C_y}$$

$$C_x = \frac{b}{2} - \frac{M_x}{F + \gamma_G G}$$

$$C_y = \frac{l}{2} - \frac{M_y}{F + \gamma_G G}$$

6.1.3 主柱正截面承载力计算

（1）刚性基础应满足下式的要求

$$l \leqslant 2.5 / \alpha$$

$$\alpha = \left(\frac{m d_0}{EI} \right)^{\frac{1}{5}}$$

式中　l——主柱入土深度，m；

　　　α——主柱变形系数，m^{-1}；

　　　d_0——主柱计算直径，m；

　　　EI——主柱抗弯刚度，直线塔时取 $EI = 0.8E_c I$，转角塔时取 $EI = 0.667E_c I$，kPa；

　　　E_c——混凝土的弹性模量，kPa；

　　　I——截面惯性矩，m^4；

　　　m——地基土水平抗力系数的比例系数，kN/m^4。

（2）当竖向力和侧向力共同作用时，原状土刚性基础宜考虑主柱摩阻力的影响，主柱摩阻力可按下式估算

$$R_f = k_R q_s \pi d_0 l$$

式中　R_f——主柱总摩阻力，kN；

　　　k_R——主柱摩阻力发挥系数，宜通过试验确定；

　　　q_s——主柱与土体接触面之间的加权平均摩阻力，kPa。

（3）原状土基础刚性主柱侧向弯矩，可按下列公式确定。

1）主柱任一截面弯矩 M_x，按下式确定

$$M_x = M_0 + H_x - d_w \frac{m x^3}{12} (2x_A - x)$$

2）作用于基底截面上的弯矩 M_h，按下式确定

$$M_h = M_0 + H_h - d_w \frac{m h^3}{12} (2x_A - h)$$

3）基础的旋转角，按下式确定

$$w = \frac{12 (3M_0 + 2Hh)}{m d h^4 + 18C_0 WD}$$

4）基础旋转角 A 的位置（见图6.1-4），按下式确定

$$x_A = \frac{m d h^3 (4M_0 + 3Hh) + 6C_0 HDW}{2m d h^2 (3M_0 + 2Hh)}$$

$$C_0 = m_0 h$$

$$d_0 = \begin{cases} 0.9 (1.5d + 0.5) & d_0 \leqslant 1.0 \\ 0.9 (d + 1.0) & d_0 > 1.0 \end{cases}$$

式中　H——作用于基础顶面上的横向力，kN；

　　　M_0——作用于基础顶面上的弯矩，$kN \cdot m$；

　　　h——基础的埋深，m；

　　　C_0——基底地基土的竖向抗力系数，kN/m^3；

　　　m_0——基底地基土竖向抗力系数的比例系数，近似计算时可取 $m_0 = m$，kN/m^4；

　　　d——主柱直径，m；

　　　D——主柱底板直径，m；

　　　W——主柱底板截面抵抗矩，m^3。

（4）主柱的正截面承载力计算按下式计算

$$\frac{T_E}{A_h} + \frac{M_x}{\gamma_1 W_0} \leqslant 0.59 f_t$$

式中　M_x——主柱任一计算截面上的弯矩，$N \cdot m$；

　　　A_h——计算截面混凝土面积，m^2；

　　　W_0——混凝土计算截面弹性抵抗矩，m^3；

　　　γ_1——受拉区混凝土塑性影响系数，圆形截面取 1.60（$0.7+60/r$）；

　　　h——截面高度，当 $h<400$ 时取 $h=400$，当 $h>1600$ 时取 1600，mm；

　　　f_t——混凝土的轴心抗拉强度设计值。

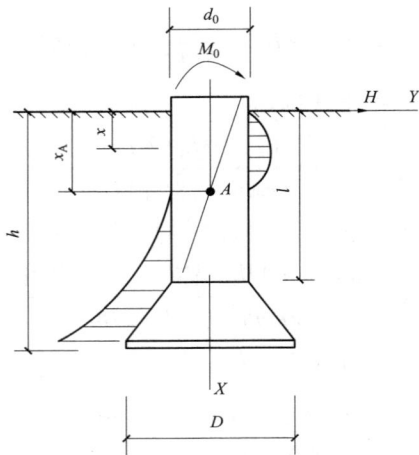

图 6.1-4　计算示意图

6.2　主要技术原则

按照机械化施工的要求，在满足承载力要求的前提下，经技术经济对比后以混凝土量最少为优选目标进行掏挖基础设计。

（1）土体中 D（圆形底板直径）不大于 $2d$（主柱直径）。

（2）d 不小于 0.6m，按 0.1m 模数递增。最小主柱直径取值应满足地脚螺栓构造要求。

（3）基础埋深 h 不小于 2.0m，且不大于 $4D$，按 0.1m 步长增加。

（4）本通用设计未考虑相邻基础影响，设计使用时应根据实际情况进行验算。

（5）除戈壁碎石土外，其他土体上拔稳定计算时考虑 0.3m 表层覆土厚度。

（6）内箍筋配置原则如下：

1）主柱直径 1m 及以下时选用直径 14mm 钢筋；

2）主柱直径为 1～1.6m 时选用直径 16mm 钢筋；

3）主柱直径大于 1.6m 时选用直径 18mm 钢筋。

（7）外箍筋规格选用 8、10mm，可采用螺旋式布置。

（8）基础主柱外露高度大于 1500mm（含 1500mm）均应设置爬梯，基础爬梯刷防腐漆。

6.3　材料

主筋采用 HRB400 级钢筋，箍筋采用 HPB300 级钢筋，混凝土强度等级不低于 C25。

对于存在具有腐蚀性介质的塔位地基，应参照 GB 50046《工业建筑防腐蚀设计规范》调整混凝土等级及配合比，并采取相应的防腐处理措施。

第 7 章　施　工　要　求

7.1　施工工艺及质量控制

（1）掏挖基础施工工艺应按照《国家电网公司输变电工程标准工艺　工艺标准库（2016 年版）》中工艺编号为 0201010203 的要求执行。若施工过程中工艺标准库有更新，需要按照最新标准工艺施工。

（2）掏挖基础质量控制详细按照 GB 50233《110～750kV 架空输电线路施工及验收规范》、DL/T 5708《架空输电线路戈壁碎石土地基掏挖基础设计与施工技术导则》、Q/GDW 11330《架空输电线路掏挖基础技术规定》执行。

7.2　安全

工程建设参建单位，必须遵守国家发展与改革委员会 2015 年 28 号令《电力建设工程施工安全监督管理办法》和 GB 50233《110kV～750kV 架空输电线路施工及验收规范》的规定。

机械设备应由专业人员操作，确保机械设备、设施、工具配件的完好和使用安全。

机械设备进出场及施工过程中应考虑邻近架空输电线路、建（构）筑物对作业安全的影响。在距离尚未浇筑混凝土的孔一定范围内，不得堆载，并禁止机械设备与运输车辆通过。

7.3　环境保护

输电线路工程应从设计、施工和建设管理等方面采取有效措施实现环境保护和水土保持目标，落实环境保护和水土保持方案及批复意见，执行环水保专项设计文件，保护生态环境，减小对施工场地和周围环境及植被的影响，减少水土流失。

7.4 施工注意事项

（1）施工单位应根据设计单位提供的岩土工程勘测报告和设计文件，结合现场条件，制订合理可行的施工组织措施，确保施工质量和安全。

（2）基础施工前，必须进行基础根开尺寸的复测，仔细核对基础根开、地脚螺栓间距方向是否与铁塔施工图一致，复核无误后方可进行施工。

（3）基础施工时，施工人员应详细对比岩土工程勘测的地质报告与实际地质情况是否一致，若不一致应及时向设计单位反馈。

（4）地脚螺栓使用前应核对螺杆与螺母匹配情况，将其表面覆盖的油污和氧化皮等清除干净，并对丝扣部分做好防护措施。拧紧螺母后，螺杆露出螺母的长度应符合设计要求。保护帽浇筑前，地脚螺栓应进行复紧。

（5）人工作业时，应分节开挖，每节开挖深度不宜大于 1.0m，同时设置护壁，护壁混凝土强度等级需与基础混凝土强度相同。

（6）施工完成后，基面需考虑自然排水，并避免水流直接冲刷塔基，塔基范围内不得积水。

第 8 章　总 体 使 用 说 明

8.1 基础编号说明

基础编号由 6 个代号组成，依次包含电压等级、杆塔类型、基础型式、岩土类别、基础作用力、基础露头高度，其中基础作用力单位为 kN，露头高度单位为 dm。

8.2 基础选用方法

设计单位要按照输变电工程通用设计成果的要求，结合工程实际情况合理选用。

第一步，查询本书，根据工程的电压等级、塔型、岩土类别等查询到相应的模块。设计人员也可直接开启"输电线路通用设计数据库"软件，点击"基础查询"按钮，逐级查询。在满足条件下，一个工程可以在不同的模块中选择基础。

第二步，在初步确定了基础后，再根据相应模块的设计说明详细核对基础作用力、岩土类别及力学参数等设计参数，掌握通用设计基础的相关设计技术条件。

最后，在施工图阶段，对选定模块的基础施工图开展设计校验、核对地脚螺栓长度、间距是否与基础尺寸匹配，确保工程可靠应用。

8.3 应用注意事项

基础是输电线路安全稳定运行的基石，属于隐蔽工程，基础设计需考虑地形地质、地下水及腐蚀条件，结合输电线路工程特点综合确定其型式与尺寸，保证安全可靠。

掏挖基础通用设计模块使用时的主要注意事项：

（1）严禁未经验算而超条件使用通用设计模块，严禁"以小代大"。

（2）结合工程地形地质及荷载条件，选择经济、合理的通用设计模块，避免"以大代小"。

（3）在其电压等级模块中未查询到相应基础作用力时，根据基础作用力取值，在其他电压等级模块中进行查询使用。

（4）当基础作用力或地质参数与通用设计参数有差异（或多层土）时，可选用合适的模块经校验后使用。

（5）对于基底存在软弱层，应按相关规程进行软弱层承载力校验。

（6）本通用设计不考虑地下水影响，需考虑地下水影响时，按相关规程要求验算。

（7）机械化施工塔位应逐基勘探，必要时应逐腿钻探，查明土体覆盖层厚度，确定岩石饱和单轴抗压强度。

（8）本通用设计按机械成孔方式施工，若采用人工成孔，按照相关要求设置护壁等安全措施。

（9）确定掏挖基础计算露高时，边坡的保护距离取 $2.5d$，同时满足 $1.5D$ 的要求。

第二篇

掏 挖 基 础 通 用 设 计

第 9 章　1ZTW　模　块

本模块为直线塔掏挖基础模块，适用于黏性土、粉土、碎石土、黄土、戈壁碎石土地质，包含 5 个子模块，共 440 个基础，相同岩土类别，不同岩土小类及不同露头尺寸合并出图，共 55 张图纸。

该模块由河北院和甘肃院共同设计。

基础作用力见表 9.0-1，岩土类别及设计地质参数见表 9.0-2。

表 9.0-1　　　　　　基础作用力　　　　　　（kN）

电压等级（kV）	基础作用力代号	T	T_x	T_y	N	N_x	N_y
110（66）	100	100	14	14	130	18	18
	150	150	21	21	195	27	27
	200	200	28	28	260	36	36
	250	250	35	35	325	46	46
	300	300	42	42	390	55	55
	350	350	49	49	455	64	64
	400	400	56	56	520	73	73
	450	450	63	63	585	82	82
	500	500	70	70	650	91	91
	550	550	77	77	715	100	100
	600	600	84	84	780	109	109

表 9.0-2　　　　　　岩土类别及设计参数

序号	命名	岩土类别	c（kPa）	φ（°）	f_{ak}（kPa）	m（kN/m⁴）	γ_s（kN/m³）	土的状态
1	1a		20	10	120	20000	16	
2	1b	黏性土	25	15	140	20000	16	可塑
3	1c		30	20	180	20000	16	
4	2a		15	20	140	20000	16	
5	2b	粉土	20	25	150	20000	16	中密
6	2c		5	20	160	20000	16	
7	3a	碎石土	15	20	140	50000	18	中密
8	3b		5	30	220	50000	18	
9	4a	黄土	8	18	120	14000	13	可塑
10	5a	戈壁碎石土	11	40	180	100000	18	中密

9.1 1ZTW1 子模块

此子模块适用于黏性土地基，共包含 11 张图纸，基础施工图图纸清单见表 9.1-1。

表 9.1-1　　　　　**1ZTW1 子模块基础施工图图纸清单**

序号	图号	图　　名	基础作用力（kN）	
			$T/T_x/T_y$	$N/N_x/N_y$
1	图 9.1-1	1ZTW1 * -100 掏挖基础施工图	100/14/14	130/18/18
2	图 9.1-2	1ZTW1 * -150 掏挖基础施工图	150/21/21	195/27/27
3	图 9.1-3	1ZTW1 * -200 掏挖基础施工图	200/28/28	260/36/36
4	图 9.1-4	1ZTW1 * -250 掏挖基础施工图	250/35/35	325/46/46

序号	图号	图　　名	基础作用力（kN）	
			$T/T_x/T_y$	$N/N_x/N_y$
5	图 9.1-5	1ZTW1 * -300 掏挖基础施工图	300/42/42	390/55/55
6	图 9.1-6	1ZTW1 * -350 掏挖基础施工图	350/49/49	455/64/64
7	图 9.1-7	1ZTW1 * -400 掏挖基础施工图	400/56/56	520/73/73
8	图 9.1-8	1ZTW1 * -450 掏挖基础施工图	450/63/63	585/82/82
9	图 9.1-9	1ZTW1 * -500 掏挖基础施工图	500/70/70	650/91/91
10	图 9.1-10	1ZTW1 * -550 掏挖基础施工图	550/77/77	715/100/100
11	图 9.1-11	1ZTW1 * -600 掏挖基础施工图	600/84/84	780/109/109

注　1 * 代表 1a、1b、1c 三种地质参数组合。

基 础 参 数 表

基础名称	主柱直径 d (mm)	底板直径 D (mm)	基础埋深 H (mm)	主柱高 h_1 (mm)	圆台高 h_2 (mm)	下圆柱高 h_3 (mm)	基础露头 H_0 (mm)	主筋①	外箍筋②	内箍筋③	单腿混凝土量 (m³)	单腿钢筋量 (kg)
1ZTW1a-100-02	600	1100	3600	3500	500	100	200	12φ14	Φ8@210	Φ14@1500	1.38	73.5
1ZTW1a-100-07	600	1100	3600	4000	500	100	700	12φ14	Φ8@210	Φ14@1500	1.52	82.5
1ZTW1a-100-12	600	1100	3700	4600	500	100	1200	12φ14	Φ8@210	Φ14@1500	1.69	93.3
1ZTW1a-100-17	600	1100	3900	5300	500	100	1700	12φ14	Φ8@210	Φ14@1500	1.89	105.9
1ZTW1b-100-02	600	1100	3600	3500	500	100	200	12φ14	Φ8@210	Φ14@1500	1.38	73.5
1ZTW1b-100-07	600	1100	3600	4000	500	100	700	12φ14	Φ8@210	Φ14@1500	1.52	82.5
1ZTW1b-100-12	600	1100	3600	4500	500	100	1200	12φ14	Φ8@210	Φ14@1500	1.66	91.5
1ZTW1b-100-17	600	1100	3600	5000	500	100	1700	12φ14	Φ8@210	Φ14@1500	1.80	100.5
1ZTW1c-100-02	600	1100	3600	3500	500	100	200	12φ14	Φ8@210	Φ14@1500	1.38	73.5
1ZTW1c-100-07	600	1100	3600	4000	500	100	700	12φ14	Φ8@210	Φ14@1500	1.52	82.5
1ZTW1c-100-12	600	1100	3600	4500	500	100	1200	12φ14	Φ8@210	Φ14@1500	1.66	91.5
1ZTW1c-100-17	600	1100	3600	5000	500	100	1700	12φ14	Φ8@210	Φ14@1500	1.80	100.5

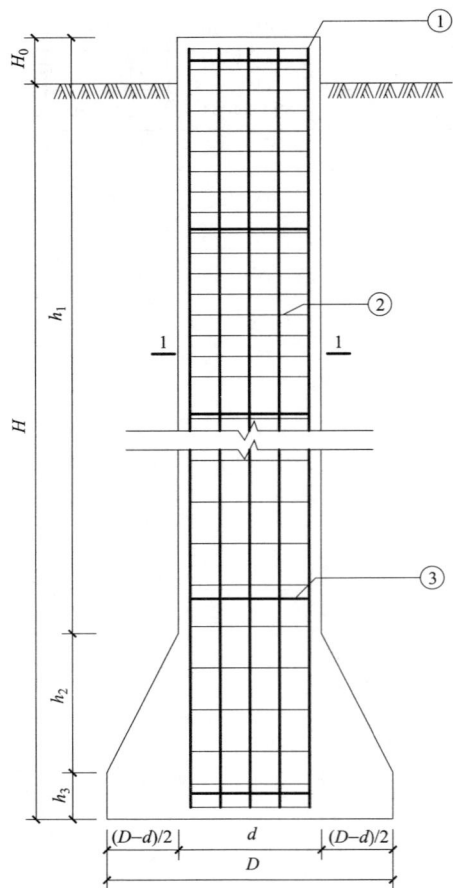

基础立面图

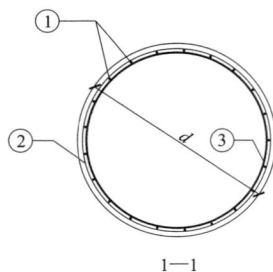

1—1

说明：1. 本基础适用于不受地下水影响的黏性土地质条件。

2. 整体立塔时，混凝土的抗压强度应达到设计强度的100%。分解组塔时，混凝土必须达到抗压强度设计值的70%。

3. 基础根开及地脚螺栓间距与相应杆塔结构图核对无误后，方可施工。

4. 基础混凝土强度等级不应低于C25，主筋采用HRB400级钢筋，箍筋采用HPB300级钢筋。

5. 主筋保护层不小于50mm。

6. 基础施工完毕后，做好基面排水处理。

7. 本基础按机械成孔施工方式，未考虑护壁工程量。

图 9.1-1 1ZTW1∗-100 掏挖基础施工图

基 础 参 数 表

基础名称	主柱直径 d（mm）	底板直径 D（mm）	基础埋深 H（mm）	主柱高 h_1（mm）	圆台高 h_2（mm）	下圆柱高 h_3（mm）	基础露头 H_0（mm）	主筋①	外箍筋②	内箍筋③	单腿混凝土量（m³）	单腿钢筋量（kg）
1ZTW1a-150-02	700	1300	3800	3600	600	100	200	16 Φ 14	Φ 8@ 210	Φ 14@ 1500	2.00	100.7
1ZTW1a-150-07	700	1300	4100	4400	600	100	700	16 Φ 14	Φ 8@ 210	Φ 14@ 1500	2.31	119.6
1ZTW1a-150-12	700	1300	4300	5100	600	100	1200	16 Φ 14	Φ 8@ 210	Φ 14@ 1500	2.58	136.0
1ZTW1a-150-17	700	1300	4400	5700	600	100	1700	16 Φ 14	Φ 8@ 210	Φ 14@ 1500	2.81	150.2
1ZTW1b-150-02	600	1100	4200	4100	200	100	200	12 Φ 14	Φ 8@ 210	Φ 14@ 1500	1.55	84.3
1ZTW1b-150-07	600	1100	4600	5000	500	100	700	12 Φ 14	Φ 8@ 210	Φ 14@ 1500	1.80	100.5
1ZTW1b-150-12	700	1300	3900	4700	600	100	1200	16 Φ 14	Φ 8@ 210	Φ 14@ 1500	2.43	126.6
1ZTW1b-150-17	700	1300	4000	5300	600	100	1700	16 Φ 14	Φ 8@ 210	Φ 14@ 1500	2.66	140.7
1ZTW1c-150-02	600	1100	3600	3500	500	100	200	12 Φ 14	Φ 8@ 210	Φ 14@ 1500	1.38	73.5
1ZTW1c-150-07	600	1100	3600	4000	500	100	700	12 Φ 14	Φ 8@ 210	Φ 14@ 1500	1.52	82.5
1ZTW1c-150-12	600	1100	3800	4700	500	100	1200	12 Φ 14	Φ 8@ 210	Φ 14@ 1500	1.72	95.1
1ZTW1c-150-17	600	1100	4200	5600	500	100	1700	12 Φ 14	Φ 8@ 210	Φ 14@ 1500	1.97	111.3

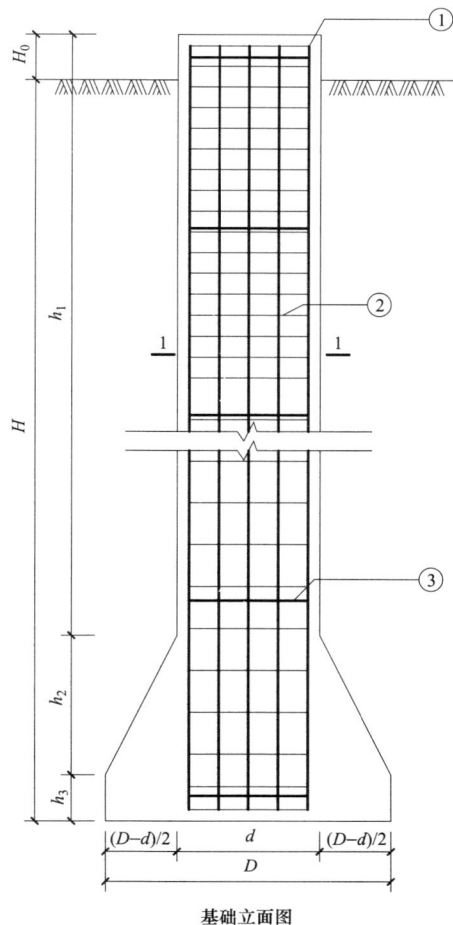

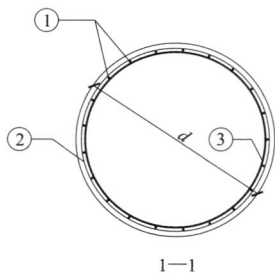

基础立面图

1—1

说明：1. 本基础适用于不受地下水影响的黏性土地质条件。

2. 整体立塔时，混凝土的抗压强度应达到设计强度的100%。分解组塔时，混凝土必须达到抗压强度设计值的70%。

3. 基础根开及地脚螺栓间距与相应杆塔结构图核对无误后，方可施工。

4. 基础混凝土强度等级不应低于 C25，主筋采用 HRB400 级钢筋，箍筋采用 HPB300 级钢筋。

5. 主筋保护层不小于 50mm。

6. 基础施工完毕后，做好基面排水处理。

7. 本基础按机械成孔施工方式，未考虑护壁工程量。

图 9.1-2　1ZTW1∗-150 掏挖基础施工图

基 础 参 数 表

基础名称	主柱直径 d（mm）	底板直径 D（mm）	基础埋深 H（mm）	主柱高 h_1（mm）	圆台高 h_2（mm）	下圆柱高 h_3（mm）	基础露头 H_0（mm）	主筋①	外箍筋②	内箍筋③	单腿混凝土量 （m^3）	单腿钢筋量 （kg）
1ZTW1a-200-02	800	1500	4100	3800	700	100	200	16Φ16	Φ8@240	Φ14@1500	2.84	135.5
1ZTW1a-200-07	800	1500	4400	4600	700	100	700	16Φ16	Φ8@240	Φ14@1500	3.24	159.2
1ZTW1a-200-12	800	1500	4600	5300	700	100	1200	16Φ16	Φ8@240	Φ14@1500	3.59	180.0
1ZTW1a-200-17	800	1500	4800	6000	700	100	1700	16Φ16	Φ8@240	Φ14@1500	3.94	200.7
1ZTW1b-200-02	700	1300	4400	4200	600	100	200	16Φ14	Φ8@210	Φ14@1500	2.23	114.9
1ZTW1b-200-07	700	1300	4600	4900	600	100	700	16Φ14	Φ8@210	Φ14@1500	2.50	131.3
1ZTW1b-200-12	700	1300	4800	5600	600	100	1200	16Φ14	Φ8@210	Φ14@1500	2.77	147.8
1ZTW1b-200-17	700	1300	5000	6300	600	100	1700	16Φ14	Φ8@210	Φ14@1500	3.04	164.3
1ZTW1c-200-02	700	1300	3700	3500	600	100	200	16Φ14	Φ8@210	Φ14@1500	1.97	98.4
1ZTW1c-200-07	700	1300	3900	4200	600	100	700	16Φ14	Φ8@210	Φ14@1500	2.23	114.9
1ZTW1c-200-12	700	1300	4000	4800	600	100	1200	16Φ14	Φ8@210	Φ14@1500	2.47	129.0
1ZTW1c-200-17	700	1300	4500	5800	600	100	1700	16Φ14	Φ8@210	Φ14@1500	2.85	152.5

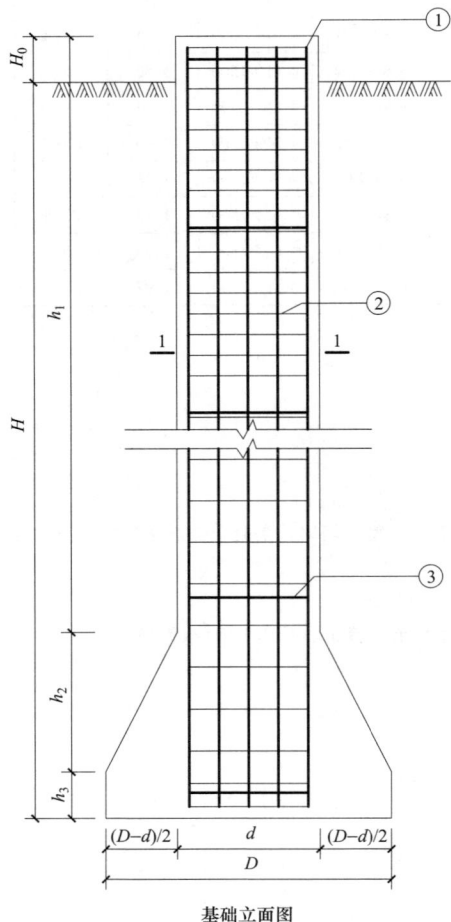

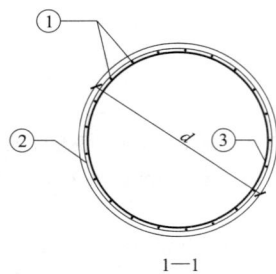

基础立面图

1—1

说明：1. 本基础适用于不受地下水影响的黏性土地质条件。

2. 整体立塔时，混凝土的抗压强度应达到设计强度的100%。分解组塔时，混凝土必须达到抗压强度设计值的70%。

3. 基础根开及地脚螺栓间距与相应杆塔结构图核对无误后，方可施工。

4. 基础混凝土强度等级不应低于C25，主筋采用HRB400级钢筋，箍筋采用HPB300级钢筋。

5. 主筋保护层不小于50mm。

6. 基础施工完毕后，做好基面排水处理。

7. 本基础按机械成孔施工方式，未考虑护壁工程量。

图 9.1-3 1ZTW1 ＊-200 掏挖基础施工图

基 础 参 数 表

基础名称	主柱直径 d (mm)	底板直径 D (mm)	基础埋深 H (mm)	主柱高 h_1 (mm)	圆台高 h_2 (mm)	下圆柱高 h_3 (mm)	基础露头 H_0 (mm)	主筋①	外箍筋②	内箍筋③	单腿混凝土量 (m^3)	单腿钢筋量 (kg)
1ZTW1a-250-02	800	1500	5000	4700	700	100	200	16 Φ 16	Φ 8@ 240	Φ 14@ 1500	3.29	162.2
1ZTW1a-250-07	800	1500	5300	5500	700	100	700	16 Φ 16	Φ 8@ 240	Φ 14@ 1500	3.69	185.9
1ZTW1a-250-12	800	1500	5500	6200	700	100	1200	16 Φ 16	Φ 8@ 240	Φ 14@ 1500	4.04	206.7
1ZTW1a-250-17	900	1700	5000	6100	800	100	1700	20 Φ 16	Φ 8@ 240	Φ 14@ 1500	5.20	255.0
1ZTW1b-250-02	800	1500	4500	4200	700	100	200	16 Φ 16	Φ 8@ 240	Φ 14@ 1500	3.04	147.4
1ZTW1b-250-07	800	1500	4700	4900	700	100	700	16 Φ 16	Φ 8@ 240	Φ 14@ 1500	3.39	168.1
1ZTW1b-250-12	800	1500	4900	5600	700	100	1200	16 Φ 16	Φ 8@ 240	Φ 14@ 1500	3.74	188.9
1ZTW1b-250-17	800	1500	5100	6300	700	100	1700	16 Φ 16	Φ 8@ 240	Φ 14@ 1500	4.09	209.6
1ZTW1c-250-02	700	1300	4500	4300	600	100	200	16 Φ 14	Φ 8@ 210	Φ 14@ 1500	2.27	117.2
1ZTW1c-250-07	700	1300	4700	5000	600	100	700	16 Φ 14	Φ 8@ 210	Φ 14@ 1500	2.54	133.7
1ZTW1c-250-12	700	1300	4900	5700	600	100	1200	16 Φ 14	Φ 8@ 210	Φ 14@ 1500	2.81	150.2
1ZTW1c-250-17	700	1300	5100	6400	600	100	1700	16 Φ 14	Φ 8@ 210	Φ 14@ 1500	3.08	166.6

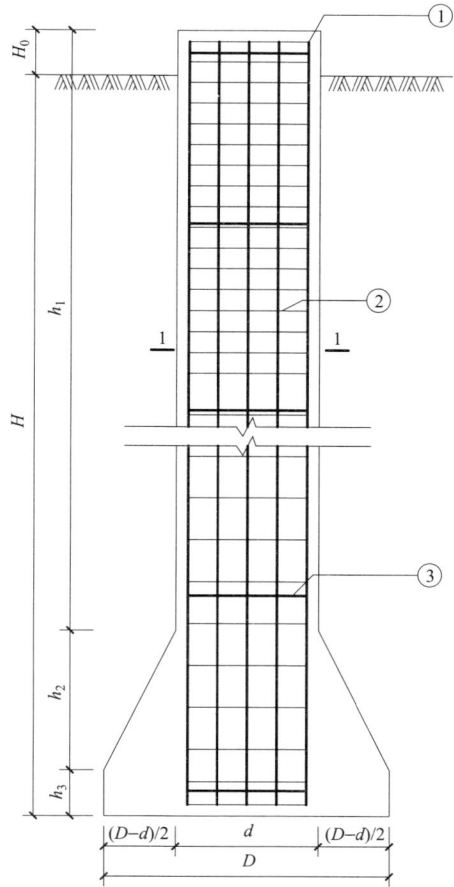

基础立面图

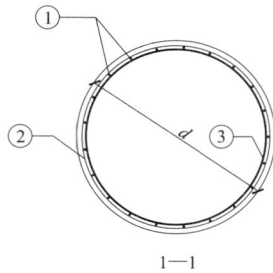

1—1

说明：1. 本基础适用于不受地下水影响的黏性土地质条件。

2. 整体立塔时，混凝土的抗压强度应达到设计强度的 100%。分解组塔时，混凝土必须达到抗压强度设计值的 70%。

3. 基础根开及地脚螺栓间距与相应杆塔结构图核对无误后，方可施工。

4. 基础混凝土强度等级不应低于 C25，主筋采用 HRB400 级钢筋，箍筋采用 HPB300 级钢筋。

5. 主筋保护层不小于 50mm。

6. 基础施工完毕后，做好基面排水处理。

7. 本基础按机械成孔施工方式，未考虑护壁工程量。

图 9.1-4　1ZTW1∗-250 掏挖基础施工图

基 础 参 数 表

基础名称	主柱直径 d (mm)	底板直径 D (mm)	基础埋深 H (mm)	主柱高 h_1 (mm)	圆台高 h_2 (mm)	下圆柱高 h_3 (mm)	基础露头 H_0 (mm)	主筋①	外箍筋②	内箍筋③	单腿混凝土量 (m³)	单腿钢筋量 (kg)
1ZTW1a-300-02	900	1700	5000	4600	800	100	200	20Φ16	Φ8@240	Φ14@1500	4.25	200.1
1ZTW1a-300-07	900	1700	5300	5400	800	100	700	20Φ16	Φ8@240	Φ14@1500	4.76	229.4
1ZTW1a-300-12	900	1700	5500	6100	800	100	1200	20Φ16	Φ8@240	Φ14@1500	5.20	255.0
1ZTW1a-300-17	900	1700	5700	6800	800	100	1700	20Φ16	Φ8@240	Φ14@1500	5.65	280.6
1ZTW1b-300-02	900	1700	4500	4100	800	100	200	20Φ16	Φ8@240	Φ14@1500	3.93	181.8
1ZTW1b-300-07	900	1700	4800	4900	800	100	700	20Φ16	Φ8@240	Φ14@1500	4.44	211.1
1ZTW1b-300-12	900	1700	5000	5600	800	100	1200	20Φ16	Φ8@240	Φ14@1500	4.88	236.7
1ZTW1b-300-17	900	1700	5200	6300	800	100	1700	20Φ16	Φ8@240	Φ14@1500	5.33	262.3
1ZTW1c-300-02	800	1500	4400	4100	700	100	200	16Φ16	Φ8@240	Φ14@1500	2.99	144.4
1ZTW1c-300-07	800	1500	4600	4800	700	100	700	16Φ16	Φ8@240	Φ14@1500	3.34	165.2
1ZTW1c-300-12	800	1500	4800	5500	700	100	1200	16Φ16	Φ8@240	Φ14@1500	3.69	185.9
1ZTW1c-300-17	800	1500	5000	6200	700	100	1700	16Φ16	Φ8@240	Φ14@1500	4.04	206.7

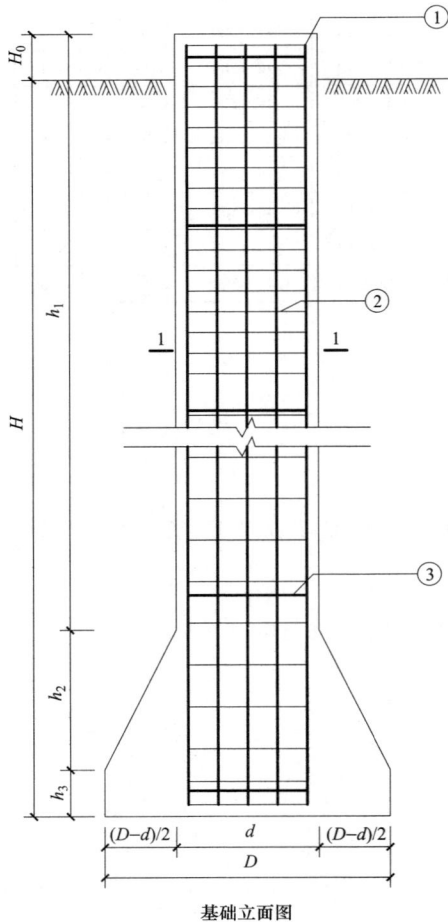

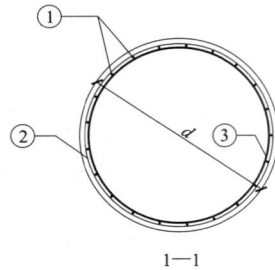

基础立面图

1—1

说明：1. 本基础适用于不受地下水影响的黏性土地质条件。

2. 整体立塔时，混凝土的抗压强度应达到设计强度的100%。分解组塔时，混凝土必须达到抗压强度设计值的70%。

3. 基础根开及地脚螺栓间距与相应杆塔结构图核对无误后，方可施工。

4. 基础混凝土强度等级不应低于C25，主筋采用HRB400级钢筋，箍筋采用HPB300级钢筋。

5. 主筋保护层不小于50mm。

6. 基础施工完毕后，做好基面排水处理。

7. 本基础按机械成孔施工方式，未考虑护壁工程量。

图 9.1-5 1ZTW1*-300 掏挖基础施工图

基 础 参 数 表

基础名称	主柱直径 d (mm)	底板直径 D (mm)	基础埋深 H (mm)	主柱高 h_1 (mm)	圆台高 h_2 (mm)	下圆柱高 h_3 (mm)	基础露头 H_0 (mm)	主筋①	外箍筋②	内箍筋③	单腿混凝土量 (m³)	单腿钢筋量 (kg)
1ZTW1a-350-02	1000	2000	4800	4400	800	100	200	20Φ18	Φ8@270	Φ14@1500	5.24	237.3
1ZTW1a-350-07	1000	2000	5000	5100	800	100	700	20Φ18	Φ8@270	Φ14@1500	5.79	268.9
1ZTW1a-350-12	1000	2000	5200	5800	800	100	1200	20Φ18	Φ8@270	Φ14@1500	6.34	300.4
1ZTW1a-350-17	1000	2000	5400	6500	800	100	1700	20Φ18	Φ8@270	Φ14@1500	6.89	332.0
1ZTW1b-350-02	900	1700	5200	4800	800	100	200	20Φ16	Φ8@240	Φ14@1500	4.38	207.4
1ZTW1b-350-07	900	1700	5400	5500	800	100	700	20Φ16	Φ8@240	Φ14@1500	4.82	233.0
1ZTW1b-350-12	900	1700	5600	6200	800	100	1200	20Φ16	Φ8@240	Φ14@1500	5.27	258.6
1ZTW1b-350-17	900	1700	5800	6900	800	100	1700	20Φ16	Φ8@240	Φ14@1500	5.71	284.3
1ZTW1c-350-02	800	1500	5100	4800	700	100	200	16Φ16	Φ8@240	Φ14@1500	3.34	165.2
1ZTW1c-350-07	800	1500	5300	5500	700	100	700	16Φ16	Φ8@240	Φ14@1500	3.69	185.9
1ZTW1c-350-12	800	1500	5500	6200	700	100	1200	16Φ16	Φ8@240	Φ14@1500	4.04	206.7
1ZTW1c-350-17	900	1700	5000	6100	800	100	1700	20Φ16	Φ8@240	Φ14@1500	5.20	255.0

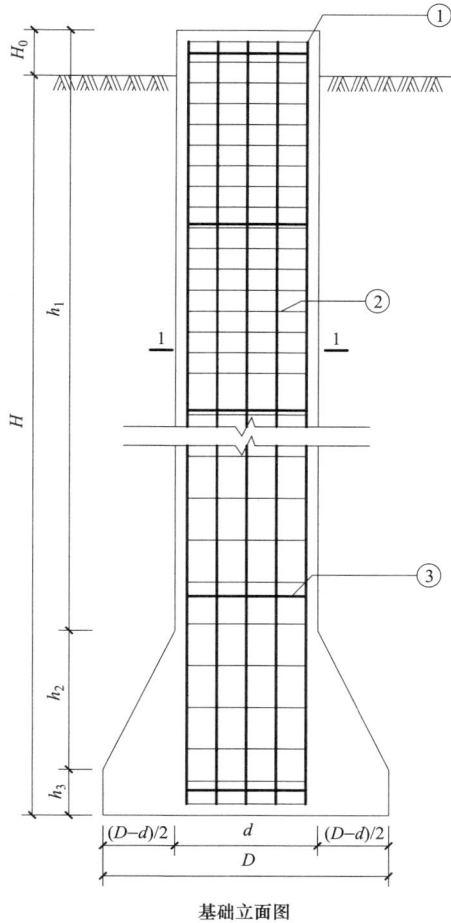

基础立面图

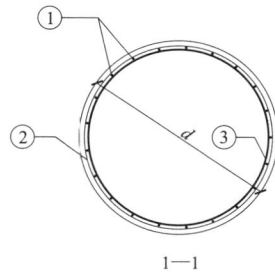

1—1

说明：1. 本基础适用于不受地下水影响的黏性土地质条件。

2. 整体立塔时，混凝土的抗压强度应达到设计强度的100%。分解组塔时，混凝土必须达到抗压强度设计值的70%。

3. 基础根开及地脚螺栓间距与相应杆塔结构图核对无误后，方可施工。

4. 基础混凝土强度等级不应低于C25，主筋采用HRB400级钢筋，箍筋采用HPB300级钢筋。

5. 主筋保护层不小于50mm。

6. 基础施工完毕后，做好基面排水处理。

7. 本基础按机械成孔施工方式，未考虑护壁工程量。

图 9.1-6　1ZTW1＊-350 掏挖基础施工图

基 础 参 数 表

基础名称	主柱直径 d (mm)	底板直径 D (mm)	基础埋深 H (mm)	主柱高 h_1 (mm)	圆台高 h_2 (mm)	下圆柱高 h_3 (mm)	基础露头 H_0 (mm)	主筋①	外箍筋②	内箍筋③	单腿混凝土量 (m^3)	单腿钢筋量 (kg)
1ZTW1a-400-02	1000	2000	5300	4900	800	100	200	20Φ18	Φ8@270	Φ14@1500	5.63	259.8
1ZTW1a-400-07	1000	2000	5600	5700	800	100	700	20Φ18	Φ8@270	Φ14@1500	6.26	295.9
1ZTW1a-400-12	1000	2000	5800	6400	800	100	1200	20Φ18	Φ8@270	Φ14@1500	6.81	327.5
1ZTW1a-400-17	1000	2000	6000	7100	800	100	1700	20Φ18	Φ8@270	Φ14@1500	7.36	359.1
1ZTW1b-400-02	1000	2000	4800	4400	800	100	200	20Φ18	Φ8@270	Φ14@1500	5.24	237.3
1ZTW1b-400-07	1000	2000	5100	5200	800	100	700	20Φ18	Φ8@270	Φ14@1500	5.86	273.4
1ZTW1b-400-12	1000	2000	5300	5900	800	100	1200	20Φ18	Φ8@270	Φ14@1500	6.41	305.0
1ZTW1b-400-17	1000	2000	5500	6600	800	100	1700	20Φ18	Φ8@270	Φ14@1500	6.96	336.5
1ZTW1c-400-02	900	1700	4900	4500	800	100	200	20Φ16	Φ8@240	Φ14@1500	4.19	196.4
1ZTW1c-400-07	900	1700	5100	5200	800	100	700	20Φ16	Φ8@240	Φ14@1500	4.63	222.0
1ZTW1c-400-12	900	1700	5300	5900	800	100	1200	20Φ16	Φ8@240	Φ14@1500	5.08	247.7
1ZTW1c-400-17	900	1700	5500	6600	800	100	1700	20Φ16	Φ8@240	Φ14@1500	5.52	273.3

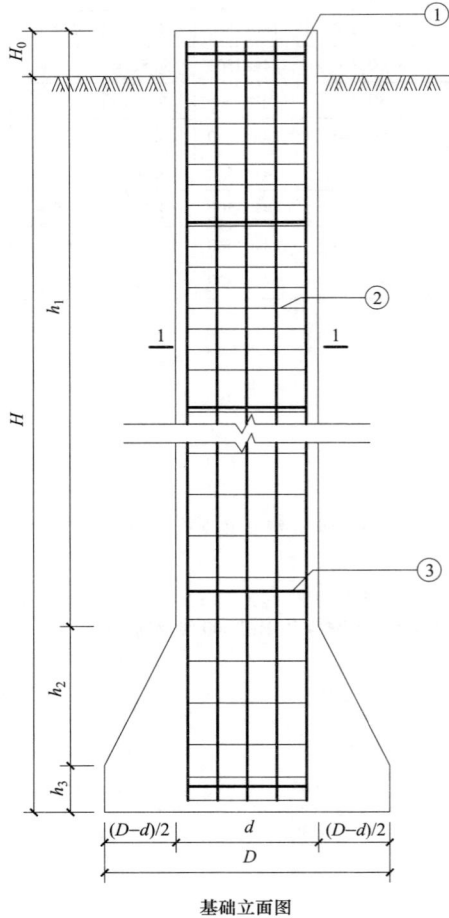

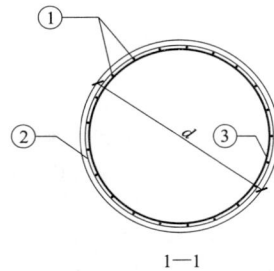

基础立面图

1—1

说明：1. 本基础适用于不受地下水影响的黏性土地质条件。

2. 整体立塔时，混凝土的抗压强度应达到设计强度的100%。分解组塔时，混凝土必须达到抗压强度设计值的70%。

3. 基础根开及地脚螺栓间距与相应杆塔结构图核对无误后，方可施工。

4. 基础混凝土强度等级不应低于C25，主筋采用HRB400级钢筋，箍筋采用HPB300级钢筋。

5. 主筋保护层不小于50mm。

6. 基础施工完毕后，做好基面排水处理。

7. 本基础按机械成孔施工方式，未考虑护壁工程量。

图 9.1-7　1ZTW1＊-400 掏挖基础施工图

基 础 参 数 表

基础名称	主柱直径 d (mm)	底板直径 D (mm)	基础埋深 H (mm)	主柱高 h_1 (mm)	圆台高 h_2 (mm)	下圆柱高 h_3 (mm)	基础露头 H_0 (mm)	主筋①	外箍筋②	内箍筋③	单腿混凝土量 (m³)	单腿钢筋量 (kg)
1ZTW1a-450-02	1000	2000	5900	5500	800	100	200	20Φ18	Φ8@270	Φ14@1500	6.10	286.9
1ZTW1a-450-07	1000	2000	6100	6200	800	100	700	20Φ18	Φ8@270	Φ14@1500	6.65	318.5
1ZTW1a-450-12	1000	2000	6300	6900	800	100	1200	20Φ18	Φ8@270	Φ14@1500	7.20	350.1
1ZTW1a-450-17	1100	2200	6000	7000	900	100	1700	24Φ18	Φ8@270	Φ16@1500	9.03	427.2
1ZTW1b-450-02	1000	2000	5300	4900	800	100	200	20Φ18	Φ8@270	Φ14@1500	5.63	259.8
1ZTW1b-450-07	1000	2000	5600	5700	800	100	700	20Φ18	Φ8@270	Φ14@1500	6.26	295.9
1ZTW1b-450-12	1000	2000	5800	6400	800	100	1200	20Φ18	Φ8@270	Φ14@1500	6.81	327.5
1ZTW1b-450-17	1000	2000	6000	7100	800	100	1700	20Φ18	Φ8@270	Φ14@1500	7.36	359.1
1ZTW1c-450-02	900	1700	5400	5000	800	100	200	20Φ16	Φ8@240	Φ14@1500	4.50	214.7
1ZTW1c-450-07	900	1700	5700	5800	800	100	700	20Φ16	Φ8@240	Φ14@1500	5.01	244.0
1ZTW1c-450-12	900	1700	5900	6500	800	100	1200	20Φ16	Φ8@240	Φ14@1500	5.46	269.6
1ZTW1c-450-17	900	1700	6100	7200	800	100	1700	20Φ16	Φ8@240	Φ14@1500	5.90	295.2

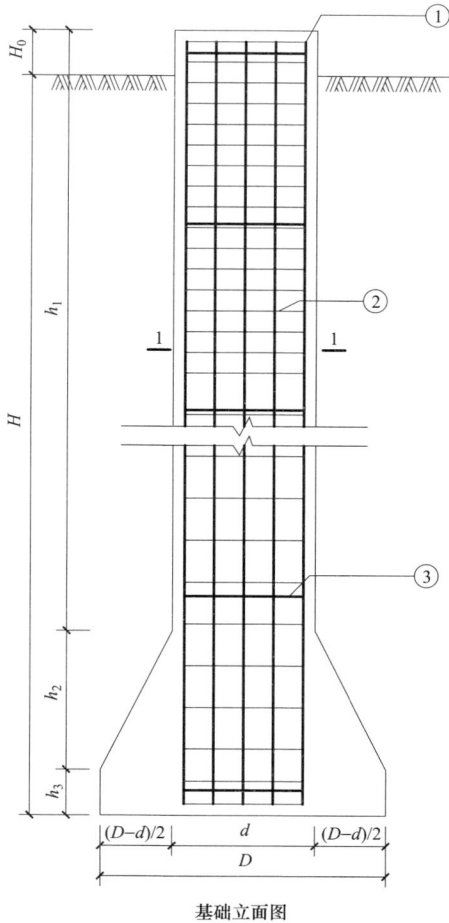

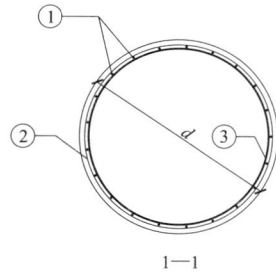

基础立面图

1—1

说明：1. 本基础适用于不受地下水影响的黏性土地质条件。

2. 整体立塔时，混凝土的抗压强度应达到设计强度的 100%。分解组塔时，混凝土必须达到抗压强度设计值的 70%。

3. 基础根开及地脚螺栓间距与相应杆塔结构图核对无误后，方可施工。

4. 基础混凝土强度等级不应低于 C25，主筋采用 HRB400 级钢筋，箍筋采用 HPB300 级钢筋。

5. 主筋保护层不小于 50mm。

6. 基础施工完毕后，做好基面排水处理。

7. 本基础按机械成孔施工方式，未考虑护壁工程量。

图 9.1-8　1ZTW1∗-450 掏挖基础施工图

基 础 参 数 表

基础名称	主柱直径 d（mm）	底板直径 D（mm）	基础埋深 H（mm）	主柱高 h_1（mm）	圆台高 h_2（mm）	下圆柱高 h_3（mm）	基础露头 H_0（mm）	主筋①	外箍筋②	内箍筋③	单腿混凝土量（m³）	单腿钢筋量（kg）
1ZTW1a-500-02	1100	2200	5800	5300	900	100	200	24Φ18	Φ8@270	Φ16@1500	7.41	335.9
1ZTW1a-500-07	1100	2200	6000	6000	900	100	700	24Φ18	Φ8@270	Φ16@1500	8.08	373.5
1ZTW1a-500-12	1100	2200	6200	6700	900	100	1200	24Φ18	Φ8@270	Φ16@1500	8.74	411.1
1ZTW1a-500-17	1100	2200	6400	7400	900	100	1700	24Φ18	Φ8@270	Φ16@1500	9.41	448.7
1ZTW1b-500-02	1000	2000	5800	5400	800	100	200	20Φ18	Φ8@270	Φ14@1500	6.02	282.4
1ZTW1b-500-07	1000	2000	6100	6200	800	100	700	20Φ18	Φ8@270	Φ14@1500	6.65	318.5
1ZTW1b-500-12	1000	2000	6300	6900	800	100	1200	20Φ18	Φ8@270	Φ14@1500	7.20	350.1
1ZTW1b-500-17	1100	2200	5900	6900	900	100	1700	24Φ18	Φ8@270	Φ16@1500	8.93	421.9
1ZTW1c-500-02	1000	2000	4900	4500	800	100	200	20Φ18	Φ8@270	Φ14@1500	5.31	241.8
1ZTW1c-500-07	1000	2000	5100	5200	800	100	700	20Φ18	Φ8@270	Φ14@1500	5.86	273.4
1ZTW1c-500-12	1000	2000	5400	6000	800	100	1200	20Φ18	Φ8@270	Φ14@1500	6.49	309.5
1ZTW1c-500-17	1000	2000	5600	6700	800	100	1700	20Φ18	Φ8@270	Φ14@1500	7.04	341.0

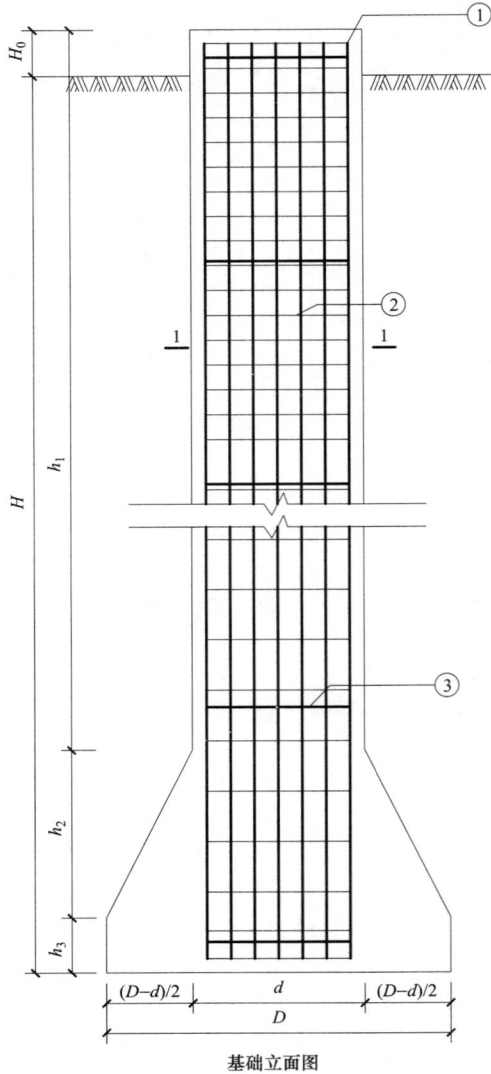

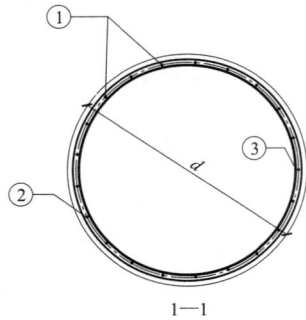

基础立面图

1—1

说明：1. 本基础适用于不受地下水影响的黏性土地质条件。

2. 整体立塔时，混凝土的抗压强度应达到设计强度的100%。分解组塔时，混凝土必须达到抗压强度设计值的70%。

3. 基础根开及地脚螺栓间距与相应杆塔结构图核对无误后，方可施工。

4. 基础混凝土强度等级不应低于C25，主筋采用HRB400级钢筋，箍筋采用HPB300级钢筋。

5. 主筋保护层不小于50mm。

6. 基础施工完毕后，做好基面排水处理。

7. 本基础按机械成孔施工方式，未考虑护壁工程量。

图 9.1-9　1ZTW1*-500 掏挖基础施工图

基 础 参 数 表

基础名称	主柱直径 d (mm)	底板直径 D (mm)	基础埋深 H (mm)	主柱高 h_1 (mm)	圆台高 h_2 (mm)	下圆柱高 h_3 (mm)	基础露头 H_0 (mm)	主筋①	外箍筋②	内箍筋③	单腿混凝土量 (m³)	单腿钢筋量 (kg)
1ZTW1a-550-02	1100	2200	6200	5700	900	100	200	24⏀18	Φ8@270	Φ16@1500	7.79	357.4
1ZTW1a-550-07	1100	2200	6500	6500	900	100	700	24⏀18	Φ8@270	Φ16@1500	8.55	400.4
1ZTW1a-550-12	1100	2200	6700	7200	900	100	1200	24⏀18	Φ8@270	Φ16@1500	9.22	438.0
1ZTW1a-550-17	1200	2400	6400	7300	1000	100	1700	28⏀18	Φ8@270	Φ16@1500	11.35	520.3
1ZTW1b-550-02	1000	2000	6400	6000	800	100	200	20⏀18	Φ8@270	Φ14@1500	6.49	309.5
1ZTW1b-550-07	1100	2200	5900	5900	900	100	700	24⏀18	Φ8@270	Φ16@1500	7.98	368.2
1ZTW1b-550-12	1100	2200	6100	6600	900	100	1200	24⏀18	Φ8@270	Φ16@1500	8.65	405.7
1ZTW1b-550-17	1100	2200	6300	7300	900	100	1700	24⏀18	Φ8@270	Φ16@1500	9.31	443.3
1ZTW1c-550-02	1000	2000	5300	4900	800	100	200	20⏀18	Φ8@270	Φ14@1500	5.63	259.8
1ZTW1c-550-07	1000	2000	5600	5700	800	100	700	20⏀18	Φ8@270	Φ14@1500	6.26	295.9
1ZTW1c-550-12	1000	2000	5800	6400	800	100	1200	20⏀18	Φ8@270	Φ14@1500	6.81	327.5
1ZTW1c-550-17	1000	2000	6000	7100	800	100	1700	20⏀18	Φ8@270	Φ14@1500	7.36	359.1

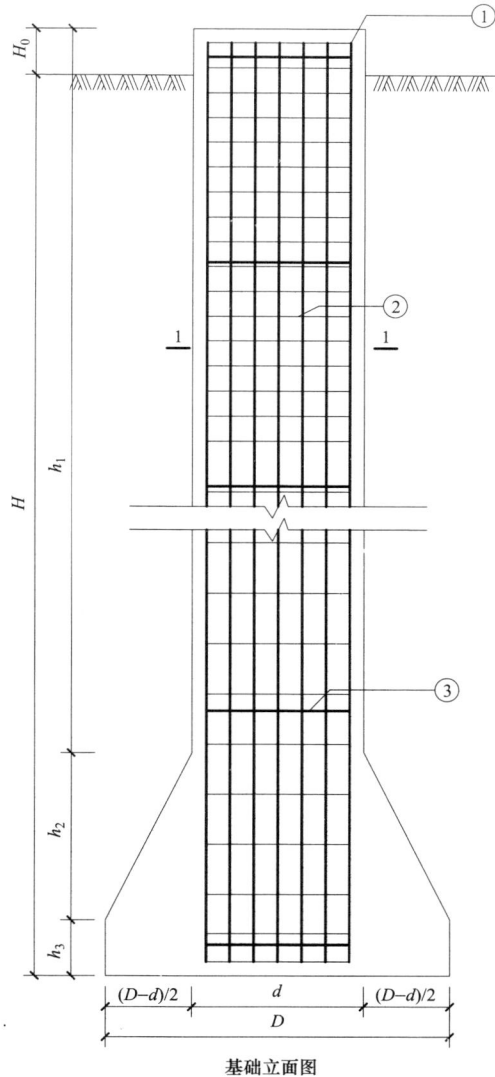

基础立面图

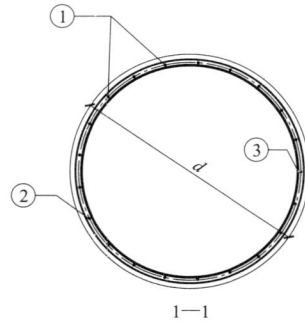

1—1

说明：1. 本基础适用于不受地下水影响的黏性土地质条件。

2. 整体立塔时，混凝土的抗压强度应达到设计强度的100%。分解组塔时，混凝土必须达到抗压强度设计值的70%。

3. 基础根开及地脚螺栓间距与相应杆塔结构图核对无误后，方可施工。

4. 基础混凝土强度等级不应低于 C25，主筋采用 HRB400 级钢筋，箍筋采用 HPB300 级钢筋。

5. 主筋保护层不小于 50mm。

6. 基础施工完毕后，做好基面排水处理。

7. 本基础按机械成孔施工方式，未考虑护壁工程量。

图 9.1-10　1ZTW1*-550 掏挖基础施工图

基 础 参 数 表

基础名称	主柱直径 d （mm）	底板直径 D （mm）	基础埋深 H （mm）	主柱高 h_1 （mm）	圆台高 h_2 （mm）	下圆柱高 h_3 （mm）	基础露头 H_0 （mm）	主筋①	外箍筋②	内箍筋③	单腿混凝土量 （m³）	单腿钢筋量 （kg）
1ZTW1a-600-02	1100	2200	6700	6200	900	100	200	24 Φ 18	Φ 8@ 270	Φ 16@ 1500	8.27	384.3
1ZTW1a-600-07	1200	2400	6300	6200	1000	100	700	28 Φ 18	Φ 8@ 270	Φ 16@ 1500	10.10	451.8
1ZTW1a-600-12	1200	2400	6500	6900	1000	100	1200	28 Φ 18	Φ 8@ 270	Φ 16@ 1500	10.90	495.4
1ZTW1a-600-17	1200	2400	6700	7600	1000	100	1700	28 Φ 18	Φ 8@ 270	Φ 16@ 1500	11.69	539.0
1ZTW1b-600-02	1100	2200	6100	5600	900	100	200	24 Φ 18	Φ 8@ 270	Φ 16@ 1500	7.70	352.0
1ZTW1b-600-07	1100	2200	6300	6300	900	100	700	24 Φ 18	Φ 8@ 270	Φ 16@ 1500	8.36	389.6
1ZTW1b-600-12	1100	2200	6500	7000	900	100	1200	24 Φ 18	Φ 8@ 270	Φ 16@ 1500	9.03	427.2
1ZTW1b-600-17	1100	2200	6700	7700	900	100	1700	24 Φ 18	Φ 8@ 270	Φ 16@ 1500	9.69	464.8
1ZTW1c-600-02	1000	2000	5800	5400	800	100	200	20 Φ 18	Φ 8@ 270	Φ 14@ 1500	6.02	282.4
1ZTW1c-600-07	1000	2000	6000	6100	800	100	700	20 Φ 18	Φ 8@ 270	Φ 14@ 1500	6.57	314.0
1ZTW1c-600-12	1000	2000	6200	6800	800	100	1200	20 Φ 18	Φ 8@ 270	Φ 14@ 1500	7.12	345.6
1ZTW1c-600-17	1000	2000	6400	7500	800	100	1700	20 Φ 18	Φ 8@ 270	Φ 14@ 1500	7.67	377.1

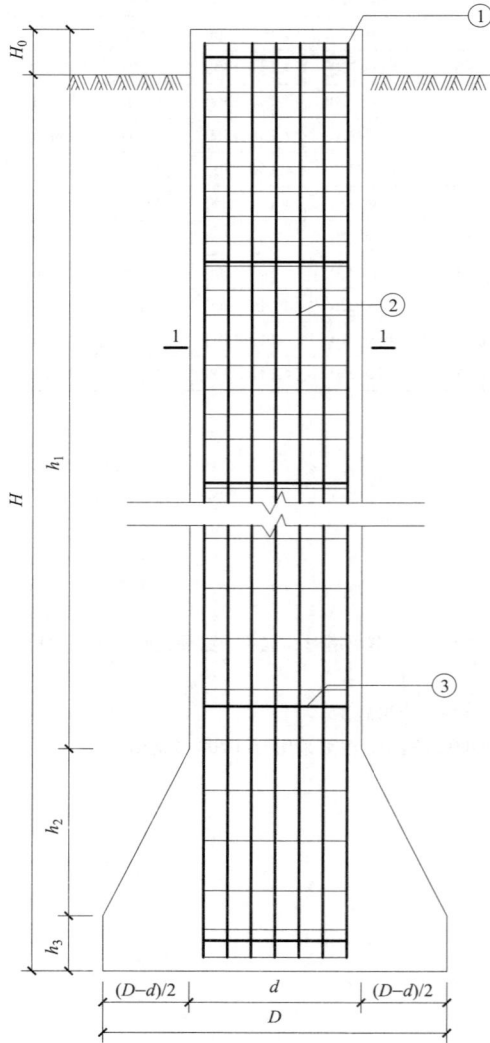

基础立面图

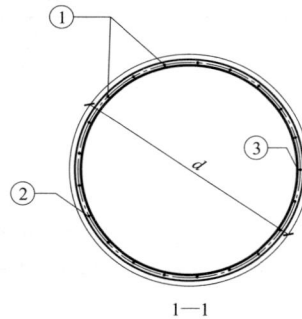

1—1

说明：1. 本基础适用于不受地下水影响的黏性土地质条件。

2. 整体立塔时，混凝土的抗压强度应达到设计强度的100%。分解组塔时，混凝土必须达到抗压强度设计值的70%。

3. 基础根开及地脚螺栓间距与相应杆塔结构图核对无误后，方可施工。

4. 基础混凝土强度等级不应低于 C25，主筋采用 HRB400 级钢筋，箍筋采用 HPB300 级钢筋。

5. 主筋保护层不小于 50mm。

6. 基础施工完毕后，做好基面排水处理。

7. 本基础按机械成孔施工方式，未考虑护壁工程量。

图 9.1-11 1ZTW1∗-600 掏挖基础施工图

国家电网公司输变电工程通用设计 输电线路掏挖基础分册（2017 年版）

9.2 1ZTW2 子模块

此子模块适用于粉土地基，共包含 11 张图纸，基础施工图图纸清单见表 9.2-1。

表 9.2-1   **1ZTW2 子模块基础施工图图纸清单**

序号	图号	图名	基础作用力（kN）	
			$T/T_x/T_y$	$N/N_x/N_y$
1	图 9.2-1	1ZTW2 * -100 掏挖基础施工图	100/14/14	130/18/18
2	图 9.2-2	1ZTW2 * -150 掏挖基础施工图	150/21/21	195/27/27
3	图 9.2-3	1ZTW2 * -200 掏挖基础施工图	200/28/28	260/36/36
4	图 9.2-4	1ZTW2 * -250 掏挖基础施工图	250/35/35	325/46/46

序号	图号	图名	基础作用力（kN）	
			$T/T_x/T_y$	$N/N_x/N_y$
5	图 9.2-5	1ZTW2 * -300 掏挖基础施工图	300/42/42	390/55/55
6	图 9.2-6	1ZTW2 * -350 掏挖基础施工图	350/49/49	455/64/64
7	图 9.2-7	1ZTW2 * -400 掏挖基础施工图	400/56/56	520/73/73
8	图 9.2-8	1ZTW2 * -450 掏挖基础施工图	450/63/63	585/82/82
9	图 9.2-9	1ZTW2 * -500 掏挖基础施工图	500/70/70	650/91/91
10	图 9.2-10	1ZTW2 * -550 掏挖基础施工图	550/77/77	715/100/100
11	图 9.2-11	1ZTW2 * -600 掏挖基础施工图	600/84/84	780/109/109

注   2 * 代表 2a、2b、2c 三种地质参数组合。

基 础 参 数 表

基础名称	主柱直径 d (mm)	底板直径 D (mm)	基础埋深 H (mm)	主柱高 h_1 (mm)	圆台高 h_2 (mm)	下圆柱高 h_3 (mm)	基础露头 H_0 (mm)	主筋①	外箍筋②	内箍筋③	单腿混凝土量 (m³)	单腿钢筋量 (kg)
1ZTW2a-100-02	600	1100	3600	3500	500	100	200	12Φ14	Φ8@210	Φ14@1500	1.38	73.5
1ZTW2a-100-07	600	1100	3600	4000	500	100	700	12Φ14	Φ8@210	Φ14@1500	1.52	82.5
1ZTW2a-100-12	600	1100	3600	4500	500	100	1200	12Φ14	Φ8@210	Φ14@1500	1.66	91.5
1ZTW2a-100-17	600	1100	3600	5000	500	100	1700	12Φ14	Φ8@210	Φ14@1500	1.80	100.5
1ZTW2b-100-02	600	1100	3600	3500	500	100	200	12Φ14	Φ8@210	Φ14@1500	1.38	73.5
1ZTW2b-100-07	600	1100	3600	4000	500	100	700	12Φ14	Φ8@210	Φ14@1500	1.52	82.5
1ZTW2b-100-12	600	1100	3600	4500	500	100	1200	12Φ14	Φ8@210	Φ14@1500	1.66	91.5
1ZTW2b-100-17	600	1100	3600	5000	500	100	1700	12Φ14	Φ8@210	Φ14@1500	1.80	100.5
1ZTW2c-100-02	600	1100	3600	3500	500	100	200	12Φ14	Φ8@210	Φ14@1500	1.38	73.5
1ZTW2c-100-07	600	1100	3600	4000	500	100	700	12Φ14	Φ8@210	Φ14@1500	1.52	82.5
1ZTW2c-100-12	600	1100	3600	4500	500	100	1200	12Φ14	Φ8@210	Φ14@1500	1.66	91.5
1ZTW2c-100-17	600	1100	3600	5000	500	100	1700	12Φ14	Φ8@210	Φ14@1500	1.80	100.5

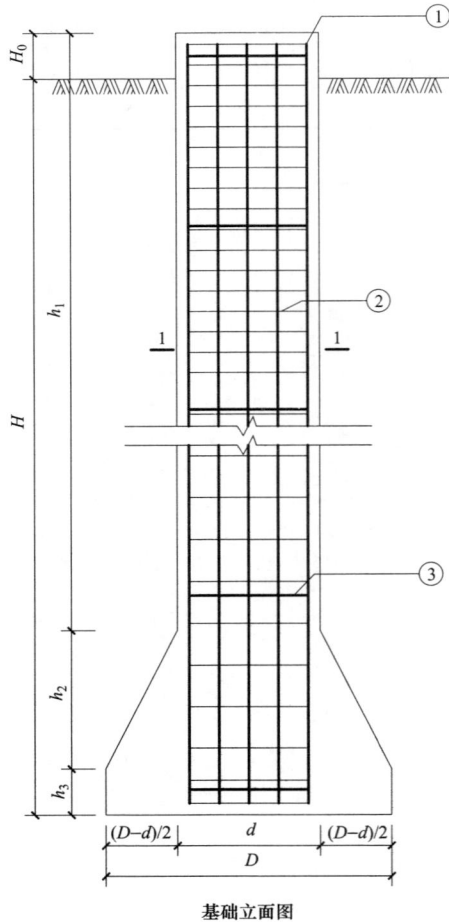

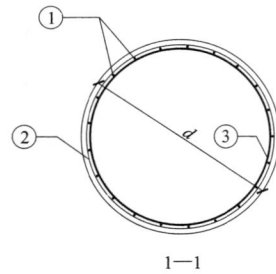

基础立面图

1—1

说明：1. 本基础适用于不受地下水影响的粉土地质条件。

2. 整体立塔时，混凝土的抗压强度应达到设计强度的100%。分解组塔时，混凝土必须达到抗压强度设计值的70%。

3. 基础根开及地脚螺栓间距与相应杆塔结构图核对无误后，方可施工。

4. 基础混凝土强度等级不应低于C25，主筋采用HRB400级钢筋，箍筋采用HPB300级钢筋。

5. 主筋保护层不小于50mm。

6. 基础施工完毕后，做好基面排水处理。

7. 本基础按机械成孔施工方式，未考虑护壁工程量。

图 9.2-1　1ZTW2 ∗ -100 掏挖基础施工图

基 础 参 数 表

基础名称	主柱直径 d (mm)	底板直径 D (mm)	基础埋深 H (mm)	主柱高 h_1 (mm)	圆台高 h_2 (mm)	下圆柱高 h_3 (mm)	基础露头 H_0 (mm)	主筋①	外箍筋②	内箍筋③	单腿混凝土量 (m³)	单腿钢筋量 (kg)
1ZTW2a-150-02	600	1100	3700	3600	500	100	200	12Φ14	Φ8@210	Φ14@1500	1.40	75.3
1ZTW2a-150-07	600	1100	3900	4300	500	100	700	12Φ14	Φ8@210	Φ14@1500	1.60	87.9
1ZTW2a-150-12	600	1100	4000	4900	500	100	1200	12Φ14	Φ8@210	Φ14@1500	1.77	98.7
1ZTW2a-150-17	600	1100	4200	5600	500	100	1700	12Φ14	Φ8@210	Φ14@1500	1.97	111.3
1ZTW2b-150-02	600	1100	3600	3500	500	100	200	12Φ14	Φ8@210	Φ14@1500	1.38	73.5
1ZTW2b-150-07	600	1100	3700	4100	200	100	700	12Φ14	Φ8@210	Φ14@1500	1.55	84.3
1ZTW2b-150-12	600	1100	3900	4800	500	100	1200	12Φ14	Φ8@210	Φ14@1500	1.74	96.9
1ZTW2b-150-17	600	1100	4200	5600	500	100	1700	12Φ14	Φ8@210	Φ14@1500	1.97	111.3
1ZTW2c-150-02	600	1100	3600	3500	500	100	200	12Φ14	Φ8@210	Φ14@1500	1.38	73.5
1ZTW2c-150-07	600	1100	3600	4000	500	100	700	12Φ14	Φ8@210	Φ14@1500	1.52	82.5
1ZTW2c-150-12	600	1100	3800	4700	500	100	1200	12Φ14	Φ8@210	Φ14@1500	1.72	95.1
1ZTW2c-150-17	600	1100	4200	5600	500	100	1700	12Φ14	Φ8@210	Φ14@1500	1.97	111.3

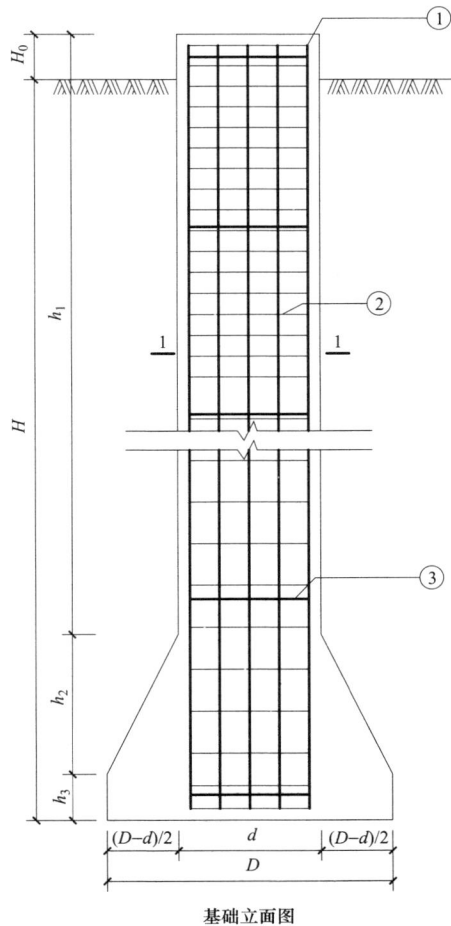

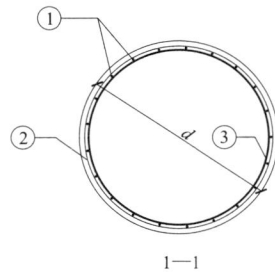

基础立面图

1—1

说明：1. 本基础适用于不受地下水影响的粉土地质条件。

2. 整体立塔时，混凝土的抗压强度应达到设计强度的100%。分解组塔时，混凝土必须达到抗压强度设计值的70%。

3. 基础根开及地脚螺栓间距与相应杆塔结构图核对无误后，方可施工。

4. 基础混凝土强度等级不应低于C25，主筋采用HRB400级钢筋，箍筋采用HPB300级钢筋。

5. 主筋保护层不小于50mm。

6. 基础施工完毕后，做好基面排水处理。

7. 本基础按机械成孔施工方式，未考虑护壁工程量。

图 9.2-2 1ZTW2 ∗ -150 掏挖基础施工图

基 础 参 数 表

基础名称	主柱直径 d (mm)	底板直径 D (mm)	基础埋深 H (mm)	主柱高 h_1 (mm)	圆台高 h_2 (mm)	下圆柱高 h_3 (mm)	基础露头 H_0 (mm)	主筋①	外箍筋②	内箍筋③	单腿混凝土量 (m^3)	单腿钢筋量 (kg)
1ZTW2a-200-02	700	1300	3900	3700	600	100	200	16Φ14	Φ8@210	Φ14@1500	2.04	103.1
1ZTW2a-200-07	700	1300	4000	4300	600	100	700	16Φ14	Φ8@210	Φ14@1500	2.27	117.2
1ZTW2a-200-12	700	1300	4200	5000	600	100	1200	16Φ14	Φ8@210	Φ14@1500	2.54	133.7
1ZTW2a-200-17	700	1300	4500	5800	600	100	1700	16Φ14	Φ8@210	Φ14@1500	2.85	152.5
1ZTW2b-200-02	700	1300	3700	3500	600	100	200	16Φ14	Φ8@210	Φ14@1500	1.97	98.4
1ZTW2b-200-07	700	1300	3900	4200	600	100	700	16Φ14	Φ8@210	Φ14@1500	2.23	114.9
1ZTW2b-200-12	700	1300	4100	4900	600	100	1200	16Φ14	Φ8@210	Φ14@1500	2.50	131.3
1ZTW2b-200-17	700	1300	4500	5800	600	100	1700	16Φ14	Φ8@210	Φ14@1500	2.85	152.5
1ZTW2c-200-02	600	1100	3600	3500	500	100	200	12Φ14	Φ8@210	Φ14@1500	1.38	73.5
1ZTW2c-200-07	600	1100	3800	4200	500	100	700	12Φ14	Φ8@210	Φ14@1500	1.57	86.1
1ZTW2c-200-12	600	1100	4200	5100	200	100	1200	12Φ14	Φ8@210	Φ14@1500	1.83	102.3
1ZTW2c-200-17	600	1100	4200	5600	500	100	1700	12Φ14	Φ8@210	Φ14@1500	1.97	111.3

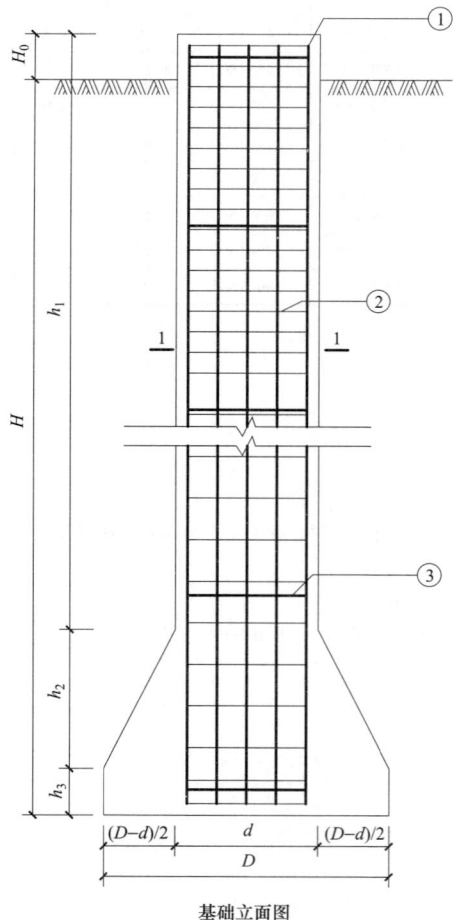

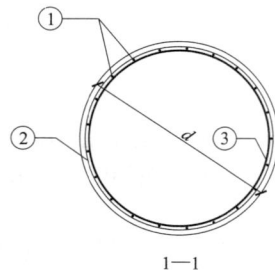

基础立面图

1—1

说明：1. 本基础适用于不受地下水影响的粉土地质条件。

2. 整体立塔时，混凝土的抗压强度应达到设计强度的100%。分解组塔时，混凝土必须达到抗压强度设计值的70%。

3. 基础根开及地脚螺栓间距与相应杆塔结构图核对无误后，方可施工。

4. 基础混凝土强度等级不应低于C25，主筋采用HRB400级钢筋，箍筋采用HPB300级钢筋。

5. 主筋保护层不小于50mm。

6. 基础施工完毕后，做好基面排水处理。

7. 本基础按机械成孔施工方式，未考虑护壁工程量。

图 9.2-3　1ZTW2*-200 掏挖基础施工图

基 础 参 数 表

基础名称	主柱直径 d (mm)	底板直径 D (mm)	基础埋深 H (mm)	主柱高 h_1 (mm)	圆台高 h_2 (mm)	下圆柱高 h_3 (mm)	基础露头 H_0 (mm)	主筋①	外箍筋②	内箍筋③	单腿混凝土量 (m^3)	单腿钢筋量 (kg)
1ZTW2a-250-02	700	1300	4600	4400	600	100	200	16⌀14	Φ8@210	Φ14@1500	2.31	119.6
1ZTW2a-250-07	700	1300	4800	5100	600	100	700	16⌀14	Φ8@210	Φ14@1500	2.58	136.0
1ZTW2a-250-12	700	1300	5000	5800	600	100	1200	16⌀14	Φ8@210	Φ14@1500	2.85	152.5
1ZTW2a-250-17	700	1300	5100	6400	600	100	1700	16⌀14	Φ8@210	Φ14@1500	3.08	166.6
1ZTW2b-250-02	700	1300	4400	4200	600	100	200	16⌀14	Φ8@210	Φ14@1500	2.23	114.9
1ZTW2b-250-07	700	1300	4600	4900	600	100	700	16⌀14	Φ8@210	Φ14@1500	2.50	131.3
1ZTW2b-250-12	700	1300	4800	5600	600	100	1200	16⌀14	Φ8@210	Φ14@1500	2.77	147.8
1ZTW2b-250-17	700	1300	4900	6200	600	100	1700	16⌀14	Φ8@210	Φ14@1500	3.00	161.9
1ZTW2c-250-02	600	1100	4300	4200	500	100	200	12⌀14	Φ8@210	Φ14@1500	1.57	86.1
1ZTW2c-250-07	600	1100	4400	4800	500	100	700	12⌀14	Φ8@210	Φ14@1500	1.74	96.9
1ZTW2c-250-12	600	1100	4500	5400	500	100	1200	12⌀14	Φ8@210	Φ14@1500	1.91	107.7
1ZTW2c-250-17	700	1300	4500	5800	600	100	1700	16⌀14	Φ8@210	Φ14@1500	2.85	152.5

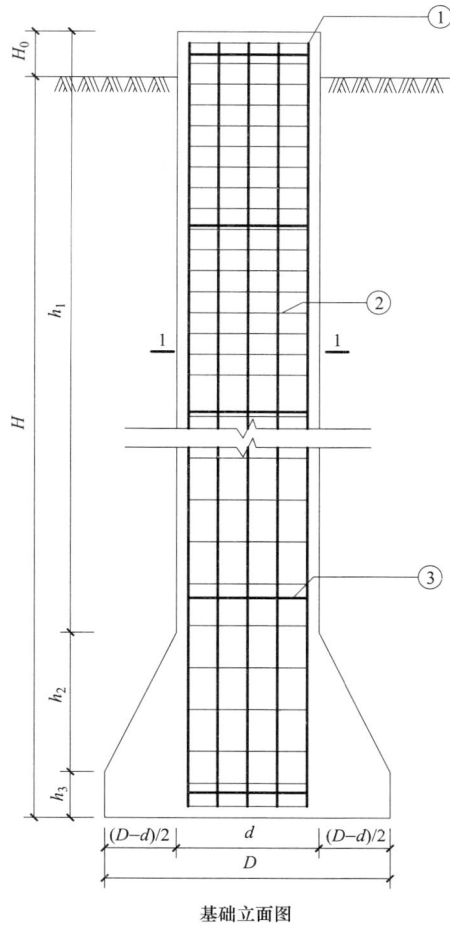

基础立面图

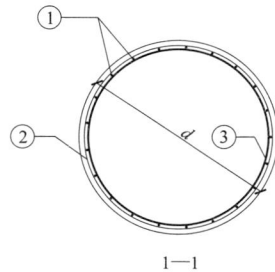

1—1

说明：1. 本基础适用于不受地下水影响的粉土地质条件。

2. 整体立塔时，混凝土的抗压强度应达到设计强度的100%。分解组塔时，混凝土必须达到抗压强度设计值的70%。

3. 基础根开及地脚螺栓间距与相应杆塔结构图核对无误后，方可施工。

4. 基础混凝土强度等级不应低于C25，主筋采用HRB400级钢筋，箍筋采用HPB300级钢筋。

5. 主筋保护层不小于50mm。

6. 基础施工完毕后，做好基面排水处理。

7. 本基础按机械成孔施工方式，未考虑护壁工程量。

图 9.2-4   1ZTW2∗-250 掏挖基础施工图

基础名称	主柱直径 d (mm)	底板直径 D (mm)	基础埋深 H (mm)	主柱高 h_1 (mm)	圆台高 h_2 (mm)	下圆柱高 h_3 (mm)	基础露头 H_0 (mm)	主筋①	外箍筋②	内箍筋③	单腿混凝土量 (m³)	单腿钢筋量 (kg)
1ZTW2a-300-02	800	1500	4500	4200	700	100	200	16 Φ 16	Φ8@240	Φ14@1500	3.04	147.4
1ZTW2a-300-07	800	1500	4700	4900	700	100	700	16 Φ 16	Φ8@240	Φ14@1500	3.39	168.1
1ZTW2a-300-12	800	1500	4900	5600	700	100	1200	16 Φ 16	Φ8@240	Φ14@1500	3.74	188.9
1ZTW2a-300-17	800	1500	5100	6300	700	100	1700	16 Φ 16	Φ8@240	Φ14@1500	4.09	209.6
1ZTW2b-300-02	800	1500	4400	4100	700	100	200	16 Φ 16	Φ8@240	Φ14@1500	2.99	144.4
1ZTW2b-300-07	800	1500	4600	4800	700	100	700	16 Φ 16	Φ8@240	Φ14@1500	3.34	165.2
1ZTW2b-300-12	800	1500	4700	5400	700	100	1200	16 Φ 16	Φ8@240	Φ14@1500	3.64	183.0
1ZTW2b-300-17	800	1500	4900	6100	700	100	1700	16 Φ 16	Φ8@240	Φ14@1500	3.99	203.7
1ZTW2c-300-02	700	1300	4100	3900	600	200	200	16 Φ 14	Φ8@210	Φ14@1500	2.12	107.8
1ZTW2c-300-07	700	1300	4300	4600	600	100	700	16 Φ 14	Φ8@210	Φ14@1500	2.39	124.3
1ZTW2c-300-12	700	1300	4500	5300	600	100	1200	16 Φ 14	Φ8@210	Φ14@1500	2.66	140.7
1ZTW2c-300-17	700	1300	4500	5800	600	100	1700	16 Φ 14	Φ8@210	Φ14@1500	2.85	152.5

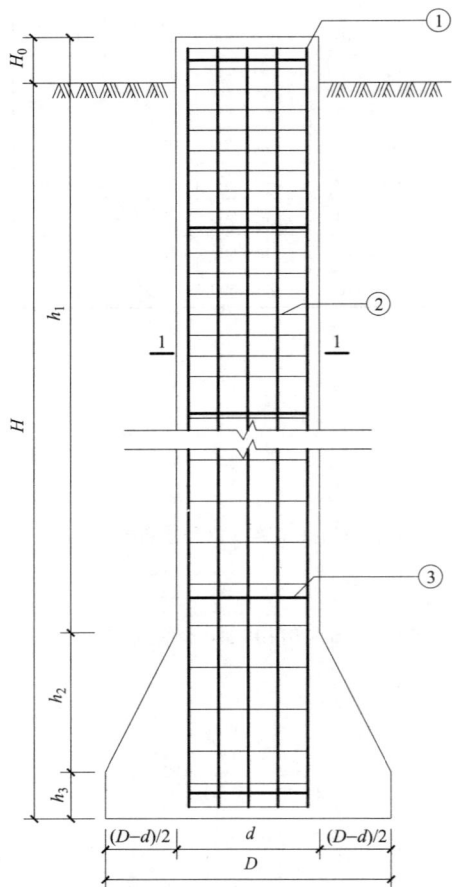

基础立面图

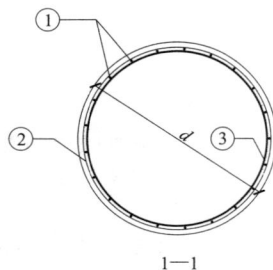

1—1

说明：1. 本基础适用于不受地下水影响的粉土地质条件。

2. 整体立塔时，混凝土的抗压强度应达到设计强度的 100%。分解组塔时，混凝土必须达到抗压强度设计值的 70%。

3. 基础根开及地脚螺栓间距与相应杆塔结构图核对无误后，方可施工。

4. 基础混凝土强度等级不应低于 C25，主筋采用 HRB400 级钢筋，箍筋采用 HPB300 级钢筋。

5. 主筋保护层不小于 50mm。

6. 基础施工完毕后，做好基面排水处理。

7. 本基础按机械成孔施工方式，未考虑护壁工程量。

图 9.2-5 1ZTW2＊-300 掏挖基础施工图

基 础 参 数 表

基础名称	主柱直径 d（mm）	底板直径 D（mm）	基础埋深 H（mm）	主柱高 h_1（mm）	圆台高 h_2（mm）	下圆柱高 h_3（mm）	基础露头 H_0（mm）	主筋①	外箍筋②	内箍筋③	单腿混凝土量 （m³）	单腿钢筋量 （kg）
1ZTW2a-350-02	800	1500	5200	4900	700	100	200	16 ⊕ 16	Φ 8@ 240	Φ 14@ 1500	3.39	168.1
1ZTW2a-350-07	800	1500	5400	5600	700	100	700	16 ⊕ 16	Φ 8@ 240	Φ 14@ 1500	3.74	188.9
1ZTW2a-350-12	800	1500	5500	6200	700	100	1200	16 ⊕ 16	Φ 8@ 240	Φ 14@ 1500	4.04	206.7
1ZTW2a-350-17	900	1700	5000	6100	800	100	1700	20 ⊕ 16	Φ 8@ 240	Φ 14@ 1500	5.20	255.0
1ZTW2b-350-02	800	1500	5000	4700	700	100	200	16 ⊕ 16	Φ 8@ 240	Φ 14@ 1500	3.29	162.2
1ZTW2b-350-07	800	1500	5200	5400	700	100	700	16 ⊕ 16	Φ 8@ 240	Φ 14@ 1500	3.64	183.0
1ZTW2b-350-12	800	1500	5300	6000	700	100	1200	16 ⊕ 16	Φ 8@ 240	Φ 14@ 1500	3.94	200.7
1ZTW2b-350-17	800	1500	5500	6700	700	100	1700	16 ⊕ 16	Φ 8@ 240	Φ 14@ 1500	4.29	221.5
1ZTW2c-350-02	700	1300	4600	4400	600	100	200	16 ⊕ 14	Φ 8@ 210	Φ 14@ 1500	2.31	119.6
1ZTW2c-350-07	700	1300	4700	5000	600	100	700	16 ⊕ 14	Φ 8@ 210	Φ 14@ 1500	2.54	133.7
1ZTW2c-350-12	700	1300	4900	5700	600	100	1200	16 ⊕ 14	Φ 8@ 210	Φ 14@ 1500	2.81	150.2
1ZTW2c-350-17	700	1300	5000	6300	600	100	1700	16 ⊕ 14	Φ 8@ 210	Φ 14@ 1500	3.04	164.3

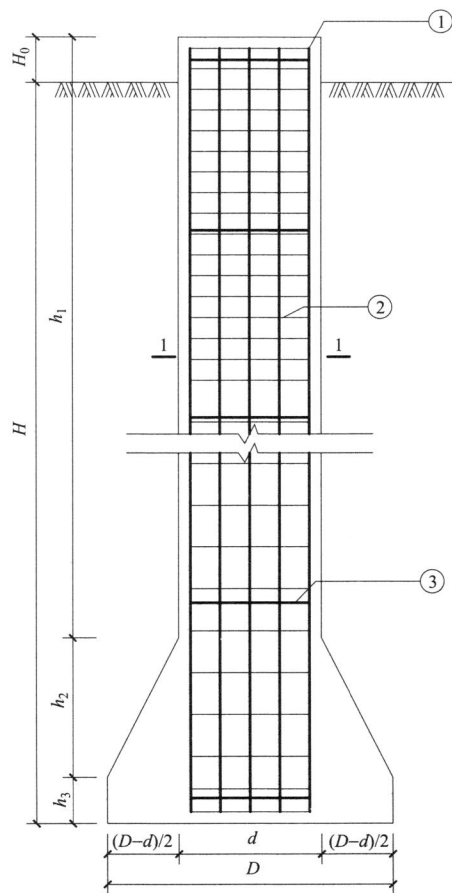

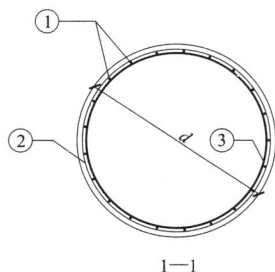

基础立面图

1—1

说明：1. 本基础适用于不受地下水影响的粉土地质条件。

2. 整体立塔时，混凝土的抗压强度应达到设计强度的100%。分解组塔时，混凝土必须达到抗压强度设计值的70%。

3. 基础根开及地脚螺栓间距与相应杆塔结构图核对无误后，方可施工。

4. 基础混凝土强度等级不应低于 C25，主筋采用 HRB400 级钢筋，箍筋采用 HPB300 级钢筋。

5. 主筋保护层不小于 50mm。

6. 基础施工完毕后，做好基面排水处理。

7. 本基础按机械成孔施工方式，未考虑护壁工程量。

图 9.2-6 1ZTW2＊-350 掏挖基础施工图

基 础 参 数 表

基础名称	主柱直径 d (mm)	底板直径 D (mm)	基础埋深 H (mm)	主柱高 h_1 (mm)	圆台高 h_2 (mm)	下圆柱高 h_3 (mm)	基础露头 H_0 (mm)	主筋①	外箍筋②	内箍筋③	单腿混凝土量 (m³)	单腿钢筋量 (kg)
1ZTW2a-400-02	900	1700	5000	4600	800	100	200	20⊈16	Φ8@240	Φ14@1500	4.25	200.1
1ZTW2a-400-07	900	1700	5200	5300	800	100	700	20⊈16	Φ8@240	Φ14@1500	4.69	225.7
1ZTW2a-400-12	900	1700	5300	5900	800	100	1200	20⊈16	Φ8@240	Φ14@1500	5.08	247.7
1ZTW2a-400-17	900	1700	5500	6600	800	100	1700	20⊈16	Φ8@240	Φ14@1500	5.52	273.3
1ZTW2b-400-02	900	1700	4800	4400	800	100	200	20⊈16	Φ8@240	Φ14@1500	4.12	192.8
1ZTW2b-400-07	900	1700	5000	5100	800	100	700	20⊈16	Φ8@240	Φ14@1500	4.57	218.4
1ZTW2b-400-12	900	1700	5200	5800	800	100	1200	20⊈16	Φ8@240	Φ14@1500	5.01	244.0
1ZTW2b-400-17	900	1700	5300	6400	800	100	1700	20⊈16	Φ8@240	Φ14@1500	5.39	266.0
1ZTW2c-400-02	800	1500	4400	4100	700	100	200	16⊈16	Φ8@240	Φ14@1500	2.99	144.4
1ZTW2c-400-07	800	1500	4500	4700	700	100	700	16⊈16	Φ8@240	Φ14@1500	3.29	162.2
1ZTW2c-400-12	800	1500	4900	5600	700	100	1200	16⊈16	Φ8@240	Φ14@1500	3.74	188.9
1ZTW2c-400-17	800	1500	5000	6200	700	100	1700	16⊈16	Φ8@240	Φ14@1500	4.04	206.7

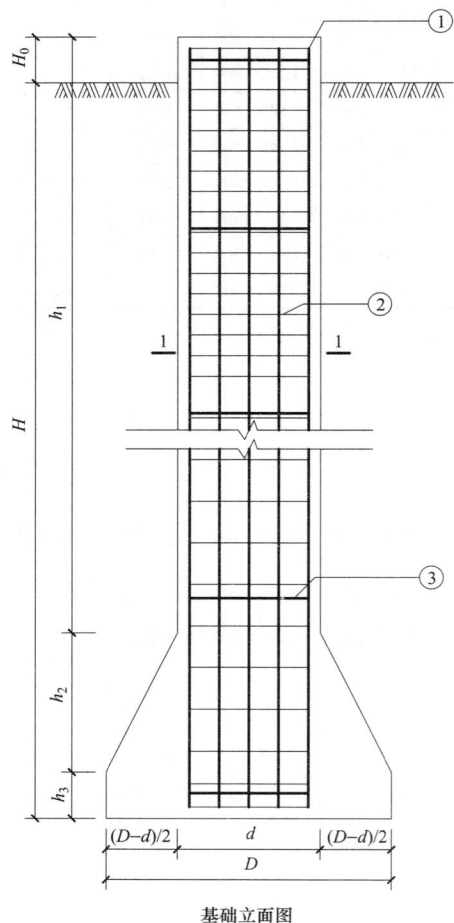

基础立面图

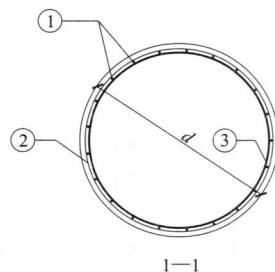

1—1

说明：1. 本基础适用于不受地下水影响的粉土地质条件。

2. 整体立塔时，混凝土的抗压强度应达到设计强度的100%。分解组塔时，混凝土必须达到抗压强度设计值的70%。

3. 基础根开及地脚螺栓间距与相应杆塔结构图核对无误后，方可施工。

4. 基础混凝土强度等级不应低于C25，主筋采用HRB400级钢筋，箍筋采用HPB300级钢筋。

5. 主筋保护层不小于50mm。

6. 基础施工完毕后，做好基面排水处理。

7. 本基础按机械成孔施工方式，未考虑护壁工程量。

图 9.2-7　1ZTW2＊-400 掏挖基础施工图

基 础 参 数 表

基础名称	主柱直径 d（mm）	底板直径 D（mm）	基础埋深 H（mm）	主柱高 h_1（mm）	圆台高 h_2（mm）	下圆柱高 h_3（mm）	基础露头 H_0（mm）	主筋①	外箍筋②	内箍筋③	单腿混凝土量（m³）	单腿钢筋量（kg）
1ZTW2a-450-02	900	1700	5500	5100	800	100	200	20Φ16	Φ8@240	Φ14@1500	4.57	218.4
1ZTW2a-450-07	900	1700	5700	5800	800	100	700	20Φ16	Φ8@240	Φ14@1500	5.01	244.0
1ZTW2a-450-12	900	1700	5800	6400	800	100	1200	20Φ16	Φ8@240	Φ14@1500	5.39	266.0
1ZTW2a-450-17	900	1700	6000	7100	800	100	1700	20Φ16	Φ8@240	Φ14@1500	5.84	291.6
1ZTW2b-450-02	900	1700	5300	4900	800	100	200	20Φ16	Φ8@240	Φ14@1500	4.44	211.1
1ZTW2b-450-07	900	1700	5500	5600	800	100	700	20Φ16	Φ8@240	Φ14@1500	4.88	236.7
1ZTW2b-450-12	900	1700	5600	6200	800	100	1200	20Φ16	Φ8@240	Φ14@1500	5.27	258.6
1ZTW2b-450-17	900	1700	5800	6900	800	100	1700	20Φ16	Φ8@240	Φ14@1500	5.71	284.3
1ZTW2c-450-02	800	1500	4700	4400	700	100	200	16Φ16	Φ8@240	Φ14@1500	3.14	153.3
1ZTW2c-450-07	800	1500	4900	5100	700	100	700	16Φ16	Φ8@240	Φ14@1500	3.49	174.1
1ZTW2c-450-12	800	1500	5100	5800	700	100	1200	16Φ16	Φ8@240	Φ14@1500	3.84	194.8
1ZTW2c-450-17	800	1500	5300	6500	700	100	1700	16Φ16	Φ8@240	Φ14@1500	4.19	215.6

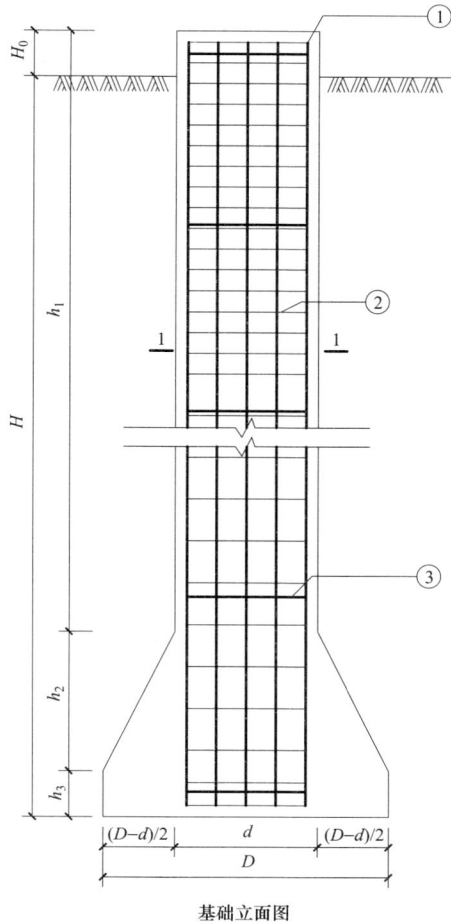

基础立面图

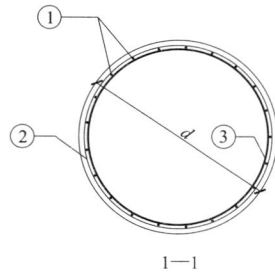

1—1

说明：1. 本基础适用于不受地下水影响的粉土地质条件。

2. 整体立塔时，混凝土的抗压强度应达到设计强度的 100%。分解组塔时，混凝土必须达到抗压强度设计值的 70%。

3. 基础根开及地脚螺栓间距与相应杆塔结构图核对无误后，方可施工。

4. 基础混凝土强度等级不应低于 C25，主筋采用 HRB400 级钢筋，箍筋采用 HPB300 级钢筋。

5. 主筋保护层不小于 50mm。

6. 基础施工完毕后，做好基面排水处理。

7. 本基础按机械成孔施工方式，未考虑护壁工程量。

图 9.2-8　1ZTW2*-450 掏挖基础施工图

基 础 参 数 表

基础名称	主柱直径 d (mm)	底板直径 D (mm)	基础埋深 H (mm)	主柱高 h_1 (mm)	圆台高 h_2 (mm)	下圆柱高 h_3 (mm)	基础露头 H_0 (mm)	主筋①	外箍筋②	内箍筋③	单腿混凝土量 (m³)	单腿钢筋量 (kg)
1ZTW2a-500-02	1000	2000	5000	4600	800	100	200	20 Φ 18	Φ 8@ 270	Φ 14@ 1500	5.39	246.3
1ZTW2a-500-07	1000	2000	5200	5300	800	100	700	20 Φ 18	Φ 8@ 270	Φ 14@ 1500	5.94	277.9
1ZTW2a-500-12	1000	2000	5400	6000	800	100	1200	20 Φ 18	Φ 8@ 270	Φ 14@ 1500	6.49	309.5
1ZTW2a-500-17	1000	2000	5600	6700	800	100	1700	20 Φ 18	Φ 8@ 270	Φ 14@ 1500	7.04	341.0
1ZTW2b-500-02	900	1700	5800	5400	800	100	200	20 Φ 16	Φ 8@ 240	Φ 14@ 1500	4.76	229.4
1ZTW2b-500-07	900	1700	6000	6100	800	100	700	20 Φ 16	Φ 8@ 240	Φ 14@ 1500	5.20	255.0
1ZTW2b-500-12	900	1700	6100	6700	800	100	1200	20 Φ 16	Φ 8@ 240	Φ 14@ 1500	5.58	276.9
1ZTW2b-500-17	1000	2000	5600	6700	800	100	1700	20 Φ 18	Φ 8@ 270	Φ 14@ 1500	7.04	341.0
1ZTW2c-500-02	800	1500	5100	4800	700	100	200	16 Φ 16	Φ 8@ 240	Φ 14@ 1500	3.34	165.2
1ZTW2c-500-07	800	1500	5300	5500	700	100	700	16 Φ 16	Φ 8@ 240	Φ 14@ 1500	3.69	185.9
1ZTW2c-500-12	800	1500	5400	6100	700	100	1200	16 Φ 16	Φ 8@ 240	Φ 14@ 1500	3.99	203.7
1ZTW2c-500-17	900	1700	5300	6400	800	100	1700	20 Φ 16	Φ 8@ 240	Φ 14@ 1500	5.39	266.0

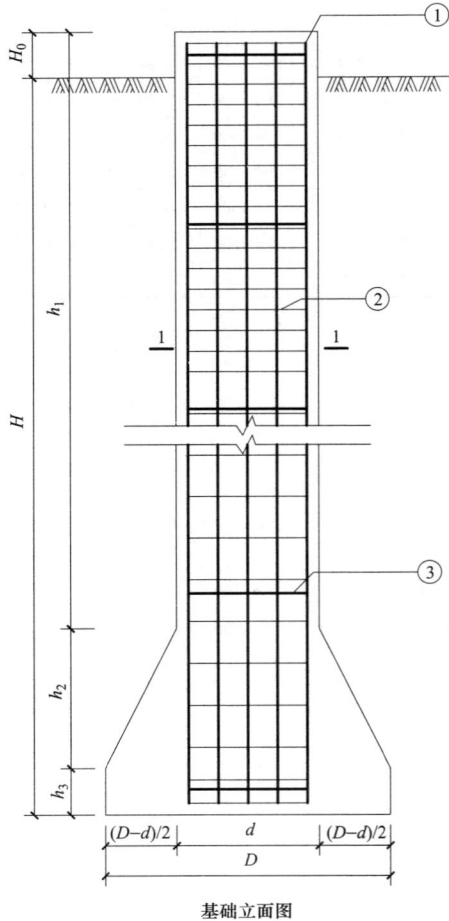

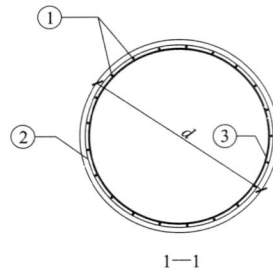

基础立面图

1—1

说明：1. 本基础适用于不受地下水影响的粉土地质条件。

2. 整体立塔时，混凝土的抗压强度应达到设计强度的100%。分解组塔时，混凝土必须达到抗压强度设计值的70%。

3. 基础根开及地脚螺栓间距与相应杆塔结构图核对无误后，方可施工。

4. 基础混凝土强度等级不应低于 C25，主筋采用 HRB400 级钢筋，箍筋采用 HPB300 级钢筋。

5. 主筋保护层不小于 50mm。

6. 基础施工完毕后，做好基面排水处理。

7. 本基础按机械成孔施工方式，未考虑护壁工程量。

图 9.2-9　1ZTW2＊-500 掏挖基础施工图

基 础 参 数 表

基础名称	主柱直径 d（mm）	底板直径 D（mm）	基础埋深 H（mm）	主柱高 h_1（mm）	圆台高 h_2（mm）	下圆柱高 h_3（mm）	基础露头 H_0（mm）	主筋①	外箍筋②	内箍筋③	单腿混凝土量（m^3）	单腿钢筋量（kg）
1ZTW2a-550-02	1000	2000	5300	4900	800	100	200	20Φ18	Φ8@270	Φ14@1500	5.63	259.8
1ZTW2a-550-07	1000	2000	5600	5700	800	100	700	20Φ18	Φ8@270	Φ14@1500	6.26	295.9
1ZTW2a-550-12	1000	2000	5700	6300	800	100	1200	20Φ18	Φ8@270	Φ14@1500	6.73	323.0
1ZTW2a-550-17	1000	2000	5900	7000	800	100	1700	20Φ18	Φ8@270	Φ14@1500	7.28	354.6
1ZTW2b-550-02	1000	2000	5200	4800	800	100	200	20Φ18	Φ8@270	Φ14@1500	5.55	255.3
1ZTW2b-550-07	1000	2000	5400	5500	800	100	700	20Φ18	Φ8@270	Φ14@1500	6.10	286.9
1ZTW2b-550-12	1000	2000	5600	6200	800	100	1200	20Φ18	Φ8@270	Φ14@1500	6.65	318.5
1ZTW2b-550-17	1000	2000	5700	6800	800	100	1700	20Φ18	Φ8@270	Φ14@1500	7.12	345.6
1ZTW2c-550-02	800	1500	5500	5200	700	100	200	16Φ16	Φ8@240	Φ14@1500	3.54	177.0
1ZTW2c-550-07	900	1700	5100	5200	800	100	700	20Φ16	Φ8@240	Φ14@1500	4.63	222.0
1ZTW2c-550-12	900	1700	5400	6000	800	100	1200	20Φ16	Φ8@240	Φ14@1500	5.14	251.3
1ZTW2c-550-17	900	1700	5600	6700	800	100	1700	20Φ16	Φ8@240	Φ14@1500	5.58	276.9

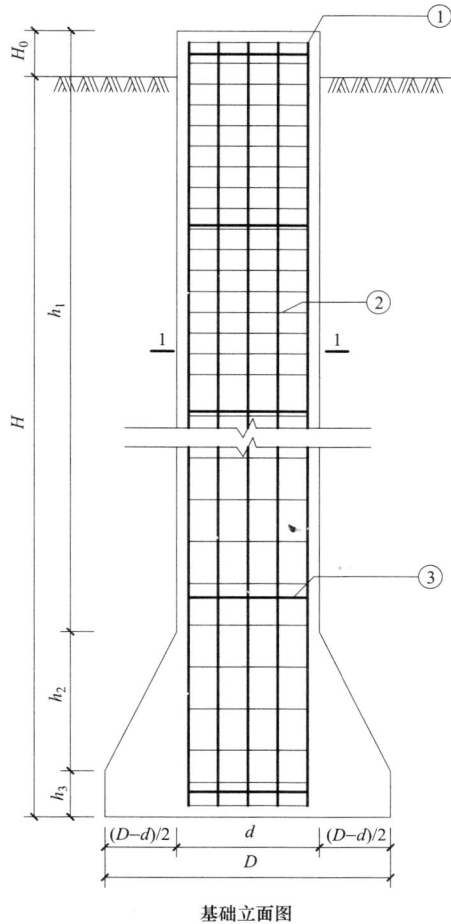

基础立面图

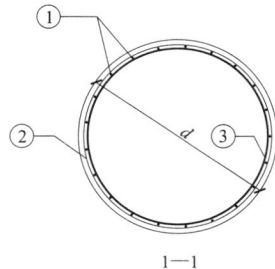

1—1

说明：1. 本基础适用于不受地下水影响的粉土地质条件。

2. 整体立塔时，混凝土的抗压强度应达到设计强度的100%。分解组塔时，混凝土必须达到抗压强度设计值的70%。

3. 基础根开及地脚螺栓间距与相应杆塔结构图核对无误后，方可施工。

4. 基础混凝土强度等级不应低于C25，主筋采用HRB400级钢筋，箍筋采用HPB300级钢筋。

5. 主筋保护层不小于50mm。

6. 基础施工完毕后，做好基面排水处理。

7. 本基础按机械成孔施工方式，未考虑护壁工程量。

图 9.2-10　1ZTW2＊-550 掏挖基础施工图

基 础 参 数 表

基础名称	主柱直径 d (mm)	底板直径 D (mm)	基础埋深 H (mm)	主柱高 h_1 (mm)	圆台高 h_2 (mm)	下圆柱高 h_3 (mm)	基础露头 H_0 (mm)	主筋①	外箍筋②	内箍筋③	单腿混凝土量 (m^3)	单腿钢筋量 (kg)
1ZTW2a-600-02	1000	2000	5700	5300	800	100	200	20Φ18	Φ8@270	Φ14@1500	5.94	277.9
1ZTW2a-600-07	1000	2000	5900	6000	800	100	700	20Φ18	Φ8@270	Φ14@1500	6.49	309.5
1ZTW2a-600-12	1000	2000	6100	6700	800	100	1200	20Φ18	Φ8@270	Φ14@1500	7.04	341.0
1ZTW2a-600-17	1000	2000	6200	7300	800	100	1700	20Φ18	Φ8@270	Φ14@1500	7.51	368.1
1ZTW2b-600-02	1000	2000	5500	5100	800	100	200	20Φ18	Φ8@270	Φ14@1500	5.79	268.9
1ZTW2b-600-07	1000	2000	5700	5800	800	100	700	20Φ18	Φ8@270	Φ14@1500	6.34	300.4
1ZTW2b-600-12	1000	2000	5900	6500	800	100	1200	20Φ18	Φ8@270	Φ14@1500	6.89	332.0
1ZTW2b-600-17	1000	2000	6100	7200	800	100	1700	20Φ18	Φ8@270	Φ14@1500	7.44	363.6
1ZTW2c-600-02	900	1700	5100	4700	800	100	200	20Φ16	Φ8@240	Φ14@1500	4.31	203.7
1ZTW2c-600-07	900	1700	5400	5500	800	100	700	20Φ16	Φ8@240	Φ14@1500	4.82	233.0
1ZTW2c-600-12	900	1700	5700	6300	800	100	1200	20Φ16	Φ8@240	Φ14@1500	5.33	262.3
1ZTW2c-600-17	900	1700	5900	7000	800	100	1700	20Φ16	Φ8@240	Φ14@1500	5.78	287.9

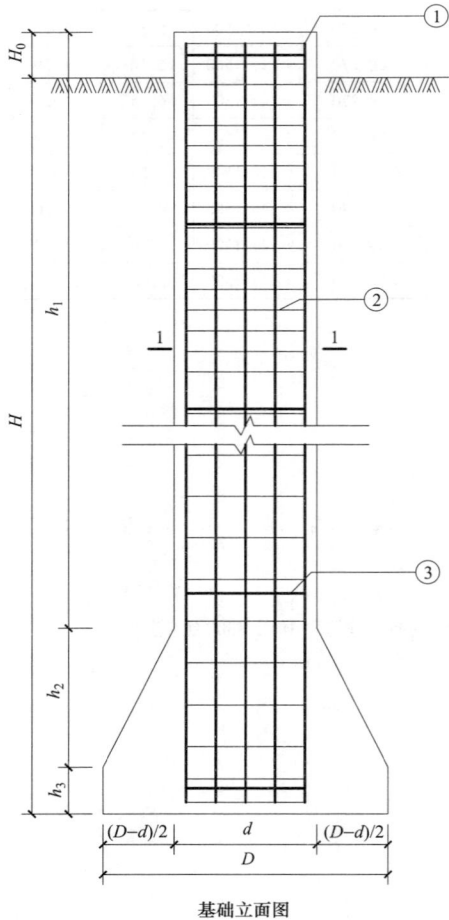

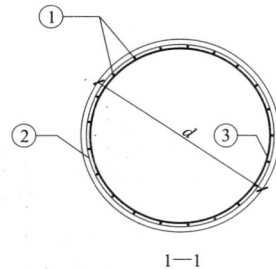

基础立面图

1—1

说明：1. 本基础适用于不受地下水影响的粉土地质条件。

2. 整体立塔时，混凝土的抗压强度应达到设计强度的100%。分解组塔时，混凝土必须达到抗压强度设计值的70%。

3. 基础根开及地脚螺栓间距与相应杆塔结构图核对无误后，方可施工。

4. 基础混凝土强度等级不应低于C25，主筋采用HRB400级钢筋，箍筋采用HPB300级钢筋。

5. 主筋保护层不小于50mm。

6. 基础施工完毕后，做好基面排水处理。

7. 本基础按机械成孔施工方式，未考虑护壁工程量。

图 9.2-11 1ZTW2*-600 掏挖基础施工图

9.3 1ZTW3 子模块

此子模块适用于碎石土地基,共包含 11 张图纸,基础施工图图纸清单见表 9.3-1。

表 9.3-1   **1ZTW3 子模块基础施工图图纸清单**

序号	图号	图 名	基础作用力(kN)	
			$T/T_x/T_y$	$N/N_x/N_y$
1	图 9.3-1	1ZTW3 * -100 掏挖基础施工图	100/14/14	130/18/18
2	图 9.3-2	1ZTW3 * -150 掏挖基础施工图	150/21/21	195/27/27
3	图 9.3-3	1ZTW3 * -200 掏挖基础施工图	200/28/28	260/36/36
4	图 9.3-4	1ZTW3 * -250 掏挖基础施工图	250/35/35	325/46/46

序号	图号	图 名	基础作用力(kN)	
			$T/T_x/T_y$	$N/N_x/N_y$
5	图 9.3-5	1ZTW3 * -300 掏挖基础施工图	300/42/42	390/55/55
6	图 9.3-6	1ZTW3 * -350 掏挖基础施工图	350/49/49	455/64/64
7	图 9.3-7	1ZTW3 * -400 掏挖基础施工图	400/56/56	520/73/73
8	图 9.3-8	1ZTW3 * -450 掏挖基础施工图	450/63/63	585/82/82
9	图 9.3-9	1ZTW3 * -500 掏挖基础施工图	500/70/70	650/91/91
10	图 9.3-10	1ZTW3 * -550 掏挖基础施工图	550/77/77	715/100/100
11	图 9.3-11	1ZTW3 * -600 掏挖基础施工图	600/84/84	780/109/109

注   3 * 代表 3a、3b 两种地质参数组合。

基 础 参 数 表

基础名称	主柱直径 d (mm)	底板直径 D (mm)	基础埋深 H (mm)	主柱高 h_1 (mm)	圆台高 h_2 (mm)	下圆柱高 h_3 (mm)	基础露头 H_0 (mm)	主筋①	外箍筋②	内箍筋③	单腿混凝土量 (m³)	单腿钢筋量 (kg)
1ZTW3a-100-02	600	1100	3600	3500	200	100	200	12Φ14	Φ8@210	Φ14@1500	1.38	73.5
1ZTW3a-100-07	600	1100	3600	4000	200	100	700	12Φ14	Φ8@210	Φ14@1500	1.52	82.5
1ZTW3a-100-12	600	1100	3600	4500	200	100	1200	12Φ14	Φ8@210	Φ14@1500	1.66	91.5
1ZTW3a-100-17	600	1100	3600	5000	200	100	1700	12Φ14	Φ8@210	Φ14@1500	1.80	100.5
1ZTW3b-100-02	600	1100	3600	3500	200	100	200	12Φ14	Φ8@210	Φ14@1500	1.38	73.5
1ZTW3b-100-07	600	1100	3600	4000	200	100	700	12Φ14	Φ8@210	Φ14@1500	1.52	82.5
1ZTW3b-100-12	600	1100	3600	4500	200	100	1200	12Φ14	Φ8@210	Φ14@1500	1.66	91.5
1ZTW3b-100-17	600	1100	3600	5000	200	100	1700	12Φ14	Φ8@210	Φ14@1500	1.80	100.5

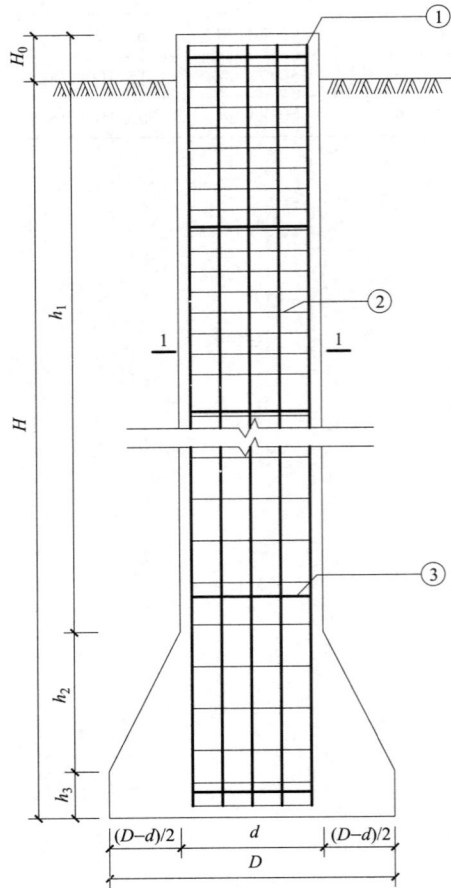

基础立面图

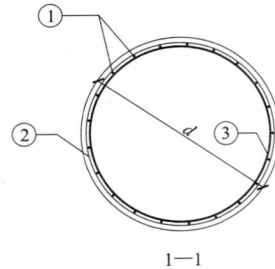

1—1

说明：1. 本基础适用于不受地下水影响的碎石土地质条件。

2. 整体立塔时，混凝土的抗压强度应达到设计强度的100%。分解组塔时，混凝土必须达到抗压强度设计值的70%。

3. 基础根开及地脚螺栓间距与相应杆塔结构图核对无误后，方可施工。

4. 基础混凝土强度等级不应低于C25，主筋采用HRB400级钢筋，箍筋采用HPB300级钢筋。

5. 主筋保护层不小于50mm。

6. 基础施工完毕后，做好基面排水处理。

7. 本基础按机械成孔施工方式，未考虑护壁工程量。

图 9.3-1 1ZTW3＊-100 掘挖基础施工图

基 础 参 数 表

基础名称	主柱直径 d （mm）	底板直径 D （mm）	基础埋深 H （mm）	主柱高 h_1 （mm）	圆台高 h_2 （mm）	下圆柱高 h_3 （mm）	基础露头 H_0 （mm）	主筋①	外箍筋②	内箍筋③	单腿混凝土量 （m^3）	单腿钢筋量 （kg）
1ZTW3a-150-02	600	1100	3600	3500	200	100	200	12 ⊈ 14	Φ 8@ 210	Φ 14@ 1500	1.38	73.5
1ZTW3a-150-07	600	1100	3600	4000	200	100	700	12 ⊈ 14	Φ 8@ 210	Φ 14@ 1500	1.52	82.5
1ZTW3a-150-12	600	1100	3600	4500	200	100	1200	12 ⊈ 14	Φ 8@ 210	Φ 14@ 1500	1.66	91.5
1ZTW3a-150-17	600	1100	3600	5000	200	100	1700	12 ⊈ 14	Φ 8@ 210	Φ 14@ 1500	1.80	100.5
1ZTW3b-150-02	600	1100	3600	3500	200	100	200	12 ⊈ 14	Φ 8@ 210	Φ 14@ 1500	1.38	73.5
1ZTW3b-150-07	600	1100	3600	4000	200	100	700	12 ⊈ 14	Φ 8@ 210	Φ 14@ 1500	1.52	82.5
1ZTW3b-150-12	600	1100	3600	4500	200	100	1200	12 ⊈ 14	Φ 8@ 210	Φ 14@ 1500	1.66	91.5
1ZTW3b-150-17	600	1100	3600	5000	200	100	1700	12 ⊈ 14	Φ 8@ 210	Φ 14@ 1500	1.80	100.5

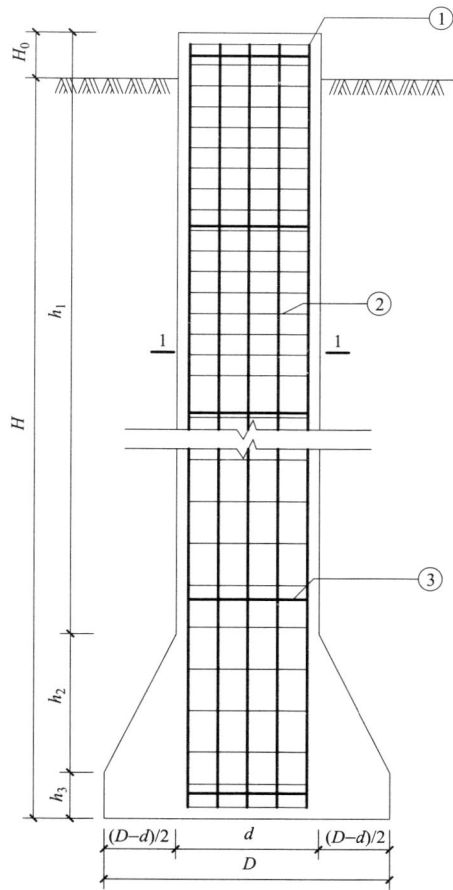

基础立面图

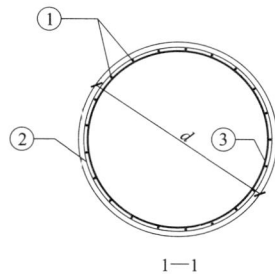

1—1

说明： 1. 本基础适用于不受地下水影响的碎石土地质条件。

2. 整体立塔时，混凝土的抗压强度应达到设计强度的100%。分解组塔时，混凝土必须达到抗压强度设计值的70%。

3. 基础根开及地脚螺栓间距与相应杆塔结构图核对无误后，方可施工。

4. 基础混凝土强度等级不应低于C25，主筋采用HRB400级钢筋，箍筋采用HPB300级钢筋。

5. 主筋保护层不小于50mm。

6. 基础施工完毕后，做好基面排水处理。

7. 本基础按机械成孔施工方式，未考虑护壁工程量。

图 9.3-2　1ZTW3∗-150 掏挖基础施工图

基础参数表

基础名称	主柱直径 d（mm）	底板直径 D（mm）	基础埋深 H（mm）	主柱高 h_1（mm）	圆台高 h_2（mm）	下圆柱高 h_3（mm）	基础露头 H_0（mm）	主筋①	外箍筋②	内箍筋③	单腿混凝土量（m^3）	单腿钢筋量（kg）
1ZTW3a-200-02	600	1100	3600	3500	200	100	200	12⚿14	Φ8@210	Φ14@1500	1.38	73.5
1ZTW3a-200-07	600	1100	3600	4000	200	100	700	12⚿14	Φ8@210	Φ14@1500	1.52	82.5
1ZTW3a-200-12	600	1100	3600	4500	200	100	1200	12⚿14	Φ8@210	Φ14@1500	1.66	91.5
1ZTW3a-200-17	600	1100	3600	5000	200	100	1700	12⚿14	Φ8@210	Φ14@1500	1.80	100.5
1ZTW3b-200-02	600	1100	3600	3500	200	100	200	12⚿14	Φ8@210	Φ14@1500	1.38	73.5
1ZTW3b-200-07	600	1100	3600	4000	200	100	700	12⚿14	Φ8@210	Φ14@1500	1.52	82.5
1ZTW3b-200-12	600	1100	3600	4500	200	100	1200	12⚿14	Φ8@210	Φ14@1500	1.66	91.5
1ZTW3b-200-17	600	1100	3600	5000	200	100	1700	12⚿14	Φ8@210	Φ14@1500	1.80	100.5

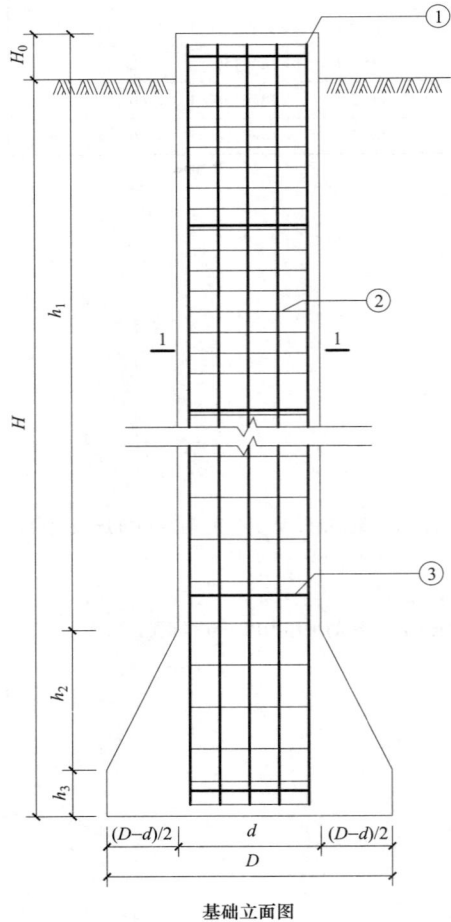

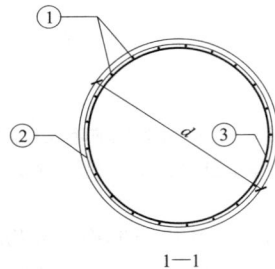

基础立面图

1—1

说明：1. 本基础适用于不受地下水影响的碎石土地质条件。

2. 整体立塔时，混凝土的抗压强度应达到设计强度的100%。分解组塔时，混凝土必须达到抗压强度设计值的70%。

3. 基础根开及地脚螺栓间距与相应杆塔结构图核对无误后，方可施工。

4. 基础混凝土强度等级不应低于C25，主筋采用HRB400级钢筋，箍筋采用HPB300级钢筋。

5. 主筋保护层不小于50mm。

6. 基础施工完毕后，做好基面排水处理。

7. 本基础按机械成孔施工方式，未考虑护壁工程量。

图 9.3-3　1ZTW3*-200 掏挖基础施工图

基 础 参 数 表

基础名称	主柱直径 d （mm）	底板直径 D （mm）	基础埋深 H （mm）	主柱高 h_1 （mm）	圆台高 h_2 （mm）	下圆柱高 h_3 （mm）	基础露头 H_0 （mm）	主筋①	外箍筋②	内箍筋③	单腿混凝土量 （m³）	单腿钢筋量 （kg）
1ZTW3a-250-02	600	1100	3600	3500	200	100	200	12Φ14	Φ8@210	Φ14@1500	1.38	73.5
1ZTW3a-250-07	600	1100	3700	4100	200	100	700	12Φ14	Φ8@210	Φ14@1500	1.55	84.3
1ZTW3a-250-12	600	1100	3800	4700	200	100	1200	12Φ14	Φ8@210	Φ14@1500	1.72	95.1
1ZTW3a-250-17	600	1100	3900	5300	200	100	1700	12Φ14	Φ8@210	Φ14@1500	1.89	105.9
1ZTW3b-250-02	600	1100	3600	3500	200	100	200	12Φ14	Φ8@210	Φ14@1500	1.38	73.5
1ZTW3b-250-07	600	1100	3600	4000	200	100	700	12Φ14	Φ8@210	Φ14@1500	1.52	82.5
1ZTW3b-250-12	600	1100	3600	4500	200	100	1200	12Φ14	Φ8@210	Φ14@1500	1.66	91.5
1ZTW3b-250-17	600	1100	3600	5000	200	100	1700	12Φ14	Φ8@210	Φ14@1500	1.80	100.5

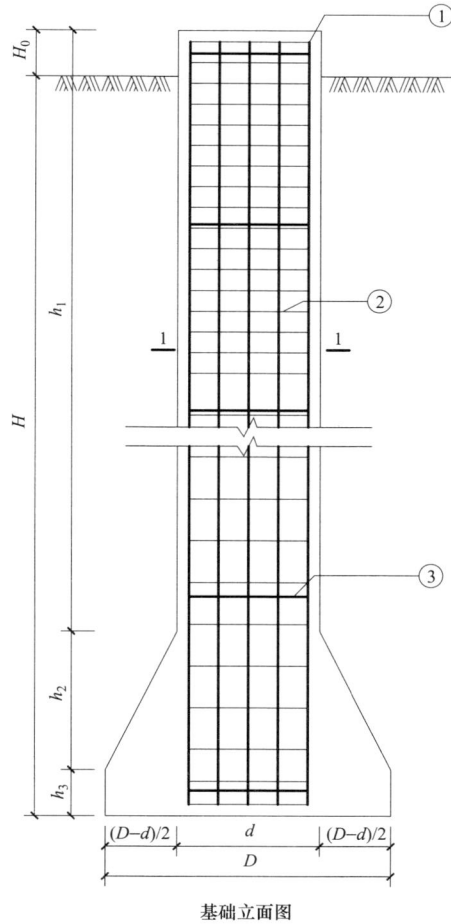

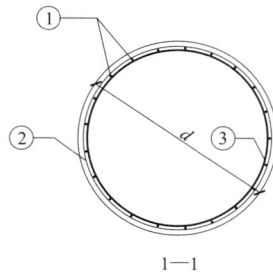

基础立面图

1—1

说明：1. 本基础适用于不受地下水影响的碎石土地质条件。

2. 整体立塔时，混凝土的抗压强度应达到设计强度的100%。分解组塔时，混凝土必须达到抗压强度设计值的70%。

3. 基础根开及地脚螺栓间距与相应杆塔结构图核对无误后，方可施工。

4. 基础混凝土强度等级不应低于C25，主筋采用HRB400级钢筋，箍筋采用HPB300级钢筋。

5. 主筋保护层不小于50mm。

6. 基础施工完毕后，做好基面排水处理。

7. 本基础按机械成孔施工方式，未考虑护壁工程量。

图 9.3-4　1ZTW3＊-250 掏挖基础施工图

基 础 参 数 表

基础名称	主柱直径 d（mm）	底板直径 D（mm）	基础埋深 H（mm）	主柱高 h₁（mm）	圆台高 h₂（mm）	下圆柱高 h₃（mm）	基础露头 H₀（mm）	主筋①	外箍筋②	内箍筋③	单腿混凝土量（m³）	单腿钢筋量（kg）
1ZTW3a-300-02	600	1100	4000	3900	200	100	200	12Φ14	Φ8@210	Φ14@1500	1.49	80.7
1ZTW3a-300-07	700	1300	3700	4000	600	100	700	16Φ14	Φ8@210	Φ14@1500	2.16	110.1
1ZTW3a-300-12	700	1300	3700	4500	600	100	1200	16Φ14	Φ8@210	Φ14@1500	2.35	121.9
1ZTW3a-300-17	700	1300	3900	5200	600	100	1700	16Φ14	Φ8@210	Φ14@1500	2.62	138.4
1ZTW3b-300-02	600	1100	3600	3500	200	100	200	12Φ14	Φ8@210	Φ14@1500	1.38	73.5
1ZTW3b-300-07	600	1100	3600	4000	200	100	700	12Φ14	Φ8@210	Φ14@1500	1.52	82.5
1ZTW3b-300-12	600	1100	3700	4600	200	100	1200	12Φ14	Φ8@210	Φ14@1500	1.69	93.3
1ZTW3b-300-17	600	1100	3800	5200	200	100	1700	12Φ14	Φ8@210	Φ14@1500	1.86	104.1

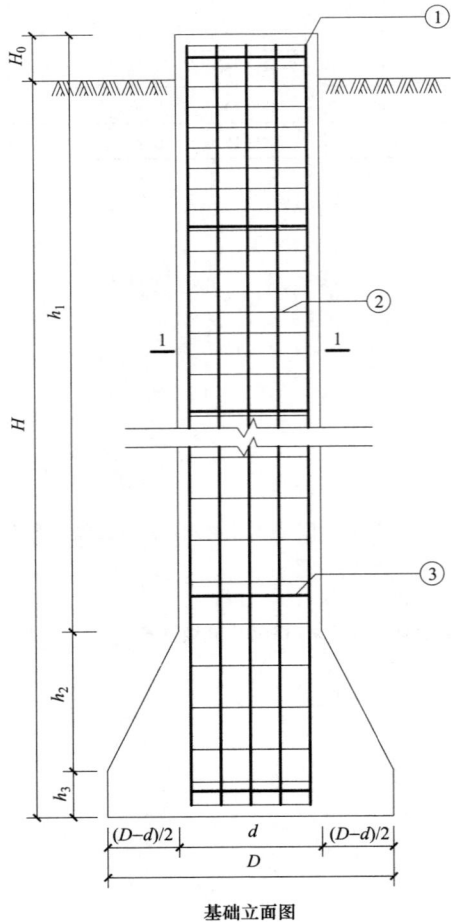

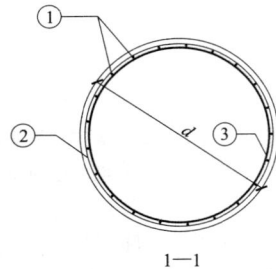

基础立面图

1—1

说明：1. 本基础适用于不受地下水影响的碎石土地质条件。

2. 整体立塔时，混凝土的抗压强度应达到设计强度的 100%。分解组塔时，混凝土必须达到抗压强度设计值的 70%。

3. 基础根开及地脚螺栓间距与相应杆塔结构图核对无误后，方可施工。

4. 基础混凝土强度等级不应低于 C25，主筋采用 HRB400 级钢筋，箍筋采用 HPB300 级钢筋。

5. 主筋保护层不小于 50mm。

6. 基础施工完毕后，做好基面排水处理。

7. 本基础按机械成孔施工方式，未考虑护壁工程量。

图 9.3-5 1ZTW3＊-300 掏挖基础施工图

基 础 参 数 表

基础名称	主柱直径 d (mm)	底板直径 D (mm)	基础埋深 H (mm)	主柱高 h_1 (mm)	圆台高 h_2 (mm)	下圆柱高 h_3 (mm)	基础露头 H_0 (mm)	主筋①	外箍筋②	内箍筋③	单腿混凝土量 (m³)	单腿钢筋量 (kg)
1ZTW3a-350-02	700	1300	3800	3600	600	100	200	16 Φ 14	Φ 8@ 210	Φ 14@ 1500	2.00	100.7
1ZTW3a-350-07	700	1300	3900	4200	600	100	700	16 Φ 14	Φ 8@ 210	Φ 14@ 1500	2.23	114.9
1ZTW3a-350-12	700	1300	4000	4800	600	100	1200	16 Φ 14	Φ 8@ 210	Φ 14@ 1500	2.47	129.0
1ZTW3a-350-17	700	1300	4200	5500	600	100	1700	16 Φ 14	Φ 8@ 210	Φ 14@ 1500	2.73	145.5
1ZTW3b-350-02	700	1300	3700	3500	600	100	200	16 Φ 14	Φ 8@ 210	Φ 14@ 1500	1.97	98.4
1ZTW3b-350-07	700	1300	3700	4000	600	100	700	16 Φ 14	Φ 8@ 210	Φ 14@ 1500	2.16	110.1
1ZTW3b-350-12	700	1300	3700	4500	600	100	1200	16 Φ 14	Φ 8@ 210	Φ 14@ 1500	2.35	121.9
1ZTW3b-350-17	700	1300	3800	5100	600	100	1700	16 Φ 14	Φ 8@ 210	Φ 14@ 1500	2.58	136.0

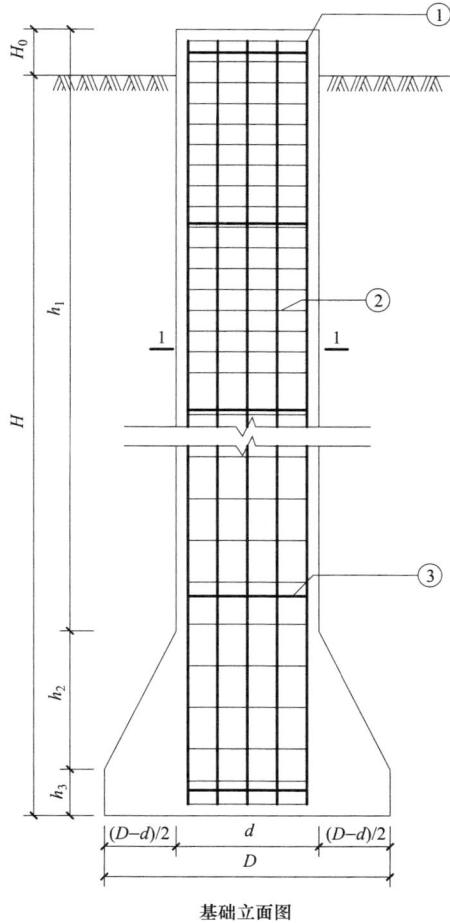

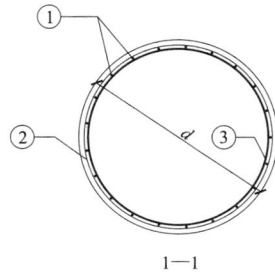

基础立面图

1—1

说明：1. 本基础适用于不受地下水影响的碎石土地质条件。

2. 整体立塔时，混凝土的抗压强度应达到设计强度的100%。分解组塔时，混凝土必须达到抗压强度设计值的70%。

3. 基础根开及地脚螺栓间距与相应杆塔结构图核对无误后，方可施工。

4. 基础混凝土强度等级不应低于 C25，主筋采用 HRB400 级钢筋，箍筋采用 HPB300 级钢筋。

5. 主筋保护层不小于 50mm。

6. 基础施工完毕后，做好基面排水处理。

7. 本基础按机械成孔施工方式，未考虑护壁工程量。

图 9.3-6 1ZTW3 ∗ -350 掏挖基础施工图

基 础 参 数 表

基础名称	主柱直径 d (mm)	底板直径 D (mm)	基础埋深 H (mm)	主柱高 h_1 (mm)	圆台高 h_2 (mm)	下圆柱高 h_3 (mm)	基础露头 H_0 (mm)	主筋①	外箍筋②	内箍筋③	单腿混凝土量 (m³)	单腿钢筋量 (kg)
1ZTW3a-400-02	700	1300	4100	3900	600	100	200	16Φ14	Φ8@210	Φ14@1500	2.12	107.8
1ZTW3a-400-07	700	1300	4200	4500	600	100	700	16Φ14	Φ8@210	Φ14@1500	2.35	121.9
1ZTW3a-400-12	700	1300	4400	5200	600	100	1200	16Φ14	Φ8@210	Φ14@1500	2.62	138.4
1ZTW3a-400-17	800	1500	4100	5300	700	100	1700	16Φ16	Φ8@240	Φ14@1500	3.59	180.0
1ZTW3b-400-02	700	1300	3700	3500	600	100	200	16Φ14	Φ8@210	Φ14@1500	1.97	98.4
1ZTW3b-400-07	700	1300	3700	4000	600	100	700	16Φ14	Φ8@210	Φ14@1500	2.16	110.1
1ZTW3b-400-12	700	1300	3900	4700	600	100	1200	16Φ14	Φ8@210	Φ14@1500	2.43	126.6
1ZTW3b-400-17	700	1300	4100	5400	600	100	1700	16Φ14	Φ8@210	Φ14@1500	2.70	143.1

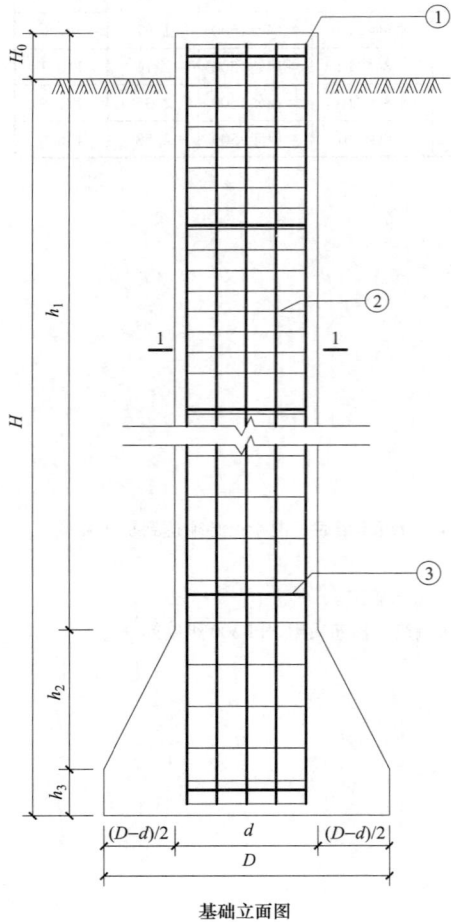

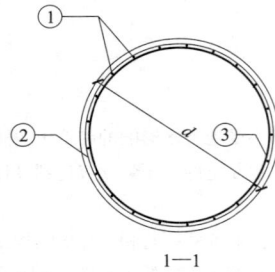

基础立面图

1—1

说明：1. 本基础适用于不受地下水影响的碎石土地质条件。

2. 整体立塔时，混凝土的抗压强度应达到设计强度的100%。分解组塔时，混凝土必须达到抗压强度设计值的70%。

3. 基础根开及地脚螺栓间距与相应杆塔结构图核对无误后，方可施工。

4. 基础混凝土强度等级不应低于C25，主筋采用HRB400级钢筋，箍筋采用HPB300级钢筋。

5. 主筋保护层不小于50mm。

6. 基础施工完毕后，做好基面排水处理。

7. 本基础按机械成孔施工方式，未考虑护壁工程量。

图 9.3-7　1ZTW3*-400 掏挖基础施工图

基 础 参 数 表

基础名称	主柱直径 d（mm）	底板直径 D（mm）	基础埋深 H（mm）	主柱高 h_1（mm）	圆台高 h_2（mm）	下圆柱高 h_3（mm）	基础露头 H_0（mm）	主筋①	外箍筋②	内箍筋③	单腿混凝土量（m^3）	单腿钢筋量（kg）
1ZTW3a-450-02	700	1300	4400	4200	600	100	200	16Φ14	Φ8@210	Φ14@1500	2.23	114.9
1ZTW3a-450-07	800	1500	4100	4300	700	100	700	16Φ16	Φ8@240	Φ14@1500	3.09	150.3
1ZTW3a-450-12	800	1500	4200	4900	700	100	1200	16Φ16	Φ8@240	Φ14@1500	3.39	168.1
1ZTW3a-450-17	800	1500	4300	5500	700	100	1700	16Φ16	Φ8@240	Φ14@1500	3.69	185.9
1ZTW3b-450-02	700	1300	3900	3700	600	100	200	16Φ14	Φ8@210	Φ14@1500	2.04	103.1
1ZTW3b-450-07	700	1300	4000	4300	600	100	700	16Φ14	Φ8@210	Φ14@1500	2.27	117.2
1ZTW3b-450-12	700	1300	4200	5000	600	100	1200	16Φ14	Φ8@210	Φ14@1500	2.54	133.7
1ZTW3b-450-17	700	1300	4400	5700	600	100	1700	16Φ14	Φ8@210	Φ14@1500	2.81	150.2

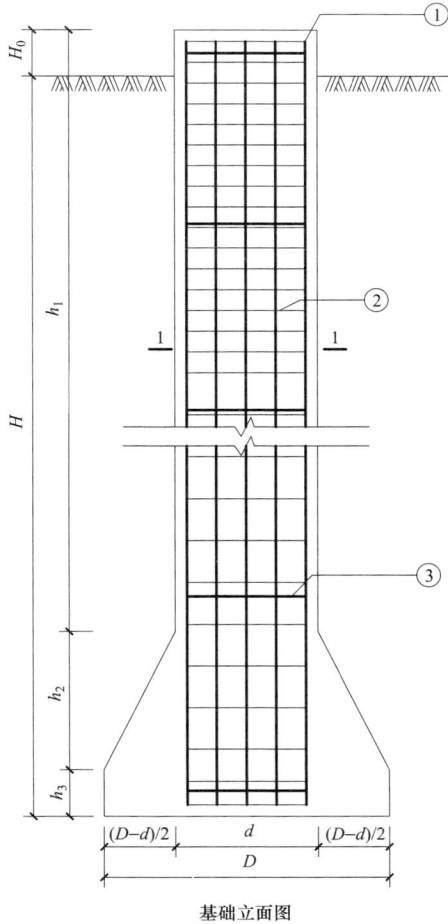

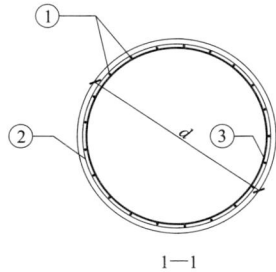

基础立面图

1—1

说明：1. 本基础适用于不受地下水影响的碎石土地质条件。

2. 整体立塔时，混凝土的抗压强度应达到设计强度的100%。分解组塔时，混凝土必须达到抗压强度设计值的70%。

3. 基础根开及地脚螺栓间距与相应杆塔结构图核对无误后，方可施工。

4. 基础混凝土强度等级不应低于C25，主筋采用HRB400级钢筋，箍筋采用HPB300级钢筋。

5. 主筋保护层不小于50mm。

6. 基础施工完毕后，做好基面排水处理。

7. 本基础按机械成孔施工方式，未考虑护壁工程量。

图 9.3-8　1ZTW3∗-450 掏挖基础施工图

基 础 参 数 表

基础名称	主柱直径 d（mm）	底板直径 D（mm）	基础埋深 H（mm）	主柱高 h_1（mm）	圆台高 h_2（mm）	下圆柱高 h_3（mm）	基础露头 H_0（mm）	主筋①	外箍筋②	内箍筋③	单腿混凝土量（m³）	单腿钢筋量（kg）
1ZTW3a-500-02	800	1500	4200	3900	700	100	200	16 Φ 16	Φ8@240	Φ14@1500	2.89	138.5
1ZTW3a-500-07	800	1500	4300	4500	700	100	700	16 Φ 16	Φ8@240	Φ14@1500	3.19	156.3
1ZTW3a-500-12	800	1500	4500	5200	700	100	1200	16 Φ 16	Φ8@240	Φ14@1500	3.54	177.0
1ZTW3a-500-17	800	1500	4600	5800	700	100	1700	16 Φ 16	Φ8@240	Φ14@1500	3.84	194.8
1ZTW3b-500-02	800	1500	3900	3600	700	100	200	16 Φ 16	Φ8@240	Φ14@1500	2.74	129.6
1ZTW3b-500-07	700	1300	4400	4700	600	100	700	16 Φ 14	Φ8@210	Φ14@1500	2.43	126.6
1ZTW3b-500-12	800	1500	4000	4700	700	100	1200	16 Φ 16	Φ8@240	Φ14@1500	3.29	162.2
1ZTW3b-500-17	800	1500	4300	5500	700	100	1700	16 Φ 16	Φ8@240	Φ14@1500	3.69	185.9

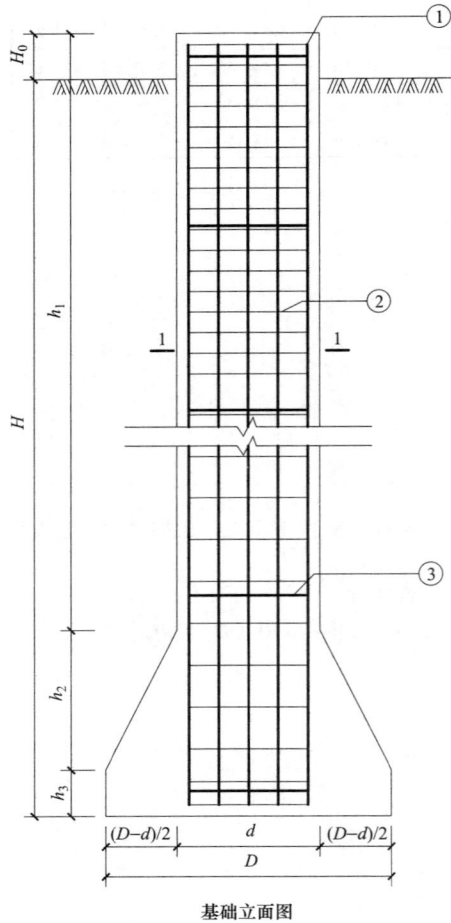

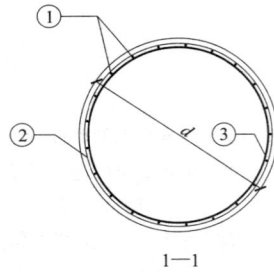

基础立面图

1—1

说明：1. 本基础适用于不受地下水影响的碎石土地质条件。

2. 整体立塔时，混凝土的抗压强度应达到设计强度的100%。分解组塔时，混凝土必须达到抗压强度设计值的70%。

3. 基础根开及地脚螺栓间距与相应杆塔结构图核对无误后，方可施工。

4. 基础混凝土强度等级不应低于 C25，主筋采用 HRB400 级钢筋，箍筋采用 HPB300 级钢筋。

5. 主筋保护层不小于 50mm。

6. 基础施工完毕后，做好基面排水处理。

7. 本基础按机械成孔施工方式，未考虑护壁工程量。

图 9.3-9　1ZTW3∗-500 掏挖基础施工图

基 础 参 数 表

基础名称	主柱直径 d（mm）	底板直径 D（mm）	基础埋深 H（mm）	主柱高 h_1（mm）	圆台高 h_2（mm）	下圆柱高 h_3（mm）	基础露头 H_0（mm）	主筋①	外箍筋②	内箍筋③	单腿混凝土量（m³）	单腿钢筋量（kg）
1ZTW3a-550-02	800	1500	4400	4100	700	100	200	16 Φ 16	Φ 8@ 240	Φ 14@ 1500	2.99	144.4
1ZTW3a-550-07	800	1500	4600	4800	700	100	700	16 Φ 16	Φ 8@ 240	Φ 14@ 1500	3.34	165.2
1ZTW3a-550-12	800	1500	4700	5400	700	100	1200	16 Φ 16	Φ 8@ 240	Φ 14@ 1500	3.64	183.0
1ZTW3a-550-17	800	1500	4800	6000	700	100	1700	16 Φ 16	Φ 8@ 240	Φ 14@ 1500	3.94	200.7
1ZTW3b-550-02	800	1500	4000	3700	700	100	200	16 Φ 16	Φ 8@ 240	Φ 14@ 1500	2.79	132.6
1ZTW3b-550-07	800	1500	4100	4300	700	100	700	16 Φ 16	Φ 8@ 240	Φ 14@ 1500	3.09	150.3
1ZTW3b-550-12	800	1500	4300	5000	700	100	1200	16 Φ 16	Φ 8@ 240	Φ 14@ 1500	3.44	171.1
1ZTW3b-550-17	800	1500	4500	5700	700	100	1700	16 Φ 16	Φ 8@ 240	Φ 14@ 1500	3.79	191.8

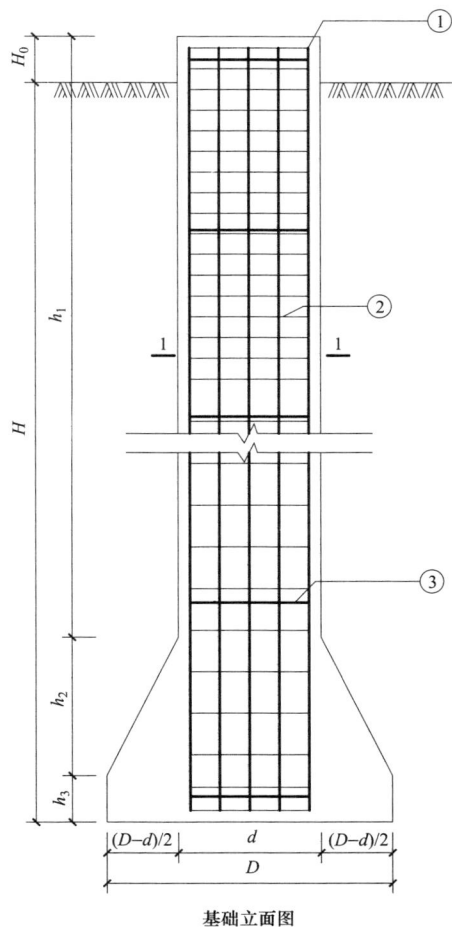

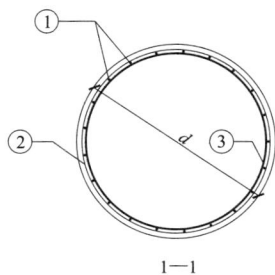

基础立面图

1—1

说明：1. 本基础适用于不受地下水影响的碎石土地质条件。

2. 整体立塔时，混凝土的抗压强度应达到设计强度的100%。分解组塔时，混凝土必须达到抗压强度设计值的70%。

3. 基础根开及地脚螺栓间距与相应杆塔结构图核对无误后，方可施工。

4. 基础混凝土强度等级不应低于C25，主筋采用HRB400级钢筋，箍筋采用HPB300级钢筋。

5. 主筋保护层不小于50mm。

6. 基础施工完毕后，做好基面排水处理。

7. 本基础按机械成孔施工方式，未考虑护壁工程量。

图 9.3-10 **1ZTW3∗-550 掏挖基础施工图**

基 础 参 数 表

基础名称	主柱直径 d (mm)	底板直径 D (mm)	基础埋深 H (mm)	主柱高 h_1 (mm)	圆台高 h_2 (mm)	下圆柱高 h_3 (mm)	基础露头 H_0 (mm)	主筋①	外箍筋②	内箍筋③	单腿混凝土量 (m³)	单腿钢筋量 (kg)
1ZTW3a-600-02	800	1500	4700	4400	700	100	200	16Φ16	Φ8@240	Φ14@1500	3.14	153.3
1ZTW3a-600-07	800	1500	4800	5000	700	100	700	16Φ16	Φ8@240	Φ14@1500	3.44	171.1
1ZTW3a-600-12	900	1700	4500	5100	800	100	1200	20Φ16	Φ8@240	Φ14@1500	4.57	218.4
1ZTW3a-600-17	900	1700	4600	5700	800	100	1700	20Φ16	Φ8@240	Φ14@1500	4.95	240.3
1ZTW3b-600-02	800	1500	4200	3900	700	100	200	16Φ16	Φ8@240	Φ14@1500	2.89	138.5
1ZTW3b-600-07	800	1500	4300	4500	700	100	700	16Φ16	Φ8@240	Φ14@1500	3.19	156.3
1ZTW3b-600-12	800	1500	4500	5200	700	100	1200	16Φ16	Φ8@240	Φ14@1500	3.54	177.0
1ZTW3b-600-17	800	1500	4700	5900	700	100	1700	16Φ16	Φ8@240	Φ14@1500	3.89	197.8

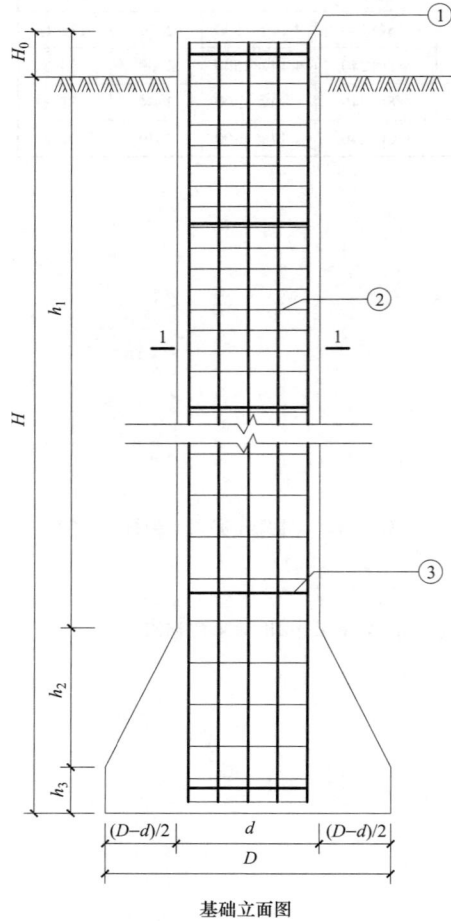

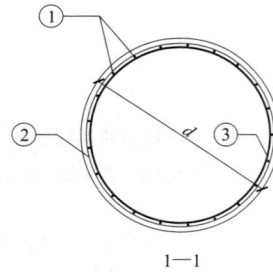

基础立面图

1—1

说明：1. 本基础适用于不受地下水影响的碎石土地质条件。

2. 整体立塔时，混凝土的抗压强度应达到设计强度的 100%。分解组塔时，混凝土必须达到抗压强度设计值的 70%。

3. 基础根开及地脚螺栓间距与相应杆塔结构图核对无误后，方可施工。

4. 基础混凝土强度等级不应低于 C25，主筋采用 HRB400 级钢筋，箍筋采用 HPB300 级钢筋。

5. 主筋保护层不小于 50mm。

6. 基础施工完毕后，做好基面排水处理。

7. 本基础按机械成孔施工方式，未考虑护壁工程量。

图 9.3-11　1ZTW3＊-600 掏挖基础施工图

9.4 1ZTW4 子模块

此子模块适用于黄土地基，共包含 11 张图纸，基础施工图图纸清单见表 9.4-1。

表 9.4-1 　　　　　**1ZTW4 子模块基础施工图图纸清单**

序号	图号	图　　名	基础作用力（kN）	
			$T/T_x/T_y$	$N/N_x/N_y$
1	图 9.4-1	1ZTW4 * -100 掏挖基础施工图	100/14/14	130/18/18
2	图 9.4-2	1ZTW4 * -150 掏挖基础施工图	150/21/21	195/27/27
3	图 9.4-3	1ZTW4 * -200 掏挖基础施工图	200/28/28	260/36/36
4	图 9.4-4	1ZTW4 * -250 掏挖基础施工图	250/35/35	325/46/46

续表 9.4-1

序号	图号	图　　名	基础作用力（kN）	
			$T/T_x/T_y$	$N/N_x/N_y$
5	图 9.4-5	1ZTW4 * -300 掏挖基础施工图	300/42/42	390/55/55
6	图 9.4-6	1ZTW4 * -350 掏挖基础施工图	350/49/49	455/64/64
7	图 9.4-7	1ZTW4 * -400 掏挖基础施工图	400/56/56	520/73/73
8	图 9.4-8	1ZTW4 * -450 掏挖基础施工图	450/63/63	585/82/82
9	图 9.4-9	1ZTW4 * -500 掏挖基础施工图	500/70/70	650/91/91
10	图 9.4-10	1ZTW4 * -550 掏挖基础施工图	550/77/77	715/100/100
11	图 9.4-11	1ZTW4 * -600 掏挖基础施工图	600/84/84	780/109/109

注 　4 * 代表 4a 一种地质参数组合。

基 础 参 数 表

基础名称	主柱直径 d（mm）	底板直径 D（mm）	基础埋深 H（mm）	主柱高 h_1（mm）	圆台高 h_2（mm）	下圆柱高 h_3（mm）	基础露头 H_0（mm）	主筋①	外箍筋②	内箍筋③	单腿混凝土量（m³）	单腿钢筋量（kg）
1ZTW4a-100-02	600	1200	2600	2200	500	100	200	8Φ18	Φ8@226	Φ14@1292	1.06	61.1
1ZTW4a-100-07	600	1200	2500	2600	500	100	700	8Φ18	Φ8@222	Φ14@995	1.18	70.8
1ZTW4a-100-12	700	1300	2400	3000	500	100	1200	9Φ18	Φ8@218	Φ14@1128	1.69	89.6
1ZTW4a-100-17	700	1300	2700	3800	500	100	1700	9Φ18	Φ8@227	Φ14@1395	2.00	106.5

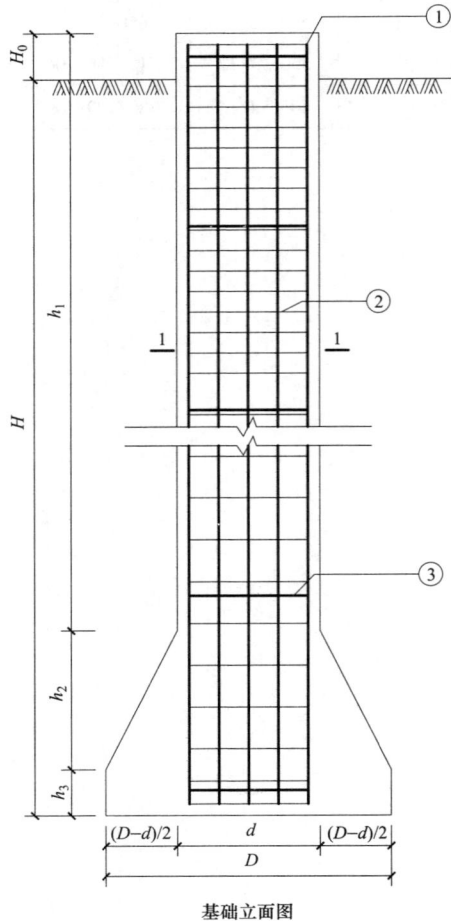

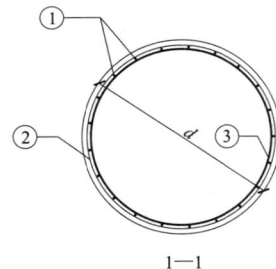

基础立面图

1—1

说明：1. 本基础适用于不受地下水影响的黄土地质条件。

2. 整体立塔时，混凝土的抗压强度应达到设计强度的100%。分解组塔时，混凝土必须达到抗压强度设计值的70%。

3. 基础根开及地脚螺栓间距与相应杆塔结构图核对无误后，方可施工。

4. 基础混凝土强度等级不应低于C25，主筋采用HRB400级钢筋，箍筋采用HPB300级钢筋。

5. 主筋保护层不小于50mm。

6. 基础施工完毕后，做好基面排水处理。

7. 本基础按机械成孔施工方式，未考虑护壁工程量。

图 9.4-1 1ZTW4＊-100 掏挖基础施工图

基 础 参 数 表

基础名称	主柱直径 d（mm）	底板直径 D（mm）	基础埋深 H（mm）	主柱高 h_1（mm）	圆台高 h_2（mm）	下圆柱高 h_3（mm）	基础露头 H_0（mm）	主筋①	外箍筋②	内箍筋③	单腿混凝土量（m³）	单腿钢筋量（kg）
1ZTW4a-150-02	700	1400	2700	2200	600	100	200	9 Φ 18	Φ 8@ 226	Φ 14@ 1342	1.54	71.5
1ZTW4a-150-07	700	1400	3000	3000	600	100	700	9 Φ 18	Φ 8@ 218	Φ 14@ 1161	1.85	91.4
1ZTW4a-150-12	700	1400	3300	3800	600	100	1200	9 Φ 18	Φ 8@ 227	Φ 14@ 1428	2.16	108.3
1ZTW4a-150-17	700	1400	3500	4500	600	100	1700	9 Φ 18	Φ 8@ 228	Φ 14@ 1246	2.42	125.6

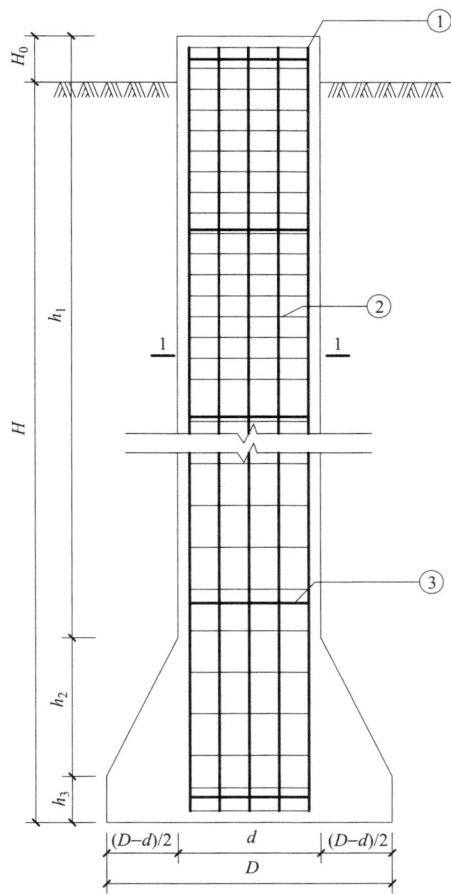

基础立面图

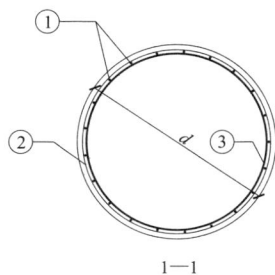

1—1

说明：1. 本基础适用于不受地下水影响的黄土地质条件。

2. 整体立塔时，混凝土的抗压强度应达到设计强度的100%。分解组塔时，混凝土必须达到抗压强度设计值的70%。

3. 基础根开及地脚螺栓间距与相应杆塔结构图核对无误后，方可施工。

4. 基础混凝土强度等级不应低于 C25，主筋采用 HRB400 级钢筋，箍筋采用 HPB300 级钢筋。

5. 主筋保护层不小于 50mm。

6. 基础施工完毕后，做好基面排水处理。

7. 本基础按机械成孔施工方式，未考虑护壁工程量。

图 9.4-2　1ZTW4 ∗ -150 掏挖基础施工图

基 础 参 数 表

基础名称	主柱直径 d（mm）	底板直径 D（mm）	基础埋深 H（mm）	主柱高 h_1（mm）	圆台高 h_2（mm）	下圆柱高 h_3（mm）	基础露头 H_0（mm）	主筋①	外箍筋②	内箍筋③	单腿混凝土量（m³）	单腿钢筋量（kg）
1ZTW4a-200-02	800	1600	3000	2400	700	100	200	11Φ18	Φ8@224	Φ14@995	2.23	90.7
1ZTW4a-200-07	800	1600	3400	3300	700	100	700	11Φ18	Φ8@224	Φ14@1295	2.68	114.3
1ZTW4a-200-12	800	1600	3600	4000	700	100	1200	11Φ18	Φ8@226	Φ14@1146	3.03	135.2
1ZTW4a-200-17	800	1600	3900	4800	700	100	1700	11Φ18	Φ8@232	Φ14@1346	3.43	155.6

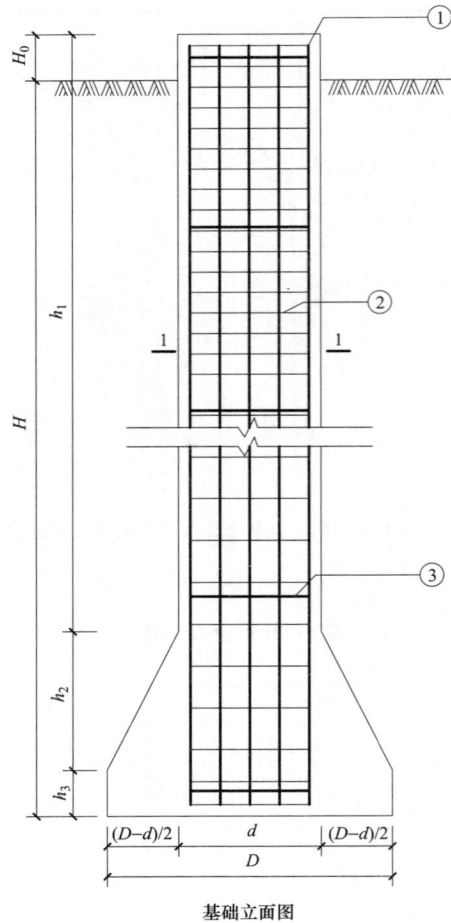

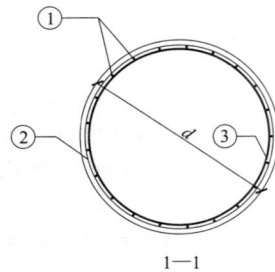

基础立面图

1—1

说明：1. 本基础适用于不受地下水影响的黄土地质条件。

2. 整体立塔时，混凝土的抗压强度应达到设计强度的 100%。分解组塔时，混凝土必须达到抗压强度设计值的 70%。

3. 基础根开及地脚螺栓间距与相应杆塔结构图核对无误后，方可施工。

4. 基础混凝土强度等级不应低于 C25，主筋采用 HRB400 级钢筋，箍筋采用 HPB300 级钢筋。

5. 主筋保护层不小于 50mm。

6. 基础施工完毕后，做好基面排水处理。

7. 本基础按机械成孔施工方式，未考虑护壁工程量。

图 9.4-3　1ZTW4＊-200 掏挖基础施工图

基 础 参 数 表

基础名称	主柱直径 d (mm)	底板直径 D (mm)	基础埋深 H (mm)	主柱高 h_1 (mm)	圆台高 h_2 (mm)	下圆柱高 h_3 (mm)	基础露头 H_0 (mm)	主筋①	外箍筋②	内箍筋③	单腿混凝土量 (m³)	单腿钢筋量 (kg)
1ZTW4a-250-02	900	1800	3300	2600	800	100	200	13⌀18	Φ8@222	Φ14@1095	3.10	115.0
1ZTW4a-250-07	900	1800	3600	3400	800	100	700	13⌀18	Φ8@231	Φ14@1361	3.60	139.0
1ZTW4a-250-12	900	1800	3900	4200	800	100	1200	13⌀18	Φ8@237	Φ14@1221	4.11	166.1
1ZTW4a-250-17	900	1800	4200	5000	800	100	1700	13⌀18	Φ8@230	Φ14@1421	4.62	191.2

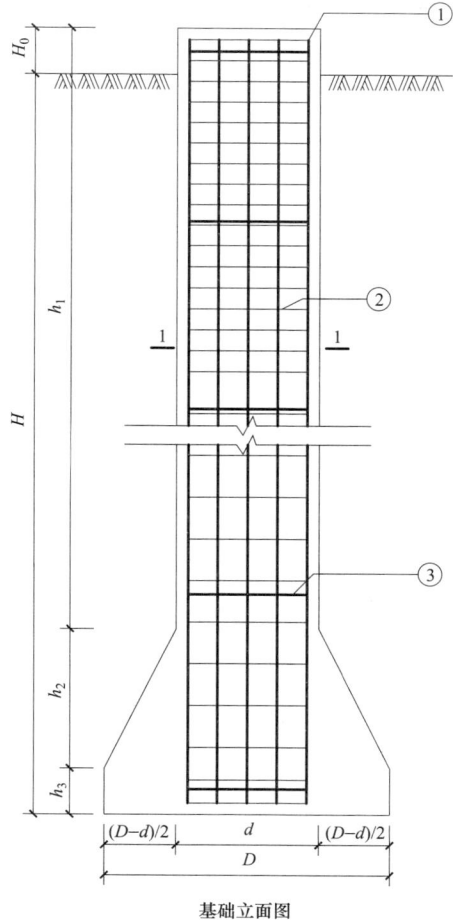

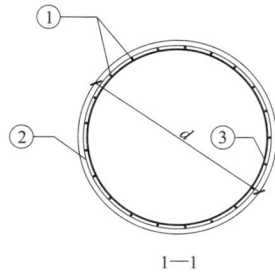

基础立面图

1—1

说明：1. 本基础适用于不受地下水影响的黄土地质条件。

2. 整体立塔时，混凝土的抗压强度应达到设计强度的100%。分解组塔时，混凝土必须达到抗压强度设计值的70%。

3. 基础根开及地脚螺栓间距与相应杆塔结构图核对无误后，方可施工。

4. 基础混凝土强度等级不应低于C25，主筋采用HRB400级钢筋，箍筋采用HPB300级钢筋。

5. 主筋保护层不小于50mm。

6. 基础施工完毕后，做好基面排水处理。

7. 本基础按机械成孔施工方式，未考虑护壁工程量。

图 9.4-4 1ZTW4*-250 掏挖基础施工图

基 础 参 数 表

基础名称	主柱直径 d（mm）	底板直径 D（mm）	基础埋深 H（mm）	主柱高 h_1（mm）	圆台高 h_2（mm）	下圆柱高 h_3（mm）	基础露头 H_0（mm）	主筋①	外箍筋②	内箍筋③	单腿混凝土量（m³）	单腿钢筋量（kg）
1ZTW4a-300-02	1000	2000	3400	2600	900	100	200	15Φ18	Φ8@222	Φ14@1128	4.01	134.7
1ZTW4a-300-07	1000	2000	3800	3500	900	100	700	15Φ18	Φ8@222	Φ14@1428	4.71	166.5
1ZTW4a-300-12	1000	2000	4100	4300	900	100	1200	15Φ18	Φ8@230	Φ14@1271	5.34	197.5
1ZTW4a-300-17	1000	2000	4300	5000	900	100	1700	15Φ18	Φ8@230	Φ14@1446	5.89	222.2

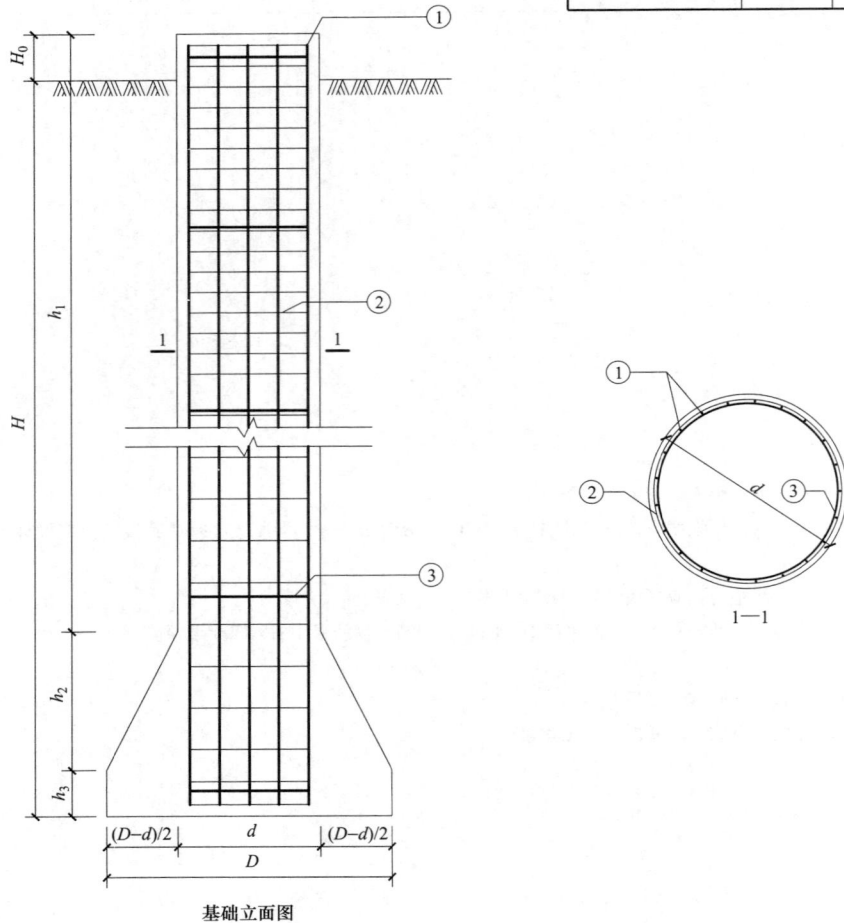

基础立面图

1—1

说明：1. 本基础适用于不受地下水影响的黄土地质条件。

2. 整体立塔时，混凝土的抗压强度应达到设计强度的100%。分解组塔时，混凝土必须达到抗压强度设计值的70%。

3. 基础根开及地脚螺栓间距与相应杆塔结构图核对无误后，方可施工。

4. 基础混凝土强度等级不应低于C25，主筋采用HRB400级钢筋，箍筋采用HPB300级钢筋。

5. 主筋保护层不小于50mm。

6. 基础施工完毕后，做好基面排水处理。

7. 本基础按机械成孔施工方式，未考虑护壁工程量。

图 9.4-5　1ZTW4*-300 掏挖基础施工图

国家电网公司输变电工程通用设计　输电线路掏挖基础分册（2017年版）

基 础 参 数 表

基础名称	主柱直径 d（mm）	底板直径 D（mm）	基础埋深 H（mm）	主柱高 h_1（mm）	圆台高 h_2（mm）	下圆柱高 h_3（mm）	基础露头 H_0（mm）	主筋①	外箍筋②	内箍筋③	单腿混凝土量（m³）	单腿钢筋量（kg）
1ZTW4a-350-02	1000	2000	4100	3300	900	100	200	15 Φ 18	Φ 8@224	Φ 14@1361	4.56	159.3
1ZTW4a-350-07	1000	2000	4500	4200	900	100	700	15 Φ 18	Φ 8@237	Φ 14@1246	5.26	193.3
1ZTW4a-350-12	1000	2000	4700	4900	900	100	1200	15 Φ 18	Φ 8@237	Φ 14@1421	5.81	218.0
1ZTW4a-350-17	1000	2000	5000	5700	900	100	1700	15 Φ 18	Φ 8@231	Φ 14@1297	6.44	250.0

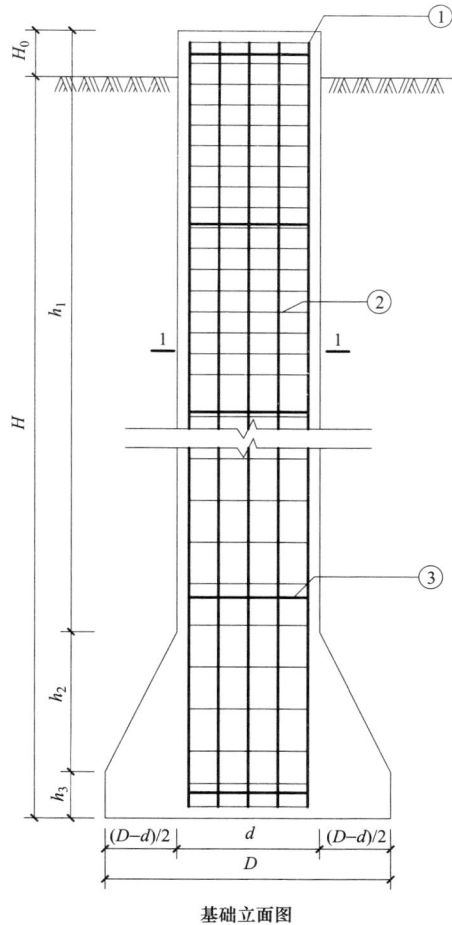

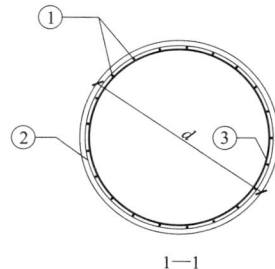

基础立面图

1—1

说明：1. 本基础适用于不受地下水影响的黄土地质条件。

2. 整体立塔时，混凝土的抗压强度应达到设计强度的100%。分解组塔时，混凝土必须达到抗压强度设计值的70%。

3. 基础根开及地脚螺栓间距与相应杆塔结构图核对无误后，方可施工。

4. 基础混凝土强度等级不应低于C25，主筋采用HRB400级钢筋，箍筋采用HPB300级钢筋。

5. 主筋保护层不小于50mm。

6. 基础施工完毕后，做好基面排水处理。

7. 本基础按机械成孔施工方式，未考虑护壁工程量。

图 9.4-6 1ZTW4∗-350 掏挖基础施工图

第二篇　掏挖基础通用设计　·57·

基 础 参 数 表

基础名称	主柱直径 d（mm）	底板直径 D（mm）	基础埋深 H（mm）	主柱高 h_1（mm）	圆台高 h_2（mm）	下圆柱高 h_3（mm）	基础露头 H_0（mm）	主筋①	外箍筋②	内箍筋③	单腿混凝土量（m³）	单腿钢筋量（kg）
1ZTW4a-400-02	1100	2200	4100	3200	1000	100	200	17Φ18	Φ8@234	Φ16@1361	5.64	183.0
1ZTW4a-400-07	1100	2200	4500	4100	1000	100	700	17Φ18	Φ8@232	Φ16@1246	6.49	223.8
1ZTW4a-400-12	1100	2200	4800	4900	1000	100	1200	17Φ18	Φ8@237	Φ16@1446	7.25	255.0
1ZTW4a-400-17	1100	2200	5000	5600	1000	100	1700	17Φ18	Φ8@236	Φ16@1297	7.92	287.6

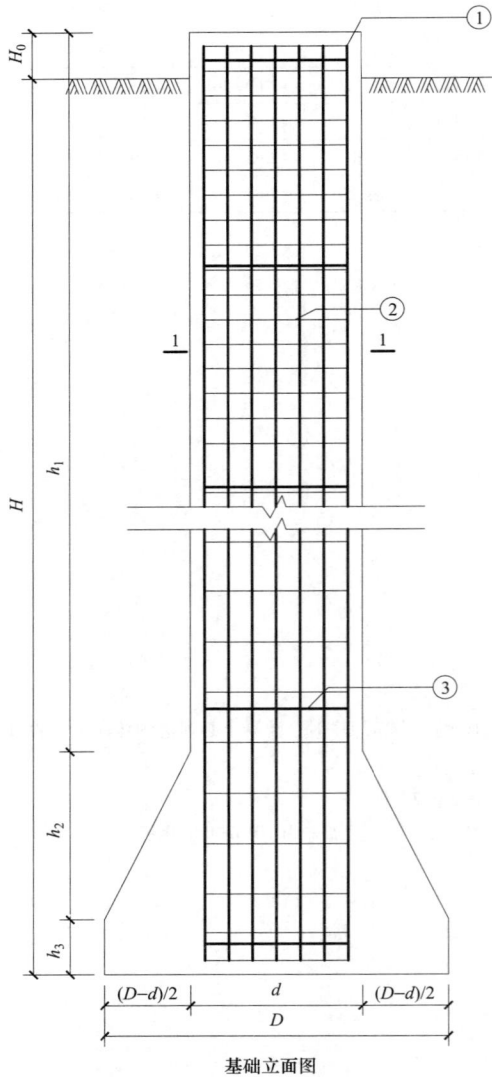

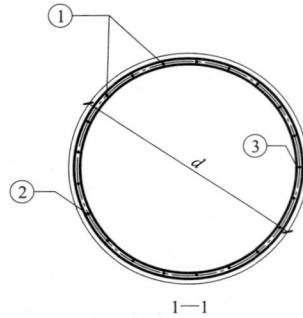

基础立面图

1—1

说明：1. 本基础适用于不受地下水影响的黄土地质条件。

2. 整体立塔时，混凝土的抗压强度应达到设计强度的 100%。分解组塔时，混凝土必须达到抗压强度设计值的 70%。

3. 基础根开及地脚螺栓间距与相应杆塔结构图核对无误后，方可施工。

4. 基础混凝土强度等级不应低于 C25，主筋采用 HRB400 级钢筋，箍筋采用 HPB300 级钢筋。

5. 主筋保护层不小于 50mm。

6. 基础施工完毕后，做好基面排水处理。

7. 本基础按机械成孔施工方式，未考虑护壁工程量。

图 9.4-7　1ZTW4*-400 掏挖基础施工图

基 础 参 数 表

基础名称	主柱直径 d（mm）	底板直径 D（mm）	基础埋深 H（mm）	主柱高 h_1（mm）	圆台高 h_2（mm）	下圆柱高 h_3（mm）	基础露头 H_0（mm）	主筋①	外箍筋②	内箍筋③	单腿混凝土量（m³）	单腿钢筋量（kg）
1ZTW4a-450-02	1100	2200	4800	3900	1000	100	200	17 Φ 18	Φ 8@234	Φ 16@1196	6.30	215.7
1ZTW4a-450-07	1100	2200	5100	4700	1000	100	700	17 Φ 18	Φ 8@227	Φ 16@1396	7.06	248.2
1ZTW4a-450-12	1100	2200	5400	5500	1000	100	1200	17 Φ 18	Φ 8@232	Φ 16@1277	7.82	284.2
1ZTW4a-450-17	1100	2200	5600	6200	1000	100	1700	17 Φ 18	Φ 8@232	Φ 16@1417	8.49	312.0

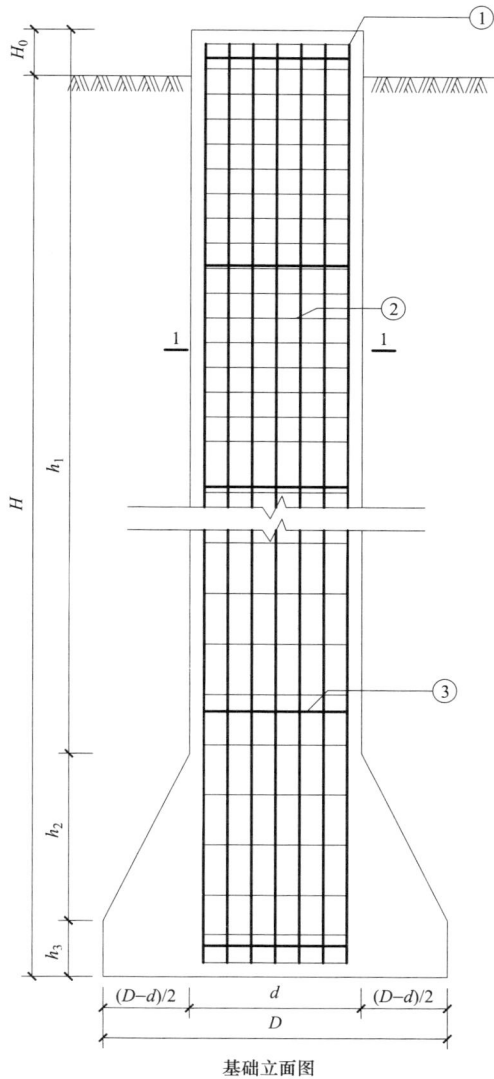

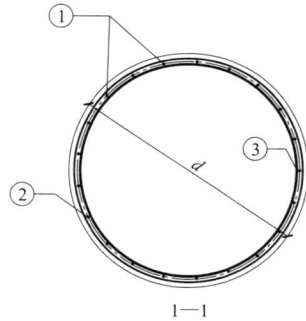

基础立面图

1—1

说明：1. 本基础适用于不受地下水影响的黄土地质条件。

2. 整体立塔时，混凝土的抗压强度应达到设计强度的100%。分解组塔时，混凝土必须达到抗压强度设计值的70%。

3. 基础根开及地脚螺栓间距与相应杆塔结构图核对无误后，方可施工。

4. 基础混凝土强度等级不应低于 C25，主筋采用 HRB400 级钢筋，箍筋采用 HPB300 级钢筋。

5. 主筋保护层不小于 50mm。

6. 基础施工完毕后，做好基面排水处理。

7. 本基础按机械成孔施工方式，未考虑护壁工程量。

图 9.4-8 1ZTW4*-450 掏挖基础施工图

基 础 参 数 表

基础名称	主柱直径 d（mm）	底板直径 D（mm）	基础埋深 H（mm）	主柱高 h₁（mm）	圆台高 h₂（mm）	下圆柱高 h₃（mm）	基础露头 H₀（mm）	主筋①	外箍筋②	内箍筋③	单腿混凝土量（m³）	单腿钢筋量（kg）
1ZTW4a-500-02	1200	2400	4700	3700	1100	100	200	19Φ18	Φ8@236	Φ16@1171	7.54	234.7
1ZTW4a-500-07	1200	2400	5000	4500	1100	100	700	19Φ18	Φ8@228	Φ16@1371	8.44	270.9
1ZTW4a-500-12	1200	2400	5300	5300	1100	100	1200	19Φ18	Φ8@234	Φ16@1257	9.35	311.0
1ZTW4a-500-17	1200	2400	5600	6100	1100	100	1700	19Φ18	Φ8@237	Φ16@1417	10.25	373.5

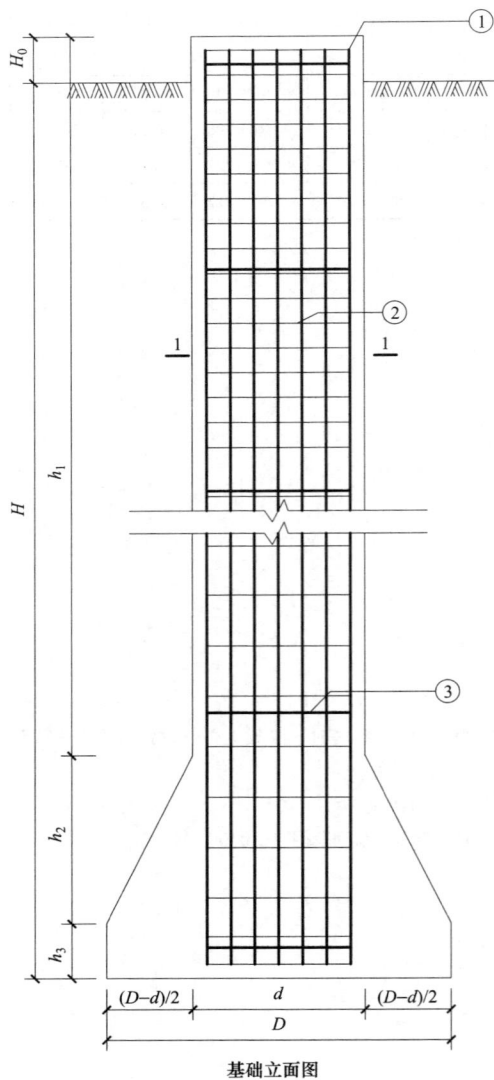

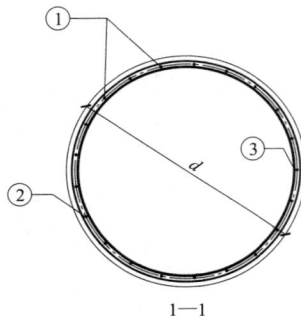

说明：1. 本基础适用于不受地下水影响的黄土地质条件。

2. 整体立塔时，混凝土的抗压强度应达到设计强度的100%。分解组塔时，混凝土必须达到抗压强度设计值的70%。

3. 基础根开及地脚螺栓间距与相应杆塔结构图核对无误后，方可施工。

4. 基础混凝土强度等级不应低于 C25，主筋采用 HRB400 级钢筋，箍筋采用 HPB300 级钢筋。

5. 主筋保护层不小于 50mm。

6. 基础施工完毕后，做好基面排水处理。

7. 本基础按机械成孔施工方式，未考虑护壁工程量。

图 9.4-9　1ZTW4＊-500 掏挖基础施工图

基 础 参 数 表

基础名称	主柱直径 d (mm)	底板直径 D (mm)	基础埋深 H (mm)	主柱高 h_1 (mm)	圆台高 h_2 (mm)	下圆柱高 h_3 (mm)	基础露头 H_0 (mm)	主筋①	外箍筋②	内箍筋③	单腿混凝土量 (m³)	单腿钢筋量 (kg)
1ZTW4a-550-02	1200	2400	5200	4200	1100	100	200	19 Φ 18	Φ 8@237	Φ 16@1296	8.11	256.6
1ZTW4a-550-07	1200	2400	5600	5100	1100	100	700	19 Φ 18	Φ 8@235	Φ 16@1217	9.12	302.1
1ZTW4a-550-12	1200	2400	5900	5900	1100	100	1200	19 Φ 18	Φ 8@239	Φ 16@1377	10.03	336.7
1ZTW4a-550-17	1200	2400	6100	6500	1200	100	1700	19 Φ 18	Φ 8@235	Φ 16@1264	10.97	373.0

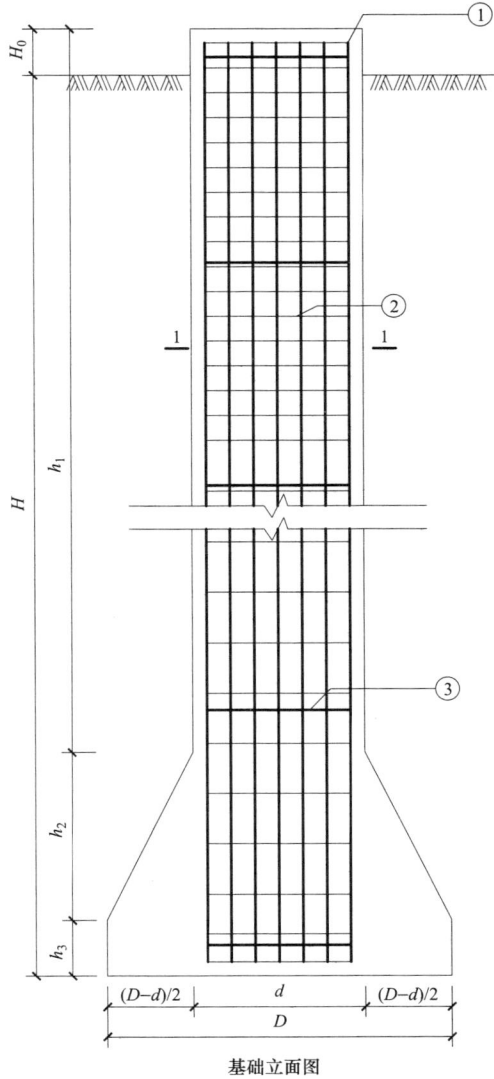

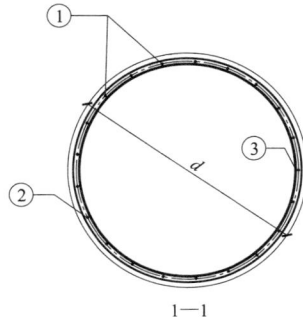

基础立面图

1—1

说明：1. 本基础适用于不受地下水影响的黄土地质条件。

2. 整体立塔时，混凝土的抗压强度应达到设计强度的 100%。分解组塔时，混凝土必须达到抗压强度设计值的 70%。

3. 基础根开及地脚螺栓间距与相应杆塔结构图核对无误后，方可施工。

4. 基础混凝土强度等级不应低于 C25，主筋采用 HRB400 级钢筋，箍筋采用 HPB300 级钢筋。

5. 主筋保护层不小于 50mm。

6. 基础施工完毕后，做好基面排水处理。

7. 本基础按机械成孔施工方式，未考虑护壁工程量。

图 9.4-10　1ZTW4∗-550 掏挖基础施工图

基 础 参 数 表

基础名称	主柱直径 d (mm)	底板直径 D (mm)	基础埋深 H (mm)	主柱高 h_1 (mm)	圆台高 h_2 (mm)	下圆柱高 h_3 (mm)	基础露头 H_0 (mm)	主筋①	外箍筋②	内箍筋③	单腿混凝土量 (m^3)	单腿钢筋量 (kg)
1ZTW4a-600-02	1300	2600	5100	4000	1200	100	200	21Φ18	Φ8@226	Φ16@1271	9.56	278.6
1ZTW4a-600-07	1300	2600	5400	4800	1200	100	700	21Φ18	Φ8@232	Φ16@1471	10.62	316.9
1ZTW4a-600-12	1300	2600	5800	5700	1200	100	1200	21Φ18	Φ8@231	Φ16@1357	11.81	366.7
1ZTW4a-600-17	1300	2600	6000	6400	1200	100	1700	21Φ18	Φ8@240	Φ16@1247	12.74	405.2

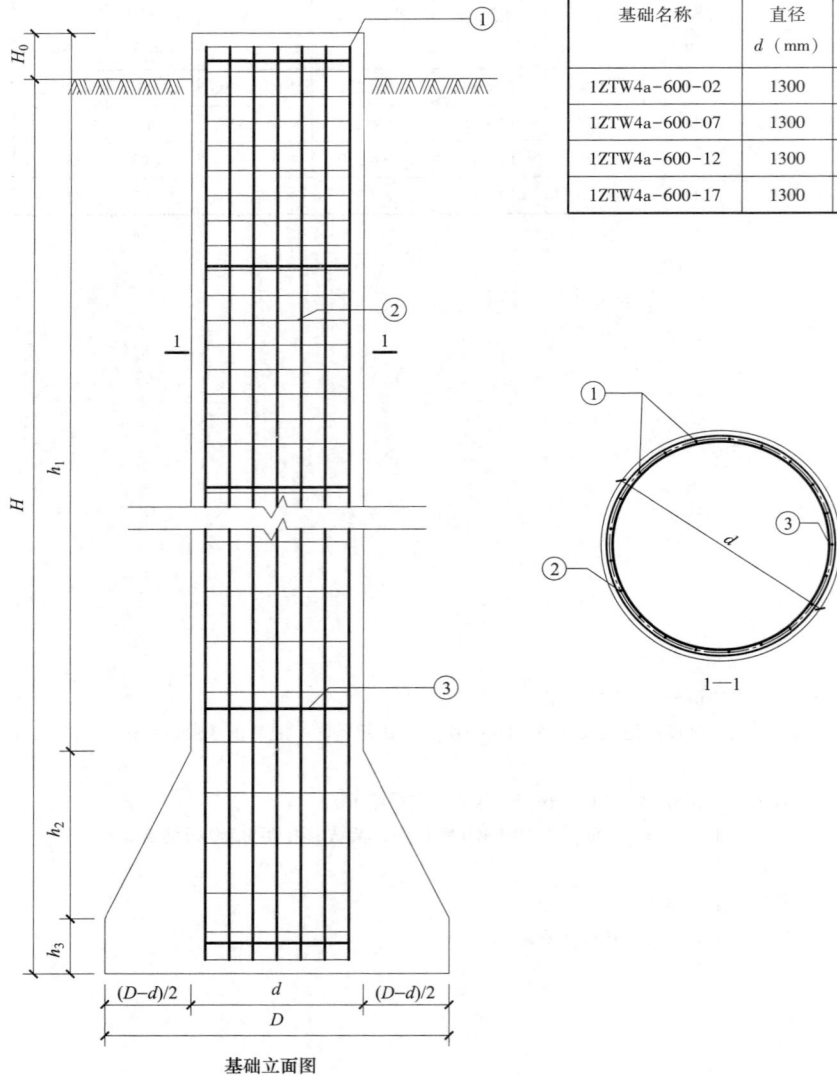

基础立面图

1—1

说明：1. 本基础适用于不受地下水影响的黄土地质条件。

2. 整体立塔时，混凝土的抗压强度应达到设计强度的100%。分解组塔时，混凝土必须达到抗压强度设计值的70%。

3. 基础根开及地脚螺栓间距与相应杆塔结构图核对无误后，方可施工。

4. 基础混凝土强度等级不应低于C25，主筋采用HRB400级钢筋，箍筋采用HPB300级钢筋。

5. 主筋保护层不小于50mm。

6. 基础施工完毕后，做好基面排水处理。

7. 本基础按机械成孔施工方式，未考虑护壁工程量。

图 9.4-11 1ZTW4＊-600 掏挖基础施工图

9.5 1ZTW5 子模块

此子模块适用于戈壁碎石土地基，共包含 11 张图纸，基础施工图图纸清单见表 9.5-1。

表 9.5-1　1ZTW5 子模块基础施工图图纸清单

序号	图号	图　名	基础作用力（kN）	
			$T/T_x/T_y$	$N/N_x/N_y$
1	图 9.5-1	1ZTW5 * -100 掏挖基础施工图	100/14/14	130/18/18
2	图 9.5-2	1ZTW5 * -150 掏挖基础施工图	150/21/21	195/27/27
3	图 9.5-3	1ZTW5 * -200 掏挖基础施工图	200/28/28	260/36/36
4	图 9.5-4	1ZTW5 * -250 掏挖基础施工图	250/35/35	325/46/46

序号	图号	图　名	基础作用力（kN）	
			$T/T_x/T_y$	$N/N_x/N_y$
5	图 9.5-5	1ZTW5 * -300 掏挖基础施工图	300/42/42	390/55/55
6	图 9.5-6	1ZTW5 * -350 掏挖基础施工图	350/49/49	455/64/64
7	图 9.5-7	1ZTW5 * -400 掏挖基础施工图	400/56/56	520/73/73
8	图 9.5-8	1ZTW5 * -450 掏挖基础施工图	450/63/63	585/82/82
9	图 9.5-9	1ZTW5 * -500 掏挖基础施工图	500/70/70	650/91/91
10	图 9.5-10	1ZTW5 * -550 掏挖基础施工图	550/77/77	715/100/100
11	图 9.5-11	1ZTW5 * -600 掏挖基础施工图	600/84/84	780/109/109

注 5 * 代表 5a 一种地质参数组合。

基 础 参 数 表

基础名称	主柱直径 d （mm）	底板直径 D （mm）	基础埋深 H （mm）	主柱高 h_1 （mm）	圆台高 h_2 （mm）	下圆柱高 h_3 （mm）	基础露头 H_0 （mm）	主筋①	外箍筋②	内箍筋③	单腿混凝土量 （m³）	单腿钢筋量 （kg）
1ZTW5a-100-02	600	1000	2100	1600	600	100	200	12⏀18	Φ8@210	Φ14@1500	0.85	66.1
1ZTW5a-100-07	600	1000	2200	2200	600	100	700	12⏀18	Φ8@210	Φ14@1500	1.01	82.4
1ZTW5a-100-12	600	1000	2400	2900	600	100	1200	12⏀18	Φ8@210	Φ14@1500	1.21	103.1
1ZTW5a-100-17	600	1000	2500	3500	600	100	1700	12⏀18	Φ8@210	Φ14@1500	1.38	119.5

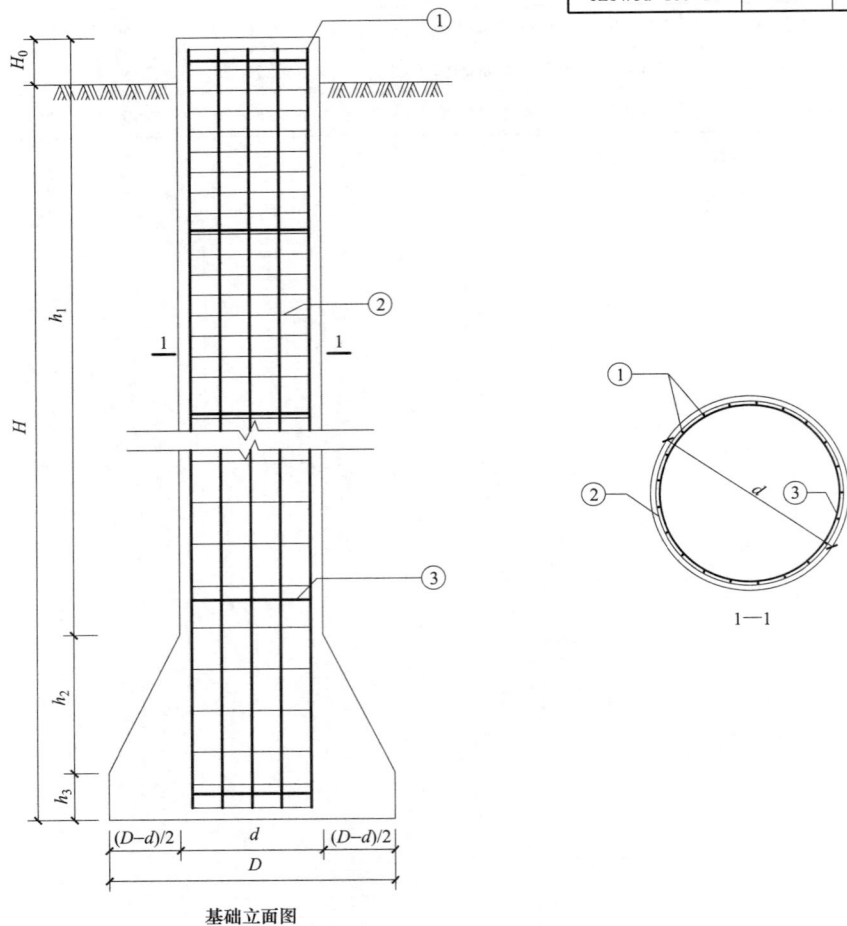

基础立面图

1—1

说明： 1. 本基础适用于不受地下水影响的戈壁碎石土地质条件。

2. 整体立塔时，混凝土的抗压强度应达到设计强度的100%。分解组塔时，混凝土必须达到抗压强度设计值的70%。

3. 基础根开及地脚螺栓间距与相应杆塔结构图核对无误后，方可施工。

4. 基础混凝土强度等级不应低于 C25，主筋采用 HRB400 级钢筋，箍筋采用 HPB300 级钢筋。

5. 主筋保护层不小于 50mm。

6. 基础施工完毕后，做好基面排水处理。

7. 本基础按机械成孔施工方式，未考虑护壁工程量。

图 9.5-1　1ZTW5∗-100 掏挖基础施工图

基 础 参 数 表

基础名称	主柱直径 d（mm）	底板直径 D（mm）	基础埋深 H（mm）	主柱高 h_1（mm）	圆台高 h_2（mm）	下圆柱高 h_3（mm）	基础露头 H_0（mm）	主筋①	外箍筋②	内箍筋③	单腿混凝土量（m³）	单腿钢筋量（kg）
1ZTW5a-150-02	600	1000	2400	1900	600	100	200	12 Φ 18	Φ 8@ 210	Φ 14@ 1500	0.92	73.9
1ZTW5a-150-07	600	1000	2600	2600	600	100	700	12 Φ 18	Φ 8@ 210	Φ 14@ 1500	1.12	95.3
1ZTW5a-150-12	600	1000	2800	3300	600	100	1200	12 Φ 18	Φ 8@ 210	Φ 14@ 1500	1.32	114.1
1ZTW5a-150-17	600	1000	2900	3900	600	100	1700	12 Φ 18	Φ 8@ 210	Φ 14@ 1500	1.49	130.5

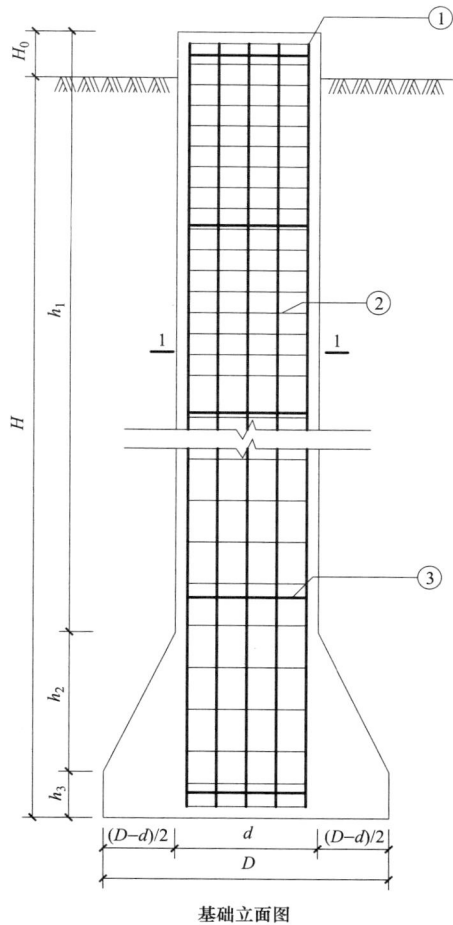

基础立面图

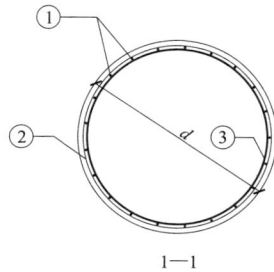

1—1

说明：1. 本基础适用于不受地下水影响的戈壁碎石土地质条件。

2. 整体立塔时，混凝土的抗压强度应达到设计强度的 100%。分解组塔时，混凝土必须达到抗压强度设计值的 70%。

3. 基础根开及地脚螺栓间距与相应杆塔结构图核对无误后，方可施工。

4. 基础混凝土强度等级不应低于 C25，主筋采用 HRB400 级钢筋，箍筋采用 HPB300 级钢筋。

5. 主筋保护层不小于 50mm。

6. 基础施工完毕后，做好基面排水处理。

7. 本基础按机械成孔施工方式，未考虑护壁工程量。

图 9.5-2 1ZTW5 ∗ -150 掏挖基础施工图

基 础 参 数 表

基础名称	主柱直径 d (mm)	底板直径 D (mm)	基础埋深 H (mm)	主柱高 h_1 (mm)	圆台高 h_2 (mm)	下圆柱高 h_3 (mm)	基础露头 H_0 (mm)	主筋①	外箍筋②	内箍筋③	单腿混凝土量 (m³)	单腿钢筋量 (kg)
1ZTW5a-200-02	600	1000	2900	2400	600	100	200	12Φ18	Φ8@210	Φ14@1500	1.07	87.9
1ZTW5a-200-07	600	1000	3100	3100	600	100	700	12Φ18	Φ8@210	Φ14@1500	1.26	108.6
1ZTW5a-200-12	600	1000	3200	3700	600	100	1200	12Φ18	Φ8@210	Φ14@1500	1.43	125.0
1ZTW5a-200-17	600	1000	3400	4400	600	100	1700	12Φ18	Φ8@210	Φ14@1500	1.63	145.7

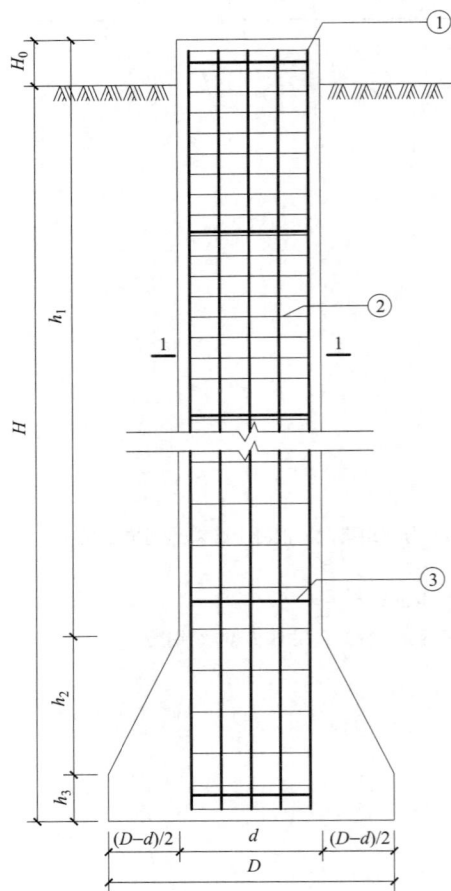

基础立面图

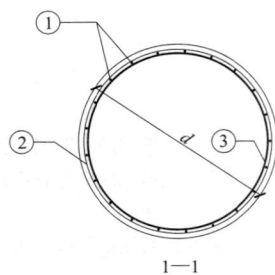

1—1

说明：1. 本基础适用于不受地下水影响的戈壁碎石土地质条件。

2. 整体立塔时，混凝土的抗压强度应达到设计强度的100%。分解组塔时，混凝土必须达到抗压强度设计值的70%。

3. 基础根开及地脚螺栓间距与相应杆塔结构图核对无误后，方可施工。

4. 基础混凝土强度等级不应低于C25，主筋采用HRB400级钢筋，箍筋采用HPB300级钢筋。

5. 主筋保护层不小于50mm。

6. 基础施工完毕后，做好基面排水处理。

7. 本基础按机械成孔施工方式，未考虑护壁工程量。

图 9.5-3　1ZTW5∗-200 掏挖基础施工图

基 础 参 数 表

基础名称	主柱直径 d (mm)	底板直径 D (mm)	基础埋深 H (mm)	主柱高 h_1 (mm)	圆台高 h_2 (mm)	下圆柱高 h_3 (mm)	基础露头 H_0 (mm)	主筋①	外箍筋②	内箍筋③	单腿混凝土量 (m³)	单腿钢筋量 (kg)
1ZTW5a-250-02	600	1000	3400	2900	600	100	200	12Φ18	Φ8@210	Φ14@1500	1.21	103.1
1ZTW5a-250-07	600	1000	3600	3600	600	100	700	12Φ18	Φ8@210	Φ14@1500	1.40	121.9
1ZTW5a-250-12	600	1100	3600	4100	600	100	1200	12Φ18	Φ8@210	Φ14@1500	1.61	137.8
1ZTW5a-250-17	600	1100	3600	4600	600	100	1700	12Φ18	Φ8@210	Φ14@1500	1.75	151.2

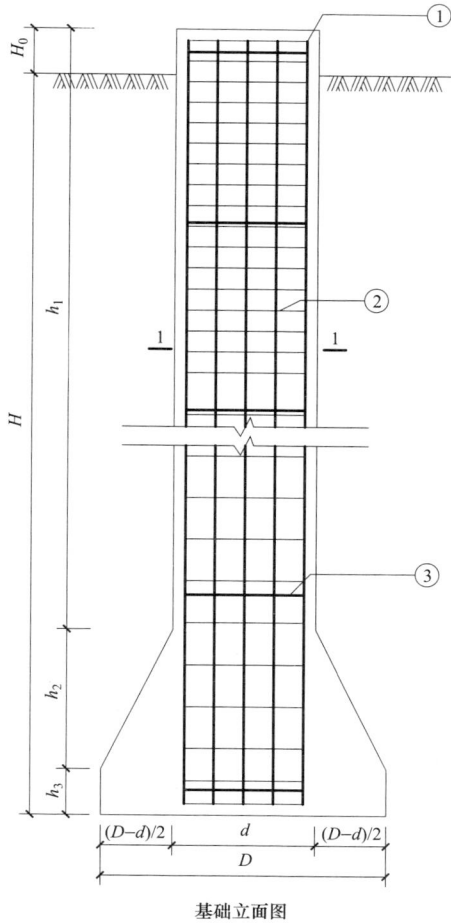

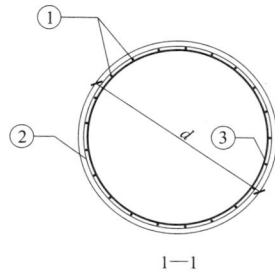

基础立面图

1—1

说明：1. 本基础适用于不受地下水影响的戈壁碎石土地质条件。

2. 整体立塔时，混凝土的抗压强度应达到设计强度的100%。分解组塔时，混凝土必须达到抗压强度设计值的70%。

3. 基础根开及地脚螺栓间距与相应杆塔结构图核对无误后，方可施工。

4. 基础混凝土强度等级不应低于 C25，主筋采用 HRB400 级钢筋，箍筋采用 HPB300 级钢筋。

5. 主筋保护层不小于 50mm。

6. 基础施工完毕后，做好基面排水处理。

7. 本基础按机械成孔施工方式，未考虑护壁工程量。

图 9.5-4　1ZTW5＊-250 掏挖基础施工图

基 础 参 数 表

基础名称	主柱直径 d（mm）	底板直径 D（mm）	基础埋深 H（mm）	主柱高 h_1（mm）	圆台高 h_2（mm）	下圆柱高 h_3（mm）	基础露头 H_0（mm）	主筋①	外箍筋②	内箍筋③	单腿混凝土量（m³）	单腿钢筋量（kg）
1ZTW5a-300-02	600	1100	3600	3100	600	100	200	12Φ20	Φ8@210	Φ14@1500	1.32	129.2
1ZTW5a-300-07	600	1100	3700	3600	700	100	700	12Φ20	Φ8@210	Φ14@1500	1.52	149.0
1ZTW5a-300-12	600	1200	3700	4100	700	100	1200	12Φ20	Φ8@210	Φ14@1500	1.73	167.0
1ZTW5a-300-17	600	1200	3800	4600	800	100	1700	12Φ20	Φ8@210	Φ14@1500	1.94	186.8

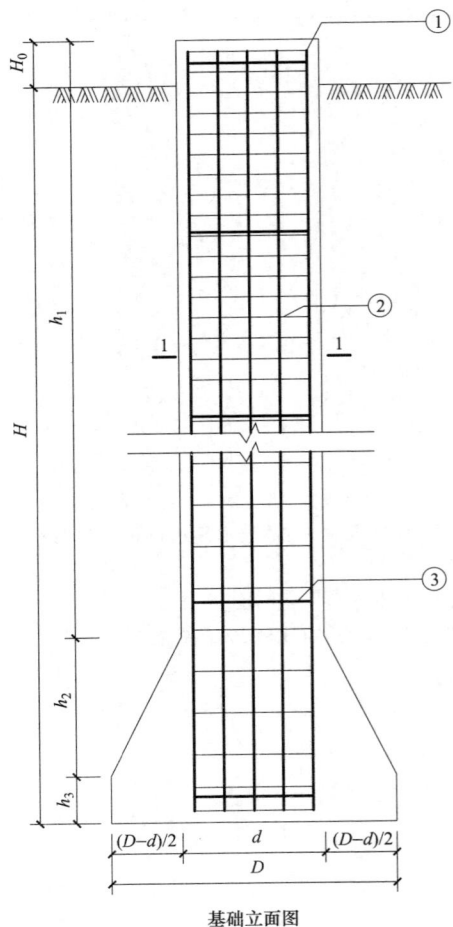

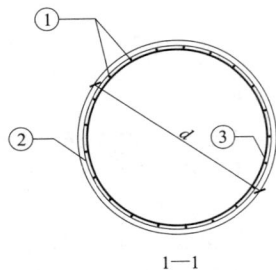

基础立面图

1—1

说明：1. 本基础适用于不受地下水影响的戈壁碎石土地质条件。

2. 整体立塔时，混凝土的抗压强度应达到设计强度的 100%。分解组塔时，混凝土必须达到抗压强度设计值的 70%。

3. 基础根开及地脚螺栓间距与相应杆塔结构图核对无误后，方可施工。

4. 基础混凝土强度等级不应低于 C25，主筋采用 HRB400 级钢筋，箍筋采用 HPB300 级钢筋。

5. 主筋保护层不小于 50mm。

6. 基础施工完毕后，做好基面排水处理。

7. 本基础按机械成孔施工方式，未考虑护壁工程量。

图 9.5-5　1ZTW5＊-300 掏挖基础施工图

基 础 参 数 表

基础名称	主柱直径 d（mm）	底板直径 D（mm）	基础埋深 H（mm）	主柱高 h_1（mm）	圆台高 h_2（mm）	下圆柱高 h_3（mm）	基础露头 H_0（mm）	主筋①	外箍筋②	内箍筋③	单腿混凝土量 （m³）	单腿钢筋量 （kg）
1ZTW5a-350-02	600	1200	3700	3100	700	100	200	12 Φ 20	Φ8@210	Φ14@1500	1.45	132.2
1ZTW5a-350-07	600	1200	3900	3600	900	100	700	12 Φ 20	Φ8@210	Φ14@1500	1.73	155.6
1ZTW5a-350-12	700	1300	3700	4100	700	100	1200	12 Φ 20	Φ8@210	Φ14@1500	2.28	171.9
1ZTW5a-350-17	700	1300	3900	4600	900	100	1700	12 Φ 20	Φ8@210	Φ14@1500	2.63	195.8

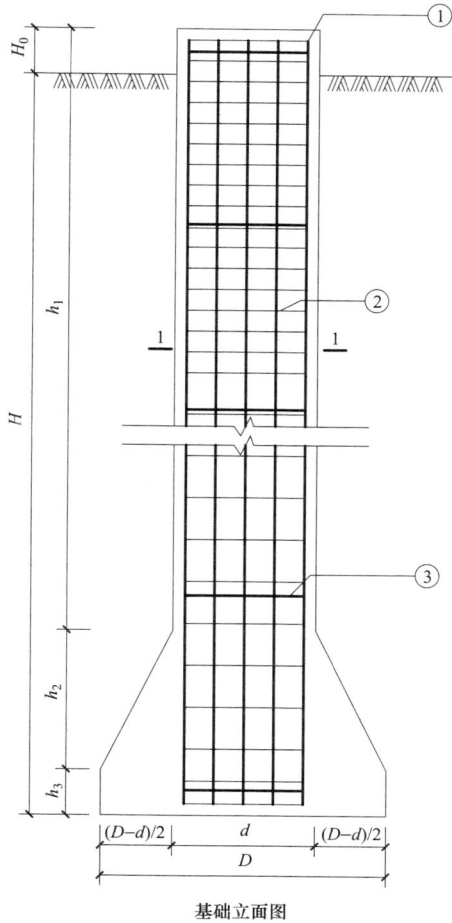

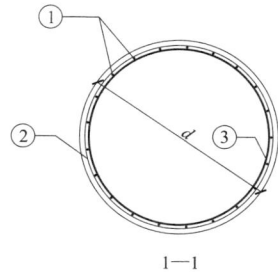

基础立面图

1—1

说明：1. 本基础适用于不受地下水影响的戈壁碎石土地质条件。

2. 整体立塔时，混凝土的抗压强度应达到设计强度的100%。分解组塔时，混凝土必须达到抗压强度设计值的70%。

3. 基础根开及地脚螺栓间距与相应杆塔结构图核对无误后，方可施工。

4. 基础混凝土强度等级不应低于C25，主筋采用HRB400级钢筋，箍筋采用HPB300级钢筋。

5. 主筋保护层不小于50mm。

6. 基础施工完毕后，做好基面排水处理。

7. 本基础按机械成孔施工方式，未考虑护壁工程量。

图 9.5-6 1ZTW5∗-350 掏挖基础施工图

基 础 参 数 表

基础名称	主柱直径 d (mm)	底板直径 D (mm)	基础埋深 H (mm)	主柱高 h_1 (mm)	圆台高 h_2 (mm)	下圆柱高 h_3 (mm)	基础露头 H_0 (mm)	主筋①	外箍筋②	内箍筋③	单腿混凝土量 (m³)	单腿钢筋量 (kg)
1ZTW5a-400-02	700	1200	4000	3400	700	100	200	12Φ20	Φ8@210	Φ14@1500	1.93	146.5
1ZTW5a-400-07	700	1300	4000	3900	700	100	700	12Φ20	Φ8@210	Φ14@1500	2.20	165.2
1ZTW5a-400-12	700	1300	4000	4400	700	100	1200	12Φ20	Φ8@210	Φ14@1500	2.39	182.4
1ZTW5a-400-17	700	1400	4000	4900	700	100	1700	12Φ20	Φ8@210	Φ14@1500	2.67	198.8

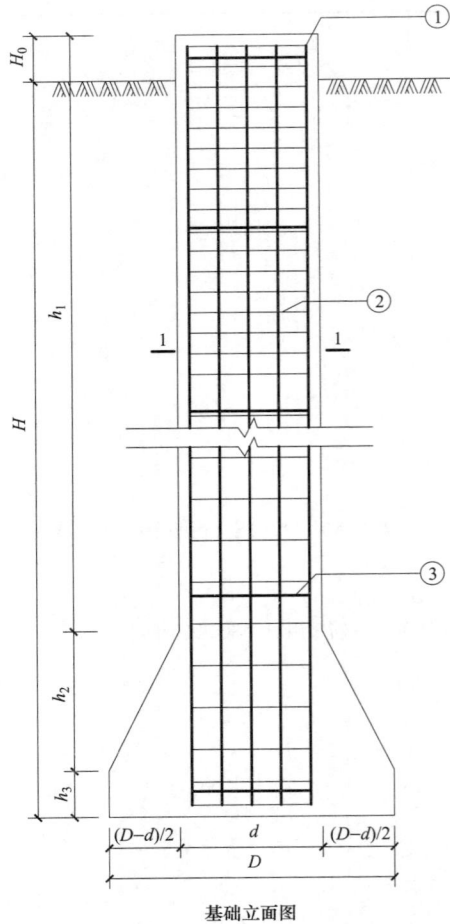

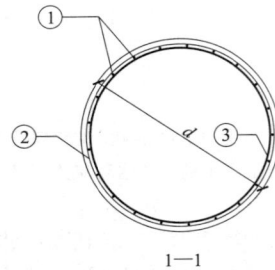

基础立面图

1—1

说明：1. 本基础适用于不受地下水影响的戈壁碎石土地质条件。

2. 整体立塔时，混凝土的抗压强度应达到设计强度的100%。分解组塔时，混凝土必须达到抗压强度设计值的70%。

3. 基础根开及地脚螺栓间距与相应杆塔结构图核对无误后，方可施工。

4. 基础混凝土强度等级不应低于 C25，主筋采用 HRB400 级钢筋，箍筋采用 HPB300 级钢筋。

5. 主筋保护层不小于 50mm。

6. 基础施工完毕后，做好基面排水处理。

7. 本基础按机械成孔施工方式，未考虑护壁工程量。

图 9.5-7 1ZTW5*-400 掏挖基础施工图

基 础 参 数 表

基础名称	主柱直径 d（mm）	底板直径 D（mm）	基础埋深 H（mm）	主柱高 h_1（mm）	圆台高 h_2（mm）	下圆柱高 h_3（mm）	基础露头 H_0（mm）	主筋①	外箍筋②	内箍筋③	单腿混凝土量（m³）	单腿钢筋量（kg）
1ZTW5a-450-02	800	1300	4000	3500	600	100	200	12Φ20	Φ8@240	Φ14@1500	2.42	147.9
1ZTW5a-450-07	800	1300	4100	4100	600	100	700	12Φ20	Φ8@240	Φ14@1500	2.72	171.1
1ZTW5a-450-12	800	1400	4100	4600	600	100	1200	12Φ20	Φ8@240	Φ14@1500	3.05	187.7
1ZTW5a-450-17	800	1400	4200	5200	600	100	1700	12Φ20	Φ8@240	Φ14@1500	3.35	208.2

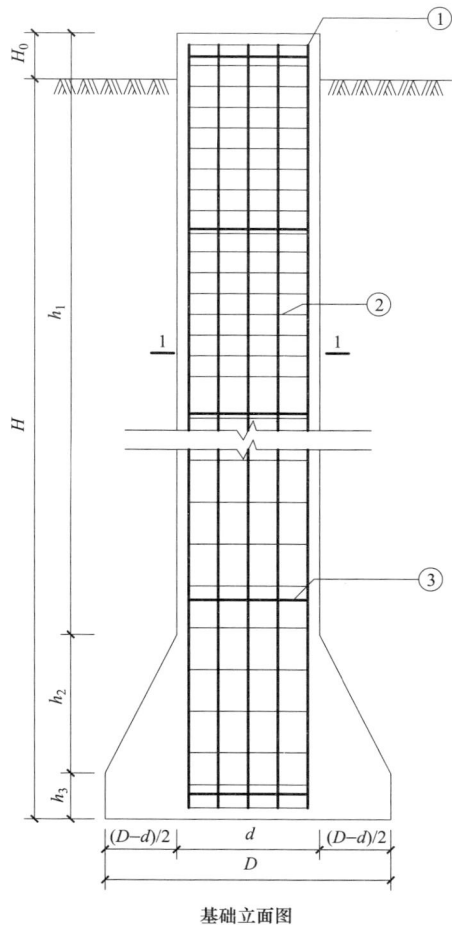

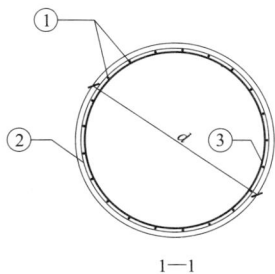

基础立面图

1—1

说明：1. 本基础适用于不受地下水影响的戈壁碎石土地质条件。

2. 整体立塔时，混凝土的抗压强度应达到设计强度的100%。分解组塔时，混凝土必须达到抗压强度设计值的70%。

3. 基础根开及地脚螺栓间距与相应杆塔结构图核对无误后，方可施工。

4. 基础混凝土强度等级不应低于C25，主筋采用HRB400级钢筋，箍筋采用HPB300级钢筋。

5. 主筋保护层不小于50mm。

6. 基础施工完毕后，做好基面排水处理。

7. 本基础按机械成孔施工方式，未考虑护壁工程量。

图 9.5-8　1ZTW5*-450 掏挖基础施工图

基 础 参 数 表

基础名称	主柱直径 d (mm)	底板直径 D (mm)	基础埋深 H (mm)	主柱高 h_1 (mm)	圆台高 h_2 (mm)	下圆柱高 h_3 (mm)	基础露头 H_0 (mm)	主筋①	外箍筋②	内箍筋③	单腿混凝土量 (m³)	单腿钢筋量 (kg)
1ZTW5a-500-02	800	1400	4000	3500	600	100	200	12φ20	Φ8@240	Φ14@1500	2.50	147.9
1ZTW5a-500-07	800	1400	4200	4200	600	100	700	12φ20	Φ8@240	Φ14@1500	2.85	174.0
1ZTW5a-500-12	800	1400	4300	4700	700	100	1200	12φ20	Φ8@240	Φ14@1500	3.20	194.5
1ZTW5a-500-17	800	1400	4400	5200	800	100	1700	12φ20	Φ8@240	Φ14@1500	3.55	214.1

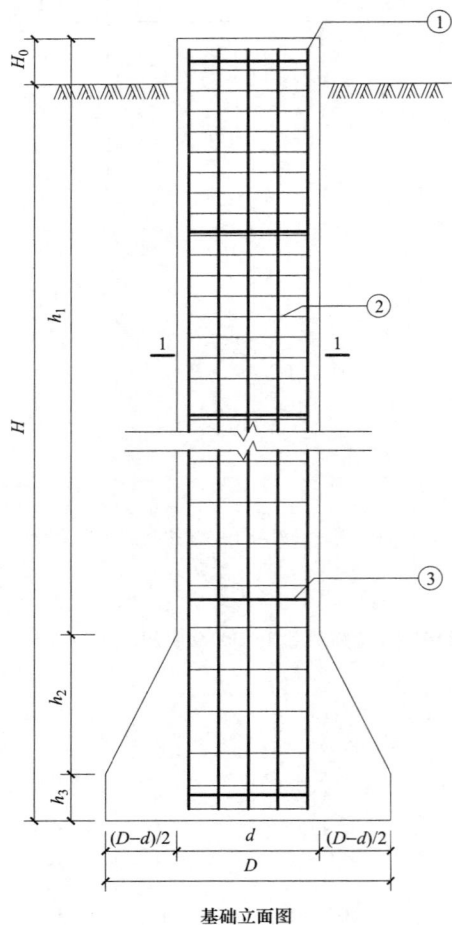

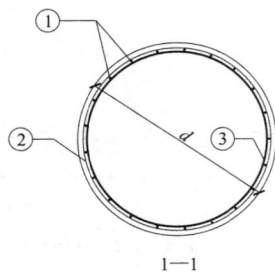

基础立面图

1—1

说明：1. 本基础适用于不受地下水影响的戈壁碎石土地质条件。

2. 整体立塔时，混凝土的抗压强度应达到设计强度的100%。分解组塔时，混凝土必须达到抗压强度设计值的70%。

3. 基础根开及地脚螺栓间距与相应杆塔结构图核对无误后，方可施工。

4. 基础混凝土强度等级不应低于C25，主筋采用HRB400级钢筋，箍筋采用HPB300级钢筋。

5. 主筋保护层不小于50mm。

6. 基础施工完毕后，做好基面排水处理。

7. 本基础按机械成孔施工方式，未考虑护壁工程量。

图 9.5-9 1ZTW5＊-500 掏挖基础施工图

基 础 参 数 表

基础名称	主柱直径 d (mm)	底板直径 D (mm)	基础埋深 H (mm)	主柱高 h_1 (mm)	圆台高 h_2 (mm)	下圆柱高 h_3 (mm)	基础露头 H_0 (mm)	主筋①	外箍筋②	内箍筋③	单腿混凝土量 (m^3)	单腿钢筋量 (kg)
1ZTW5a-550-02	800	1500	4000	3400	700	100	200	12 ϕ 20	Φ 8@ 240	Φ 14@ 1500	2.64	147.9
1ZTW5a-550-07	800	1500	4200	4100	700	100	700	12 ϕ 20	Φ 8@ 240	Φ 14@ 1500	2.99	174.0
1ZTW5a-550-12	800	1500	4400	4700	800	100	1200	12 ϕ 20	Φ 8@ 240	Φ 14@ 1500	3.40	197.5
1ZTW5a-550-17	800	1500	4500	5200	900	100	1700	12 ϕ 20	Φ 8@ 240	Φ 14@ 1500	3.75	220.7

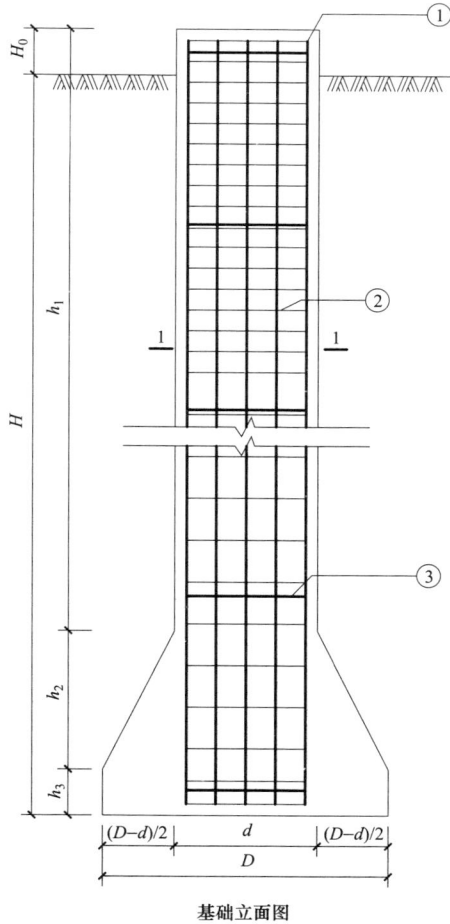

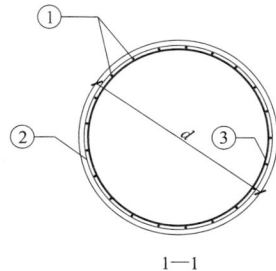

基础立面图

1—1

说明：1. 本基础适用于不受地下水影响的戈壁碎石土地质条件。

2. 整体立塔时，混凝土的抗压强度应达到设计强度的100%。分解组塔时，混凝土必须达到抗压强度设计值的70%。

3. 基础根开及地脚螺栓间距与相应杆塔结构图核对无误后，方可施工。

4. 基础混凝土强度等级不应低于C25，主筋采用HRB400级钢筋，箍筋采用HPB300级钢筋。

5. 主筋保护层不小于50mm。

6. 基础施工完毕后，做好基面排水处理。

7. 本基础按机械成孔施工方式，未考虑护壁工程量。

图 9.5-10　1ZTW5∗-550 掏挖基础施工图

基 础 参 数 表

基础名称	主柱直径 d (mm)	底板直径 D (mm)	基础埋深 H (mm)	主柱高 h_1 (mm)	圆台高 h_2 (mm)	下圆柱高 h_3 (mm)	基础露头 H_0 (mm)	主筋①	外箍筋②	内箍筋③	单腿混凝土量 (m³)	单腿钢筋量 (kg)
1ZTW5a-600-02	800	1500	4300	3700	700	100	200	12 Φ 20	Φ 8@ 240	Φ 14@ 1500	2.79	158.6
1ZTW5a-600-07	800	1500	4400	4200	800	100	700	12 Φ 20	Φ 8@ 240	Φ 14@ 1500	3.14	180.9
1ZTW5a-600-12	800	1600	4400	4700	800	100	1200	12 Φ 20	Φ 8@ 240	Φ 14@ 1500	3.50	197.5
1ZTW5a-600-17	800	1600	4500	5200	900	100	1700	12 Φ 20	Φ 8@ 240	Φ 14@ 1500	3.87	220.7

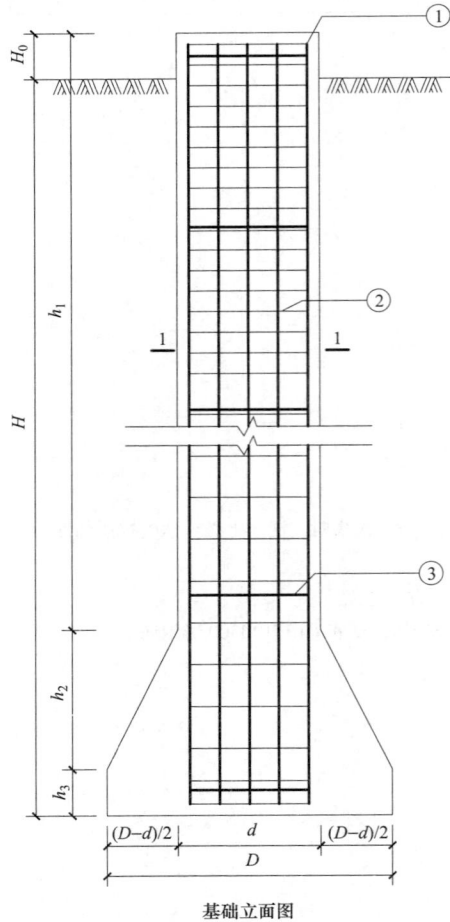

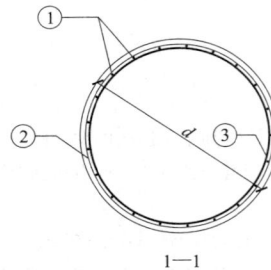

基础立面图

1—1

说明：1. 本基础适用于不受地下水影响的戈壁碎石土地质条件。

2. 整体立塔时，混凝土的抗压强度应达到设计强度的 100%。分解组塔时，混凝土必须达到抗压强度设计值的 70%。

3. 基础根开及地脚螺栓间距与相应杆塔结构图核对无误后，方可施工。

4. 基础混凝土强度等级不应低于 C25，主筋采用 HRB400 级钢筋，箍筋采用 HPB300 级钢筋。

5. 主筋保护层不小于 50mm。

6. 基础施工完毕后，做好基面排水处理。

7. 本基础按机械成孔施工方式，未考虑护壁工程量。

图 9.5-11　1ZTW5＊-600 掏挖基础施工图

第 10 章 1JTW 模 块

本模块为转角塔掏挖基础模块，适用于黏性土、粉土、碎石土、黄土、戈壁碎石土地质，包含 5 个子模块，共 280 个基础，相同岩土类别，不同岩土小类及不同露头尺寸合并出图，共 35 张图纸。

该模块由河北院和甘肃院共同设计。

基础作用力见表 10.0-1，岩土类别及设计参数见表 10.0-2。

表 10.0-1　　　　　　　　**基 础 作 用 力**　　　　　　　（kN）

电压等级 （kV）	基础作用力代号	T	T_x	T_y	N	N_x	N_y
110（66）	300	300	57	57	390	74	74
	350	350	67	67	455	86	86
	400	400	76	76	520	99	99
	450	450	86	86	585	111	111
	500	500	95	95	650	124	124
	550	550	105	105	715	136	136
	600	600	114	114	780	148	148

表 10.0-2　　　　　　**岩土类别及设计参数**

序号	代号	岩土类别	c（kPa）	φ（°）	f_{ak}（kPa）	m（kN/m⁴）	γ_s（kN/m³）	土的状态
1	1a	黏性土	20	10	120	20000	16	可塑
2	1b		25	15	140	20000	16	
3	1c		30	20	180	20000	16	
4	2a	粉土	15	20	140	20000	16	中密
5	2b		20	25	150	20000	16	
6	2c		5	20	160	20000	16	

续表 10.0-2

序号	代号	岩土类别	c（kPa）	φ（°）	f_{ak}（kPa）	m（kN/m⁴）	γ_s（kN/m³）	土的状态
7	3a	碎石土	15	20	140	50000	18	中密
8	3b		5	30	220	50000	18	
9	4a	黄土	8	18	120	14000	13	可塑
10	5a	戈壁碎石土	11	40	180	100000	18	中密

10.1　1JTW1 子模块

此子模块适用于黏性土地基，共包含 7 张图纸，基础施工图图纸清单见表 10.1-1。

表 10.1-1　　　　　**1JTW1 子模块基础施工图图纸清单**

序号	图号	图　名	基础作用力（kN） $T/T_x/T_y$	$N/N_x/N_y$
1	图 10.1-1	1JTW1＊-300 掏挖基础施工图	300/57/57	390/74/74
2	图 10.1-2	1JTW1＊-350 掏挖基础施工图	350/67/67	455/86/86
3	图 10.1-3	1JTW1＊-400 掏挖基础施工图	400/76/76	520/99/99
4	图 10.1-4	1JTW1＊-450 掏挖基础施工图	450/86/86	585/111/111
5	图 10.1-5	1JTW1＊-500 掏挖基础施工图	500/95/95	650/124/124
6	图 10.1-6	1JTW1＊-550 掏挖基础施工图	550/105/105	715/136/136
7	图 10.1-7	1JTW1＊-600 掏挖基础施工图	600/114/114	780/148/148

注　1＊代表 1a、1b、1c 三种地质参数组合。

基础参数表

基础名称	主柱直径 d (mm)	底板直径 D (mm)	基础埋深 H (mm)	主柱高 h_1 (mm)	圆台高 h_2 (mm)	下圆柱高 h_3 (mm)	基础露头 H_0 (mm)	主筋①	外箍筋②	内箍筋③	单腿混凝土量 (m³)	单腿钢筋量 (kg)
1JTW1a-300-02	900	1700	5500	5100	800	100	200	20Φ16	Φ8@240	Φ14@1500	4.57	218.4
1JTW1a-300-07	900	1700	5700	5800	800	100	700	20Φ16	Φ8@240	Φ14@1500	5.01	244.0
1JTW1a-300-12	900	1700	5900	6500	800	100	1200	20Φ16	Φ8@240	Φ14@1500	5.46	269.6
1JTW1a-300-17	1000	2000	5400	6500	800	100	1700	20Φ18	Φ8@270	Φ14@1500	6.89	332.0
1JTW1b-300-02	900	1700	5000	4600	800	100	200	20Φ16	Φ8@240	Φ14@1500	4.25	200.1
1JTW1b-300-07	900	1700	5200	5300	800	100	700	20Φ16	Φ8@240	Φ14@1500	4.69	225.7
1JTW1b-300-12	900	1700	5400	6000	800	100	1200	20Φ16	Φ8@240	Φ14@1500	5.14	251.3
1JTW1b-300-17	900	1700	5600	6700	800	100	1700	20Φ16	Φ8@240	Φ14@1500	5.58	276.9
1JTW1c-300-02	800	1500	4800	4500	700	100	200	16Φ16	Φ8@240	Φ14@1500	3.19	156.3
1JTW1c-300-07	800	1500	5000	5200	700	100	700	16Φ16	Φ8@240	Φ14@1500	3.54	177.0
1JTW1c-300-12	800	1500	5200	5900	700	100	1200	16Φ16	Φ8@240	Φ14@1500	3.89	197.8
1JTW1c-300-17	800	1500	5400	6600	700	100	1700	16Φ16	Φ8@240	Φ14@1500	4.24	218.5

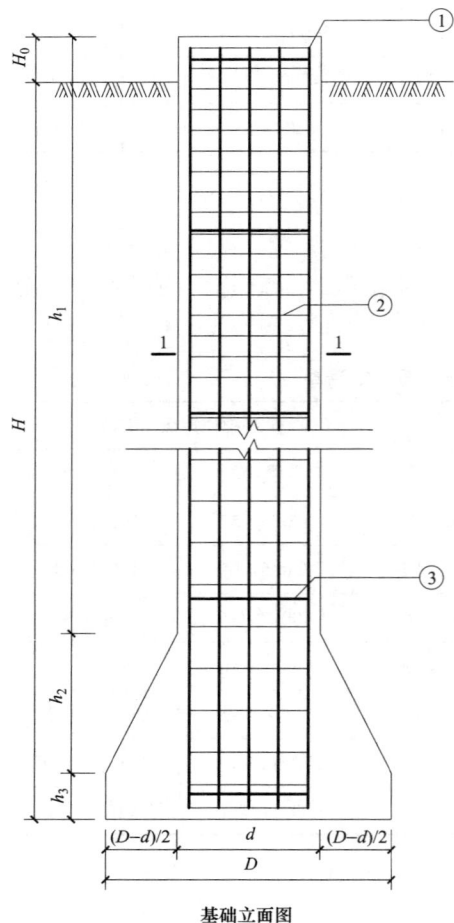

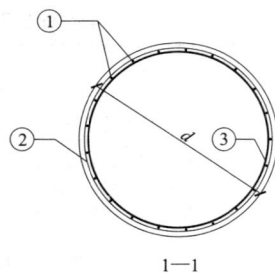

基础立面图

1—1

说明：1. 本基础适用于不受地下水影响的黏性土地质条件。

2. 整体立塔时，混凝土的抗压强度应达到设计强度的100%。分解组塔时，混凝土必须达到抗压强度设计值的70%。

3. 基础根开及地脚螺栓间距与相应杆塔结构图核对无误后，方可施工。

4. 基础混凝土强度等级不应低于 C25，主筋采用 HRB400 级钢筋，箍筋采用 HPB300 级钢筋。

5. 主筋保护层不小于 50mm。

6. 基础施工完毕后，做好基面排水处理。

7. 本基础按机械成孔施工方式，未考虑护壁工程量。

图 10.1-1　1JTW1∗-300 掏挖基础施工图

基础名称	主柱直径 d (mm)	底板直径 D (mm)	基础埋深 H (mm)	主柱高 h_1 (mm)	圆台高 h_2 (mm)	下圆柱高 h_3 (mm)	基础露头 H_0 (mm)	主筋①	外箍筋②	内箍筋③	单腿混凝土量 (m³)	单腿钢筋量 (kg)
1JTW1a-350-02	1000	2000	5300	4900	800	100	200	20Φ18	Φ8@270	Φ14@1500	5.63	259.8
1JTW1a-350-07	1000	2000	5500	5600	800	100	700	20Φ18	Φ8@270	Φ14@1500	6.18	291.4
1JTW1a-350-12	1000	2000	5700	6300	800	100	1200	20Φ18	Φ8@270	Φ14@1500	6.73	323.0
1JTW1a-350-17	1000	2000	5900	7000	800	100	1700	20Φ18	Φ8@270	Φ14@1500	7.28	354.6
1JTW1b-350-02	900	1700	5600	5200	800	100	200	20Φ16	Φ8@240	Φ14@1500	4.63	222.0
1JTW1b-350-07	900	1700	5900	6000	800	100	700	20Φ16	Φ8@240	Φ14@1500	5.14	251.3
1JTW1b-350-12	1000	2000	5300	5900	800	100	1200	20Φ18	Φ8@270	Φ14@1500	6.41	305.0
1JTW1b-350-17	1000	2000	5500	6600	800	100	1700	20Φ18	Φ8@270	Φ14@1500	6.96	336.5
1JTW1c-350-02	900	1700	4800	4400	800	100	200	20Φ16	Φ8@240	Φ14@1500	4.12	192.8
1JTW1c-350-07	900	1700	5000	5100	800	100	700	20Φ16	Φ8@240	Φ14@1500	4.57	218.4
1JTW1c-350-12	900	1700	5300	5900	800	100	1200	20Φ16	Φ8@240	Φ14@1500	5.08	247.7
1JTW1c-350-17	900	1700	5400	6500	800	100	1700	20Φ16	Φ8@240	Φ14@1500	5.46	269.6

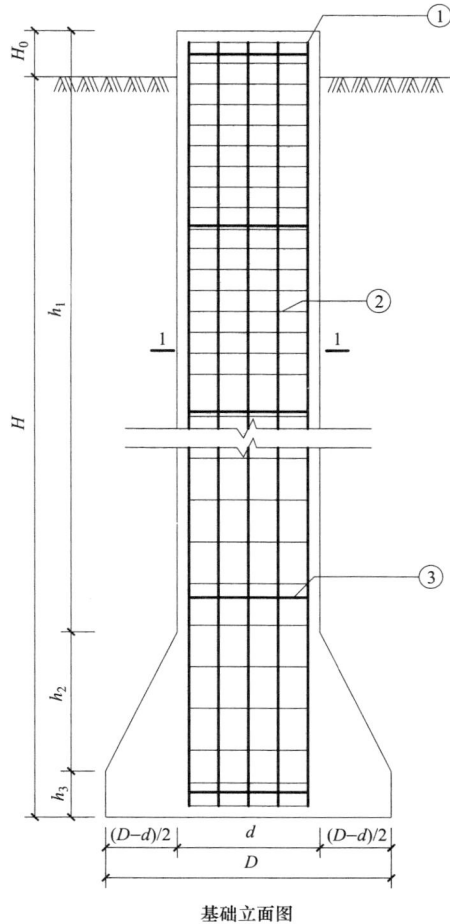

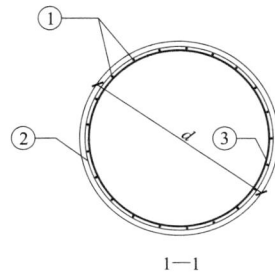

基础立面图

1—1

说明：1. 本基础适用于不受地下水影响的黏性土地质条件。

2. 整体立塔时，混凝土的抗压强度应达到设计强度的 100%。分解组塔时，混凝土必须达到抗压强度设计值的 70%。

3. 基础根开及地脚螺栓间距与相应杆塔结构图核对无误后，方可施工。

4. 基础混凝土强度等级不应低于 C25，主筋采用 HRB400 级钢筋，箍筋采用 HPB300 级钢筋。

5. 主筋保护层不小于 50mm。

6. 基础施工完毕后，做好基面排水处理。

7. 本基础按机械成孔施工方式，未考虑护壁工程量。

图 10.1-2　1JTW1*-350 掏挖基础施工图

基础名称	主柱直径 d（mm）	底板直径 D（mm）	基础埋深 H（mm）	主柱高 h_1（mm）	圆台高 h_2（mm）	下圆柱高 h_3（mm）	基础露头 H_0（mm）	主筋①	外箍筋②	内箍筋③	单腿混凝土量（m³）	单腿钢筋量（kg）
1JTW1a-400-02	1000	2000	5800	5400	800	100	200	20Φ18	Φ8@270	Φ14@1500	6.02	282.4
1JTW1a-400-07	1000	2000	6000	6100	800	100	700	20Φ18	Φ8@270	Φ14@1500	6.57	314.0
1JTW1a-400-12	1000	2000	6200	6800	800	100	1200	20Φ18	Φ8@270	Φ14@1500	7.12	345.6
1JTW1a-400-17	1100	2200	6000	7000	900	100	1700	24Φ18	Φ8@270	Φ16@1500	9.03	427.2
1JTW1b-400-02	1000	2000	5300	4900	800	100	200	20Φ18	Φ8@270	Φ14@1500	5.63	259.8
1JTW1b-400-07	1000	2000	5600	5700	800	100	700	20Φ18	Φ8@270	Φ14@1500	6.26	295.9
1JTW1b-400-12	1000	2000	5800	6400	800	100	1200	20Φ18	Φ8@270	Φ14@1500	6.81	327.5
1JTW1b-400-17	1000	2000	6000	7100	800	100	1700	20Φ18	Φ8@270	Φ14@1500	7.36	359.1
1JTW1c-400-02	900	1700	5300	4900	800	100	200	20Φ16	Φ8@240	Φ14@1500	4.44	211.1
1JTW1c-400-07	900	1700	5600	5700	800	100	700	20Φ16	Φ8@240	Φ14@1500	4.95	240.3
1JTW1c-400-12	900	1700	5800	6400	800	100	1200	20Φ16	Φ8@240	Φ14@1500	5.39	266.0
1JTW1c-400-17	900	1700	5900	7000	800	100	1700	20Φ16	Φ8@240	Φ14@1500	5.78	287.9

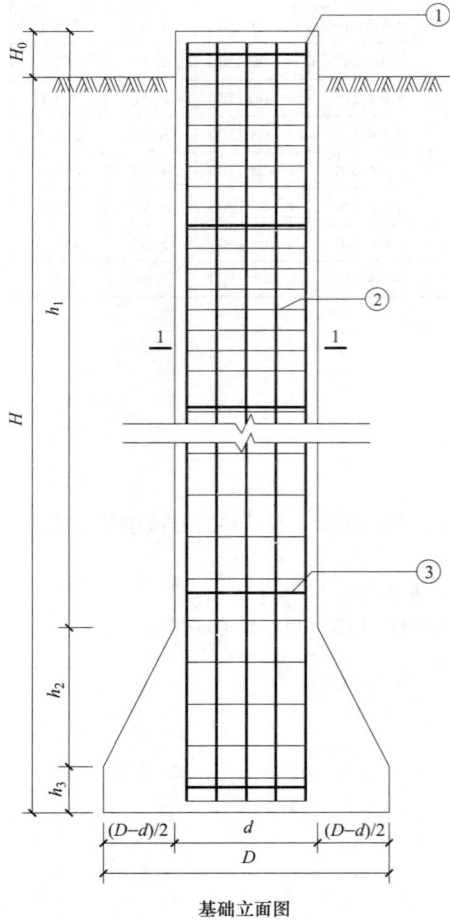

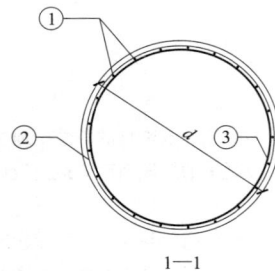

基础立面图

1—1

说明：1. 本基础适用于不受地下水影响的黏性土地质条件。

2. 整体立塔时，混凝土的抗压强度应达到设计强度的100%。分解组塔时，混凝土必须达到抗压强度设计值的70%。

3. 基础根开及地脚螺栓间距与相应杆塔结构图核对无误后，方可施工。

4. 基础混凝土强度等级不应低于 C25，主筋采用 HRB400 级钢筋，箍筋采用 HPB300 级钢筋。

5. 主筋保护层不小于 50mm。

6. 基础施工完毕后，做好基面排水处理。

7. 本基础按机械成孔施工方式，未考虑护壁工程量。

图 10.1-3 1JTW1*-400 掏挖基础施工图

基 础 参 数 表

基础名称	主柱直径 d（mm）	底板直径 D（mm）	基础埋深 H（mm）	主柱高 h_1（mm）	圆台高 h_2（mm）	下圆柱高 h_3（mm）	基础露头 H_0（mm）	主筋①	外箍筋②	内箍筋③	单腿混凝土量（m³）	单腿钢筋量（kg）
1JTW1a-450-02	1100	2200	5800	5300	900	100	200	24Φ18	Φ8@270	Φ16@1500	7.41	335.9
1JTW1a-450-07	1100	2200	6000	6000	900	100	700	24Φ18	Φ8@270	Φ16@1500	8.08	373.5
1JTW1a-450-12	1100	2200	6300	6800	900	100	1200	24Φ18	Φ8@270	Φ16@1500	8.84	416.5
1JTW1a-450-17	1100	2200	6500	7500	900	100	1700	24Φ18	Φ8@270	Φ16@1500	9.50	454.1
1JTW1b-450-02	1000	2000	5800	5400	800	100	200	20Φ18	Φ8@270	Φ14@1500	6.02	282.4
1JTW1b-450-07	1000	2000	6000	6100	800	100	700	20Φ18	Φ8@270	Φ14@1500	6.57	314.0
1JTW1b-450-12	1000	2000	6200	6800	800	100	1200	20Φ18	Φ8@270	Φ14@1500	7.12	345.6
1JTW1b-450-17	1100	2200	6000	7000	900	100	1700	24Φ18	Φ8@270	Φ16@1500	9.03	427.2
1JTW1c-450-02	900	1700	5900	5500	800	100	200	20Φ16	Φ8@240	Φ14@1500	4.82	233.0
1JTW1c-450-07	1000	2000	5200	5300	800	100	700	20Φ18	Φ8@270	Φ14@1500	5.94	277.9
1JTW1c-450-12	1000	2000	5600	6200	800	100	1200	20Φ18	Φ8@270	Φ14@1500	6.65	318.5
1JTW1c-450-17	1000	2000	5600	6700	800	100	1700	20Φ18	Φ8@270	Φ14@1500	7.04	341.0

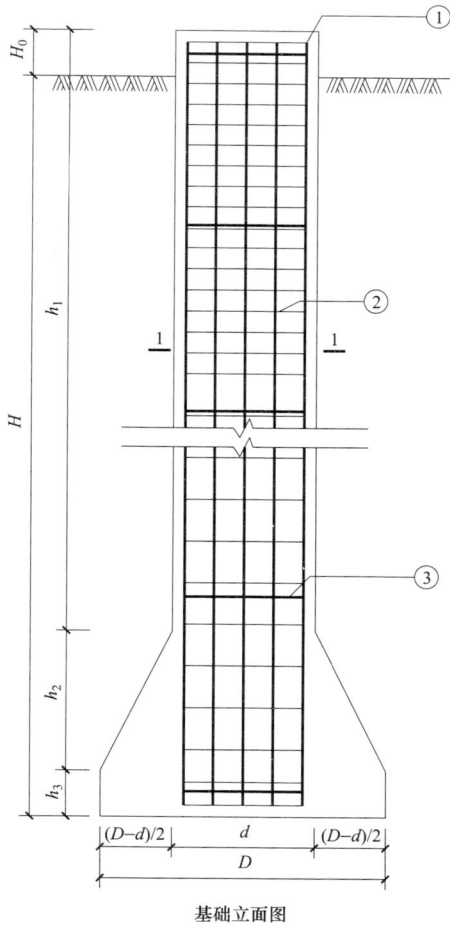

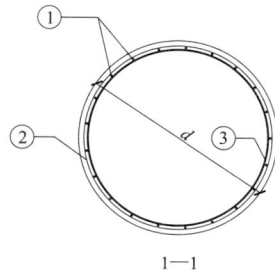

基础立面图

1—1

说明：1. 本基础适用于不受地下水影响的黏性土地质条件。

2. 整体立塔时，混凝土的抗压强度应达到设计强度的100%。分解组塔时，混凝土必须达到抗压强度设计值的70%。

3. 基础根开及地脚螺栓间距与相应杆塔结构图核对无误后，方可施工。

4. 基础混凝土强度等级不应低于C25，主筋采用HRB400级钢筋，箍筋采用HPB300级钢筋。

5. 主筋保护层不小于50mm。

6. 基础施工完毕后，做好基面排水处理。

7. 本基础按机械成孔施工方式，未考虑护壁工程量。

图 10.1-4 1JTW1*-450 掏挖基础施工图

基 础 参 数 表

基础名称	主柱直径 d（mm）	底板直径 D（mm）	基础埋深 H（mm）	主柱高 h_1（mm）	圆台高 h_2（mm）	下圆柱高 h_3（mm）	基础露头 H_0（mm）	主筋①	外箍筋②	内箍筋③	单腿混凝土量（m^3）	单腿钢筋量（kg）
1JTW1a-500-02	1100	2200	6300	5800	900	100	200	24 Φ 18	Φ 8@ 270	Φ 16@ 1500	7. 89	362. 8
1JTW1a-500-07	1100	2200	6500	6500	900	100	700	24 Φ 18	Φ 8@ 270	Φ 16@ 1500	8. 55	400. 4
1JTW1a-500-12	1200	2400	6300	6700	1000	100	1200	28 Φ 18	Φ 8@ 270	Φ 16@ 1500	10. 67	482. 9
1JTW1a-500-17	1200	2400	6500	7400	1000	100	1700	28 Φ 18	Φ 8@ 270	Φ 16@ 1500	11. 46	526. 5
1JTW1b-500-02	1100	2200	5800	5300	900	100	200	24 Φ 18	Φ 8@ 270	Φ 16@ 1500	7. 41	335. 9
1JTW1b-500-07	1100	2200	6000	6000	900	100	700	24 Φ 18	Φ 8@ 270	Φ 16@ 1500	8. 08	373. 5
1JTW1b-500-12	1100	2200	6200	6700	900	100	1200	24 Φ 18	Φ 8@ 270	Φ 16@ 1500	8. 74	411. 1
1JTW1b-500-17	1100	2200	6400	7400	900	100	1700	24 Φ 18	Φ 8@ 270	Φ 16@ 1500	9. 41	448. 7
1JTW1c-500-02	1000	2000	5400	5000	800	100	200	20 Φ 18	Φ 8@ 270	Φ 14@ 1500	5. 71	264. 3
1JTW1c-500-07	1000	2000	5600	5700	800	100	700	20 Φ 18	Φ 8@ 270	Φ 14@ 1500	6. 26	295. 9
1JTW1c-500-12	1000	2000	5900	6500	800	100	1200	20 Φ 18	Φ 8@ 270	Φ 14@ 1500	6. 89	332. 0
1JTW1c-500-17	1000	2000	6000	7100	800	100	1700	20 Φ 18	Φ 8@ 270	Φ 14@ 1500	7. 36	359. 1

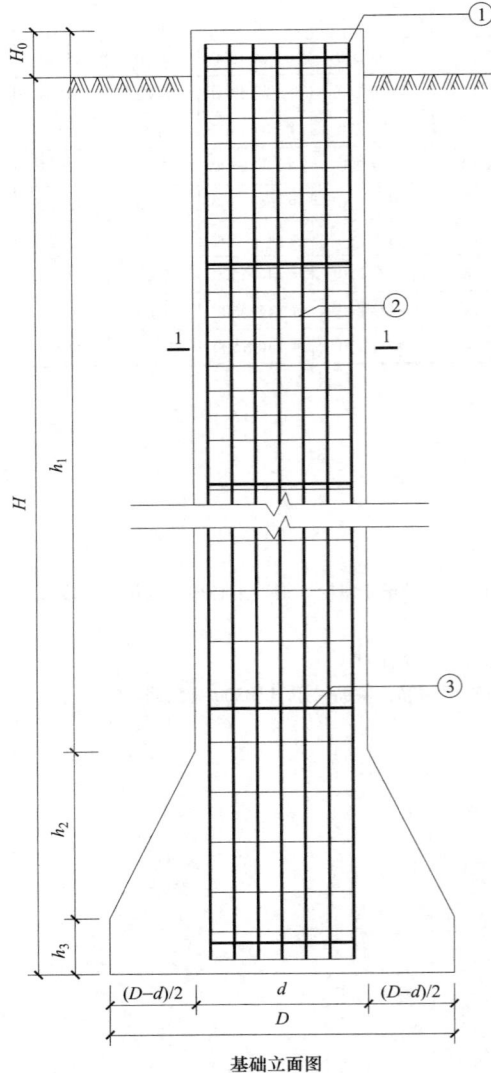

基础立面图

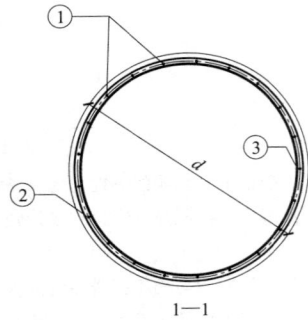

1—1

说明： 1. 本基础适用于不受地下水影响的黏性土地质条件。

2. 整体立塔时，混凝土的抗压强度应达到设计强度的 100%。分解组塔时，混凝土必须达到抗压强度设计值的 70%。

3. 基础根开及地脚螺栓间距与相应杆塔结构图核对无误后，方可施工。

4. 基础混凝土强度等级不应低于 C25，主筋采用 HRB400 级钢筋，箍筋采用 HPB300 级钢筋。

5. 主筋保护层不小于 50mm。

6. 基础施工完毕后，做好基面排水处理。

7. 本基础按机械成孔施工方式，未考虑护壁工程量。

图 10. 1-5 1JTW1 * -500 掘挖基础施工图

基 础 参 数 表

基础名称	主柱直径 d (mm)	底板直径 D (mm)	基础埋深 H (mm)	主柱高 h_1 (mm)	圆台高 h_2 (mm)	下圆柱高 h_3 (mm)	基础露头 H_0 (mm)	主筋①	外箍筋②	内箍筋③	单腿混凝土量 (m^3)	单腿钢筋量 (kg)
1JTW1a-550-02	1200	2400	6200	5600	1000	100	200	28 Φ 18	Φ 8@ 270	Φ 16@ 1500	9. 42	414.4
1JTW1a-550-07	1200	2400	6500	6400	1000	100	700	28 Φ 18	Φ 8@ 270	Φ 16@ 1500	10. 33	464.2
1JTW1a-550-12	1200	2400	6700	7100	1000	100	1200	28 Φ 18	Φ 8@ 270	Φ 16@ 1500	11. 12	507.8
1JTW1a-550-17	1200	2400	6900	7800	1000	100	1700	28 Φ 18	Φ 8@ 270	Φ 16@ 1500	11. 91	551.4
1JTW1b-550-02	1100	2200	6200	5700	900	100	200	24 Φ 18	Φ 8@ 270	Φ 16@ 1500	7. 79	357.4
1JTW1b-550-07	1100	2200	6400	6400	900	100	700	24 Φ 18	Φ 8@ 270	Φ 16@ 1500	8. 46	395.0
1JTW1b-550-12	1100	2200	6600	7100	900	100	1200	24 Φ 18	Φ 8@ 270	Φ 16@ 1500	9. 12	432.6
1JTW1b-550-17	1200	2400	6400	7300	1000	100	1700	28 Φ 18	Φ 8@ 270	Φ 16@ 1500	11. 35	520.3
1JTW1c-550-02	1000	2000	5800	5400	800	100	200	20 Φ 18	Φ 8@ 270	Φ 14@ 1500	6. 02	282.4
1JTW1c-550-07	1000	2000	6100	6200	800	100	700	20 Φ 18	Φ 8@ 270	Φ 14@ 1500	6. 65	318.5
1JTW1c-550-12	1100	2200	5900	6400	900	100	1200	24 Φ 18	Φ 8@ 270	Φ 16@ 1500	8. 46	395.0
1JTW1c-550-17	1100	2200	6000	7000	900	100	1700	24 Φ 18	Φ 8@ 270	Φ 16@ 1500	9. 03	427.2

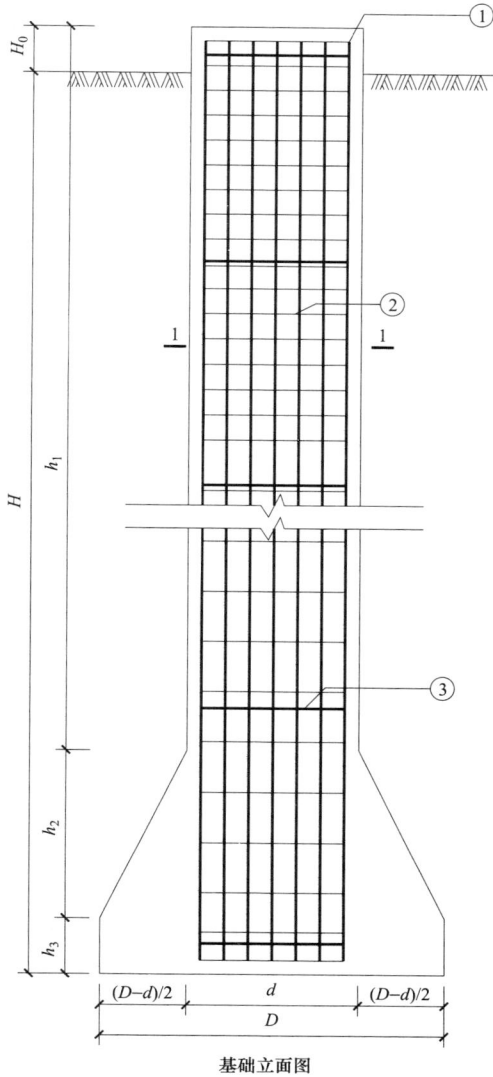

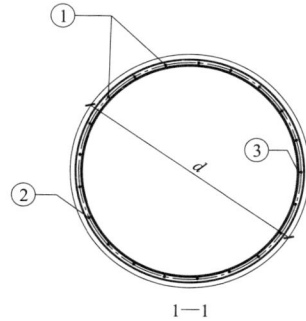

基础立面图

1—1

说明：1. 本基础适用于不受地下水影响的黏性土地质条件。

2. 整体立塔时，混凝土的抗压强度应达到设计强度的100%。分解组塔时，混凝土必须达到抗压强度设计值的70%。

3. 基础根开及地脚螺栓间距与相应杆塔结构图核对无误后，方可施工。

4. 基础混凝土强度等级不应低于C25，主筋采用HRB400级钢筋，箍筋采用HPB300级钢筋。

5. 主筋保护层不小于50mm。

6. 基础施工完毕后，做好基面排水处理。

7. 本基础按机械成孔施工方式，未考虑护壁工程量。

图 10.1-6 1JTW1 * -550 掏挖基础施工图

基 础 参 数 表

基础名称	主柱直径 d（mm）	底板直径 D（mm）	基础埋深 H（mm）	主柱高 h_1（mm）	圆台高 h_2（mm）	下圆柱高 h_3（mm）	基础露头 H_0（mm）	主筋①	外箍筋②	内箍筋③	单腿混凝土量 （m³）	单腿钢筋量 （kg）
1JTW1a-600-02	1200	2400	6600	6000	1000	100	200	28Φ18	Φ8@270	Φ16@1500	9.88	439.3
1JTW1a-600-07	1200	2400	6900	6800	1000	100	700	28Φ18	Φ8@270	Φ16@1500	10.78	489.1
1JTW1a-600-12	1300	2600	6700	7000	1100	100	1200	26Φ20	Φ8@300	Φ16@1500	13.23	574.7
1JTW1a-600-17	1300	2600	6900	7700	1100	100	1700	26Φ20	Φ8@300	Φ16@1500	14.16	624.0
1JTW1b-600-02	1100	2200	6600	6100	900	100	200	24Φ18	Φ8@270	Φ16@1500	8.17	378.9
1JTW1b-600-07	1200	2400	6300	6200	1000	100	700	28Φ18	Φ8@270	Φ16@1500	10.10	451.8
1JTW1b-600-12	1200	2400	6600	7000	1000	100	1200	28Φ18	Φ8@270	Φ16@1500	11.01	501.6
1JTW1b-600-17	1200	2400	6800	7700	1000	100	1700	28Φ18	Φ8@270	Φ16@1500	11.80	545.2
1JTW1c-600-02	1100	2200	5700	5200	900	100	200	24Φ18	Φ8@270	Φ16@1500	7.32	330.6
1JTW1c-600-07	1100	2200	5900	5900	900	100	700	24Φ18	Φ8@270	Φ16@1500	7.98	368.2
1JTW1c-600-12	1100	2200	6200	6700	900	100	1200	24Φ18	Φ8@270	Φ16@1500	8.74	411.1
1JTW1c-600-17	1100	2200	6400	7400	900	100	1700	24Φ18	Φ8@270	Φ16@1500	9.41	448.7

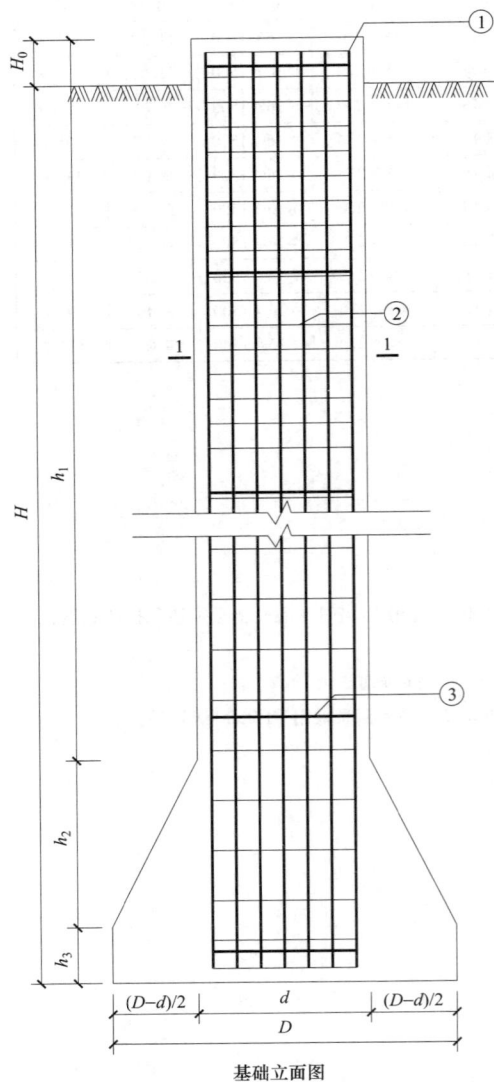

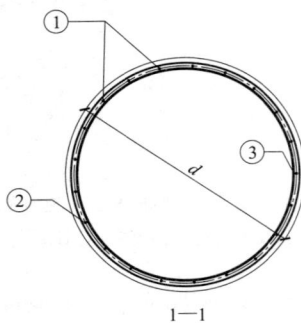

基础立面图

1—1

说明：1. 本基础适用于不受地下水影响的黏性土地质条件。

2. 整体立塔时，混凝土的抗压强度应达到设计强度的100%。分解组塔时，混凝土必须达到抗压强度设计值的70%。

3. 基础根开及地脚螺栓间距与相应杆塔结构图核对无误后，方可施工。

4. 基础混凝土强度等级不应低于C25，主筋采用HRB400级钢筋，箍筋采用HPB300级钢筋。

5. 主筋保护层不小于50mm。

6. 基础施工完毕后，做好基面排水处理。

7. 本基础按机械成孔施工方式，未考虑护壁工程量。

图 10.1-7　1JTW1*-600 掏挖基础施工图

10.2 1JTW2 子模块

此子模块适用于粉土地基，共包含 7 张图纸，基础施工图图纸清单见表 10.2-1。

表 10.2-1   **1JTW2 子模块基础施工图图纸清单**

序号	图号	图　名	基础作用力（kN）	
			$T/T_x/T_y$	$N/N_x/N_y$
1	图 10.2-1	1JTW2*-300 掏挖基础施工图	300/57/57	390/74/74
2	图 10.2-2	1JTW2*-350 掏挖基础施工图	350/67/67	455/86/86

序号	图号	图　名	基础作用力（kN）	
			$T/T_x/T_y$	$N/N_x/N_y$
3	图 10.2-3	1JTW2*-400 掏挖基础施工图	400/76/76	520/99/99
4	图 10.2-4	1JTW2*-450 掏挖基础施工图	450/86/86	585/111/111
5	图 10.2-5	1JTW2*-500 掏挖基础施工图	500/95/95	650/124/124
6	图 10.2-6	1JTW2*-550 掏挖基础施工图	550/105/105	715/136/136
7	图 10.2-7	1JTW2*-600 掏挖基础施工图	600/114/114	780/148/148

注 2*代表 2a、2b、2c 三种地质参数组合。

基 础 参 数 表

基础名称	主柱直径 d (mm)	底板直径 D (mm)	基础埋深 H (mm)	主柱高 h_1 (mm)	圆台高 h_2 (mm)	下圆柱高 h_3 (mm)	基础露头 H_0 (mm)	主筋①	外箍筋②	内箍筋③	单腿混凝土量 (m³)	单腿钢筋量 (kg)
1JTW2a-300-02	800	1500	4900	4600	700	100	200	16Φ16	Φ8@240	Φ14@1500	3.24	159.2
1JTW2a-300-07	800	1500	5100	5300	700	100	700	16Φ16	Φ8@240	Φ14@1500	3.59	180.0
1JTW2a-300-12	800	1500	5300	6000	700	100	1200	16Φ16	Φ8@240	Φ14@1500	3.94	200.7
1JTW2a-300-17	800	1500	5400	6600	700	100	1700	16Φ16	Φ8@240	Φ14@1500	4.24	218.5
1JTW2b-300-02	800	1500	4700	4400	700	100	200	16Φ16	Φ8@240	Φ14@1500	3.14	153.3
1JTW2b-300-07	800	1500	4900	5100	700	100	700	16Φ16	Φ8@240	Φ14@1500	3.49	174.1
1JTW2b-300-12	800	1500	5100	5800	700	100	1200	16Φ16	Φ8@240	Φ14@1500	3.84	194.8
1JTW2b-300-17	800	1500	5300	6500	700	100	1700	16Φ16	Φ8@240	Φ14@1500	4.19	215.6
1JTW2c-300-02	800	1500	4100	3800	700	100	200	16Φ16	Φ8@240	Φ14@1500	2.84	135.5
1JTW2c-300-07	800	1500	4600	4800	700	100	700	16Φ16	Φ8@240	Φ14@1500	3.34	165.2
1JTW2c-300-12	800	1500	4900	5600	700	100	1200	16Φ16	Φ8@240	Φ14@1500	3.74	188.9
1JTW2c-300-17	800	1500	5000	6200	700	100	1700	16Φ16	Φ8@240	Φ14@1500	4.04	206.7

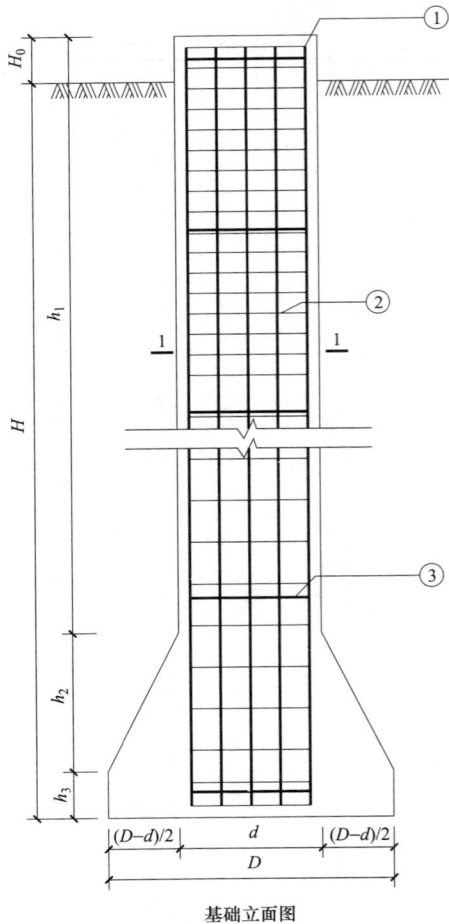

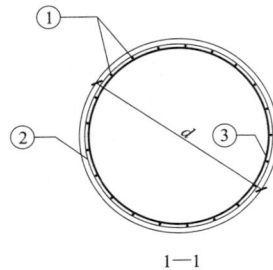

基础立面图

1—1

说明：1. 本基础适用于不受地下水影响的粉土地质条件。

2. 整体立塔时，混凝土的抗压强度应达到设计强度的100%。分解组塔时，混凝土必须达到抗压强度设计值的70%。

3. 基础根开及地脚螺栓间距与相应杆塔结构图核对无误后，方可施工。

4. 基础混凝土强度等级不应低于C25，主筋采用HRB400级钢筋，箍筋采用HPB300级钢筋。

5. 主筋保护层不小于50mm。

6. 基础施工完毕后，做好基面排水处理。

7. 本基础按机械成孔施工方式，未考虑护壁工程量。

图 10.2-1　1JTW2＊-300 掏挖基础施工图

基 础 参 数 表

基础名称	主柱直径 d（mm）	底板直径 D（mm）	基础埋深 H（mm）	主柱高 h_1（mm）	圆台高 h_2（mm）	下圆柱高 h_3（mm）	基础露头 H_0（mm）	主筋①	外箍筋②	内箍筋③	单腿混凝土量（m³）	单腿钢筋量（kg）
1JTW2a-350-02	900	1700	4900	4500	800	100	200	20 Φ 16	Φ 8@ 240	Φ 14@ 1500	4.19	196.4
1JTW2a-350-07	900	1700	5100	5200	800	100	700	20 Φ 16	Φ 8@ 240	Φ 14@ 1500	4.63	222.0
1JTW2a-350-12	900	1700	5300	5900	800	100	1200	20 Φ 16	Φ 8@ 240	Φ 14@ 1500	5.08	247.7
1JTW2a-350-17	900	1700	5400	6500	800	100	1700	20 Φ 16	Φ 8@ 240	Φ 14@ 1500	5.46	269.6
1JTW2b-350-02	800	1500	5300	5000	700	100	200	16 Φ 16	Φ 8@ 240	Φ 14@ 1500	3.44	171.1
1JTW2b-350-07	900	1700	4900	5000	800	100	700	20 Φ 16	Φ 8@ 240	Φ 14@ 1500	4.50	214.7
1JTW2b-350-12	900	1700	5300	5900	800	100	1200	20 Φ 16	Φ 8@ 240	Φ 14@ 1500	5.08	247.7
1JTW2b-350-17	900	1700	5300	6400	800	100	1700	20 Φ 16	Φ 8@ 240	Φ 14@ 1500	5.39	266.0
1JTW2c-350-02	800	1500	4600	4300	700	100	200	16 Φ 16	Φ 8@ 240	Φ 14@ 1500	3.09	150.3
1JTW2c-350-07	800	1500	5000	5200	700	100	700	16 Φ 16	Φ 8@ 240	Φ 14@ 1500	3.54	177.0
1JTW2c-350-12	800	1500	5300	6000	700	100	1200	16 Φ 16	Φ 8@ 240	Φ 14@ 1500	3.94	200.7
1JTW2c-350-17	900	1700	5300	6400	800	100	1700	20 Φ 16	Φ 8@ 240	Φ 14@ 1500	5.39	266.0

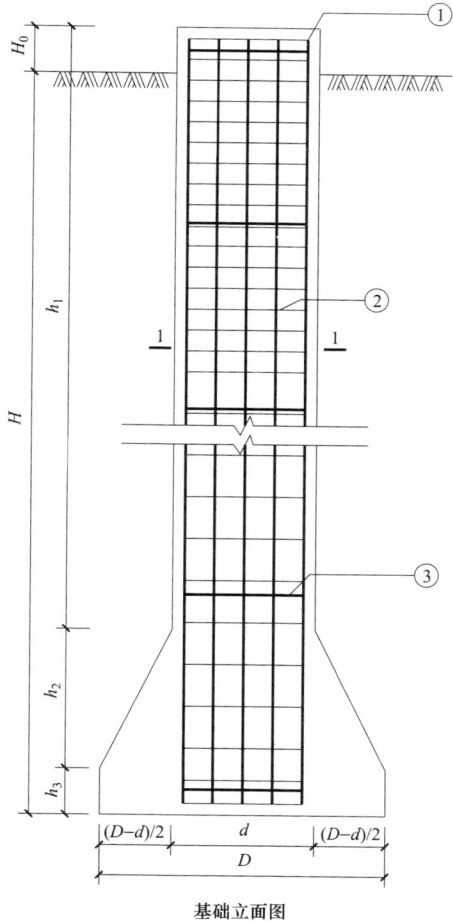

基础立面图

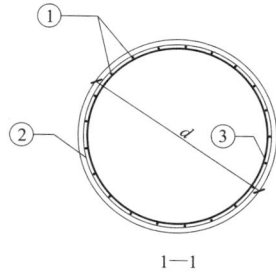

1—1

说明：1. 本基础适用于不受地下水影响的粉土地质条件。

2. 整体立塔时，混凝土的抗压强度应达到设计强度的100%。分解组塔时，混凝土必须达到抗压强度设计值的70%。

3. 基础根开及地脚螺栓间距与相应杆塔结构图核对无误后，方可施工。

4. 基础混凝土强度等级不应低于 C25，主筋采用 HRB400 级钢筋，箍筋采用 HPB300 级钢筋。

5. 主筋保护层不小于 50mm。

6. 基础施工完毕后，做好基面排水处理。

7. 本基础按机械成孔施工方式，未考虑护壁工程量。

图 10.2-2　1JTW2 * -350 掏挖基础施工图

基 础 参 数 表

基础名称	主柱直径 d (mm)	底板直径 D (mm)	基础埋深 H (mm)	主柱高 h_1 (mm)	圆台高 h_2 (mm)	下圆柱高 h_3 (mm)	基础露头 H_0 (mm)	主筋①	外箍筋②	内箍筋③	单腿混凝土量 (m³)	单腿钢筋量 (kg)
1JTW2a-400-02	900	1700	5400	5000	800	100	200	20⎨16	Φ8@240	Φ14@1500	4.50	214.7
1JTW2a-400-07	900	1700	5600	5700	800	100	700	20⎨16	Φ8@240	Φ14@1500	4.95	240.3
1JTW2a-400-12	900	1700	5700	6300	800	100	1200	20⎨16	Φ8@240	Φ14@1500	5.33	262.3
1JTW2a-400-17	900	1700	5900	7000	800	100	1700	20⎨16	Φ8@240	Φ14@1500	5.78	287.9
1JTW2b-400-02	900	1700	5200	4800	800	100	200	20⎨16	Φ8@240	Φ14@1500	4.38	207.4
1JTW2b-400-07	900	1700	5400	5500	800	100	700	20⎨16	Φ8@240	Φ14@1500	4.82	233.0
1JTW2b-400-12	900	1700	5600	6200	800	100	1200	20⎨16	Φ8@240	Φ14@1500	5.27	258.6
1JTW2b-400-17	900	1700	5700	6800	800	100	1700	20⎨16	Φ8@240	Φ14@1500	5.65	280.6
1JTW2c-400-02	900	1700	4700	4300	800	100	200	20⎨16	Φ8@240	Φ14@1500	4.06	189.1
1JTW2c-400-07	900	1700	5000	5100	800	100	700	20⎨16	Φ8@240	Φ14@1500	4.57	218.4
1JTW2c-400-12	900	1700	5300	5900	800	100	1200	20⎨16	Φ8@240	Φ14@1500	5.08	247.7
1JTW2c-400-17	900	1700	5600	6700	800	100	1700	20⎨16	Φ8@240	Φ14@1500	5.58	276.9

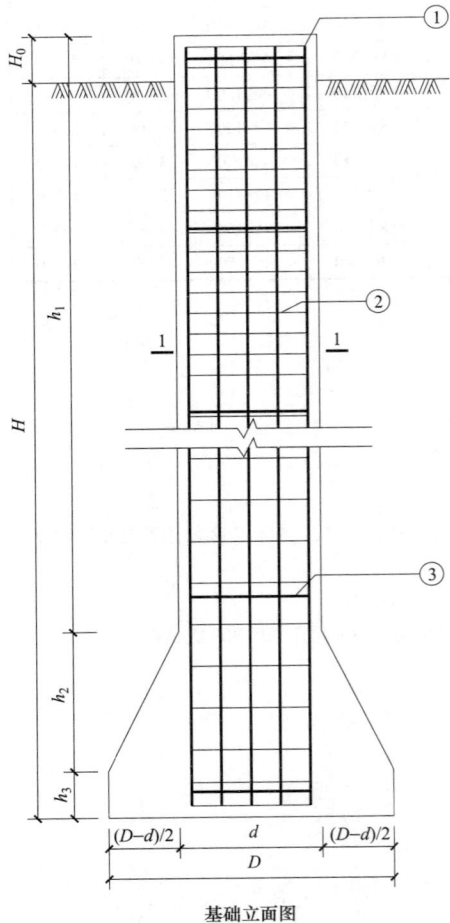

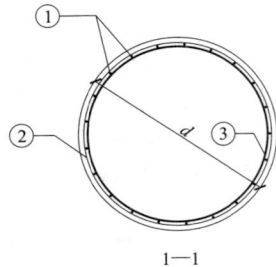

基础立面图

1—1

说明：1. 本基础适用于不受地下水影响的粉土地质条件。

2. 整体立塔时，混凝土的抗压强度应达到设计强度的100%。分解组塔时，混凝土必须达到抗压强度设计值的70%。

3. 基础根开及地脚螺栓间距与相应杆塔结构图核对无误后，方可施工。

4. 基础混凝土强度等级不应低于C25，主筋采用HRB400级钢筋，箍筋采用HPB300级钢筋。

5. 主筋保护层不小于50mm。

6. 基础施工完毕后，做好基面排水处理。

7. 本基础按机械成孔施工方式，未考虑护壁工程量。

图 10.2-3　1JTW2∗-400 掏挖基础施工图

基 础 参 数 表

基础名称	主柱直径 d（mm）	底板直径 D（mm）	基础埋深 H（mm）	主柱高 h_1（mm）	圆台高 h_2（mm）	下圆柱高 h_3（mm）	基础露头 H_0（mm）	主筋①	外箍筋②	内箍筋③	单腿混凝土量（m³）	单腿钢筋量（kg）
1JTW2a-450-02	900	1700	5800	5400	800	100	200	20 ⏀ 16	Φ 8@ 240	Φ 14@ 1500	4.76	229.4
1JTW2a-450-07	1000	2000	5300	5400	800	100	700	20 ⏀ 18	Φ 8@ 270	Φ 14@ 1500	6.02	282.4
1JTW2a-450-12	1000	2000	5600	6200	800	100	1200	20 ⏀ 18	Φ 8@ 270	Φ 14@ 1500	6.65	318.5
1JTW2a-450-17	1000	2000	5600	6700	800	100	1700	20 ⏀ 18	Φ 8@ 270	Φ 14@ 1500	7.04	341.0
1JTW2b-450-02	900	1700	5700	5300	800	100	200	20 ⏀ 16	Φ 8@ 240	Φ 14@ 1500	4.69	225.7
1JTW2b-450-07	900	1700	5800	5900	800	100	700	20 ⏀ 16	Φ 8@ 240	Φ 14@ 1500	5.08	247.7
1JTW2b-450-12	1000	2000	5600	6200	800	100	1200	20 ⏀ 18	Φ 8@ 270	Φ 14@ 1500	6.65	318.5
1JTW2b-450-17	1000	2000	5600	6700	800	100	1700	20 ⏀ 18	Φ 8@ 270	Φ 14@ 1500	7.04	341.0
1JTW2c-450-02	900	1700	5100	4700	800	100	200	20 ⏀ 16	Φ 8@ 240	Φ 14@ 1500	4.31	203.7
1JTW2c-450-07	900	1700	5400	5500	800	100	700	20 ⏀ 16	Φ 8@ 240	Φ 14@ 1500	4.82	233.0
1JTW2c-450-12	900	1700	5700	6300	800	100	1200	20 ⏀ 16	Φ 8@ 240	Φ 14@ 1500	5.33	262.3
1JTW2c-450-17	1000	2000	5600	6700	800	100	1700	20 ⏀ 18	Φ 8@ 270	Φ 14@ 1500	7.04	341.0

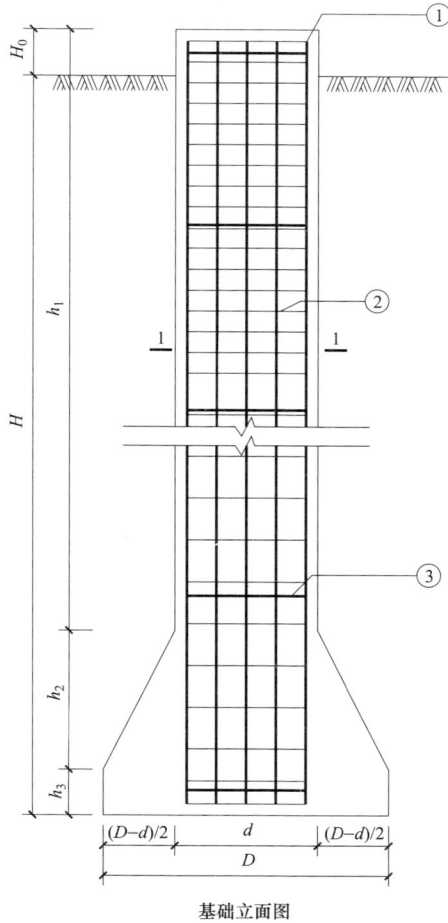

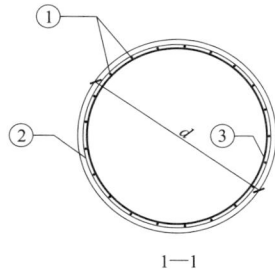

基础立面图

1—1

说明：1. 本基础适用于不受地下水影响的粉土地质条件。

2. 整体立塔时，混凝土的抗压强度应达到设计强度的 100%。分解组塔时，混凝土必须达到抗压强度设计值的 70%。

3. 基础根开及地脚螺栓间距与相应杆塔结构图核对无误后，方可施工。

4. 基础混凝土强度等级不应低于 C25，主筋采用 HRB400 级钢筋，箍筋采用 HPB300 级钢筋。

5. 主筋保护层不小于 50mm。

6. 基础施工完毕后，做好基面排水处理。

7. 本基础按机械成孔施工方式，未考虑护壁工程量。

图 10.2-4　1JTW2 * -450 掏挖基础施工图

基 础 参 数 表

基础名称	主柱直径 d（mm）	底板直径 D（mm）	基础埋深 H（mm）	主柱高 h_1（mm）	圆台高 h_2（mm）	下圆柱高 h_3（mm）	基础露头 H_0（mm）	主筋①	外箍筋②	内箍筋③	单腿混凝土量（m³）	单腿钢筋量（kg）
1JTW2a-500-02	1000	2000	5400	5000	800	100	200	20⚡18	Φ8@270	Φ14@1500	5.71	264.3
1JTW2a-500-07	1000	2000	5600	5700	800	100	700	20⚡18	Φ8@270	Φ14@1500	6.26	295.9
1JTW2a-500-12	1000	2000	5800	6400	800	100	1200	20⚡18	Φ8@270	Φ14@1500	6.81	327.5
1JTW2a-500-17	1000	2000	6000	7100	800	100	1700	20⚡18	Φ8@270	Φ14@1500	7.36	359.1
1JTW2b-500-02	1000	2000	5300	4900	800	100	200	20⚡18	Φ8@270	Φ14@1500	5.63	259.8
1JTW2b-500-07	1000	2000	5500	5600	800	100	700	20⚡18	Φ8@270	Φ14@1500	6.18	291.4
1JTW2b-500-12	1000	2000	5700	6300	800	100	1200	20⚡18	Φ8@270	Φ14@1500	6.73	323.0
1JTW2b-500-17	1000	2000	5800	6900	800	100	1700	20⚡18	Φ8@270	Φ14@1500	7.20	350.1
1JTW2c-500-02	900	1700	5500	5100	800	100	200	20⚡16	Φ8@240	Φ14@1500	4.57	218.4
1JTW2c-500-07	900	1700	5800	5900	800	100	700	20⚡16	Φ8@240	Φ14@1500	5.08	247.7
1JTW2c-500-12	1000	2000	5600	6200	800	100	1200	20⚡18	Φ8@270	Φ14@1500	6.65	318.5
1JTW2c-500-17	1000	2000	5900	7000	800	100	1700	20⚡18	Φ8@270	Φ14@1500	7.28	354.6

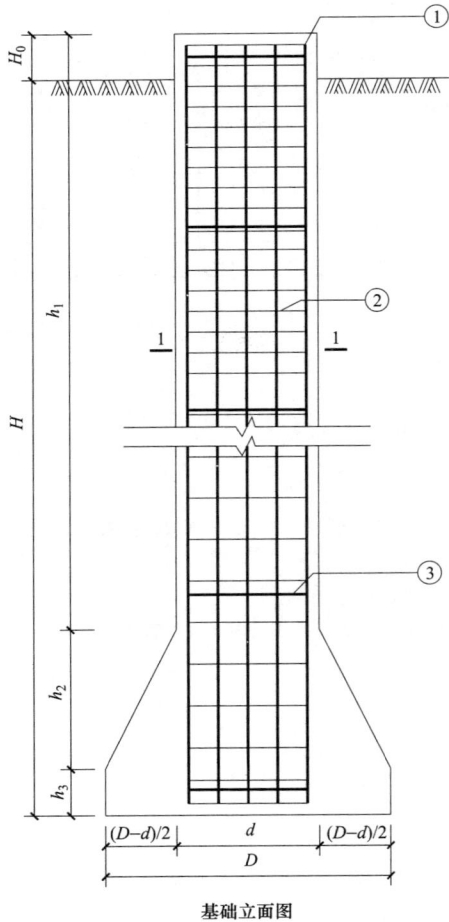

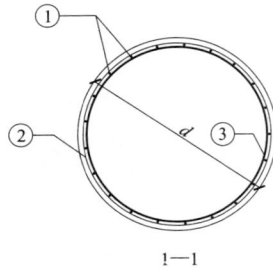

基础立面图

1—1

说明：1. 本基础适用于不受地下水影响的粉土地质条件。

2. 整体立塔时，混凝土的抗压强度应达到设计强度的100%。分解组塔时，混凝土必须达到抗压强度设计值的70%。

3. 基础根开及地脚螺栓间距与相应杆塔结构图核对无误后，方可施工。

4. 基础混凝土强度等级不应低于C25，主筋采用HRB400级钢筋，箍筋采用HPB300级钢筋。

5. 主筋保护层不小于50mm。

6. 基础施工完毕后，做好基面排水处理。

7. 本基础按机械成孔施工方式，未考虑护壁工程量。

图 10.2-5　1JTW2＊-500 掘挖基础施工图

基础参数表

基础名称	主柱直径 d (mm)	底板直径 D (mm)	基础埋深 H (mm)	主柱高 h_1 (mm)	圆台高 h_2 (mm)	下圆柱高 h_3 (mm)	基础露头 H_0 (mm)	主筋①	外箍筋②	内箍筋③	单腿混凝土量 (m³)	单腿钢筋量 (kg)
1JTW2a-550-02	1000	2000	5800	5400	800	100	200	20Φ18	Φ8@270	Φ14@1500	6.02	282.4
1JTW2a-550-07	1000	2000	6000	6100	800	100	700	20Φ18	Φ8@270	Φ14@1500	6.57	314.0
1JTW2a-550-12	1000	2000	6200	6800	800	100	1200	20Φ18	Φ8@270	Φ14@1500	7.12	345.6
1JTW2a-550-17	1100	2200	5900	6900	900	100	1700	24Φ18	Φ8@270	Φ16@1500	8.93	421.9
1JTW2b-550-02	1000	2000	5600	5200	800	100	200	20Φ18	Φ8@270	Φ14@1500	5.86	273.4
1JTW2b-550-07	1000	2000	5800	5900	800	100	700	20Φ18	Φ8@270	Φ14@1500	6.41	305.0
1JTW2b-550-12	1000	2000	6000	6600	800	100	1200	20Φ18	Φ8@270	Φ14@1500	6.96	336.5
1JTW2b-550-17	1000	2000	6200	7300	800	100	1700	20Φ18	Φ8@270	Φ14@1500	7.51	368.1
1JTW2c-550-02	900	1700	5800	5400	800	100	200	20Φ16	Φ8@240	Φ14@1500	4.76	229.4
1JTW2c-550-07	1000	2000	5700	5800	800	100	700	20Φ18	Φ8@270	Φ14@1500	6.34	300.4
1JTW2c-550-12	1000	2000	6000	6600	800	100	1200	20Φ18	Φ8@270	Φ14@1500	6.96	336.5
1JTW2c-550-17	1100	2200	6000	7000	900	100	1700	24Φ18	Φ8@270	Φ16@1500	9.03	427.2

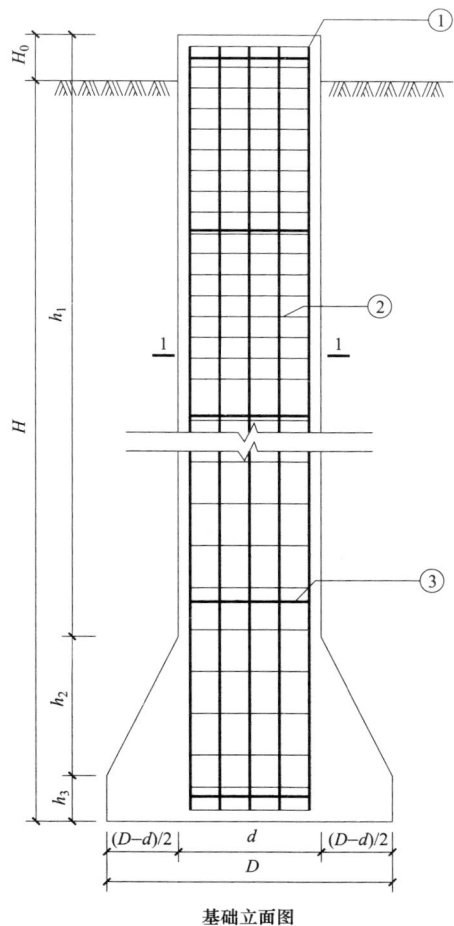

基础立面图

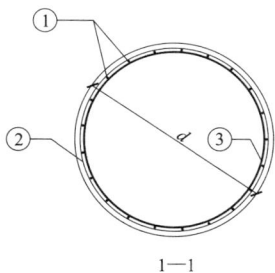

1—1

说明：1. 本基础适用于不受地下水影响的粉土地质条件。

2. 整体立塔时，混凝土的抗压强度应达到设计强度的 100%。分解组塔时，混凝土必须达到抗压强度设计值的 70%。

3. 基础根开及地脚螺栓间距与相应杆塔结构图核对无误后，方可施工。

4. 基础混凝土强度等级不应低于 C25，主筋采用 HRB400 级钢筋，箍筋采用 HPB300 级钢筋。

5. 主筋保护层不小于 50mm。

6. 基础施工完毕后，做好基面排水处理。

7. 本基础按机械成孔施工方式，未考虑护壁工程量。

图 10.2-6 1JTW2*-550 掏挖基础施工图

基 础 参 数 表

基础名称	主柱直径 d (mm)	底板直径 D (mm)	基础埋深 H (mm)	主柱高 h_1 (mm)	圆台高 h_2 (mm)	下圆柱高 h_3 (mm)	基础露头 H_0 (mm)	主筋①	外箍筋②	内箍筋③	单腿混凝土量 (m³)	单腿钢筋量 (kg)
1JTW2a-600-02	1000	2000	6200	5800	800	100	200	20 Φ 18	Φ 8@ 270	Φ 14@ 1500	6. 34	300. 4
1JTW2a-600-07	1100	2200	5900	5900	900	100	700	24 Φ 18	Φ 8@ 270	Φ 16@ 1500	7. 98	368. 2
1JTW2a-600-12	1100	2200	6100	6600	900	100	1200	24 Φ 18	Φ 8@ 270	Φ 16@ 1500	8. 65	405. 7
1JTW2a-600-17	1100	2200	6300	7300	900	100	1700	24 Φ 18	Φ 8@ 270	Φ 16@ 1500	9. 31	443. 3
1JTW2b-600-02	1000	2000	6000	5600	800	100	200	20 Φ 18	Φ 8@ 270	Φ 14@ 1500	6. 18	291. 4
1JTW2b-600-07	1000	2000	6200	6300	800	100	700	20 Φ 18	Φ 8@ 270	Φ 14@ 1500	6. 73	323. 0
1JTW2b-600-12	1100	2200	5900	6400	900	100	1200	24 Φ 18	Φ 8@ 270	Φ 16@ 1500	8. 46	395. 0
1JTW2b-600-17	1100	2200	6100	7100	900	100	1700	24 Φ 18	Φ 8@ 270	Φ 16@ 1500	9. 12	432. 6
1JTW2c-600-02	1000	2000	5700	5300	800	100	200	20 Φ 18	Φ 8@ 270	Φ 14@ 1500	5. 94	277. 9
1JTW2c-600-07	1000	2000	6000	6100	800	100	700	20 Φ 18	Φ 8@ 270	Φ 14@ 1500	6. 57	314. 0
1JTW2c-600-12	1100	2200	6000	6500	900	100	1200	24 Φ 18	Φ 8@ 270	Φ 16@ 1500	8. 55	400. 4
1JTW2c-600-17	1100	2200	6300	7300	900	100	1700	24 Φ 18	Φ 8@ 270	Φ 16@ 1500	9. 31	443. 3

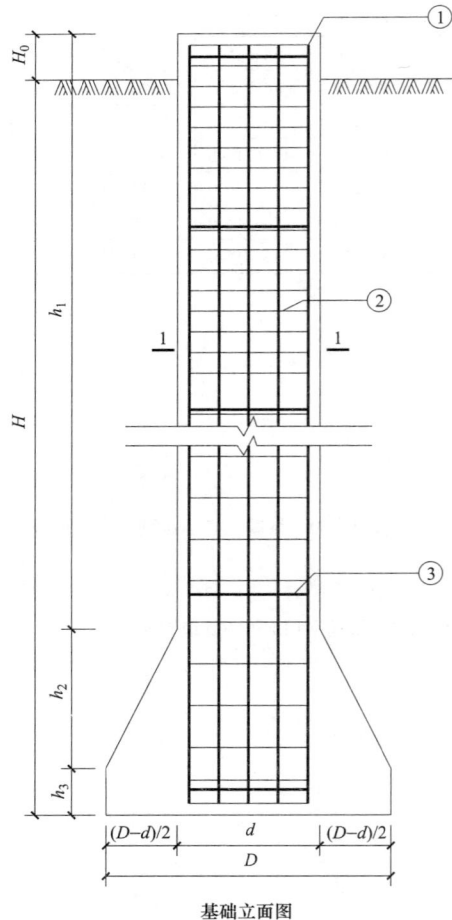

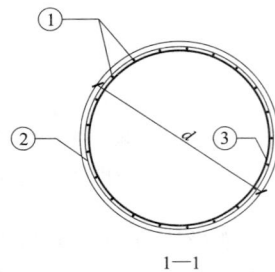

基础立面图

1—1

说明：1. 本基础适用于不受地下水影响的粉土地质条件。

2. 整体立塔时，混凝土的抗压强度应达到设计强度的100%。分解组塔时，混凝土必须达到抗压强度设计值的70%。

3. 基础根开及地脚螺栓间距与相应杆塔结构图核对无误后，方可施工。

4. 基础混凝土强度等级不应低于C25，主筋采用HRB400级钢筋，箍筋采用HPB300级钢筋。

5. 主筋保护层不小于50mm。

6. 基础施工完毕后，做好基面排水处理。

7. 本基础按机械成孔施工方式，未考虑护壁工程量。

图 10. 2-7 1JTW2 ∗ -600 掏挖基础施工图

10.3 1JTW3 子模块

此子模块适用于碎石土地基，共包含 7 张图纸，基础施工图图纸清单见表 10.3-1。

表 10.3-1   **1JTW3 子模块基础施工图图纸清单**

序号	图号	图　名	基础作用力（kN）	
			$T/T_x/T_y$	$N/N_x/N_y$
1	图 10.3-1	1JTW3*-300 掏挖基础施工图	300/57/57	390/74/74
2	图 10.3-2	1JTW3*-350 掏挖基础施工图	350/67/67	455/86/86

序号	图号	图　名	基础作用力（kN）	
			$T/T_x/T_y$	$N/N_x/N_y$
3	图 10.3-3	1JTW3*-400 掏挖基础施工图	400/76/76	520/99/99
4	图 10.3-4	1JTW3*-450 掏挖基础施工图	450/86/86	585/111/111
5	图 10.3-5	1JTW3*-500 掏挖基础施工图	500/95/95	650/124/124
6	图 10.3-6	1JTW3*-550 掏挖基础施工图	550/105/105	715/136/136
7	图 10.3-7	1JTW3*-600 掏挖基础施工图	600/114/114	780/148/148

注 3*代表 3a、3b 两种地质参数组合。

基 础 参 数 表

基础名称	主柱直径 d （mm）	底板直径 D （mm）	基础埋深 H （mm）	主柱高 h_1 （mm）	圆台高 h_2 （mm）	下圆柱高 h_3 （mm）	基础露头 H_0 （mm）	主筋①	外箍筋②	内箍筋③	单腿混凝土量 （m³）	单腿钢筋量 （kg）
1JTW3a-300-02	700	1300	3700	3500	600	100	200	16Φ14	Φ8@210	Φ14@1500	1.97	98.4
1JTW3a-300-07	700	1300	3900	4200	600	100	700	16Φ14	Φ8@210	Φ14@1500	2.23	114.9
1JTW3a-300-12	700	1300	4000	4800	600	100	1200	16Φ14	Φ8@210	Φ14@1500	2.47	129.0
1JTW3a-300-17	700	1300	4300	5600	600	100	1700	16Φ14	Φ8@210	Φ14@1500	2.77	147.8
1JTW3b-300-02	700	1300	3900	3700	600	100	200	16Φ14	Φ8@210	Φ14@1500	2.04	103.1
1JTW3b-300-07	700	1300	3900	4200	600	100	700	16Φ14	Φ8@210	Φ14@1500	2.23	114.9
1JTW3b-300-12	700	1300	3900	4700	600	100	1200	16Φ14	Φ8@210	Φ14@1500	2.43	126.6
1JTW3b-300-17	700	1300	4100	5400	600	100	1700	16Φ14	Φ8@210	Φ14@1500	2.70	143.1

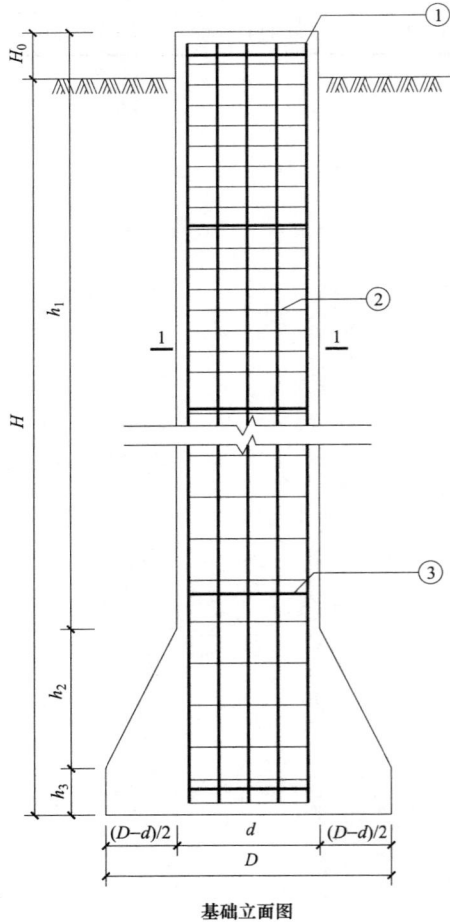

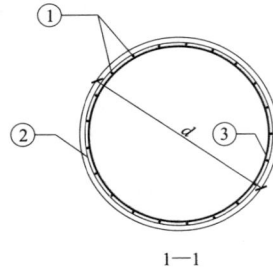

基础立面图

1—1

说明：1. 本基础适用于不受地下水影响的碎石土地质条件。

2. 整体立塔时，混凝土的抗压强度应达到设计强度的100%。分解组塔时，混凝土必须达到抗压强度设计值的70%。

3. 基础根开及地脚螺栓间距与相应杆塔结构图核对无误后，方可施工。

4. 基础混凝土强度等级不应低于C25，主筋采用HRB400级钢筋，箍筋采用HPB300级钢筋。

5. 主筋保护层不小于50mm。

6. 基础施工完毕后，做好基面排水处理。

7. 本基础按机械成孔施工方式，未考虑护壁工程量。

图 10.3-1 1JTW3＊-300 掏挖基础施工图

基 础 参 数 表

基础名称	主柱直径 d (mm)	底板直径 D (mm)	基础埋深 H (mm)	主柱高 h_1 (mm)	圆台高 h_2 (mm)	下圆柱高 h_3 (mm)	基础露头 H_0 (mm)	主筋①	外箍筋②	内箍筋③	单腿混凝土量 (m³)	单腿钢筋量 (kg)
1JTW3a-350-02	700	1300	4000	3800	600	100	200	16⌀14	Φ8@210	Φ14@1500	2.08	105.4
1JTW3a-350-07	700	1300	4200	4500	600	100	700	16⌀14	Φ8@210	Φ14@1500	2.35	121.9
1JTW3a-350-12	800	1500	4000	4700	700	100	1200	16⌀14	Φ8@240	Φ14@1500	3.29	130.1
1JTW3a-350-17	800	1500	4300	5500	700	100	1700	16⌀16	Φ8@240	Φ14@1500	3.69	185.9
1JTW3b-350-02	800	1500	3900	3600	700	100	200	16⌀16	Φ8@240	Φ14@1500	2.74	129.6
1JTW3b-350-07	800	1500	3900	4100	700	100	700	16⌀16	Φ8@240	Φ14@1500	2.99	144.4
1JTW3b-350-12	800	1500	3900	4600	700	100	1200	16⌀16	Φ8@240	Φ14@1500	3.24	159.2
1JTW3b-350-17	800	1500	4100	5300	700	100	1700	16⌀16	Φ8@240	Φ14@1500	3.59	180.0

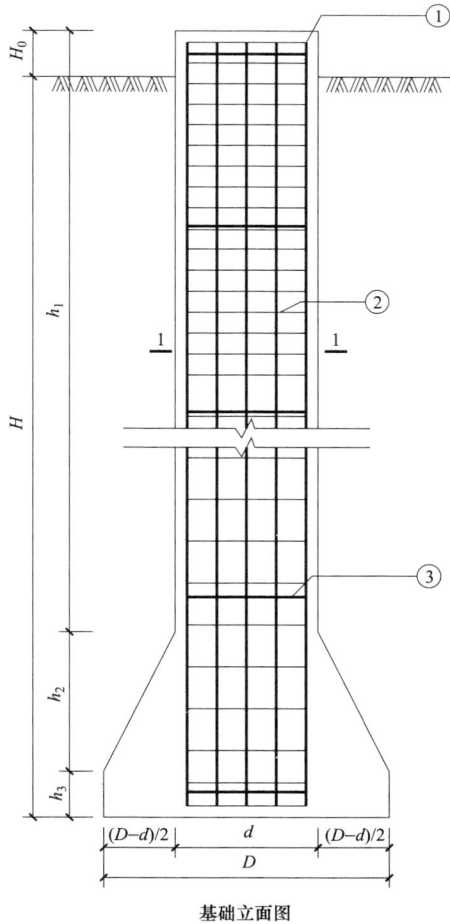

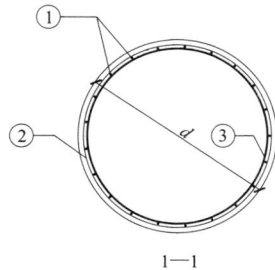

基础立面图

1—1

说明：1. 本基础适用于不受地下水影响的碎石土地质条件。

2. 整体立塔时，混凝土的抗压强度应达到设计强度的100%。分解组塔时，混凝土必须达到抗压强度设计值的70%。

3. 基础根开及地脚螺栓间距与相应杆塔结构图核对无误后，方可施工。

4. 基础混凝土强度等级不应低于 C25，主筋采用 HRB400 级钢筋，箍筋采用 HPB300 级钢筋。

5. 主筋保护层不小于 50mm。

6. 基础施工完毕后，做好基面排水处理。

7. 本基础按机械成孔施工方式，未考虑护壁工程量。

图 10.3-2　1JTW3＊-350 掏挖基础施工图

基 础 参 数 表

基础名称	主柱直径 d （mm）	底板直径 D （mm）	基础埋深 H （mm）	主柱高 h_1 （mm）	圆台高 h_2 （mm）	下圆柱高 h_3 （mm）	基础露头 H_0 （mm）	主筋①	外箍筋②	内箍筋③	单腿混凝土量 （m³）	单腿钢筋量 （kg）
1JTW3a-400-02	800	1500	4000	3700	700	100	200	16 Φ 16	Φ 8@ 240	Φ 14@ 1500	2.79	132.6
1JTW3a-400-07	800	1500	4100	4300	700	100	700	16 Φ 16	Φ 8@ 240	Φ 14@ 1500	3.09	150.3
1JTW3a-400-12	800	1500	4300	5000	700	100	1200	16 Φ 16	Φ 8@ 240	Φ 14@ 1500	3.44	171.1
1JTW3a-400-17	800	1500	4700	5900	700	100	1700	16 Φ 16	Φ 8@ 240	Φ 14@ 1500	3.89	197.8
1JTW3b-400-02	800	1500	4200	3900	700	100	200	16 Φ 16	Φ 8@ 240	Φ 14@ 1500	2.89	138.5
1JTW3b-400-07	800	1500	4200	4400	700	100	700	16 Φ 16	Φ 8@ 240	Φ 14@ 1500	3.14	153.3
1JTW3b-400-12	800	1500	4200	4900	700	100	1200	16 Φ 16	Φ 8@ 240	Φ 14@ 1500	3.39	168.1
1JTW3b-400-17	800	1500	4500	5700	700	100	1700	16 Φ 16	Φ 8@ 240	Φ 14@ 1500	3.79	191.8

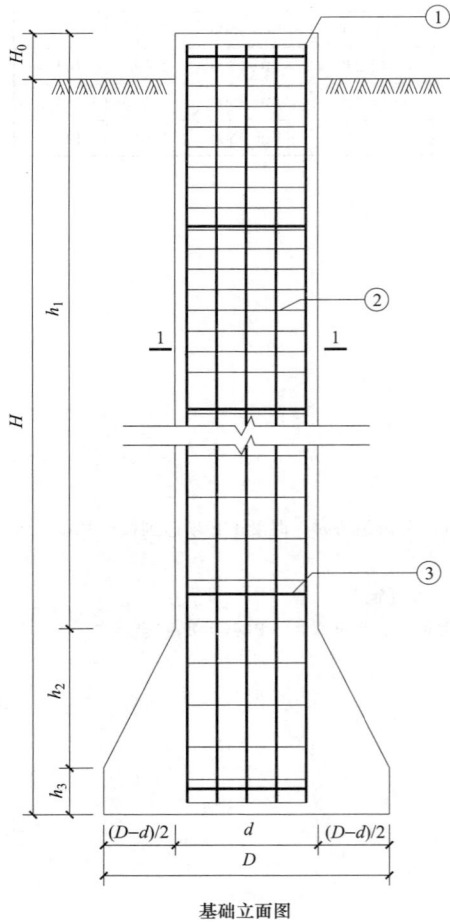

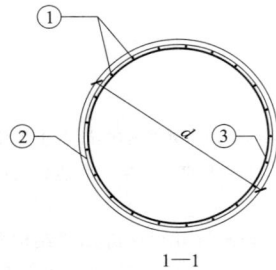

基础立面图

1—1

说明： 1. 本基础适用于不受地下水影响的碎石土地质条件。

2. 整体立塔时，混凝土的抗压强度应达到设计强度的 100%。分解组塔时，混凝土必须达到抗压强度设计值的 70%。

3. 基础根开及地脚螺栓间距与相应杆塔结构图核对无误后，方可施工。

4. 基础混凝土强度等级不应低于 C25，主筋采用 HRB400 级钢筋，箍筋采用 HPB300 级钢筋。

5. 主筋保护层不小于 50mm。

6. 基础施工完毕后，做好基面排水处理。

7. 本基础按机械成孔施工方式，未考虑护壁工程量。

图 10.3-3　1JTW3＊-400 掏挖基础施工图

基 础 参 数 表

基础名称	主柱直径 d（mm）	底板直径 D（mm）	基础埋深 H（mm）	主柱高 h_1（mm）	圆台高 h_2（mm）	下圆柱高 h_3（mm）	基础露头 H_0（mm）	主筋①	外箍筋②	内箍筋③	单腿混凝土量（m³）	单腿钢筋量（kg）
1JTW3a-450-02	800	1500	4200	3900	700	100	200	16 Φ 16	Φ 8@ 240	Φ 14@ 1500	2.89	138.5
1JTW3a-450-07	800	1500	4400	4600	700	100	700	16 Φ 16	Φ 8@ 240	Φ 14@ 1500	3.24	159.2
1JTW3a-450-12	800	1500	4600	5300	700	100	1200	16 Φ 16	Φ 8@ 240	Φ 14@ 1500	3.59	180.0
1JTW3a-450-17	900	1700	4500	5600	800	100	1700	20 Φ 16	Φ 8@ 240	Φ 14@ 1500	4.88	236.7
1JTW3b-450-02	800	1500	4500	4200	700	100	200	16 Φ 16	Φ 8@ 240	Φ 14@ 1500	3.04	147.4
1JTW3b-450-07	800	1500	4400	4600	700	100	700	16 Φ 16	Φ 8@ 240	Φ 14@ 1500	3.24	159.2
1JTW3b-450-12	800	1500	4600	5300	700	100	1200	16 Φ 16	Φ 8@ 240	Φ 14@ 1500	3.59	180.0
1JTW3b-450-17	900	1700	4400	5500	800	100	1700	20 Φ 16	Φ 8@ 240	Φ 14@ 1500	4.82	233.0

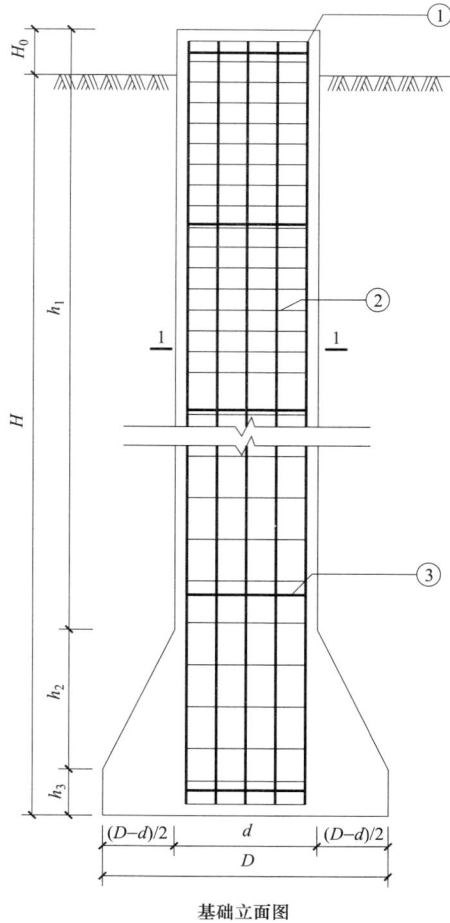

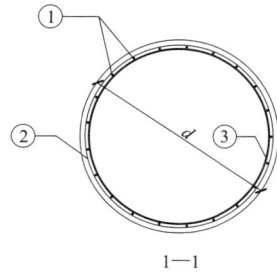

基础立面图

1—1

说明：1. 本基础适用于不受地下水影响的碎石土地质条件。

2. 整体立塔时，混凝土的抗压强度应达到设计强度的100%。分解组塔时，混凝土必须达到抗压强度设计值的70%。

3. 基础根开及地脚螺栓间距与相应杆塔结构图核对无误后，方可施工。

4. 基础混凝土强度等级不应低于C25，主筋采用HRB400级钢筋，箍筋采用HPB300级钢筋。

5. 主筋保护层不小于50mm。

6. 基础施工完毕后，做好基面排水处理。

7. 本基础按机械成孔施工方式，未考虑护壁工程量。

图 10.3-4　1JTW3＊-450掏挖基础施工图

基础参数表

基础名称	主柱直径 d（mm）	底板直径 D（mm）	基础埋深 H（mm）	主柱高 h₁（mm）	圆台高 h₂（mm）	下圆柱高 h₃（mm）	基础露头 H₀（mm）	主筋①	外箍筋②	内箍筋③	单腿混凝土量（m³）	单腿钢筋量（kg）
1JTW3a-500-02	800	1500	4500	4200	700	100	200	16 Φ 16	Φ 8@ 240	Φ 14@ 1500	3.04	147.4
1JTW3a-500-07	800	1500	4600	4800	700	100	700	16 Φ 16	Φ 8@ 240	Φ 14@ 1500	3.34	165.2
1JTW3a-500-12	900	1700	4400	5000	800	100	1200	20 Φ 16	Φ 8@ 240	Φ 14@ 1500	4.50	214.7
1JTW3a-500-17	900	1700	4900	6000	800	100	1700	20 Φ 16	Φ 8@ 240	Φ 14@ 1500	5.14	251.3
1JTW3b-500-02	900	1700	4400	4000	800	100	200	20 Φ 16	Φ 8@ 240	Φ 14@ 1500	3.87	178.1
1JTW3b-500-07	900	1700	4400	4500	800	100	700	20 Φ 16	Φ 8@ 240	Φ 14@ 1500	4.19	196.4
1JTW3b-500-12	900	1700	4500	5100	800	100	1200	20 Φ 16	Φ 8@ 240	Φ 14@ 1500	4.57	218.4
1JTW3b-500-17	900	1700	4700	5800	800	100	1700	20 Φ 16	Φ 8@ 240	Φ 14@ 1500	5.01	244.0

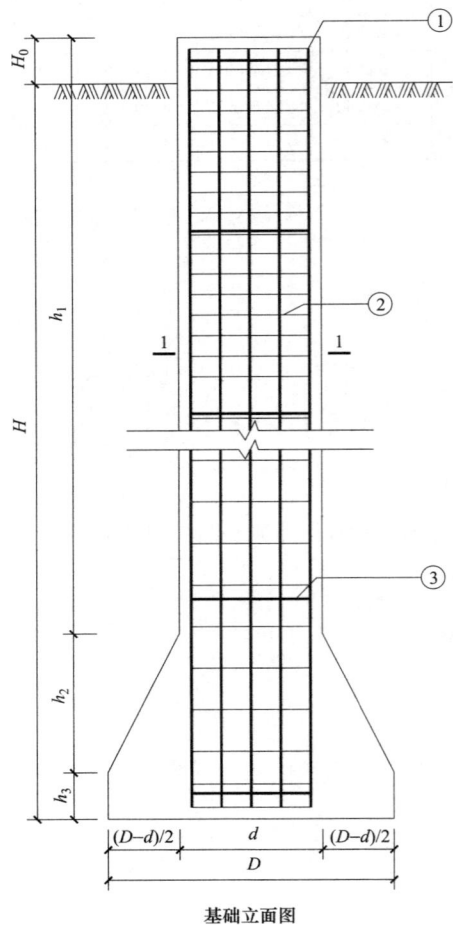

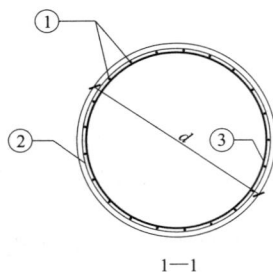

基础立面图

1—1

说明：1. 本基础适用于不受地下水影响的碎石土地质条件。

2. 整体立塔时，混凝土的抗压强度应达到设计强度的100%。分解组塔时，混凝土必须达到抗压强度设计值的70%。

3. 基础根开及地脚螺栓间距与相应杆塔结构图核对无误后，方可施工。

4. 基础混凝土强度等级不应低于C25，主筋采用HRB400级钢筋，箍筋采用HPB300级钢筋。

5. 主筋保护层不小于50mm。

6. 基础施工完毕后，做好基面排水处理。

7. 本基础按机械成孔施工方式，未考虑护壁工程量。

图 10.3-5 1JTW3＊-500 掏挖基础施工图

基 础 参 数 表

基础名称	主柱直径 d (mm)	底板直径 D (mm)	基础埋深 H (mm)	主柱高 h_1 (mm)	圆台高 h_2 (mm)	下圆柱高 h_3 (mm)	基础露头 H_0 (mm)	主筋①	外箍筋②	内箍筋③	单腿混凝土量 (m^3)	单腿钢筋量 (kg)
1JTW3a-550-02	900	1700	4400	4000	800	100	200	20 Φ 16	Φ 8@ 240	Φ 14@ 1500	3. 87	178. 1
1JTW3a-550-07	900	1700	4500	4600	800	100	700	20 Φ 16	Φ 8@ 240	Φ 14@ 1500	4. 25	200. 1
1JTW3a-550-12	900	1700	4800	5400	800	100	1200	20 Φ 16	Φ 8@ 240	Φ 14@ 1500	4. 76	229. 4
1JTW3a-550-17	1000	2000	4600	5700	800	100	1700	20 Φ 18	Φ 8@ 270	Φ 14@ 1500	6. 26	295. 9
1JTW3b-550-02	900	1700	4700	4300	800	100	200	20 Φ 16	Φ 8@ 240	Φ 14@ 1500	4. 06	189. 1
1JTW3b-550-07	900	1700	4600	4700	800	100	700	20 Φ 16	Φ 8@ 240	Φ 14@ 1500	4. 31	203. 7
1JTW3b-550-12	900	1700	4700	5300	800	100	1200	20 Φ 16	Φ 8@ 240	Φ 14@ 1500	4. 69	225. 7
1JTW3b-550-17	900	1700	5000	6100	800	100	1700	20 Φ 16	Φ 8@ 240	Φ 14@ 1500	5. 20	255. 0

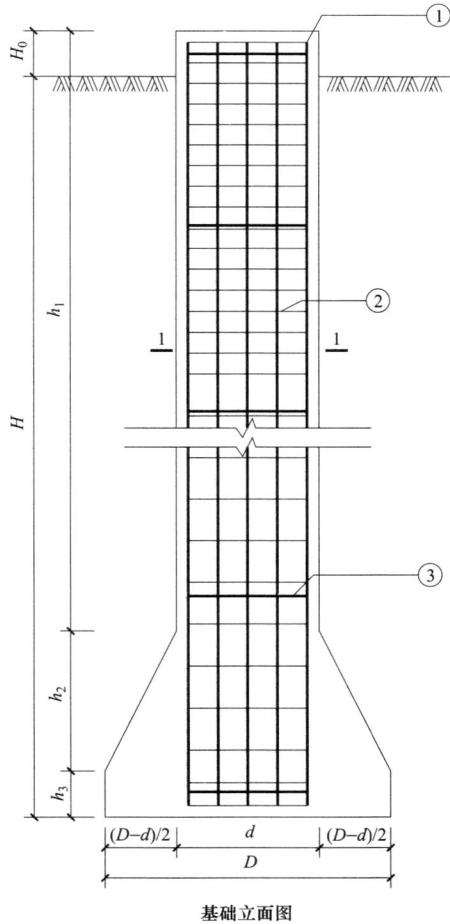

基础立面图

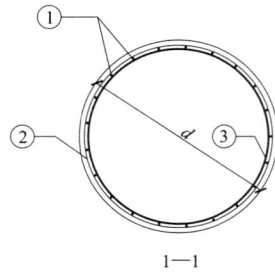

1—1

说明: 1. 本基础适用于不受地下水影响的碎石土地质条件。

2. 整体立塔时,混凝土的抗压强度应达到设计强度的100%。分解组塔时,混凝土必须达到抗压强度设计值的70%。

3. 基础根开及地脚螺栓间距与相应杆塔结构图核对无误后,方可施工。

4. 基础混凝土强度等级不应低于 C25,主筋采用 HRB400 级钢筋,箍筋采用 HPB300 级钢筋。

5. 主筋保护层不小于 50mm。

6. 基础施工完毕后,做好基面排水处理。

7. 本基础按机械成孔施工方式,未考虑护壁工程量。

图 10.3-6 1JTW3＊-550 掏挖基础施工图

基 础 参 数 表

基础名称	主柱直径 d (mm)	底板直径 D (mm)	基础埋深 H (mm)	主柱高 h_1 (mm)	圆台高 h_2 (mm)	下圆柱高 h_3 (mm)	基础露头 H_0 (mm)	主筋①	外箍筋②	内箍筋③	单腿混凝土量 (m³)	单腿钢筋量 (kg)
1JTW3a-600-02	900	1700	4600	4200	800	100	200	20Φ16	Φ8@240	Φ14@1500	3.99	185.4
1JTW3a-600-07	900	1700	4700	4800	800	100	700	20Φ16	Φ8@240	Φ14@1500	4.38	207.4
1JTW3a-600-12	1000	1800	4700	5300	800	100	1200	20Φ18	Φ8@270	Φ14@1500	5.68	277.9
1JTW3a-600-17	1000	2000	4900	6000	800	100	1700	20Φ18	Φ8@270	Φ14@1500	6.49	309.5
1JTW3b-600-02	900	1700	4900	4500	800	100	200	20Φ16	Φ8@240	Φ14@1500	4.19	196.4
1JTW3b-600-07	900	1700	4800	4900	800	100	700	20Φ16	Φ8@240	Φ14@1500	4.44	211.1
1JTW3b-600-12	900	1700	5000	5600	800	100	1200	20Φ16	Φ8@240	Φ14@1500	4.88	236.7
1JTW3b-600-17	1000	2000	4900	6000	800	100	1700	20Φ18	Φ8@270	Φ14@1500	6.49	309.5

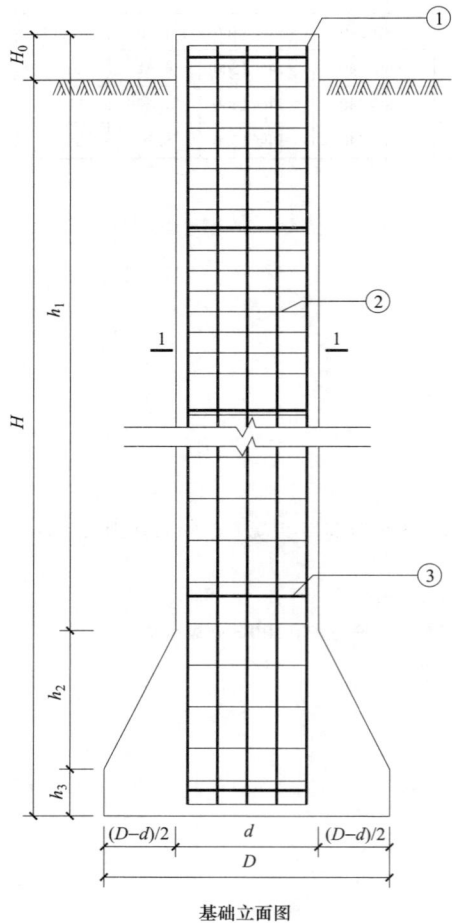

基础立面图

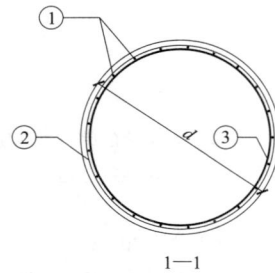

1—1

说明：1. 本基础适用于不受地下水影响的碎石土地质条件。

2. 整体立塔时，混凝土的抗压强度应达到设计强度的100%。分解组塔时，混凝土必须达到抗压强度设计值的70%。

3. 基础根开及地脚螺栓间距与相应杆塔结构图核对无误后，方可施工。

4. 基础混凝土强度等级不应低于C25，主筋采用HRB400级钢筋，箍筋采用HPB300级钢筋。

5. 主筋保护层不小于50mm。

6. 基础施工完毕后，做好基面排水处理。

7. 本基础按机械成孔施工方式，未考虑护壁工程量。

图 10.3-7　1JTW3*-600 掏挖基础施工图

10.4 1JTW4 子模块

此子模块适用于黄土地基，共包含 7 张图纸，基础施工图图纸清单见表 10.4-1。

表 10.4-1 　　　　　1JTW4 子模块基础施工图图纸清单

序号	图号	图　名	基础作用力（kN）	
			$T/T_x/T_y$	$N/N_x/N_y$
1	图 10.4-1	1JTW4*-300 掏挖基础施工图	300/57/57	390/74/74
2	图 10.4-2	1JTW4*-350 掏挖基础施工图	350/67/67	455/86/86

序号	图号	图　名	基础作用力（kN）	
			$T/T_x/T_y$	$N/N_x/N_y$
3	图 10.4-3	1JTW4*-400 掏挖基础施工图	400/76/76	520/99/99
4	图 10.4-4	1JTW4*-450 掏挖基础施工图	450/86/86	585/111/111
5	图 10.4-5	1JTW4*-500 掏挖基础施工图	500/95/95	650/124/124
6	图 10.4-6	1JTW4*-550 掏挖基础施工图	550/105/105	715/136/136
7	图 10.4-7	1JTW4*-600 掏挖基础施工图	600/114/114	780/148/148

注　4*代表 4a 一种地质参数组合。

基 础 参 数 表

基础名称	主柱直径 d (mm)	底板直径 D (mm)	基础埋深 H (mm)	主柱高 h_1 (mm)	圆台高 h_2 (mm)	下圆柱高 h_3 (mm)	基础露头 H_0 (mm)	主筋①	外箍筋②	内箍筋③	单腿混凝土量 (m³)	单腿钢筋量 (kg)
1JTW4a-300-02	1000	2000	4000	3100	1000	100	200	15 Φ 18	Φ 8@ 226	Φ 14@ 1328	4. 58	155. 1
1JTW4a-300-07	1000	2000	4300	3900	1000	100	700	15 Φ 18	Φ 8@ 234	Φ 14@ 1196	5. 21	186. 1
1JTW4a-300-12	1000	2000	4600	4700	1000	100	1200	15 Φ 18	Φ 8@ 227	Φ 14@ 1396	5. 84	215. 0
1JTW4a-300-17	1000	2000	4800	5400	1000	100	1700	15 Φ 18	Φ 8@ 238	Φ 14@ 1257	6. 39	332. 0

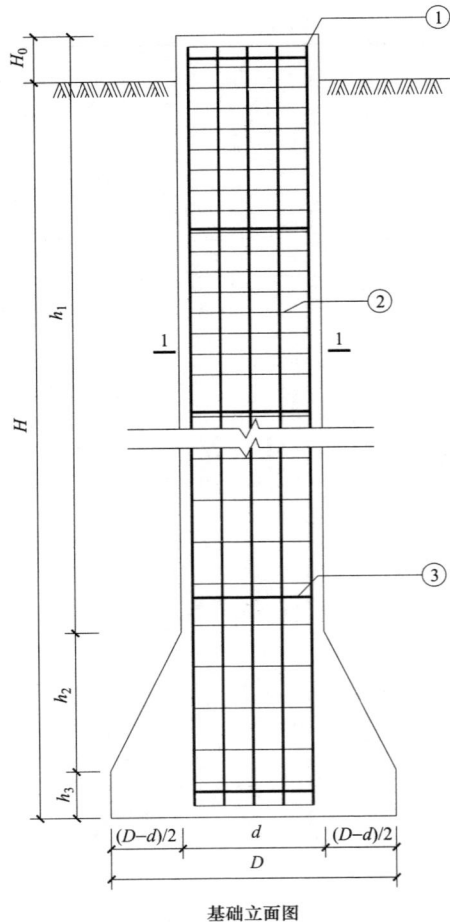

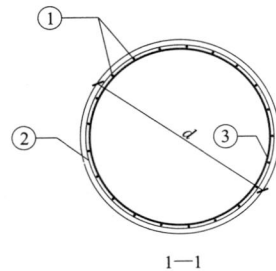

基础立面图

1—1

说明： 1. 本基础适用于不受地下水影响的黄土地质条件。

2. 整体立塔时，混凝土的抗压强度应达到设计强度的100%。分解组塔时，混凝土必须达到抗压强度设计值的70%。

3. 基础根开及地脚螺栓间距与相应杆塔结构图核对无误后，方可施工。

4. 基础混凝土强度等级不应低于 C25，主筋采用 HRB400 级钢筋，箍筋采用 HPB300 级钢筋。

5. 主筋保护层不小于 50mm。

6. 基础施工完毕后，做好基面排水处理。

7. 本基础按机械成孔施工方式，未考虑护壁工程量。

图 10. 4-1 1JTW4＊-300 掏挖基础施工图

基 础 参 数 表

基础名称	主柱直径 d（mm）	底板直径 D（mm）	基础埋深 H（mm）	主柱高 h_1（mm）	圆台高 h_2（mm）	下圆柱高 h_3（mm）	基础露头 H_0（mm）	主筋①	外箍筋②	内箍筋③	单腿混凝土量 （m^3）	单腿钢筋量 （kg）
1JTW4a-350-02	1100	2200	4100	3100	1100	100	200	17 ⏀ 18	Φ 8@ 226	Φ 16@ 1361	5.77	183.0
1JTW4a-350-07	1100	2200	4500	4000	1100	100	700	17 ⏀ 18	Φ 8@ 226	Φ 16@ 1246	6.62	223.8
1JTW4a-350-12	1100	2200	4800	4800	1100	100	1200	17 ⏀ 18	Φ 8@ 232	Φ 16@ 1446	7.38	255.0
1JTW4a-350-17	1100	2200	5000	5500	1100	100	1700	17 ⏀ 18	Φ 8@ 232	Φ 16@ 1297	8.05	287.6

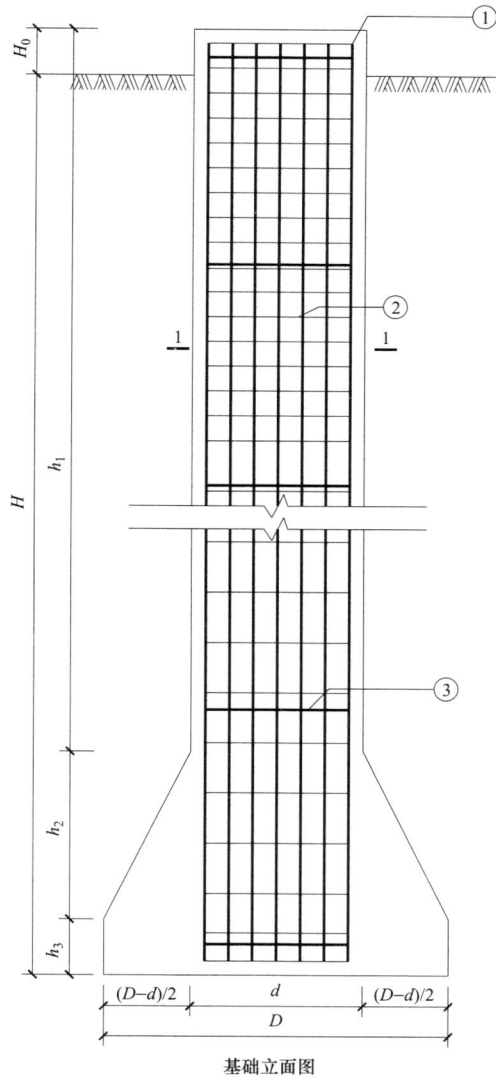

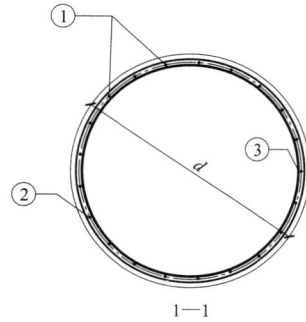

基础立面图

1—1

说明：1. 本基础适用于不受地下水影响的黄土地质条件。

2. 整体立塔时，混凝土的抗压强度应达到设计强度的100%。分解组塔时，混凝土必须达到抗压强度设计值的70%。

3. 基础根开及地脚螺栓间距与相应杆塔结构图核对无误后，方可施工。

4. 基础混凝土强度等级不应低于 C25，主筋采用 HRB400 级钢筋，箍筋采用 HPB300 级钢筋。

5. 主筋保护层不小于 50mm。

6. 基础施工完毕后，做好基面排水处理。

7. 本基础按机械成孔施工方式，未考虑护壁工程量。

图 10.4-2　1JTW4 * -350 掏挖基础施工图

基 础 参 数 表

基础名称	主柱直径 d (mm)	底板直径 D (mm)	基础埋深 H (mm)	主柱高 h_1 (mm)	圆台高 h_2 (mm)	下圆柱高 h_3 (mm)	基础露头 H_0 (mm)	主筋①	外箍筋②	内箍筋③	单腿混凝土量 (m^3)	单腿钢筋量 (kg)
1JTW4a-400-02	1100	2200	4700	3700	1100	100	200	17 Φ 18	Φ 8@ 236	Φ 16@ 1171	6.34	211.0
1JTW4a-400-07	1100	2200	5100	4600	1100	100	700	17 Φ 18	Φ 8@ 234	Φ 16@ 1396	7.19	246.9
1JTW4a-400-12	1000	2000	5400	5400	1100	100	1200	17 Φ 18	Φ 8@ 238	Φ 16@ 1277	7.95	282.9
1JTW4a-400-17	1100	2200	5600	6100	1100	100	1700	17 Φ 18	Φ 8@ 237	Φ 16@ 1417	8.62	310.6

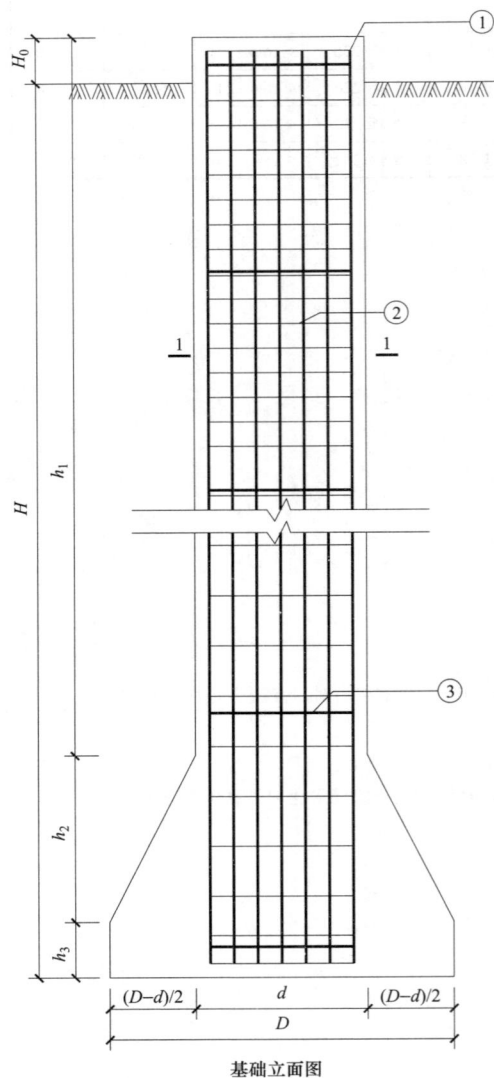

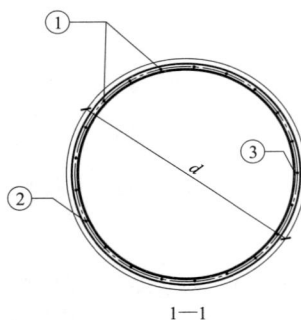

基础立面图

1—1

说明：1. 本基础适用于不受地下水影响的黄土地质条件。

2. 整体立塔时，混凝土的抗压强度应达到设计强度的100%。分解组塔时，混凝土必须达到抗压强度设计值的70%。

3. 基础根开及地脚螺栓间距与相应杆塔结构图核对无误后，方可施工。

4. 基础混凝土强度等级不应低于C25，主筋采用HRB400级钢筋，箍筋采用HPB300级钢筋。

5. 主筋保护层不小于50mm。

6. 基础施工完毕后，做好基面排水处理。

7. 本基础按机械成孔施工方式，未考虑护壁工程量。

图 10.4-3　1JTW4∗-400 掏挖基础施工图

基础立面图

基 础 参 数 表

基础名称	主柱直径 d（mm）	底板直径 D（mm）	基础埋深 H（mm）	主柱高 h_1（mm）	圆台高 h_2（mm）	下圆柱高 h_3（mm）	基础露头 H_0（mm）	主筋①	外箍筋②	内箍筋③	单腿混凝土量（m³）	单腿钢筋量（kg）
1JTW4a-450-02	1200	2400	4800	3700	1200	100	200	19 Φ 18	Φ 8@ 236	Φ 16@ 1196	7.80	238.5
1JTW4a-450-07	1200	2400	5100	4500	1200	100	700	19 Φ 18	Φ 8@ 228	Φ 16@ 1396	8.71	274.7
1JTW4a-450-12	1200	2400	5400	5300	1200	100	1200	19 Φ 18	Φ 8@ 234	Φ 16@ 1277	9.61	314.8
1JTW4a-450-17	1200	2400	5700	6100	1200	100	1700	19 Φ 18	Φ 8@ 237	Φ 16@ 1437	10.52	349.5

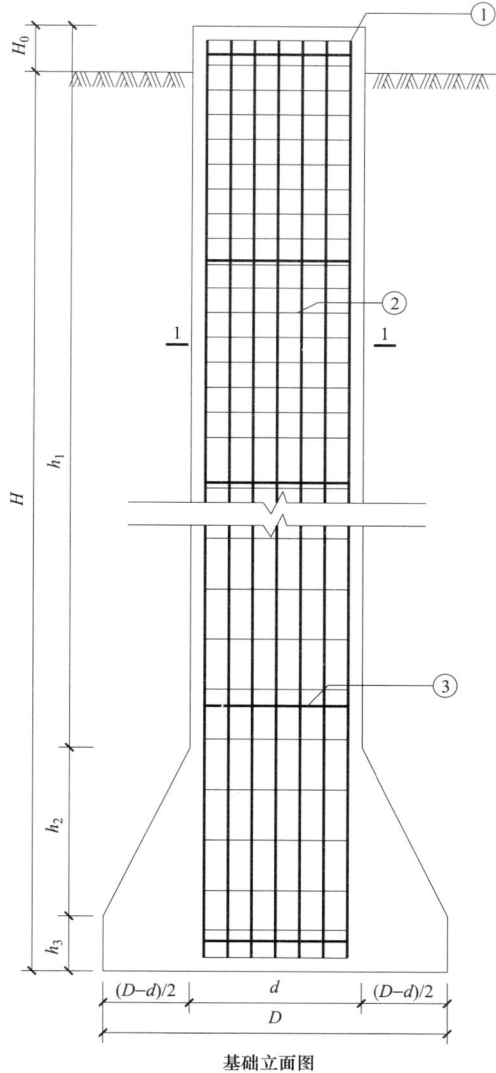

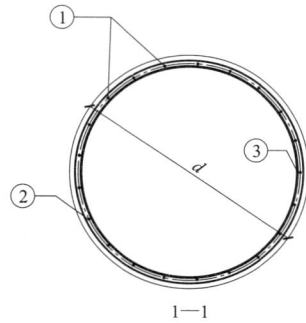

1—1

说明：1. 本基础适用于不受地下水影响的黄土地质条件。

2. 整体立塔时，混凝土的抗压强度应达到设计强度的100%。分解组塔时，混凝土必须达到抗压强度设计值的70%。

3. 基础根开及地脚螺栓间距与相应杆塔结构图核对无误后，方可施工。

4. 基础混凝土强度等级不应低于 C25，主筋采用 HRB400 级钢筋，箍筋采用 HPB300 级钢筋。

5. 主筋保护层不小于 50mm。

6. 基础施工完毕后，做好基面排水处理。

7. 本基础按机械成孔施工方式，未考虑护壁工程量。

图 10.4-4　1JTW4 * -450 掏挖基础施工图

基 础 参 数 表

基础名称	主柱直径 d（mm）	底板直径 D（mm）	基础埋深 H（mm）	主柱高 h_1（mm）	圆台高 h_2（mm）	下圆柱高 h_3（mm）	基础露头 H_0（mm）	主筋①	外箍筋②	内箍筋③	单腿混凝土量 （m³）	单腿钢筋量 （kg）
1JTW4a-500-02	1300	2600	4800	3600	1300	100	200	21Φ18	Φ8@229	Φ16@1196	9.34	262.8
1JTW4a-500-07	1300	2600	5200	4500	1300	100	700	21Φ18	Φ8@228	Φ16@1421	10.53	306.9
1JTW4a-500-12	1300	2600	5500	5300	1300	100	1200	21Φ18	Φ8@234	Φ16@1297	11.59	351.0
1JTW4a-500-17	1300	2600	5800	6100	1300	100	1700	21Φ18	Φ8@237	Φ16@1457	12.65	389.3

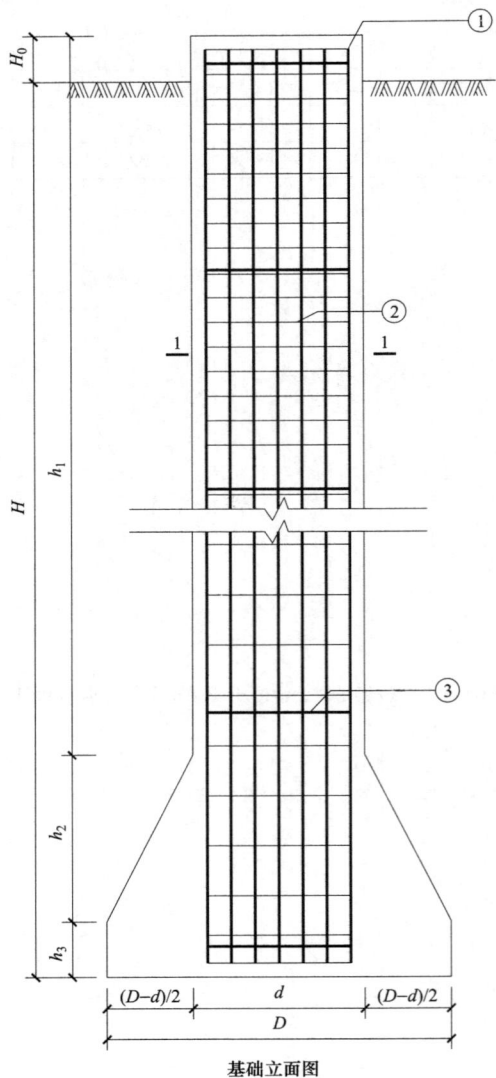

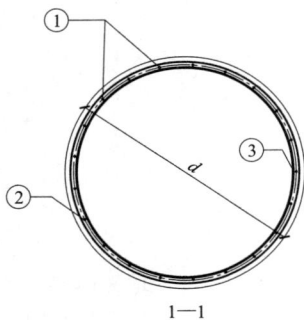

基础立面图

1—1

说明：1. 本基础适用于不受地下水影响的黄土地质条件。

2. 整体立塔时，混凝土的抗压强度应达到设计强度的100%。分解组塔时，混凝土必须达到抗压强度设计值的70%。

3. 基础根开及地脚螺栓间距与相应杆塔结构图核对无误后，方可施工。

4. 基础混凝土强度等级不应低于C25，主筋采用HRB400级钢筋，箍筋采用HPB300级钢筋。

5. 主筋保护层不小于50mm。

6. 基础施工完毕后，做好基面排水处理。

7. 本基础按机械成孔施工方式，未考虑护壁工程量。

图 10.4-5　1JTW4*-500 掏挖基础施工图

基础立面图

基础参数表

基础名称	主柱直径 d (mm)	底板直径 D (mm)	基础埋深 H (mm)	主柱高 h_1 (mm)	圆台高 h_2 (mm)	下圆柱高 h_3 (mm)	基础露头 H_0 (mm)	主筋①	外箍筋②	内箍筋③	单腿混凝土量 (m³)	单腿钢筋量 (kg)
1JTW4a-550-02	1300	2600	5300	4100	1300	100	200	21 ⏀ 18	Φ8@232	Φ16@1321	10.00	287.0
1JTW4a-550-07	1300	2600	5700	5000	1300	100	700	21 ⏀ 18	Φ8@230	Φ16@1237	11.19	336.8
1JTW4a-550-12	1300	2600	6000	5800	1300	100	1200	21 ⏀ 18	Φ8@235	Φ16@1397	12.26	375.1
1JTW4a-550-17	1300	2600	6300	6600	1300	100	1700	21 ⏀ 18	Φ8@238	Φ16@1297	13.32	419.3

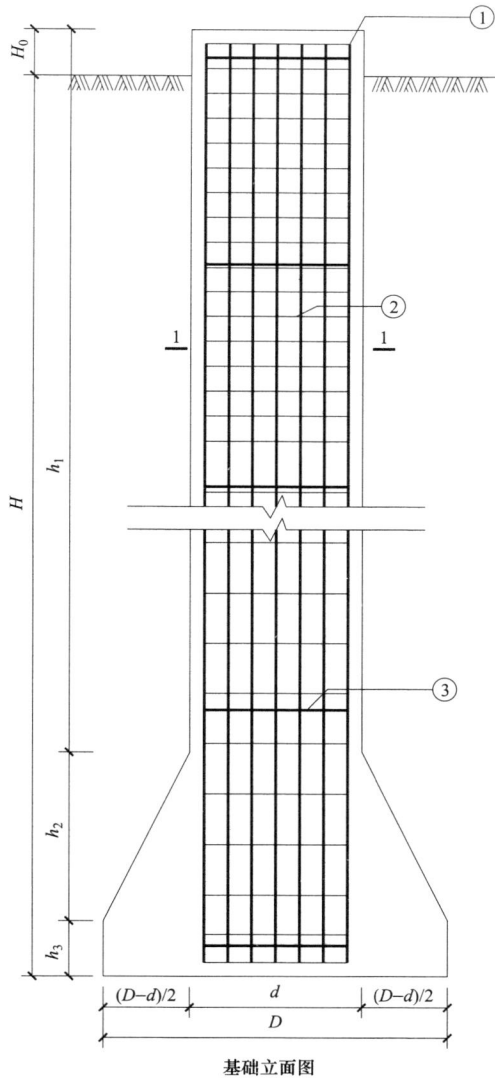

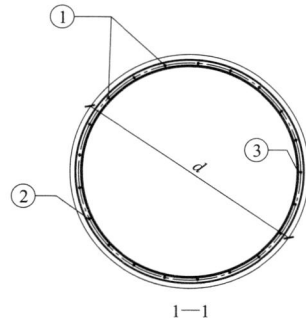

1—1

说明：1. 本基础适用于不受地下水影响的黄土地质条件。

2. 整体立塔时，混凝土的抗压强度应达到设计强度的100%。分解组塔时，混凝土必须达到抗压强度设计值的70%。

3. 基础根开及地脚螺栓间距与相应杆塔结构图核对无误后，方可施工。

4. 基础混凝土强度等级不应低于C25，主筋采用HRB400级钢筋，箍筋采用HPB300级钢筋。

5. 主筋保护层不小于50mm。

6. 基础施工完毕后，做好基面排水处理。

7. 本基础按机械成孔施工方式，未考虑护壁工程量。

图 10.4-6 1JTW4∗-550 掏挖基础施工图

基 础 参 数 表

基础名称	主柱直径 d (mm)	底板直径 D (mm)	基础埋深 H (mm)	主柱高 h_1 (mm)	圆台高 h_2 (mm)	下圆柱高 h_3 (mm)	基础露头 H_0 (mm)	主筋①	外箍筋②	内箍筋③	单腿混凝土量 (m³)	单腿钢筋量 (kg)
1JTW4a-600-02	1400	2800	5200	3900	1400	100	200	21Φ18	Φ8@234	Φ16@1296	11.65	296.6
1JTW4a-600-07	1400	2800	5600	4800	1400	100	700	21Φ18	Φ8@232	Φ16@1217	13.03	349.4
1JTW4a-600-12	1400	2800	6000	5700	1400	100	1200	21Φ20	Φ8@231	Φ16@1397	14.42	395.5
1JTW4a-600-17	1400	2800	6300	6500	1400	100	1700	21Φ20	Φ8@235	Φ16@1297	15.65	442.2

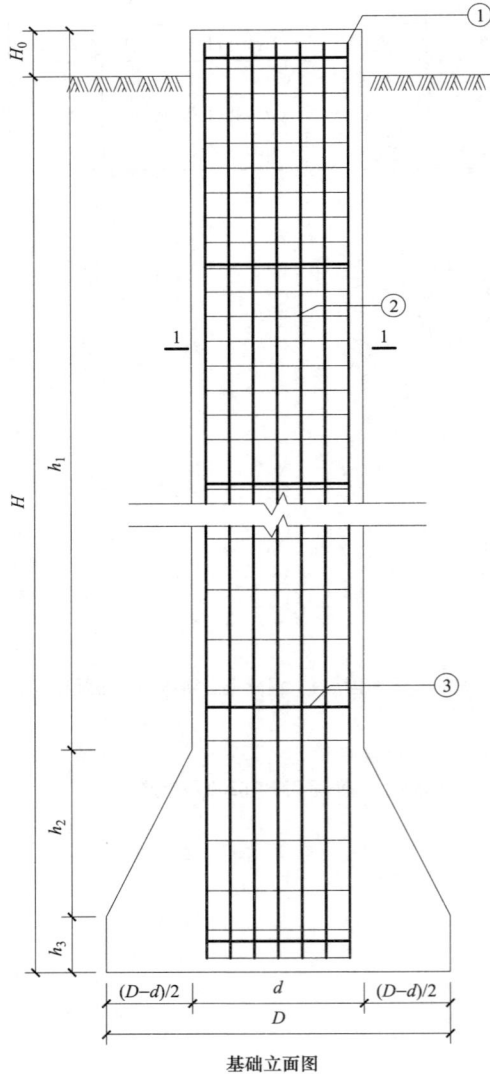

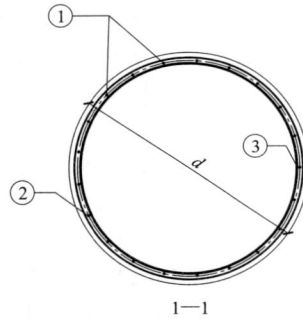

基础立面图

1—1

说明： 1. 本基础适用于不受地下水影响的黄土地质条件。

2. 整体立塔时，混凝土的抗压强度应达到设计强度的100%。分解组塔时，混凝土必须达到抗压强度设计值的70%。

3. 基础根开及地脚螺栓间距与相应杆塔结构图核对无误后，方可施工。

4. 基础混凝土强度等级不应低于 C25，主筋采用 HRB400 级钢筋，箍筋采用 HPB300 级钢筋。

5. 主筋保护层不小于 50mm。

6. 基础施工完毕后，做好基面排水处理。

7. 本基础按机械成孔施工方式，未考虑护壁工程量。

图 10.4-7　1JTW4*-600 掏挖基础施工图

10.5　1JTW5 子模块

此子模块适用于戈壁碎石土地基，共包含 7 张图纸，基础施工图图纸清单见表 10.5-1。

表 10.5-1　　　　1JTW5 子模块基础施工图图纸清单

序号	图号	图　名	基础作用力（kN）	
			$T/T_x/T_y$	$N/N_x/N_y$
1	图 10.5-1	1JTW5*-300 掏挖基础施工图	300/57/57	390/74/74
2	图 10.5-2	1JTW5*-350 掏挖基础施工图	350/67/67	455/86/86
3	图 10.5-3	1JTW5*-400 掏挖基础施工图	400/76/76	520/99/99
4	图 10.5-4	1JTW5*-450 掏挖基础施工图	450/86/86	585/111/111
5	图 10.5-5	1JTW5*-500 掏挖基础施工图	500/95/95	650/124/124
6	图 10.5-6	1JTW5*-550 掏挖基础施工图	550/105/105	715/136/136
7	图 10.5-7	1JTW5*-600 掏挖基础施工图	600/114/114	780/148/148

注　5*代表 5a 一种地质参数组合。

基 础 参 数 表

基础名称	主柱直径 d（mm）	底板直径 D（mm）	基础埋深 H（mm）	主柱高 h_1（mm）	圆台高 h_2（mm）	下圆柱高 h_3（mm）	基础露头 H_0（mm）	主筋①	外箍筋②	内箍筋③	单腿混凝土量（m³）	单腿钢筋量（kg）
1JTW5a-300-02	800	1300	3500	3000	600	100	200	12 Φ 18	Φ 8@ 240	Φ 14@ 1500	2.17	111.2
1JTW5a-300-07	800	1300	3500	3500	600	100	700	12 Φ 18	Φ 8@ 240	Φ 14@ 1500	2.42	125.0
1JTW5a-300-12	800	1300	3700	4200	600	100	1200	12 Φ 18	Φ 8@ 240	Φ 14@ 1500	2.77	147.2
1JTW5a-300-17	800	1300	3800	4800	600	100	1700	12 Φ 18	Φ 8@ 240	Φ 14@ 1500	3.08	164.4

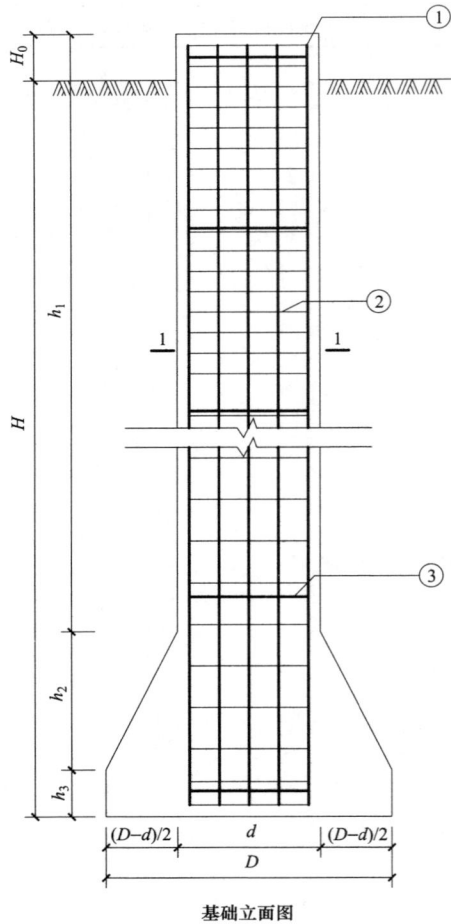

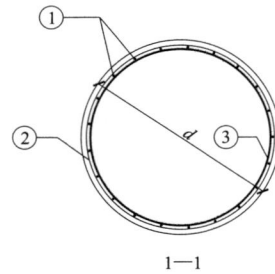

基础立面图

1—1

说明：1. 本基础适用于不受地下水影响的戈壁碎石土地质条件。

2. 整体立塔时，混凝土的抗压强度应达到设计强度的100%。分解组塔时，混凝土必须达到抗压强度设计值的70%。

3. 基础根开及地脚螺栓间距与相应杆塔结构图核对无误后，方可施工。

4. 基础混凝土强度等级不应低于 C25，主筋采用 HRB400 级钢筋，箍筋采用 HPB300 级钢筋。

5. 主筋保护层不小于 50mm。

6. 基础施工完毕后，做好基面排水处理。

7. 本基础按机械成孔施工方式，未考虑护壁工程量。

图 10.5-1　1JTW5 ＊ -300 掘挖基础施工图

基 础 参 数 表

基础名称	主柱直径 d（mm）	底板直径 D（mm）	基础埋深 H（mm）	主柱高 h_1（mm）	圆台高 h_2（mm）	下圆柱高 h_3（mm）	基础露头 H_0（mm）	主筋①	外箍筋②	内箍筋③	单腿混凝土量（m³）	单腿钢筋量（kg）
1JTW5a-350-02	800	1400	3600	3100	600	100	200	12 Φ 18	Φ 8@240	Φ 14@1500	2.30	114.5
1JTW5a-350-07	800	1400	3700	3700	600	100	700	12 Φ 18	Φ 8@240	Φ 14@1500	2.60	130.7
1JTW5a-350-12	800	1400	3800	4300	600	100	1200	12 Φ 18	Φ 8@240	Φ 14@1500	2.90	150.6
1JTW5a-350-17	800	1400	4000	5000	600	100	1700	12 Φ 18	Φ 8@240	Φ 14@1500	3.25	170.1

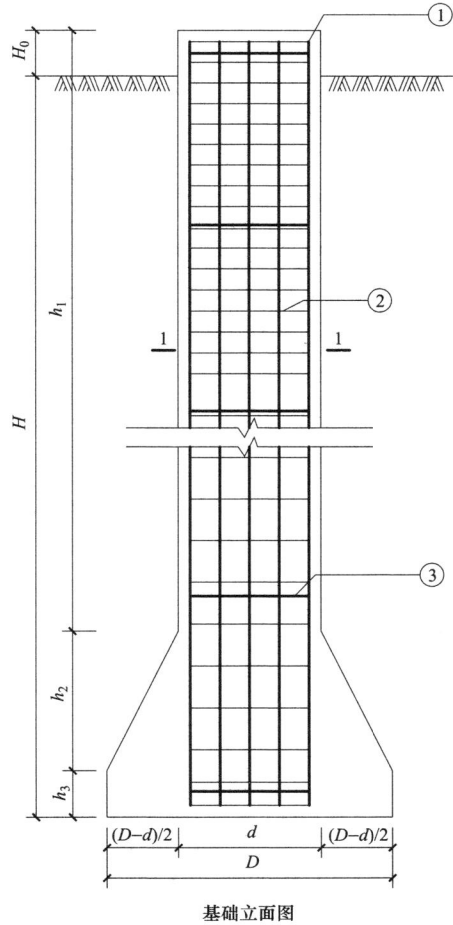

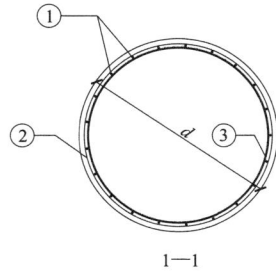

基础立面图

1—1

说明：1. 本基础适用于不受地下水影响的戈壁碎石土地质条件。

2. 整体立塔时，混凝土的抗压强度应达到设计强度的100%。分解组塔时，混凝土必须达到抗压强度设计值的70%。

3. 基础根开及地脚螺栓间距与相应杆塔结构图核对无误后，方可施工。

4. 基础混凝土强度等级不应低于 C25，主筋采用 HRB400 级钢筋，箍筋采用 HPB300 级钢筋。

5. 主筋保护层不小于 50mm。

6. 基础施工完毕后，做好基面排水处理。

7. 本基础按机械成孔施工方式，未考虑护壁工程量。

图 10.5-2　1JTW5*-350 掏挖基础施工图

基 础 参 数 表

基础名称	主柱直径 d（mm）	底板直径 D（mm）	基础埋深 H（mm）	主柱高 h_1（mm）	圆台高 h_2（mm）	下圆柱高 h_3（mm）	基础露头 H_0（mm）	主筋①	外箍筋②	内箍筋③	单腿混凝土量（m³）	单腿钢筋量（kg）
1JTW5a-400-02	800	1400	3800	3300	600	100	200	12Φ18	Φ8@240	Φ14@1500	2.40	120.2
1JTW5a-400-07	800	1400	3900	3900	600	100	700	12Φ18	Φ8@240	Φ14@1500	2.70	136.5
1JTW5a-400-12	800	1400	4100	4600	600	100	1200	12Φ18	Φ8@240	Φ14@1500	3.05	158.7
1JTW5a-400-17	800	1400	4200	5100	700	100	1700	12Φ18	Φ8@240	Φ14@1500	3.40	175.8

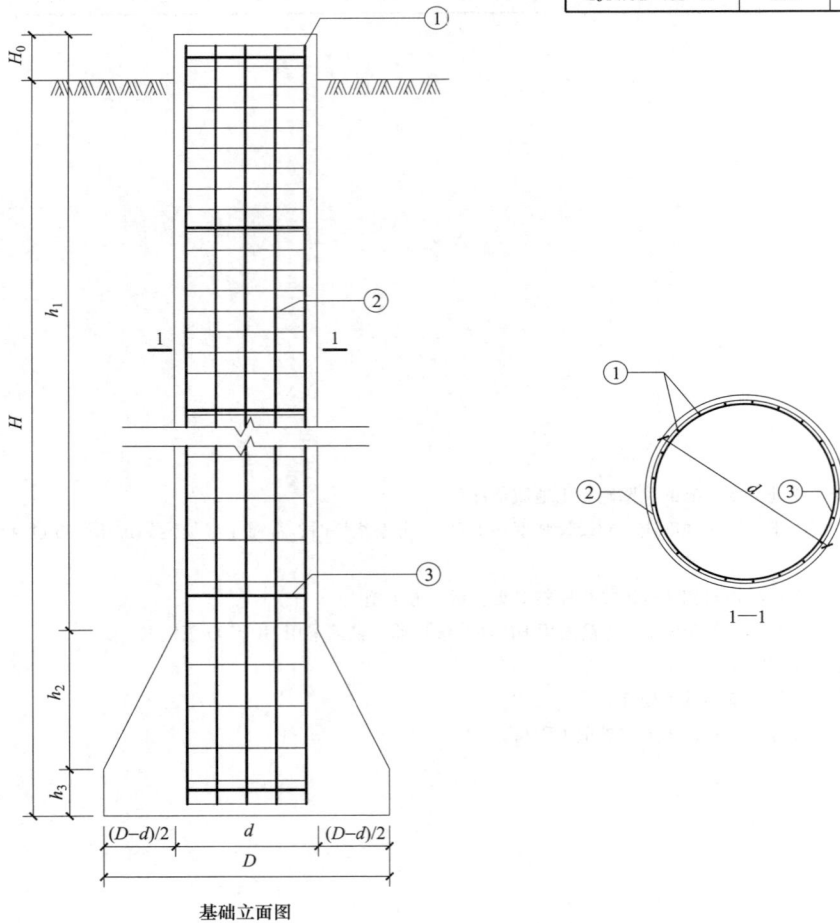

基础立面图

1—1

说明：1. 本基础适用于不受地下水影响的戈壁碎石土地质条件。

2. 整体立塔时，混凝土的抗压强度应达到设计强度的100%。分解组塔时，混凝土必须达到抗压强度设计值的70%。

3. 基础根开及地脚螺栓间距与相应杆塔结构图核对无误后，方可施工。

4. 基础混凝土强度等级不应低于C25，主筋采用HRB400级钢筋，箍筋采用HPB300级钢筋。

5. 主筋保护层不小于50mm。

6. 基础施工完毕后，做好基面排水处理。

7. 本基础按机械成孔施工方式，未考虑护壁工程量。

图 10.5-3　1JTW5*-400 掏挖基础施工图

基 础 参 数 表

基础名称	主柱 直径 d（mm）	底板 直径 D（mm）	基础 埋深 H（mm）	主柱高 h_1（mm）	圆台高 h_2（mm）	下圆 柱高 h_3（mm）	基础 露头 H_0（mm）	主筋①	外箍筋②	内箍筋③	单腿混 凝土量 （m³）	单腿 钢筋量 （kg）
1JTW5a-450-02	800	1400	4000	3500	600	100	200	12 ⏀ 18	Φ 8@ 240	Φ 14@ 1500	2.50	125.0
1JTW5a-450-07	800	1400	4200	4100	700	100	700	12 ⏀ 18	Φ 8@ 240	Φ 14@ 1500	2.90	147.2
1JTW5a-450-12	800	1400	4300	4600	800	100	1200	12 ⏀ 18	Φ 8@ 240	Φ 14@ 1500	3.25	164.4
1JTW5a-450-17	800	1500	4300	5100	800	100	1700	12 ⏀ 18	Φ 8@ 240	Φ 14@ 1500	3.60	178.2

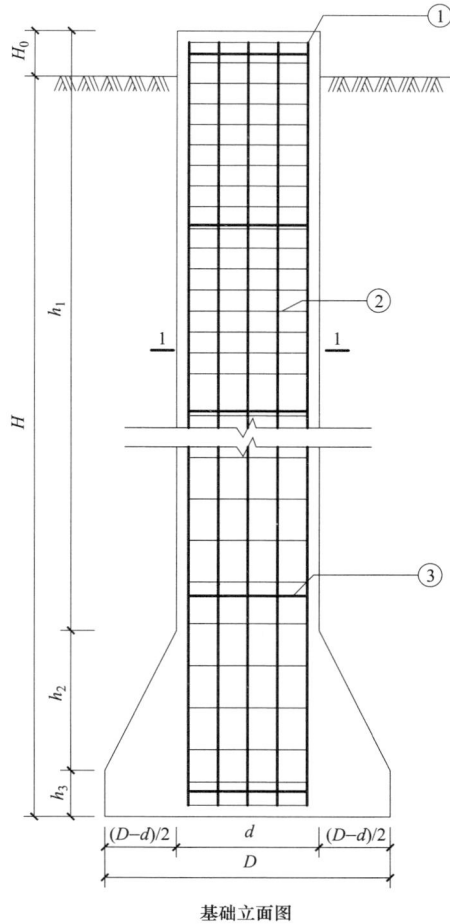

基础立面图

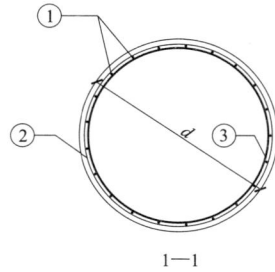

1—1

说明：1. 本基础适用于不受地下水影响的戈壁碎石土地质条件。

2. 整体立塔时，混凝土的抗压强度应达到设计强度的100%。分解组塔时，混凝土必须达到抗压强度设计值的70%。

3. 基础根开及地脚螺栓间距与相应杆塔结构图核对无误后，方可施工。

4. 基础混凝土强度等级不应低于 C25，主筋采用 HRB400 级钢筋，箍筋采用 HPB300 级钢筋。

5. 主筋保护层不小于 50mm。

6. 基础施工完毕后，做好基面排水处理。

7. 本基础按机械成孔施工方式，未考虑护壁工程量。

图 10.5-4　1JTW5 * -450 掏挖基础施工图

基 础 参 数 表

基础名称	主柱直径 d（mm）	底板直径 D（mm）	基础埋深 H（mm）	主柱高 h_1（mm）	圆台高 h_2（mm）	下圆柱高 h_3（mm）	基础露头 H_0（mm）	主筋①	外箍筋②	内箍筋③	单腿混凝土量（m³）	单腿钢筋量（kg）
1JTW5a-500-02	800	1500	4100	3500	700	100	200	12 Φ 18	Φ 8@ 240	Φ 14@ 1500	2.69	128.3
1JTW5a-500-07	800	1500	4300	4100	800	100	700	12 Φ 18	Φ 8@ 240	Φ 14@ 1500	3.09	150.6
1JTW5a-500-12	800	1500	4400	4600	900	100	1200	12 Φ 18	Φ 8@ 240	Φ 14@ 1500	3.45	166.8
1JTW5a-500-17	800	1600	4400	5100	900	100	1700	12 Φ 18	Φ 8@ 240	Φ 14@ 1500	3.82	180.6

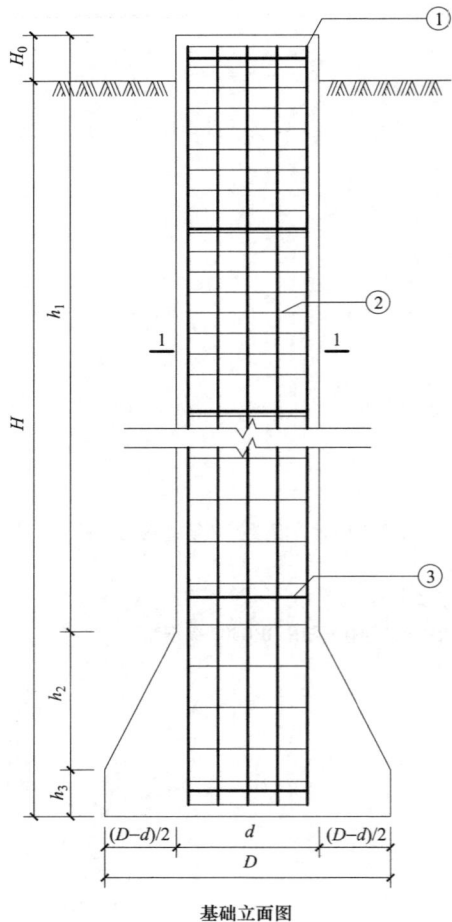

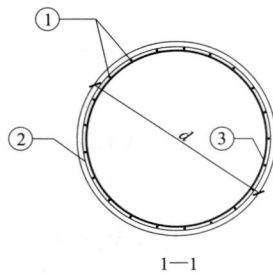

基础立面图

1—1

说明：1. 本基础适用于不受地下水影响的戈壁碎石土地质条件。

2. 整体立塔时，混凝土的抗压强度应达到设计强度的100%。分解组塔时，混凝土必须达到抗压强度设计值的70%。

3. 基础根开及地脚螺栓间距与相应杆塔结构图核对无误后，方可施工。

4. 基础混凝土强度等级不应低于C25，主筋采用HRB400级钢筋，箍筋采用HPB300级钢筋。

5. 主筋保护层不小于50mm。

6. 基础施工完毕后，做好基面排水处理。

7. 本基础按机械成孔施工方式，未考虑护壁工程量。

图 10.5-5　1JTW5＊-500 掏挖基础施工图

基 础 参 数 表

基础名称	主柱直径 d（mm）	底板直径 D（mm）	基础埋深 H（mm）	主柱高 h_1（mm）	圆台高 h_2（mm）	下圆柱高 h_3（mm）	基础露头 H_0（mm）	主筋①	外箍筋②	内箍筋③	单腿混凝土量（m³）	单腿钢筋量（kg）
1JTW5a-550-02	800	1600	4200	3500	800	100	200	12 Φ 18	Φ 8@ 240	Φ 14@ 1500	2.90	130.7
1JTW5a-550-07	800	1600	4400	4100	900	100	700	12 Φ 18	Φ 8@ 240	Φ 14@ 1500	3.32	153.0
1JTW5a-550-12	800	1600	4500	4600	1000	100	1200	12 Φ 18	Φ 8@ 240	Φ 14@ 1500	3.69	170.1
1JTW5a-550-17	800	1600	4700	5100	1200	100	1700	12 Φ 18	Φ 8@ 240	Φ 14@ 1500	4.17	192.3

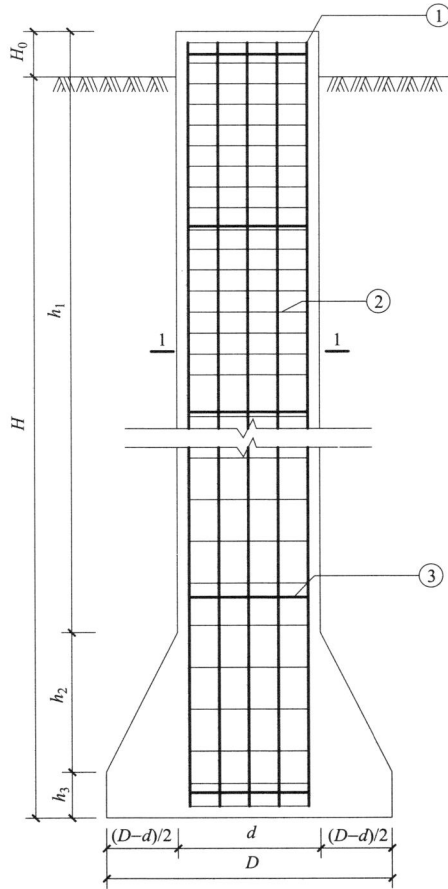

基础立面图

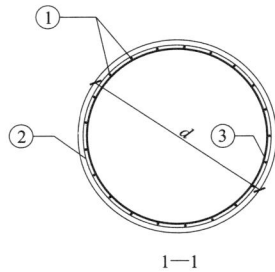

1—1

说明：1. 本基础适用于不受地下水影响的戈壁碎石土地质条件。

2. 整体立塔时，混凝土的抗压强度应达到设计强度的100%。分解组塔时，混凝土必须达到抗压强度设计值的70%。

3. 基础根开及地脚螺栓间距与相应杆塔结构图核对无误后，方可施工。

4. 基础混凝土强度等级不应低于 C25，主筋采用 HRB400 级钢筋，箍筋采用 HPB300 级钢筋。

5. 主筋保护层不小于 50mm。

6. 基础施工完毕后，做好基面排水处理。

7. 本基础按机械成孔施工方式，未考虑护壁工程量。

图 10.5-6　1JTW5＊-550 掏挖基础施工图

基 础 参 数 表

基础名称	主柱直径 d（mm）	底板直径 D（mm）	基础埋深 H（mm）	主柱高 h_1（mm）	圆台高 h_2（mm）	下圆柱高 h_3（mm）	基础露头 H_0（mm）	主筋①	外箍筋②	内箍筋③	单腿混凝土量（m³）	单腿钢筋量（kg）
1JTW5a-600-02	900	1600	4300	3600	800	100	200	16 Φ 18	Φ 8@ 240	Φ 14@ 1500	3.50	173.1
1JTW5a-600-07	900	1600	4500	4200	900	100	700	16 Φ 18	Φ 8@ 240	Φ 14@ 1500	4.01	201.6
1JTW5a-600-12	900	1600	4700	4800	1000	100	1200	16 Φ 18	Φ 8@ 240	Φ 14@ 1500	4.51	227.1
1JTW5a-600-17	900	1700	4700	5300	1000	100	1700	16 Φ 18	Φ 8@ 240	Φ 14@ 1500	4.97	248.2

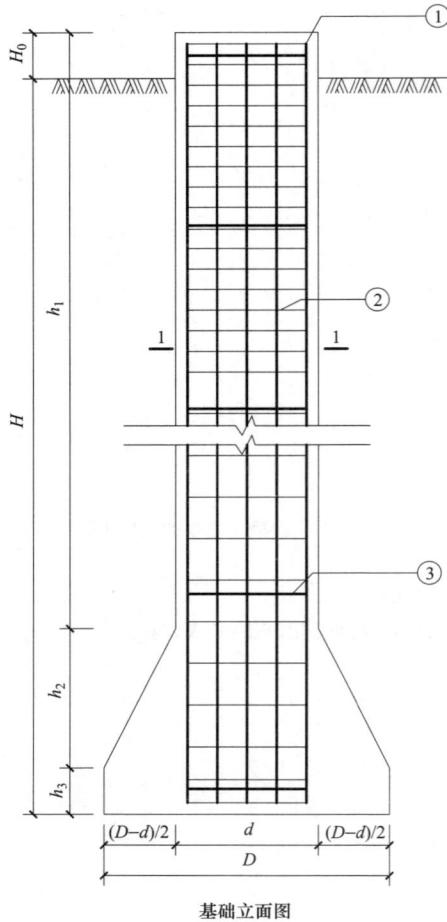

基础立面图

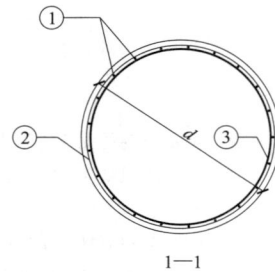

1—1

说明：1. 本基础适用于不受地下水影响的戈壁碎石土地质条件。

2. 整体立塔时，混凝土的抗压强度应达到设计强度的100%。分解组塔时，混凝土必须达到抗压强度设计值的70%。

3. 基础根开及地脚螺栓间距与相应杆塔结构图核对无误后，方可施工。

4. 基础混凝土强度等级不应低于 C25，主筋采用 HRB400 级钢筋，箍筋采用 HPB300 级钢筋。

5. 主筋保护层不小于 50mm。

6. 基础施工完毕后，做好基面排水处理。

7. 本基础按机械成孔施工方式，未考虑护壁工程量。

图 10.5-7 1JTW5＊-600 掏挖基础施工图

第11章 2ZTW 模 块

本模块为直线塔掏挖基础模块，适用于黏性土、粉土、碎石土、黄土、戈壁碎石土地质，包含5个子模块，共160个基础，相同岩土类别，不同岩土小类及不同露头尺寸合并出图，共20张图纸。

该模块由河北院和甘肃院共同设计。

基础作用力见表11.0-1，岩土类别及设计参数见表11.0-2。

表11.0-1 　　　　　　　**基础作用力** 　　　　　　　（kN）

电压等级（kV）	基础作用力代号	T	T_x	T_y	N	N_x	N_y
220（330）	700	700	98	98	910	127	127
	800	800	112	112	1040	146	146
	900	900	126	126	1170	164	164
	1000	1000	140	140	1300	182	182

表11.0-2 　　　　　　　**岩土类别及设计参数**

序号	代号	岩土类别	c（kPa）	φ（°）	f_{ak}（kPa）	m（kN/m^4）	γ_s（kN/m^3）	土的状态
1	1a	黏性土	20	10	120	20000	16	可塑
2	1b		25	15	140	20000	16	
3	1c		30	20	180	20000	16	
4	2a	粉土	15	20	140	20000	16	中密
5	2b		20	25	150	20000	16	
6	2c		5	20	160	20000	16	

续表11.0-2

序号	代号	岩土类别	c（kPa）	φ（°）	f_{ak}（kPa）	m（kN/m^4）	γ_s（kN/m^3）	土的状态
7	3a	碎石土	15	20	140	50000	18	中密
8	3b		5	30	220	50000	18	
9	4a	黄土	8	18	120	14000	13	可塑
10	5a	戈壁碎石土	11	40	180	100000	18	中密

11.1 2ZTW1 子模块

此子模块适用于黏性土地基，共包含4张图纸，基础施工图图纸清单见表11.1-1。

表11.1-1 　　　　**2ZTW1 子模块基础施工图图纸清单**

序号	图号	图 名	基础作用力（kN）	
			$T/T_x/T_y$	$N/N_x/N_y$
1	图11.1-1	2ZTW1*-700 掏挖基础施工图	700/98/98	910/127/127
2	图11.1-2	2ZTW1*-800 掏挖基础施工图	800/112/112	1040/146/146
3	图11.1-3	2ZTW1*-900 掏挖基础施工图	900/126/126	1170/164/164
4	图11.1-4	2ZTW1*-1000 掏挖基础施工图	1000/140/140	1300/182/182

注　1 * 代表 1a、1b、1c 三种地质参数组合。

基础名称	主柱直径 d（mm）	底板直径 D（mm）	基础埋深 H（mm）	主柱高 h_1（mm）	圆台高 h_2（mm）	下圆柱高 h_3（mm）	基础露头 H_0（mm）	主筋①	外箍筋②	内箍筋③	单腿混凝土量（m³）	单腿钢筋量（kg）
2ZTW1a-700-02	1200	2400	6900	6300	1000	100	200	28Φ18	Φ8@270	Φ16@1500	10.22	458.0
2ZTW1a-700-07	1200	2400	7100	7000	1000	100	700	28Φ18	Φ8@270	Φ16@1500	11.01	501.6
2ZTW1a-700-12	1300	2600	6800	7100	1100	100	1200	26Φ20	Φ8@300	Φ16@1500	13.36	581.7
2ZTW1a-700-17	1300	2600	7000	7800	1100	100	1700	26Φ20	Φ8@300	Φ16@1500	14.29	631.1
2ZTW1b-700-02	1200	2400	6300	5700	1000	100	200	28Φ18	Φ8@270	Φ16@1500	9.54	420.6
2ZTW1b-700-07	1200	2400	6500	6400	1000	100	700	28Φ18	Φ8@270	Φ16@1500	10.33	464.2
2ZTW1b-700-12	1200	2400	6700	7100	1000	100	1200	28Φ18	Φ8@270	Φ16@1500	11.12	507.8
2ZTW1b-700-17	1200	2400	6900	7800	1000	100	1700	28Φ18	Φ8@270	Φ16@1500	11.91	551.4
2ZTW1c-700-02	1100	2200	5900	5400	900	100	200	24Φ18	Φ8@270	Φ16@1500	7.51	341.3
2ZTW1c-700-07	1100	2200	6100	6100	900	100	700	24Φ18	Φ8@270	Φ16@1500	8.17	378.9
2ZTW1c-700-12	1100	2200	6300	6800	900	100	1200	24Φ18	Φ8@270	Φ16@1500	8.84	416.5
2ZTW1c-700-17	1100	2200	6500	7500	900	100	1700	24Φ18	Φ8@270	Φ16@1500	9.50	454.1

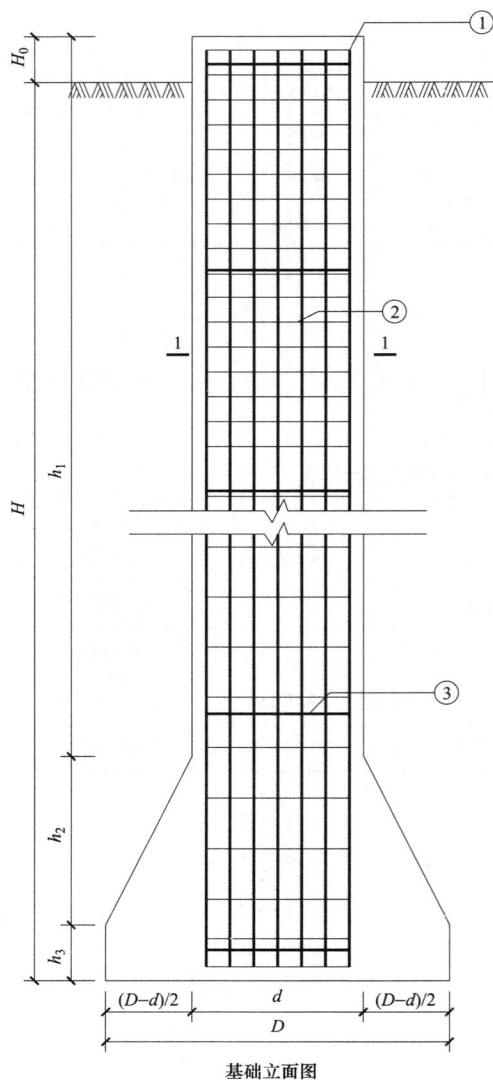

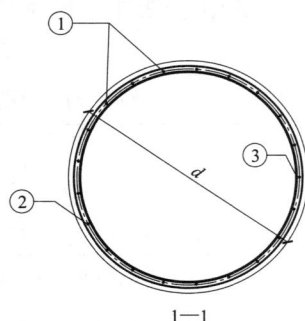

基础立面图

1—1

说明：1. 本基础适用于不受地下水影响的黏性土地质条件。

2. 整体立塔时，混凝土的抗压强度应达到设计强度的100%。分解组塔时，混凝土必须达到抗压强度设计值的70%。

3. 基础根开及地脚螺栓间距与相应杆塔结构图核对无误后，方可施工。

4. 基础混凝土强度等级不应低于C25，主筋采用HRB400级钢筋，箍筋采用HPB300级钢筋。

5. 主筋保护层不小于50mm。

6. 基础施工完毕后，做好基面排水处理。

7. 本基础按机械成孔施工方式，未考虑护壁工程量。

图 11.1-1　2ZTW1*-700掘挖基础施工图

基 础 参 数 表

基础名称	主柱直径 d（mm）	底板直径 D（mm）	基础埋深 H（mm）	主柱高 h₁（mm）	圆台高 h₂（mm）	下圆柱高 h₃（mm）	基础露头 H₀（mm）	主筋①	外箍筋②	内箍筋③	单腿混凝土量（m³）	单腿钢筋量（kg）
2ZTW1a-800-02	1300	2600	7000	6300	1100	100	200	26Φ20	Φ8@300	Φ16@1500	12.30	525.3
2ZTW1a-800-07	1300	2600	7300	7100	1100	100	700	26Φ20	Φ8@300	Φ16@1500	13.36	581.7
2ZTW1a-800-12	1300	2600	7500	7800	1100	100	1200	26Φ20	Φ8@300	Φ16@1500	14.29	631.1
2ZTW1a-800-17	1300	2600	7700	8500	1100	100	1700	26Φ20	Φ8@300	Φ16@1500	15.22	680.4
2ZTW1b-800-02	1200	2400	7100	6500	1000	100	200	28Φ18	Φ8@270	Φ16@1500	10.44	470.4
2ZTW1b-800-07	1200	2400	7300	7200	1000	100	700	28Φ18	Φ8@270	Φ16@1500	11.23	514.0
2ZTW1b-800-12	1300	2600	6900	7200	1100	100	1200	26Φ20	Φ8@300	Φ16@1500	13.49	588.8
2ZTW1b-800-17	1300	2600	7100	7900	1100	100	1700	26Φ20	Φ8@300	Φ16@1500	14.42	638.1
2ZTW1c-800-02	1100	2200	6700	6200	900	100	200	24Φ18	Φ8@270	Φ16@1500	8.27	384.3
2ZTW1c-800-07	1200	2400	6200	6100	1000	100	700	28Φ18	Φ8@270	Φ16@1500	9.99	445.5
2ZTW1c-800-12	1200	2400	6400	6800	1000	100	1200	28Φ18	Φ8@270	Φ16@1500	10.78	489.1
2ZTW1c-800-17	1200	2400	6600	7500	1000	100	1700	28Φ18	Φ8@270	Φ16@1500	11.57	532.7

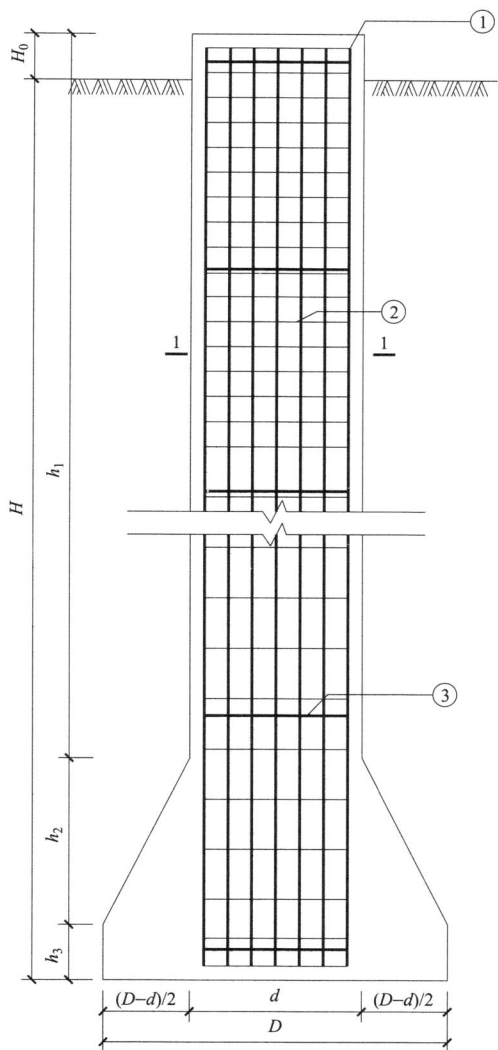

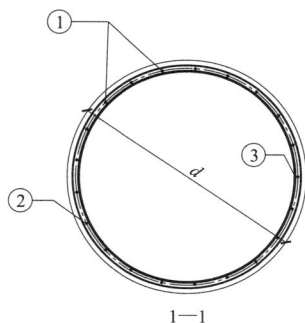

基础立面图

1—1

说明：1. 本基础适用于不受地下水影响的黏性土地质条件。

2. 整体立塔时，混凝土的抗压强度应达到设计强度的100%。分解组塔时，混凝土必须达到抗压强度设计值的70%。

3. 基础根开及地脚螺栓间距与相应杆塔结构图核对无误后，方可施工。

4. 基础混凝土强度等级不应低于 C25，主筋采用 HRB400 级钢筋，箍筋采用 HPB300 级钢筋。

5. 主筋保护层不小于 50mm。

6. 基础施工完毕后，做好基面排水处理。

7. 本基础按机械成孔施工方式，未考虑护壁工程量。

图 11.1-2　2ZTW1*-800 掏挖基础施工图

基 础 参 数 表

基础名称	主柱直径 d (mm)	底板直径 D (mm)	基础埋深 H (mm)	主柱高 h_1 (mm)	圆台高 h_2 (mm)	下圆柱高 h_3 (mm)	基础露头 H_0 (mm)	主筋①	外箍筋②	内箍筋③	单腿混凝土量 (m³)	单腿钢筋量 (kg)
2ZTW1a-900-02	1400	2800	7100	6300	1200	100	200	30Φ20	Φ8@300	Φ16@1500	14.62	610.9
2ZTW1a-900-07	1400	2800	7400	7100	1200	100	700	30Φ20	Φ8@300	Φ16@1500	15.86	675.6
2ZTW1a-900-12	1400	2800	7600	7800	1200	100	1200	30Φ20	Φ8@300	Φ16@1500	16.93	732.3
2ZTW1a-900-17	1400	2800	7800	8500	1200	100	1700	30Φ20	Φ8@300	Φ16@1500	18.01	788.9
2ZTW1b-900-02	1300	2600	7100	6400	1100	100	200	26Φ20	Φ8@300	Φ16@1500	12.43	532.4
2ZTW1b-900-07	1300	2600	7300	7100	1100	100	700	26Φ20	Φ8@300	Φ16@1500	13.36	581.7
2ZTW1b-900-12	1300	2600	7600	7900	1100	100	1200	26Φ20	Φ8@300	Φ16@1500	14.42	638.1
2ZTW1b-900-17	1400	2800	7200	7900	1200	100	1700	30Φ20	Φ8@300	Φ16@1500	17.09	740.4
2ZTW1c-900-02	1200	2400	6600	6000	1000	100	200	28Φ18	Φ8@270	Φ16@1500	9.88	439.3
2ZTW1c-900-07	1200	2400	6900	6800	1000	100	700	28Φ18	Φ8@270	Φ16@1500	10.78	489.1
2ZTW1c-900-12	1200	2400	7100	7500	1000	100	1200	28Φ18	Φ8@270	Φ16@1500	11.57	532.7
2ZTW1c-900-17	1200	2400	7300	8200	1000	100	1700	28Φ18	Φ8@270	Φ16@1500	12.37	576.3

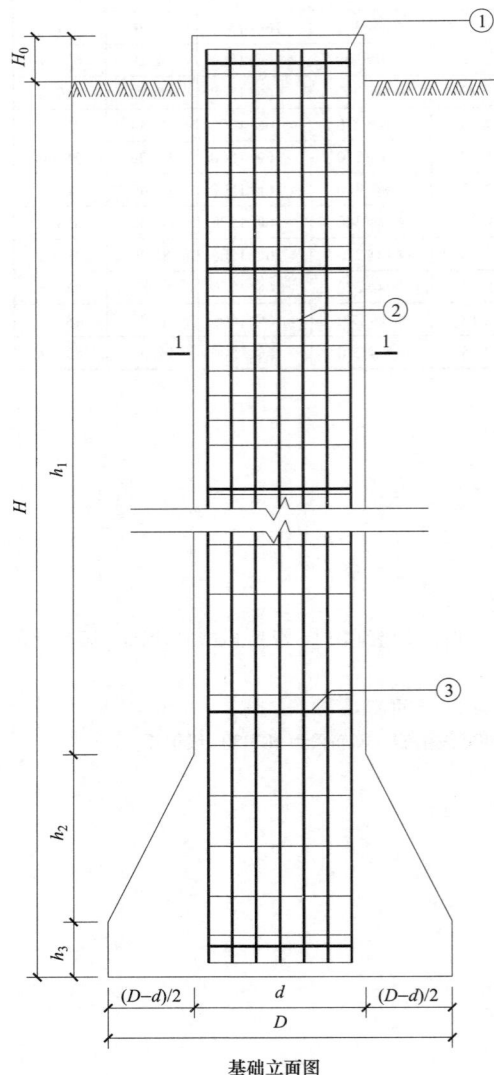

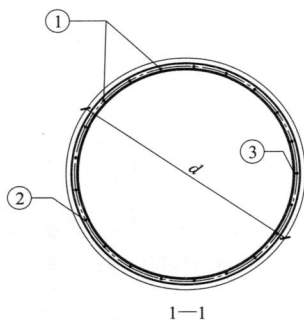

基础立面图

1—1

说明：1. 本基础适用于不受地下水影响的黏性土地质条件。

2. 整体立塔时，混凝土的抗压强度应达到设计强度的 100%。分解组塔时，混凝土必须达到抗压强度设计值的 70%。

3. 基础根开及地脚螺栓间距与相应杆塔结构图核对无误后，方可施工。

4. 基础混凝土强度等级不应低于 C25，主筋采用 HRB400 级钢筋，箍筋采用 HPB300 级钢筋。

5. 主筋保护层不小于 50mm。

6. 基础施工完毕后，做好基面排水处理。

7. 本基础按机械成孔施工方式，未考虑护壁工程量。

图 11.1-3   2ZTW1*-900 掏挖基础施工图

基础名称	主柱直径 d (mm)	底板直径 D (mm)	基础埋深 H (mm)	主柱高 h_1 (mm)	圆台高 h_2 (mm)	下圆柱高 h_3 (mm)	基础露头 H_0 (mm)	主筋①	外箍筋②	内箍筋③	单腿混凝土量 (m^3)	单腿钢筋量 (kg)
2ZTW1a-1000-02	1400	2800	7800	7000	1200	100	200	30Φ20	Φ8@300	Φ16@1500	15.70	667.5
2ZTW1a-1000-07	1400	2800	8000	7700	1200	100	700	30Φ20	Φ8@300	Φ16@1500	16.78	724.2
2ZTW1a-1000-12	1500	2900	7900	8100	1200	100	1200	34Φ20	Φ8@300	Φ16@1500	19.69	853.8
2ZTW1a-1000-17	1500	2900	8200	8900	1200	100	1700	34Φ20	Φ8@300	Φ16@1500	21.10	926.9
2ZTW1b-1000-02	1400	2800	7100	6300	1200	100	200	30Φ20	Φ8@300	Φ16@1500	14.62	610.9
2ZTW1b-1000-07	1400	2800	7400	7100	1200	100	700	30Φ20	Φ8@300	Φ16@1500	15.86	675.6
2ZTW1b-1000-12	1400	2800	7600	7800	1200	100	1200	30Φ20	Φ8@300	Φ16@1500	16.93	732.3
2ZTW1b-1000-17	1400	2800	7800	8500	1200	100	1700	30Φ20	Φ8@300	Φ16@1500	18.01	788.9
2ZTW1c-1000-02	1200	2400	7300	6700	1000	100	200	28Φ18	Φ8@270	Φ16@1500	10.67	482.9
2ZTW1c-1000-07	1300	2600	6900	6700	1100	100	700	26Φ20	Φ8@300	Φ16@1500	12.83	553.5
2ZTW1c-1000-12	1300	2600	7100	7400	1100	100	1200	26Φ20	Φ8@300	Φ16@1500	13.76	602.9
2ZTW1c-1000-17	1300	2600	7300	8100	1100	100	1700	26Φ20	Φ8@300	Φ16@1500	14.69	652.2

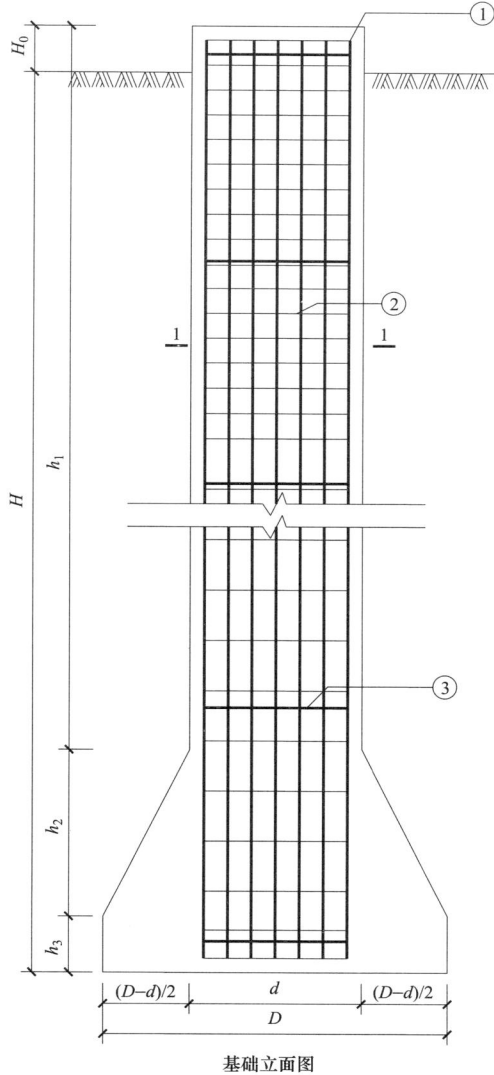

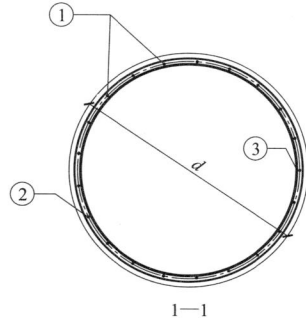

基础立面图

1—1

说明：1. 本基础适用于不受地下水影响的黏性土地质条件。

2. 整体立塔时，混凝土的抗压强度应达到设计强度的100%。分解组塔时，混凝土必须达到抗压强度设计值的70%。

3. 基础根开及地脚螺栓间距与相应杆塔结构图核对无误后，方可施工。

4. 基础混凝土强度等级不应低于C25，主筋采用HRB400级钢筋，箍筋采用HPB300级钢筋。

5. 主筋保护层不小于50mm。

6. 基础施工完毕后，做好基面排水处理。

7. 本基础按机械成孔施工方式，未考虑护壁工程量。

图 11.1-4　2ZTW1∗-1000 掏挖基础施工图

11.2　2ZTW2 子模块

此子模块适用于粉土地基，共包含 4 张图纸，基础施工图图纸清单见表 11.2-1。

表 11.2-1　　　　　　　　2ZTW2 子模块基础施工图图纸清单

序号	图号	图　名	基础作用力（kN）	
			$T/T_x/T_y$	$N/N_x/N_y$
1	图 11.2-1	2ZTW2*-700 掏挖基础施工图	700/98/98	910/127/127
2	图 11.2-2	2ZTW2*-800 掏挖基础施工图	800/112/112	1040/146/146
3	图 11.2-3	2ZTW2*-900 掏挖基础施工图	900/126/126	1170/164/164
4	图 11.2-4	2ZTW2*-1000 掏挖基础施工图	1000/140/140	1300/182/182

注　2*代表 2a、2b、2c 三种地质参数组合。

基 础 参 数 表

基础名称	主柱直径 d（mm）	底板直径 D（mm）	基础埋深 H（mm）	主柱高 h_1（mm）	圆台高 h_2（mm）	下圆柱高 h_3（mm）	基础露头 H_0（mm）	主筋①	外箍筋②	内箍筋③	单腿混凝土量 （m³）	单腿钢筋量 （kg）
2ZTW2a-700-02	1100	2200	5800	5300	900	100	200	24 Φ 18	Φ 8@ 270	Φ 16@ 1500	7.41	335.9
2ZTW2a-700-07	1100	2200	6000	6000	900	100	700	24 Φ 18	Φ 8@ 270	Φ 16@ 1500	8.08	373.5
2ZTW2a-700-12	1100	2200	6200	6700	900	100	1200	24 Φ 18	Φ 8@ 270	Φ 16@ 1500	8.74	411.1
2ZTW2a-700-17	1100	2200	6400	7400	900	100	1700	24 Φ 18	Φ 8@ 270	Φ 16@ 1500	9.41	448.7
2ZTW2b-700-02	1000	2000	6300	5900	800	100	200	20 Φ 18	Φ 8@ 270	Φ 14@ 1500	6.41	305.0
2ZTW2b-700-07	1000	2000	6400	6500	800	100	700	20 Φ 18	Φ 8@ 270	Φ 14@ 1500	6.89	332.0
2ZTW2b-700-12	1100	2200	6000	6500	900	100	1200	24 Φ 18	Φ 8@ 270	Φ 16@ 1500	8.55	400.4
2ZTW2b-700-17	1100	2200	6200	7200	900	100	1700	24 Φ 18	Φ 8@ 270	Φ 16@ 1500	9.22	438.0
2ZTW2c-700-02	900	1700	5800	5400	800	100	200	20 Φ 16	Φ 8@ 240	Φ 14@ 1500	4.76	229.4
2ZTW2c-700-07	900	1700	5900	6000	800	100	700	20 Φ 16	Φ 8@ 240	Φ 14@ 1500	5.14	251.3
2ZTW2c-700-12	1000	2000	5800	6400	800	100	1200	20 Φ 18	Φ 8@ 270	Φ 14@ 1500	6.81	327.5
2ZTW2c-700-17	1000	2000	6000	7100	800	100	1700	20 Φ 18	Φ 8@ 270	Φ 14@ 1500	7.36	359.1

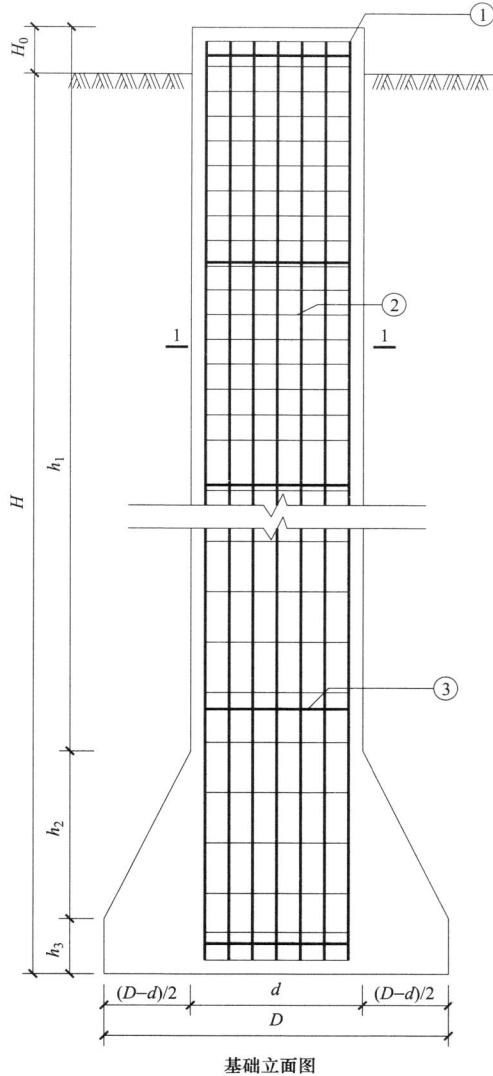

基础立面图

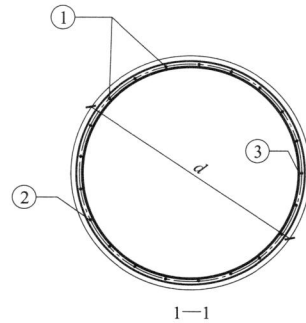

1—1

说明：1. 本基础适用于不受地下水影响的粉土地质条件。

2. 整体立塔时，混凝土的抗压强度应达到设计强度的100%。分解组塔时，混凝土必须达到抗压强度设计值的70%。

3. 基础根开及地脚螺栓间距与相应杆塔结构图核对无误后，方可施工。

4. 基础混凝土强度等级不应低于 C25，主筋采用 HRB400 级钢筋，箍筋采用 HPB300 级钢筋。

5. 主筋保护层不小于 50mm。

6. 基础施工完毕后，做好基面排水处理。

7. 本基础按机械成孔施工方式，未考虑护壁工程量。

图 11.2-1 2ZTW2∗-700 掘挖基础施工图

基 础 参 数 表

基础名称	主柱直径 d（mm）	底板直径 D（mm）	基础埋深 H（mm）	主柱高 h_1（mm）	圆台高 h_2（mm）	下圆柱高 h_3（mm）	基础露头 H_0（mm）	主筋①	外箍筋②	内箍筋③	单腿混凝土量（m^3）	单腿钢筋量（kg）
2ZTW2a-800-02	1100	2200	6500	6000	900	100	200	24ϕ18	Φ8@270	Φ16@1500	8.08	373.5
2ZTW2a-800-07	1100	2200	6700	6700	900	100	700	24ϕ18	Φ8@270	Φ16@1500	8.74	411.1
2ZTW2a-800-12	1100	2200	6800	7300	900	100	1200	24ϕ18	Φ8@270	Φ16@1500	9.31	443.3
2ZTW2a-800-17	1200	2400	6500	7400	1000	100	1700	28ϕ18	Φ8@270	Φ16@1500	11.46	526.5
2ZTW2b-800-02	1100	2200	6300	5800	900	100	200	24ϕ18	Φ8@270	Φ16@1500	7.89	362.8
2ZTW2b-800-07	1100	2200	6500	6500	900	100	700	24ϕ18	Φ8@270	Φ16@1500	8.55	400.4
2ZTW2b-800-12	1100	2200	6600	7100	900	100	1200	24ϕ18	Φ8@270	Φ16@1500	9.12	432.6
2ZTW2b-800-17	1100	2200	6800	7800	900	100	1700	24ϕ18	Φ8@270	Φ16@1500	9.79	470.2
2ZTW2c-800-02	1000	2000	5600	5200	800	100	200	20ϕ18	Φ8@270	Φ14@1500	5.86	273.4
2ZTW2c-800-07	1000	2000	6000	6100	800	100	700	20ϕ18	Φ8@270	Φ14@1500	6.57	314.0
2ZTW2c-800-12	1000	2000	6300	6900	800	100	1200	20ϕ18	Φ8@270	Φ14@1500	7.20	350.1
2ZTW2c-800-17	1100	2200	6200	7200	900	100	1700	24ϕ18	Φ8@270	Φ16@1500	9.22	438.0

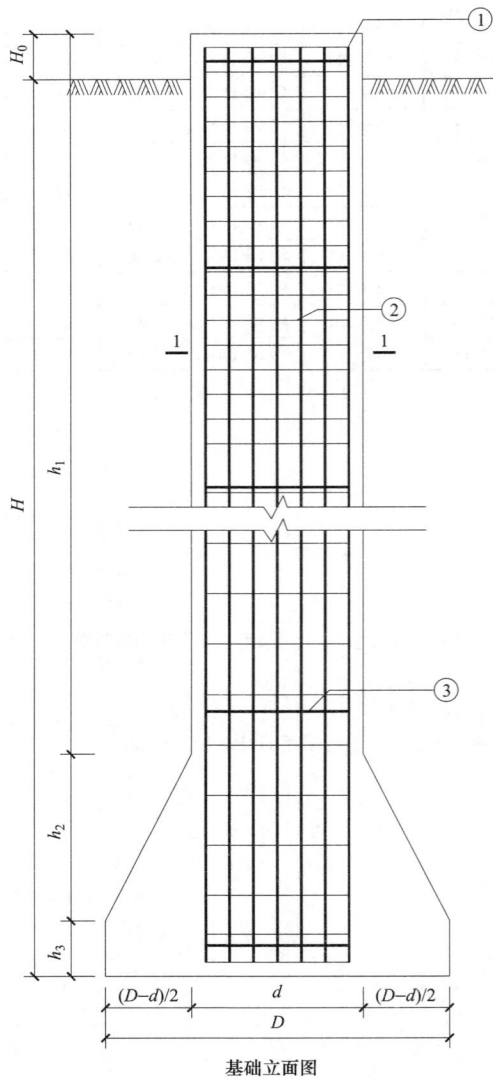

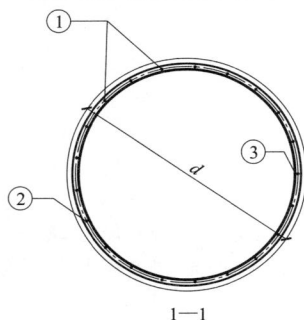

基础立面图

1—1

说明：1. 本基础适用于不受地下水影响的粉土地质条件。

2. 整体立塔时，混凝土的抗压强度应达到设计强度的100%。分解组塔时，混凝土必须达到抗压强度设计值的70%。

3. 基础根开及地脚螺栓间距与相应杆塔结构图核对无误后，方可施工。

4. 基础混凝土强度等级不应低于C25，主筋采用HRB400级钢筋，箍筋采用HPB300级钢筋。

5. 主筋保护层不小于50mm。

6. 基础施工完毕后，做好基面排水处理。

7. 本基础按机械成孔施工方式，未考虑护壁工程量。

图 11.2-2 2ZTW2*-800 掏挖基础施工图

基 础 参 数 表

基础名称	主柱直径 d （mm）	底板直径 D （mm）	基础埋深 H （mm）	主柱高 h_1 （mm）	圆台高 h_2 （mm）	下圆柱高 h_3 （mm）	基础露头 H_0 （mm）	主筋①	外箍筋②	内箍筋③	单腿混凝土量 （m³）	单腿钢筋量 （kg）
2ZTW2a-900-02	1200	2400	6500	5900	1000	100	200	28 ⏀ 18	Φ8@270	Φ16@1500	9.76	433.1
2ZTW2a-900-07	1200	2400	6700	6600	1000	100	700	28 ⏀ 18	Φ8@270	Φ16@1500	10.56	476.7
2ZTW2a-900-12	1200	2400	6800	7200	1000	100	1200	28 ⏀ 18	Φ8@270	Φ16@1500	11.23	514.0
2ZTW2a-900-17	1200	2400	7000	7900	1000	100	1700	28 ⏀ 18	Φ8@270	Φ16@1500	12.03	557.6
2ZTW2b-900-02	1200	2400	6300	5700	1000	100	200	28 ⏀ 18	Φ8@270	Φ16@1500	9.54	420.6
2ZTW2b-900-07	1200	2400	6500	6400	1000	100	700	28 ⏀ 18	Φ8@270	Φ16@1500	10.33	464.2
2ZTW2b-900-12	1200	2400	6600	7000	1000	100	1200	28 ⏀ 18	Φ8@270	Φ16@1500	11.01	501.6
2ZTW2b-900-17	1200	2400	6800	7700	1000	100	1700	28 ⏀ 18	Φ8@270	Φ16@1500	11.80	545.2
2ZTW2c-900-02	1000	2000	6100	5700	800	100	200	20 ⏀ 18	Φ8@270	Φ14@1500	6.26	295.9
2ZTW2c-900-07	1000	2000	6400	6500	800	100	700	20 ⏀ 18	Φ8@270	Φ14@1500	6.89	332.0
2ZTW2c-900-12	1100	2200	6400	6900	900	100	1200	24 ⏀ 18	Φ8@270	Φ16@1500	8.93	421.9
2ZTW2c-900-17	1100	2200	6700	7700	900	100	1700	24 ⏀ 18	Φ8@270	Φ16@1500	9.69	464.8

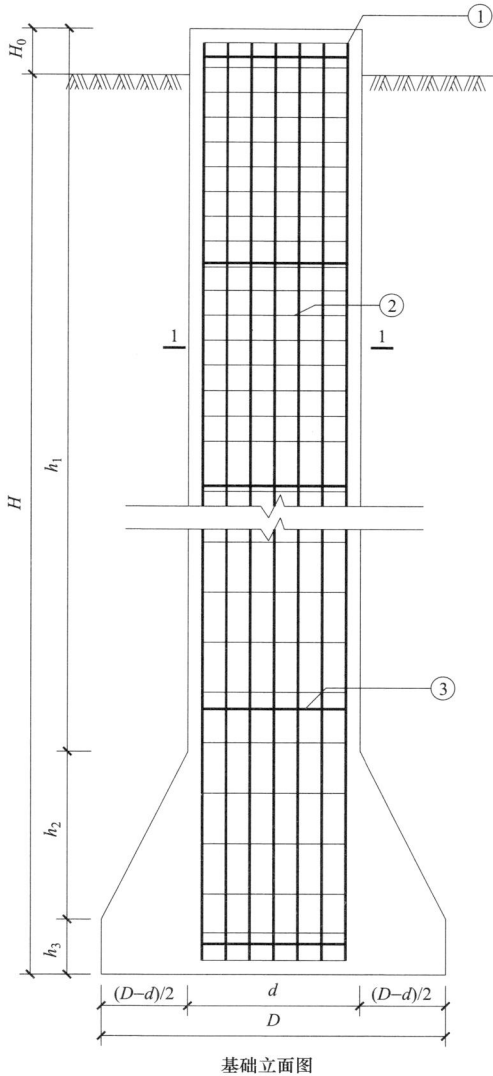

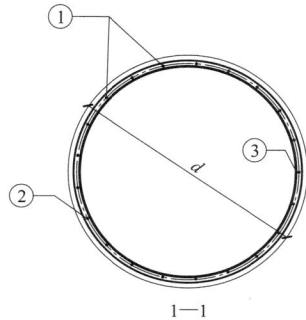

基础立面图

1—1

说明：1. 本基础适用于不受地下水影响的粉土地质条件。

2. 整体立塔时，混凝土的抗压强度应达到设计强度的100%。分解组塔时，混凝土必须达到抗压强度设计值的70%。

3. 基础根开及地脚螺栓间距与相应杆塔结构图核对无误后，方可施工。

4. 基础混凝土强度等级不应低于C25，主筋采用HRB400级钢筋，箍筋采用HPB300级钢筋。

5. 主筋保护层不小于50mm。

6. 基础施工完毕后，做好基面排水处理。

7. 本基础按机械成孔施工方式，未考虑护壁工程量。

图 11.2-3 2ZTW2∗-900 掏挖基础施工图

基 础 参 数 表

基础名称	主柱直径 d（mm）	底板直径 D（mm）	基础埋深 H（mm）	主柱高 h_1（mm）	圆台高 h_2（mm）	下圆柱高 h_3（mm）	基础露头 H_0（mm）	主筋①	外箍筋②	内箍筋③	单腿混凝土量（m^3）	单腿钢筋量（kg）
2ZTW2a-1000-02	1200	2400	7000	6400	1000	100	200	28Φ18	Φ8@270	Φ16@1500	10.33	464.2
2ZTW2a-1000-07	1200	2400	7200	7100	1000	100	700	28Φ18	Φ8@270	Φ16@1500	11.12	507.8
2ZTW2a-1000-12	1300	2600	6800	7100	1100	100	1200	26Φ20	Φ8@300	Φ16@1500	13.36	581.7
2ZTW2a-1000-17	1300	2600	7000	7800	1100	100	1700	26Φ20	Φ8@300	Φ16@1500	14.29	631.1
2ZTW2b-1000-02	1200	2400	6800	6200	1000	100	200	28Φ18	Φ8@270	Φ16@1500	10.10	451.8
2ZTW2b-1000-07	1200	2400	7000	6900	1000	100	700	28Φ18	Φ8@270	Φ16@1500	10.90	495.4
2ZTW2b-1000-12	1200	2400	7200	7600	1000	100	1200	28Φ18	Φ8@270	Φ16@1500	11.69	539.0
2ZTW2b-1000-17	1200	2400	7300	8200	1000	100	1700	28Φ18	Φ8@270	Φ16@1500	12.37	576.3
2ZTW2c-1000-02	1100	2200	6200	5700	900	100	200	24Φ18	Φ8@270	Φ16@1500	7.79	357.4
2ZTW2c-1000-07	1100	2200	6600	6600	900	100	700	24Φ18	Φ8@270	Φ16@1500	8.65	405.7
2ZTW2c-1000-12	1200	2400	6500	6900	1000	100	1200	28Φ18	Φ8@270	Φ16@1500	10.90	495.4
2ZTW2c-1000-17	1200	2400	6800	7700	1000	100	1700	28Φ18	Φ8@270	Φ16@1500	11.80	545.2

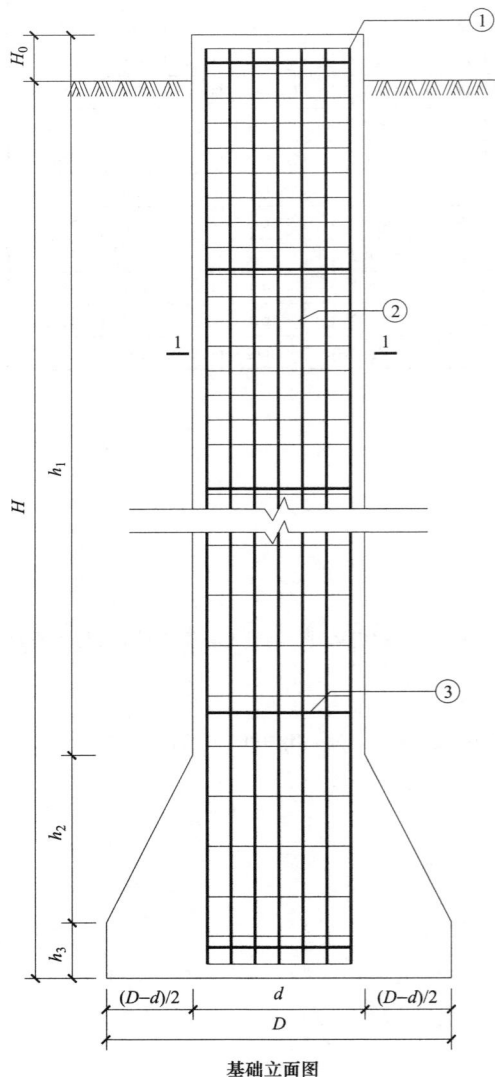

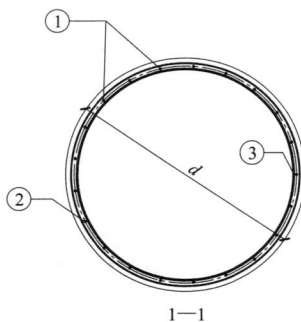

基础立面图

1—1

说明：1. 本基础适用于不受地下水影响的粉土地质条件。

2. 整体立塔时，混凝土的抗压强度应达到设计强度的100%。分解组塔时，混凝土必须达到抗压强度设计值的70%。

3. 基础根开及地脚螺栓间距与相应杆塔结构图核对无误后，方可施工。

4. 基础混凝土强度等级不应低于C25，主筋采用HRB400级钢筋，箍筋采用HPB300级钢筋。

5. 主筋保护层不小于50mm。

6. 基础施工完毕后，做好基面排水处理。

7. 本基础按机械成孔施工方式，未考虑护壁工程量。

图 11.2-4 2ZTW2*-1000 掏挖基础施工图

11.3 2ZTW3 子模块

此子模块适用于碎石土地基，共包含 4 张图纸，基础施工图图纸清单见表 11.3-1。

表 11.3-1　　　　　　　2ZTW3 子模块基础施工图图纸清单

序号	图号	图 名	基础作用力（kN）	
			$T/T_x/T_y$	$N/N_x/N_y$
1	图 11.3-1	2ZTW3 * -700 掏挖基础施工图	700/98/98	910/127/127
2	图 11.3-2	2ZTW3 * -800 掏挖基础施工图	800/112/112	1040/146/146
3	图 11.3-3	2ZTW3 * -900 掏挖基础施工图	900/126/126	1170/164/164
4	图 11.3-4	2ZTW3 * -1000 掏挖基础施工图	1000/140/140	1300/182/182

注　3 * 代表 3a、3b 两种地质参数组合。

基础名称	主柱直径 d （mm）	底板直径 D （mm）	基础埋深 H （mm）	主柱高 h_1 （mm）	圆台高 h_2 （mm）	下圆柱高 h_3 （mm）	基础露头 H_0 （mm）	主筋①	外箍筋②	内箍筋③	单腿混凝土量 （m³）	单腿钢筋量 （kg）
2ZTW3a-700-02	900	1700	4600	4200	800	100	200	20Φ16	Φ8@240	Φ14@1500	3.99	185.4
2ZTW3a-700-07	900	1700	4800	4900	800	100	700	20Φ16	Φ8@240	Φ14@1500	4.44	211.1
2ZTW3a-700-12	900	1700	4900	5500	800	100	1200	20Φ16	Φ8@240	Φ14@1500	4.82	233.0
2ZTW3a-700-17	900	1700	5000	6100	800	100	1700	20Φ16	Φ8@240	Φ14@1500	5.20	255.0
2ZTW3b-700-02	900	1700	4300	3900	800	100	200	20Φ16	Φ8@240	Φ14@1500	3.80	174.5
2ZTW3b-700-07	900	1700	4300	4400	800	100	700	20Φ16	Φ8@240	Φ14@1500	4.12	192.8
2ZTW3b-700-12	900	1700	4600	5200	800	100	1200	20Φ16	Φ8@240	Φ14@1500	4.63	222.0
2ZTW3b-700-17	900	1700	4800	5900	800	100	1700	20Φ16	Φ8@240	Φ14@1500	5.08	247.7

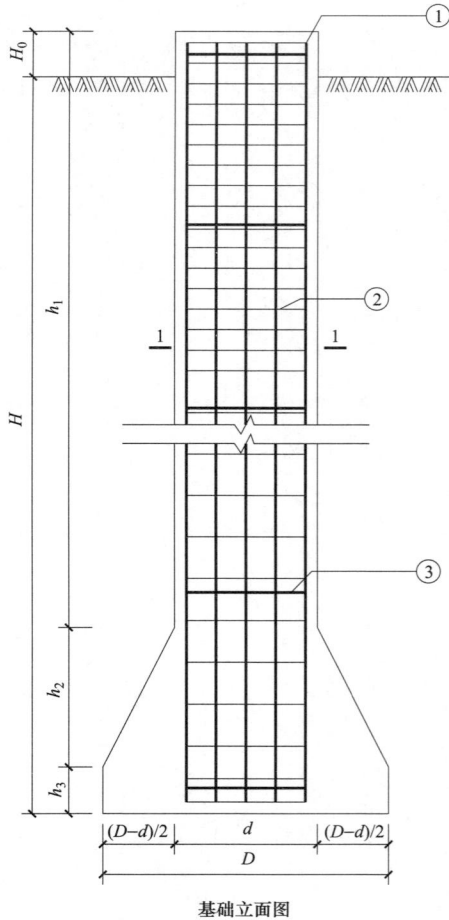

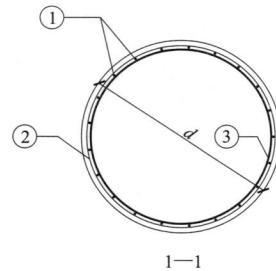

基础立面图

1—1

说明：1. 本基础适用于不受地下水影响的碎石土地质条件。

2. 整体立塔时，混凝土的抗压强度应达到设计强度的100%。分解组塔时，混凝土必须达到抗压强度设计值的70%。

3. 基础根开及地脚螺栓间距与相应杆塔结构图核对无误后，方可施工。

4. 基础混凝土强度等级不应低于C25，主筋采用HRB400级钢筋，箍筋采用HPB300级钢筋。

5. 主筋保护层不小于50mm。

6. 基础施工完毕后，做好基面排水处理。

7. 本基础按机械成孔施工方式，未考虑护壁工程量。

图 11.3-1 2ZTW3＊-700 掏挖基础施工图

基 础 参 数 表

基础名称	主柱直径 d（mm）	底板直径 D（mm）	基础埋深 H（mm）	主柱高 h_1（mm）	圆台高 h_2（mm）	下圆柱高 h_3（mm）	基础露头 H_0（mm）	主筋①	外箍筋②	内箍筋③	单腿混凝土量 （m³）	单腿钢筋量 （kg）
2ZTW3a-800-02	900	1700	5000	4600	800	100	200	20 Φ 16	Φ 8@ 240	Φ 14@ 1500	4.25	200.1
2ZTW3a-800-07	900	1700	5100	5200	800	100	700	20 Φ 16	Φ 8@ 240	Φ 14@ 1500	4.63	222.0
2ZTW3a-800-12	1000	1800	5000	5600	800	100	1200	20 Φ 18	Φ 8@ 270	Φ 14@ 1500	5.92	291.4
2ZTW3a-800-17	1000	1800	5200	6300	800	100	1700	20 Φ 18	Φ 8@ 270	Φ 14@ 1500	6.47	323.0
2ZTW3b-800-02	900	1700	4700	4300	800	100	200	20 Φ 16	Φ 8@ 240	Φ 14@ 1500	4.06	189.1
2ZTW3b-800-07	900	1700	4900	5000	800	100	700	20 Φ 16	Φ 8@ 240	Φ 14@ 1500	4.50	214.7
2ZTW3b-800-12	900	1700	5100	5700	800	100	1200	20 Φ 16	Φ 8@ 240	Φ 14@ 1500	4.95	240.3
2ZTW3b-800-17	1000	1800	5000	6100	800	100	1700	20 Φ 18	Φ 8@ 270	Φ 14@ 1500	6.31	314.0

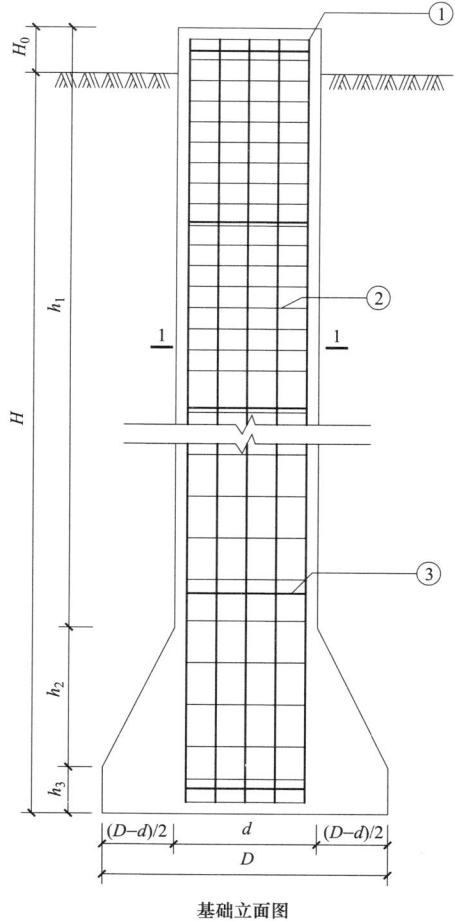

基础立面图

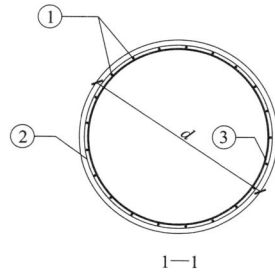

1—1

说明：1. 本基础适用于不受地下水影响的碎石土地质条件。

2. 整体立塔时，混凝土的抗压强度应达到设计强度的 100%。分解组塔时，混凝土必须达到抗压强度设计值的 70%。

3. 基础根开及地脚螺栓间距与相应杆塔结构图核对无误后，方可施工。

4. 基础混凝土强度等级不应低于 C25，主筋采用 HRB400 级钢筋，箍筋采用 HPB300 级钢筋。

5. 主筋保护层不小于 50mm。

6. 基础施工完毕后，做好基面排水处理。

7. 本基础按机械成孔施工方式，未考虑护壁工程量。

图 11.3-2 2ZTW3∗-800 掏挖基础施工图

基 础 参 数 表

基础名称	主柱直径 d (mm)	底板直径 D (mm)	基础埋深 H (mm)	主柱高 h_1 (mm)	圆台高 h_2 (mm)	下圆柱高 h_3 (mm)	基础露头 H_0 (mm)	主筋①	外箍筋②	内箍筋③	单腿混凝土量 (m³)	单腿钢筋量 (kg)
2ZTW3a-900-02	1000	1800	5200	4800	800	100	200	20 ⏀ 18	Φ 8@ 270	Φ 14@ 1500	5.29	255.3
2ZTW3a-900-07	1000	1800	5400	5500	800	100	700	20 ⏀ 18	Φ 8@ 270	Φ 14@ 1500	5.84	286.9
2ZTW3a-900-12	1100	2000	5000	5500	900	100	1200	24 ⏀ 18	Φ 8@ 270	Φ 16@ 1500	7.29	346.7
2ZTW3a-900-17	1100	2000	5100	6100	900	100	1700	24 ⏀ 18	Φ 8@ 270	Φ 16@ 1500	7.86	378.9
2ZTW3b-900-02	1000	1800	5200	4800	800	100	200	20 ⏀ 18	Φ 8@ 270	Φ 14@ 1500	5.29	255.3
2ZTW3b-900-07	1000	1800	5400	5500	800	100	700	20 ⏀ 18	Φ 8@ 270	Φ 14@ 1500	5.84	286.9
2ZTW3b-900-12	1100	2000	4700	5200	900	100	1200	24 ⏀ 18	Φ 8@ 270	Φ 16@ 1500	7.00	330.6
2ZTW3b-900-17	1100	2000	5000	6000	900	100	1700	24 ⏀ 18	Φ 8@ 270	Φ 16@ 1500	7.76	373.5

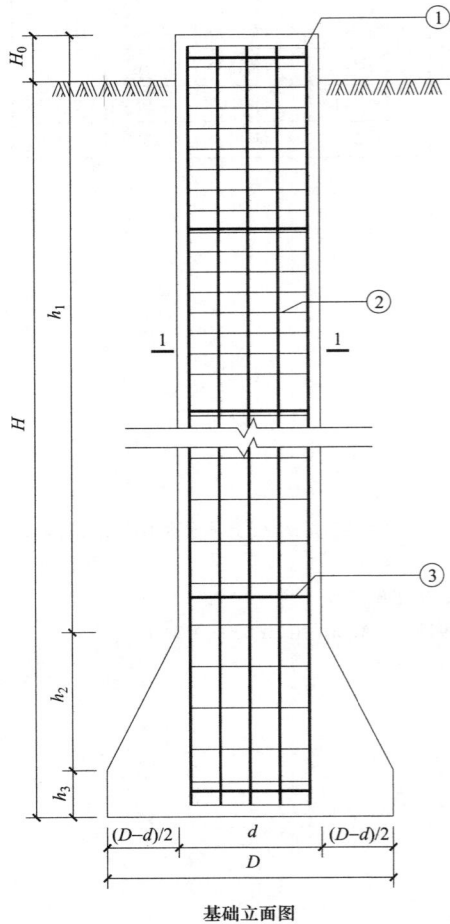

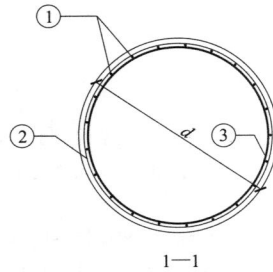

基础立面图

1—1

说明：1. 本基础适用于不受地下水影响的碎石土地质条件。

2. 整体立塔时，混凝土的抗压强度应达到设计强度的100%。分解组塔时，混凝土必须达到抗压强度设计值的70%。

3. 基础根开及地脚螺栓间距与相应杆塔结构图核对无误后，方可施工。

4. 基础混凝土强度等级不应低于C25，主筋采用HRB400级钢筋，箍筋采用HPB300级钢筋。

5. 主筋保护层不小于50mm。

6. 基础施工完毕后，做好基面排水处理。

7. 本基础按机械成孔施工方式，未考虑护壁工程量。

图 11.3-3 2ZTW3∗-900 掏挖基础施工图

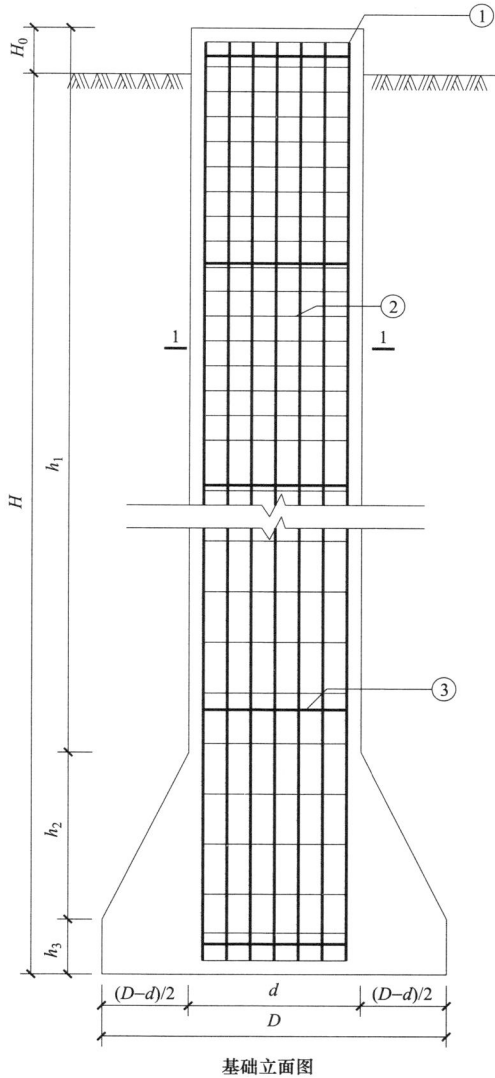

基础立面图

基 础 参 数 表

基础名称	主柱直径 d (mm)	底板直径 D (mm)	基础埋深 H (mm)	主柱高 h_1 (mm)	圆台高 h_2 (mm)	下圆柱高 h_3 (mm)	基础露头 H_0 (mm)	主筋①	外箍筋②	内箍筋③	单腿混凝土量 (m³)	单腿钢筋量 (kg)
2ZTW3a-1000-02	1100	2000	5000	4500	900	100	200	24Φ18	Φ8@270	Φ16@1500	6.34	293.0
2ZTW3a-1000-07	1100	2000	5200	5200	900	100	700	24Φ18	Φ8@270	Φ16@1500	7.00	330.6
2ZTW3a-1000-12	1100	2000	5300	5800	900	100	1200	24Φ18	Φ8@270	Φ16@1500	7.57	362.8
2ZTW3a-1000-17	1100	2000	5500	6500	900	100	1700	24Φ18	Φ8@270	Φ16@1500	8.24	400.4
2ZTW3b-1000-02	1100	2000	4800	4300	900	100	200	24Φ18	Φ8@270	Φ16@1500	6.15	282.2
2ZTW3b-1000-07	1100	2000	5100	5100	900	100	700	24Φ18	Φ8@270	Φ16@1500	6.91	325.2
2ZTW3b-1000-12	1100	2000	5300	5800	900	100	1200	24Φ18	Φ8@270	Φ16@1500	7.57	362.8
2ZTW3b-1000-17	1100	2000	5500	6500	900	100	1700	24Φ18	Φ8@270	Φ16@1500	8.24	400.4

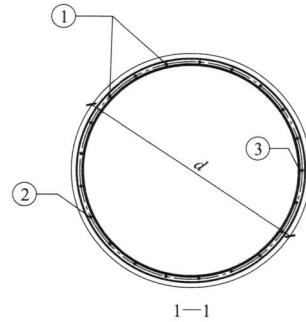

1—1

说明：1. 本基础适用于不受地下水影响的碎石土地质条件。

2. 整体立塔时，混凝土的抗压强度应达到设计强度的 100%。分解组塔时，混凝土必须达到抗压强度设计值的 70%。

3. 基础根开及地脚螺栓间距与相应杆塔结构图核对无误后，方可施工。

4. 基础混凝土强度等级不应低于 C25，主筋采用 HRB400 级钢筋，箍筋采用 HPB300 级钢筋。

5. 主筋保护层不小于 50mm。

6. 基础施工完毕后，做好基面排水处理。

7. 本基础按机械成孔施工方式，未考虑护壁工程量。

图 11.3-4 2ZTW3∗-1000 掏挖基础施工图

11.4 2ZTW4 子模块

此子模块适用于黄土地基，共包含 4 张图纸，基础施工图图纸清单见表 11.4-1。

表 11.4-1　　　　　　2ZTW4 子模块基础施工图图纸清单

序号	图号	图　名	基础作用力（kN）	
			$T/T_x/T_y$	$N/N_x/N_y$
1	图 11.4-1	2ZTW4*-700 掏挖基础施工图	700/98/98	910/127/127
2	图 11.4-2	2ZTW4*-800 掏挖基础施工图	800/112/112	1040/146/146
3	图 11.4-3	2ZTW4*-900 掏挖基础施工图	900/126/126	1170/164/164
4	图 11.4-4	2ZTW4*-1000 掏挖基础施工图	1000/140/140	1300/182/182

注　4*代表 4a 一种地质参数组合。

基础名称	主柱直径 d（mm）	底板直径 D（mm）	基础埋深 H（mm）	主柱高 h_1（mm）	圆台高 h_2（mm）	下圆柱高 h_3（mm）	基础露头 H_0（mm）	主筋①	外箍筋②	内箍筋③	单腿混凝土量（m³）	单腿钢筋量（kg）
2ZTW4a-700-02	1400	2800	5400	4200	1300	100	200	22 Φ 18	Φ 8@ 237	Φ 16@ 1346	11.75	307.1
2ZTW4a-700-07	1400	2800	5800	5100	1300	100	700	22 Φ 18	Φ 8@ 235	Φ 16@ 1257	13.14	359.7
2ZTW4a-700-12	1400	2800	6100	5900	1300	100	1200	22 Φ 18	Φ 8@ 239	Φ 16@ 1417	14.37	399.9
2ZTW4a-700-17	1400	2800	6400	6700	1300	100	1700	22 Φ 18	Φ 8@ 233	Φ 16@ 1314	15.60	448.3

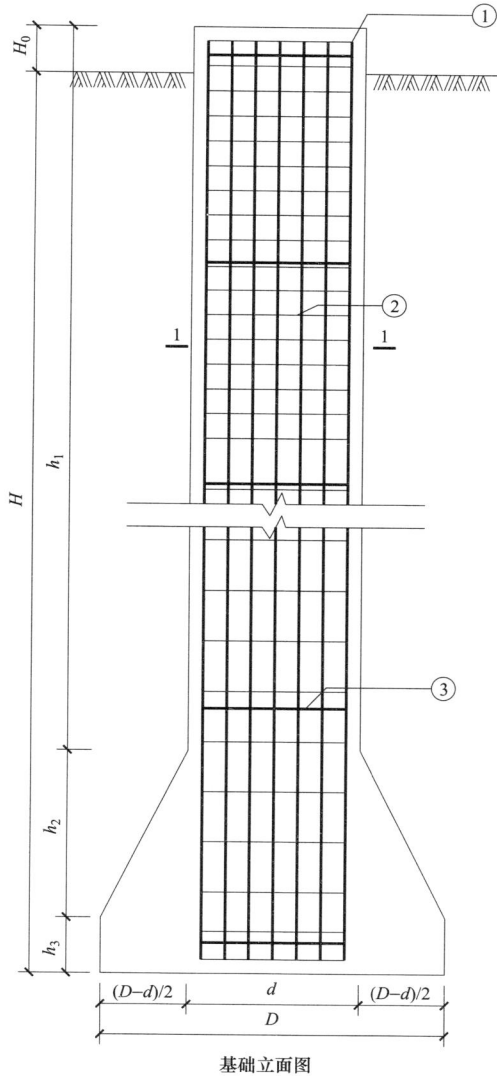

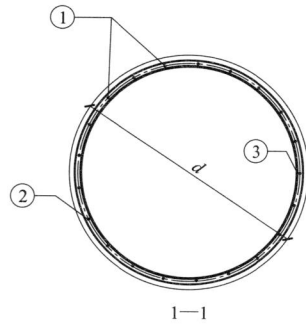

基础立面图

1—1

说明：1. 本基础适用于不受地下水影响的黄土地质条件。

2. 整体立塔时，混凝土的抗压强度应达到设计强度的100%。分解组塔时，混凝土必须达到抗压强度设计值的70%。

3. 基础根开及地脚螺栓间距与相应杆塔结构图核对无误后，方可施工。

4. 基础混凝土强度等级不应低于 C25，主筋采用 HRB400 级钢筋，箍筋采用 HPB300 级钢筋。

5. 主筋保护层不小于 50mm。

6. 基础施工完毕后，做好基面排水处理。

7. 本基础按机械成孔施工方式，未考虑护壁工程量。

图 11.4-1　2ZTW4*-700 掏挖基础施工图

基 础 参 数 表

基础名称	主柱直径 d (mm)	底板直径 D (mm)	基础埋深 H (mm)	主柱高 h_1 (mm)	圆台高 h_2 (mm)	下圆柱高 h_3 (mm)	基础露头 H_0 (mm)	主筋①	外箍筋②	内箍筋③	单腿混凝土量 (m³)	单腿钢筋量 (kg)
2ZTW4a-800-02	1500	3000	5600	4300	1400	100	200	24Φ18	Φ8@230	Φ16@1396	14.08	345.4
2ZTW4a-800-07	1500	3000	6000	5200	1400	100	700	24Φ18	Φ8@229	Φ16@1297	15.67	402.6
2ZTW4a-800-12	1500	3000	6400	6100	1400	100	1200	24Φ18	Φ8@237	Φ16@1477	17.26	451.2
2ZTW4a-800-17	1500	3000	6700	6900	1400	100	1700	24Φ18	Φ8@241	Φ16@1364	18.67	502.0

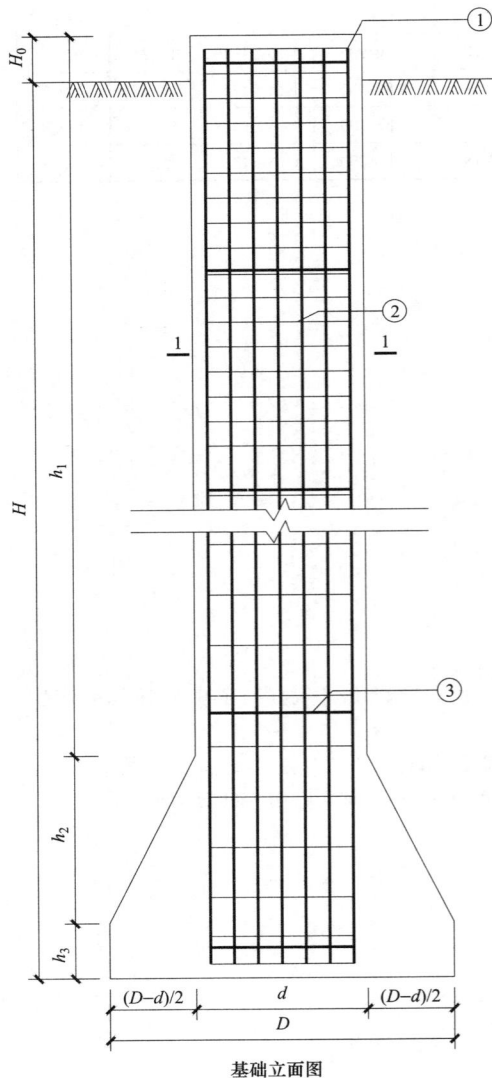

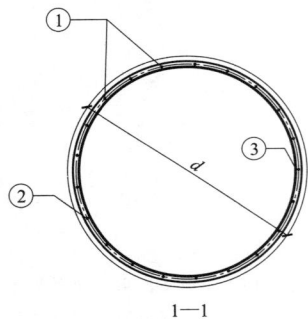

基础立面图

1—1

说明：1. 本基础适用于不受地下水影响的黄土地质条件。

2. 整体立塔时，混凝土的抗压强度应达到设计强度的100%。分解组塔时，混凝土必须达到抗压强度设计值的70%。

3. 基础根开及地脚螺栓间距与相应杆塔结构图核对无误后，方可施工。

4. 基础混凝土强度等级不应低于C25，主筋采用HRB400级钢筋，箍筋采用HPB300级钢筋。

5. 主筋保护层不小于50mm。

6. 基础施工完毕后，做好基面排水处理。

7. 本基础按机械成孔施工方式，未考虑护壁工程量。

图 11.4-2　2ZTW4*-800 掏挖基础施工图

基 础 参 数 表

基础名称	主柱直径 d（mm）	底板直径 D（mm）	基础埋深 H（mm）	主柱高 h_1（mm）	圆台高 h_2（mm）	下圆柱高 h_3（mm）	基础露头 H_0（mm）	主筋①	外箍筋②	内箍筋③	单腿混凝土量（m³）	单腿钢筋量（kg）
2ZTW4a-900-02	1500	3000	6500	5200	1400	100	200	24 ⸶ 18	Φ8@229	Φ16@1297	15.67	402.6
2ZTW4a-900-07	1500	3000	6800	6000	1400	100	700	24 ⸶ 18	Φ8@233	Φ16@1457	17.08	446.4
2ZTW4a-900-12	1500	3000	7200	6900	1400	100	1200	24 ⸶ 18	Φ8@241	Φ16@1364	18.67	502.0
2ZTW4a-900-17	1500	3000	7400	7600	1400	100	1700	24 ⸶ 18	Φ8@240	Φ16@1480	19.91	541.1

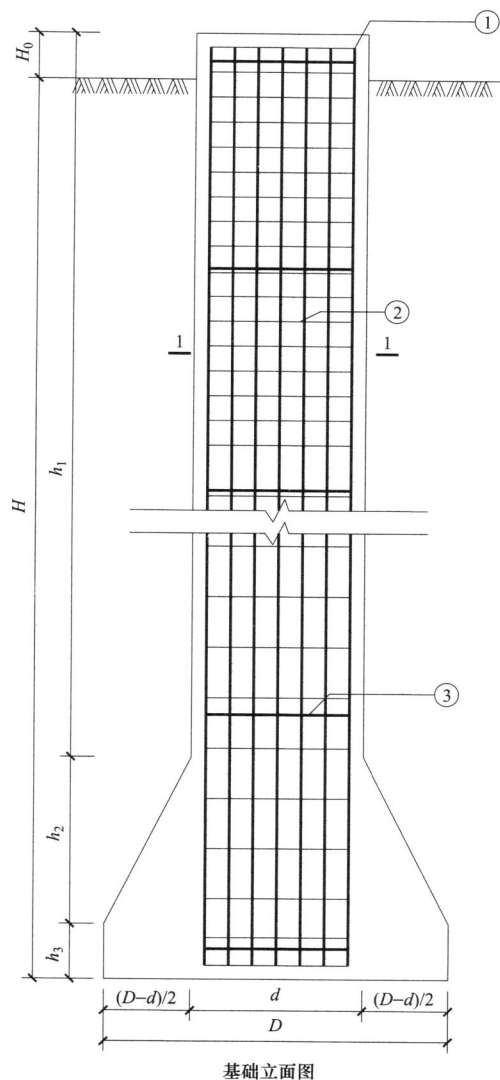

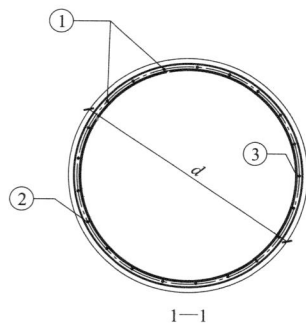

基础立面图

1—1

说明： 1. 本基础适用于不受地下水影响的黄土地质条件。

2. 整体立塔时，混凝土的抗压强度应达到设计强度的100%。分解组塔时，混凝土必须达到抗压强度设计值的70%。

3. 基础根开及地脚螺栓间距与相应杆塔结构图核对无误后，方可施工。

4. 基础混凝土强度等级不应低于 C25，主筋采用 HRB400 级钢筋，箍筋采用 HPB300 级钢筋。

5. 主筋保护层不小于 50mm。

6. 基础施工完毕后，做好基面排水处理。

7. 本基础按机械成孔施工方式，未考虑护壁工程量。

图 11.4-3 2ZTW4＊-900 掏挖基础施工图

基 础 参 数 表

基础名称	主柱直径 d (mm)	底板直径 D (mm)	基础埋深 H (mm)	主柱高 h_1 (mm)	圆台高 h_2 (mm)	下圆柱高 h_3 (mm)	基础露头 H_0 (mm)	主筋①	外箍筋②	内箍筋③	单腿混凝土量 (m^3)	单腿钢筋量 (kg)
2ZTW4a-1000-02	1500	3000	6500	5200	1400	100	200	24 Φ 18	Φ 8@229	Φ 16@1317	15.67	402.6
2ZTW4a-1000-07	1500	3000	6800	6000	1400	100	700	24 Φ 18	Φ 8@233	Φ 16@1457	17.08	446.4
2ZTW4a-1000-12	1500	3000	7200	6900	1400	100	1200	24 Φ 18	Φ 8@241	Φ 16@1364	18.67	502.0
2ZTW4a-1000-17	1500	3000	7400	7600	1400	100	1700	24 Φ 18	Φ 8@240	Φ 16@1480	19.91	541.1

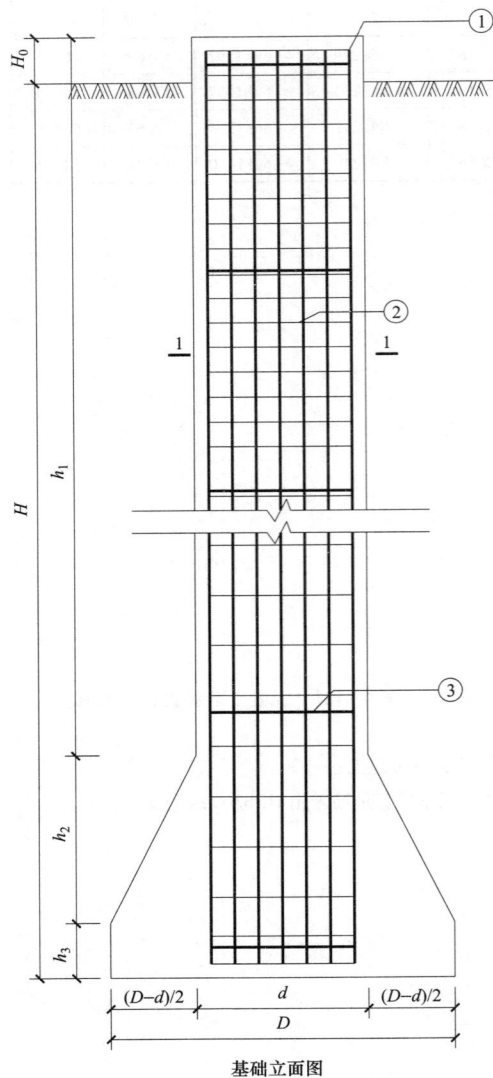

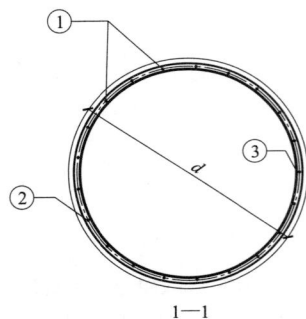

基础立面图

1—1

说明：1. 本基础适用于不受地下水影响的黄土地质条件。

2. 整体立塔时，混凝土的抗压强度应达到设计强度的100%。分解组塔时，混凝土必须达到抗压强度设计值的70%。

3. 基础根开及地脚螺栓间距与相应杆塔结构图核对无误后，方可施工。

4. 基础混凝土强度等级不应低于C25，主筋采用HRB400级钢筋，箍筋采用HPB300级钢筋。

5. 主筋保护层不小于50mm。

6. 基础施工完毕后，做好基面排水处理。

7. 本基础按机械成孔施工方式，未考虑护壁工程量。

图 11.4-4   2ZTW4*-1000 掏挖基础施工图

11.5 2ZTW5 子模块

此子模块适用于黄土地基，共包含 4 张图纸，基础施工图图纸清单见表 11.5-1。

表 11.5-1   **2ZTW4 子模块基础施工图图纸清单**

序号	图号	图　名	基础作用力（kN）	
			$T/T_x/T_y$	$N/N_x/N_y$
1	图 11.5-1	2ZTW5 ∗ -700 掏挖基础施工图	700/98/98	910/127/127
2	图 11.5-2	2ZTW5 ∗ -800 掏挖基础施工图	800/112/112	1040/146/146
3	图 11.5-3	2ZTW5 ∗ -900 掏挖基础施工图	900/126/126	1170/164/164
4	图 11.5-4	2ZTW5 ∗ -1000 掏挖基础施工图	1000/140/140	1300/182/182

注   5 ∗ 代表 5a 一种地质参数组合。

基 础 参 数 表

基础名称	主柱直径 d (mm)	底板直径 D (mm)	基础埋深 H (mm)	主柱高 h_1 (mm)	圆台高 h_2 (mm)	下圆柱高 h_3 (mm)	基础露头 H_0 (mm)	主筋①	外箍筋②	内箍筋③	单腿混凝土量 (m³)	单腿钢筋量 (kg)
2ZTW5a-700-02	900	1600	4400	3800	700	100	200	13 Φ 20	Φ 8@ 240	Φ 14@ 1500	3. 50	176. 6
2ZTW5a-700-07	900	1600	4600	4400	800	100	700	13 Φ 20	Φ 8@ 240	Φ 14@ 1500	4. 01	205. 2
2ZTW5a-700-12	900	1600	4700	4900	900	100	1200	13 Φ 20	Φ 8@ 240	Φ 14@ 1500	4. 45	227. 6
2ZTW5a-700-17	900	1700	4700	5400	900	100	1700	13 Φ 20	Φ 8@ 240	Φ 14@ 1500	4. 90	248. 8

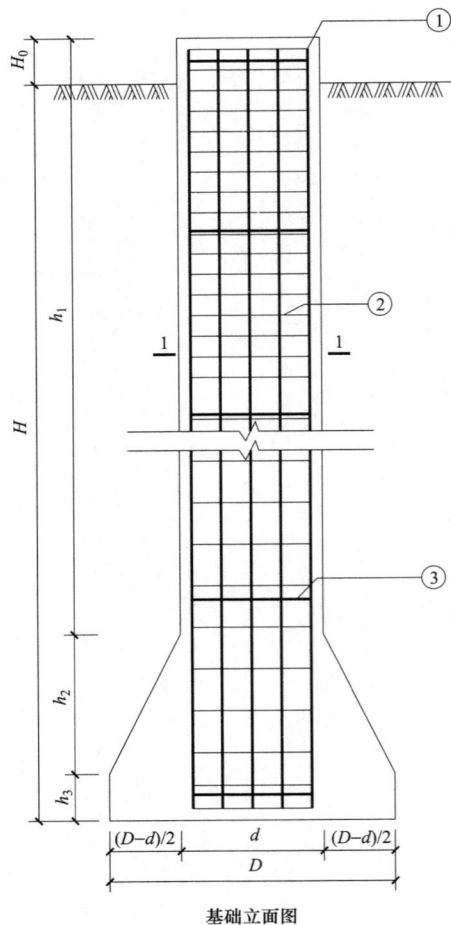

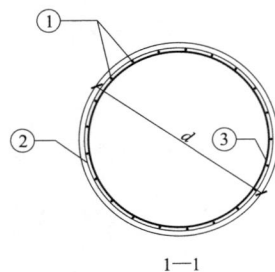

基础立面图

1—1

说明：1. 本基础适用于不受地下水影响的戈壁碎石土地质条件。

2. 整体立塔时，混凝土的抗压强度应达到设计强度的 100%。分解组塔时，混凝土必须达到抗压强度设计值的 70%。

3. 基础根开及地脚螺栓间距与相应杆塔结构图核对无误后，方可施工。

4. 基础混凝土强度等级不应低于 C25，主筋采用 HRB400 级钢筋，箍筋采用 HPB300 级钢筋。

5. 主筋保护层不小于 50mm。

6. 基础施工完毕后，做好基面排水处理。

7. 本基础按机械成孔施工方式，未考虑护壁工程量。

图 11.5-1 2ZTW5∗-700 掏挖基础施工图

基 础 参 数 表

基础名称	主柱直径 d（mm）	底板直径 D（mm）	基础埋深 H（mm）	主柱高 h_1（mm）	圆台高 h_2（mm）	下圆柱高 h_3（mm）	基础露头 H_0（mm）	主筋①	外箍筋②	内箍筋③	单腿混凝土量（m³）	单腿钢筋量（kg）
2ZTW5a-800-02	900	1700	4600	3900	800	100	200	13 Φ 20	Φ 8@ 240	Φ 14@ 1500	3.80	187.1
2ZTW5a-800-07	900	1700	4800	4400	1000	100	700	13 Φ 20	Φ 8@ 240	Φ 14@ 1500	4.40	212.7
2ZTW5a-800-12	900	1800	4800	4900	1000	100	1200	13 Φ 20	Φ 8@ 240	Φ 14@ 1500	4.86	230.8
2ZTW5a-800-17	900	1800	4900	5400	1100	100	1700	13 Φ 20	Φ 8@ 240	Φ 14@ 1500	5.32	255.2

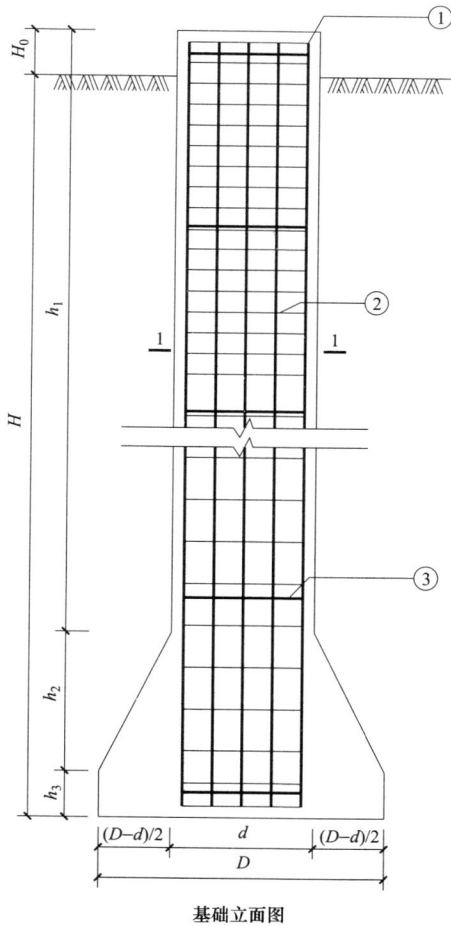

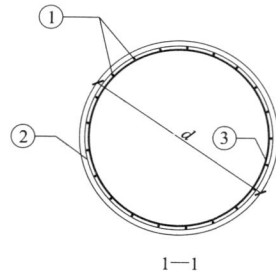

基础立面图

1—1

说明：1. 本基础适用于不受地下水影响的戈壁碎石土地质条件。

2. 整体立塔时，混凝土的抗压强度应达到设计强度的100%。分解组塔时，混凝土必须达到抗压强度设计值的70%。

3. 基础根开及地脚螺栓间距与相应杆塔结构图核对无误后，方可施工。

4. 基础混凝土强度等级不应低于C25，主筋采用HRB400级钢筋，箍筋采用HPB300级钢筋。

5. 主筋保护层不小于50mm。

6. 基础施工完毕后，做好基面排水处理。

7. 本基础按机械成孔施工方式，未考虑护壁工程量。

图 11.5-2　2ZTW5＊-800 掏挖基础施工图

基 础 参 数 表

基础名称	主柱直径 d (mm)	底板直径 D (mm)	基础埋深 H (mm)	主柱高 h_1 (mm)	圆台高 h_2 (mm)	下圆柱高 h_3 (mm)	基础露头 H_0 (mm)	主筋①	外箍筋②	内箍筋③	单腿混凝土量 (m³)	单腿钢筋量 (kg)
2ZTW5a-900-02	900	1800	4800	3900	1000	100	200	15 ϕ 20	Φ 8@240	Φ 14@1500	4.22	218.6
2ZTW5a-900-07	900	1800	4900	4400	1100	100	700	15 ϕ 20	Φ 8@240	Φ 14@1500	4.69	242.9
2ZTW5a-900-12	1000	1800	5000	5100	1000	100	1200	15 ϕ 20	Φ 8@270	Φ 14@1500	5.84	273.4
2ZTW5a-900-17	1000	1800	5200	5700	1100	100	1700	15 ϕ 20	Φ 8@270	Φ 14@1500	6.47	302.8

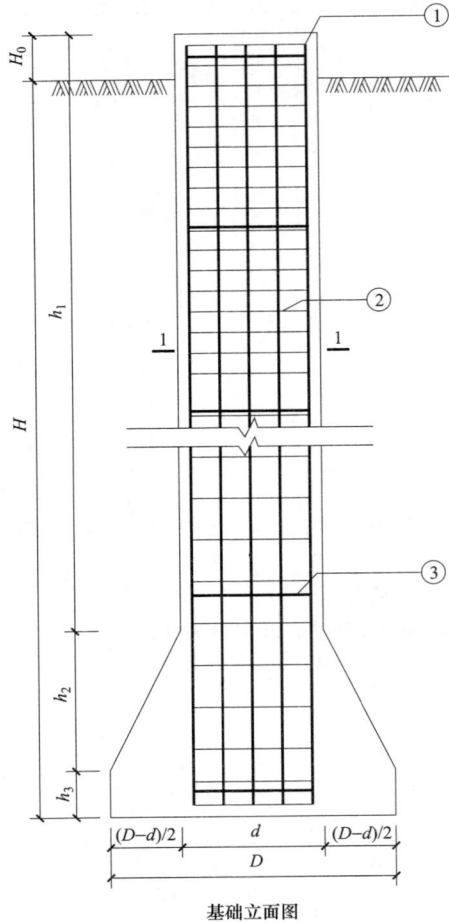

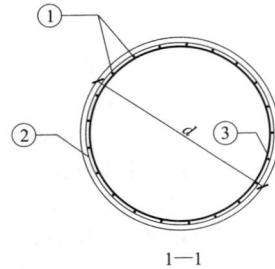

基础立面图

1—1

说明：1. 本基础适用于不受地下水影响的戈壁碎石土地质条件。

2. 整体立塔时，混凝土的抗压强度应达到设计强度的 100%。分解组塔时，混凝土必须达到抗压强度设计值的 70%。

3. 基础根开及地脚螺栓间距与相应杆塔结构图核对无误后，方可施工。

4. 基础混凝土强度等级不应低于 C25，主筋采用 HRB400 级钢筋，箍筋采用 HPB300 级钢筋。

5. 主筋保护层不小于 50mm。

6. 基础施工完毕后，做好基面排水处理。

7. 本基础按机械成孔施工方式，未考虑护壁工程量。

图 11.5-3　2ZTW5∗-900 掏挖基础施工图

基础名称	主柱直径 d (mm)	底板直径 D (mm)	基础埋深 H (mm)	主柱高 h_1 (mm)	圆台高 h_2 (mm)	下圆柱高 h_3 (mm)	基础露头 H_0 (mm)	主筋①	外箍筋②	内箍筋③	单腿混凝土量 (m^3)	单腿钢筋量 (kg)
2ZTW5a-1000-02	1000	1800	5100	4200	1000	100	200	15 ϕ 20	Φ 8@ 270	Φ 14@ 1500	5.13	233.2
2ZTW5a-1000-07	1000	1800	5200	4700	1100	100	700	15 ϕ 20	Φ 8@ 270	Φ 14@ 1500	5.69	257.7
2ZTW5a-1000-12	1000	1900	5100	5200	1000	100	1200	15 ϕ 20	Φ 8@ 270	Φ 14@ 1500	6.07	277.1
2ZTW5a-1000-17	1000	1900	5300	5700	1200	100	1700	15 ϕ 20	Φ 8@ 270	Φ 14@ 1500	6.81	306.5

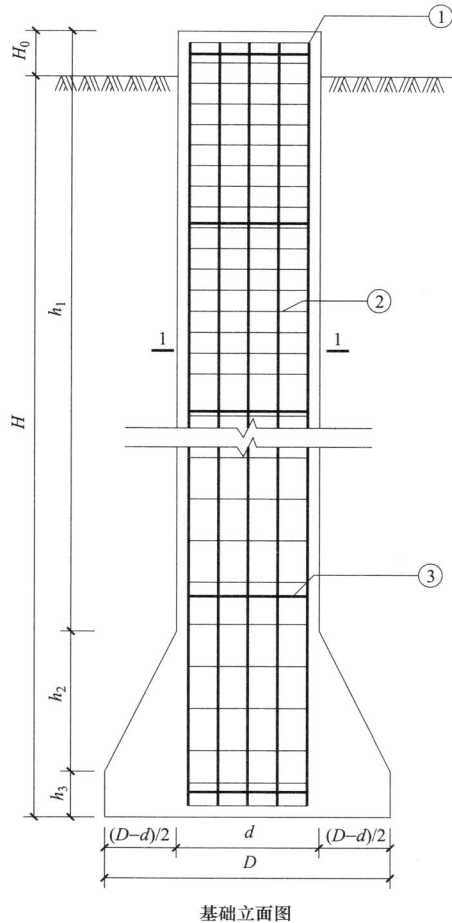

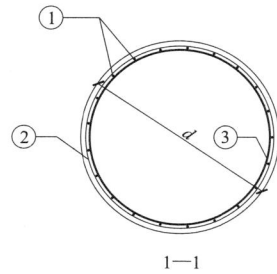

基础立面图

1—1

说明：1. 本基础适用于不受地下水影响的戈壁碎石土地质条件。

2. 整体立塔时，混凝土的抗压强度应达到设计强度的100%。分解组塔时，混凝土必须达到抗压强度设计值的70%。

3. 基础根开及地脚螺栓间距与相应杆塔结构图核对无误后，方可施工。

4. 基础混凝土强度等级不应低于 C25，主筋采用 HRB400 级钢筋，箍筋采用 HPB300 级钢筋。

5. 主筋保护层不小于 50mm。

6. 基础施工完毕后，做好基面排水处理。

7. 本基础按机械成孔施工方式，未考虑护壁工程量。

图 11.5-4 2ZTW5 ∗-1000 掏挖基础施工图

第12章 2JTW 模 块

本模块为转角塔掏挖基础模块，适用于黏性土、粉土、碎石土、黄土、戈壁碎石土地质，包含5个子模块，共160个基础，相同岩土类别，不同岩土小类及不同露头尺寸合并出图，共20张图纸。

该模块由河北院和甘肃院共同设计。

基础作用力见表12.0-1，岩土类别及设计参数见表12.0-2。

表12.0-1　基　础　作　用　力　　　　　（kN）

电压等级（kV）	基础作用力代号	T	T_x	T_y	N	N_x	N_y
220（330）	700	700	133	133	910	173	173
	800	800	152	152	1040	198	198
	900	900	171	171	1170	222	222
	1000	1000	190	190	1300	247	247

表12.0-2　岩土类别及设计参数

序号	代号	岩土类别	c（kPa）	φ（°）	f_{ak}（kPa）	m（kN/m^4）	γ_s（kN/m^3）	土的状态
1	1a	黏性土	20	10	120	20000	16	可塑
2	1b		25	15	140	20000	16	
3	1c		30	20	180	20000	16	
4	2a	粉土	15	20	140	20000	16	中密
5	2b		20	25	150	20000	16	
6	2c		5	20	160	20000	16	

续表12.0-2

序号	代号	岩土类别	c（kPa）	φ（°）	f_{ak}（kPa）	m（kN/m^4）	γ_s（kN/m^3）	土的状态
7	3a	碎石土	15	20	140	50000	18	中密
8	3b		5	30	220	50000	18	
9	4a	黄土	8	18	120	14000	13	可塑
10	5a	戈壁碎石土	11	40	180	100000	18	中密

12.1　2JTW1 子模块

此子模块适用于黏性土地基，共包含4张图纸，基础施工图图纸清单见表12.1-1。

表12.1-1　2JTW1 子模块基础施工图图纸清单

序号	图号	图　　名	基础作用力（kN） $T/T_x/T_y$	$N/N_x/N_y$
1	图12.1-1	2JTW1 * -700 掏挖基础施工图	700/133/133	910/173/173
2	图12.1-2	2JTW1 * -800 掏挖基础施工图	800/152/152	1040/198/198
3	图12.1-3	2JTW1 * -900 掏挖基础施工图	900/171/171	1170/222/222
4	图12.1-4	2JTW1 * -1000 掏挖基础施工图	1000/190/190	1300/247/247

注　1 * 代表 1a、1b、1c 三种地质参数组合。

基 础 参 数 表

基础名称	主柱直径 d (mm)	底板直径 D (mm)	基础埋深 H (mm)	主柱高 h_1 (mm)	圆台高 h_2 (mm)	下圆柱高 h_3 (mm)	基础露头 H_0 (mm)	主筋①	外箍筋②	内箍筋③	单腿混凝土量 (m^3)	单腿钢筋量 (kg)
2JTW1a-700-02	1300	2600	6900	6200	1100	100	200	26Φ20	Φ8@300	Φ16@1500	12.17	518.3
2JTW1a-700-07	1300	2600	7100	6900	1100	100	700	26Φ20	Φ8@300	Φ16@1500	13.10	567.6
2JTW1a-700-12	1300	2600	7300	7600	1100	100	1200	26Φ20	Φ8@300	Φ16@1500	14.03	617.0
2JTW1a-700-17	1400	2800	7200	7900	1200	100	1700	30Φ20	Φ8@300	Φ16@1500	17.09	740.4
2JTW1b-700-02	1200	2400	6800	6200	1000	100	200	28Φ18	Φ8@270	Φ16@1500	10.10	451.8
2JTW1b-700-07	1300	2600	6600	6400	1100	100	700	26Φ20	Φ8@300	Φ16@1500	12.43	532.4
2JTW1b-700-12	1300	2600	6800	7100	1100	100	1200	26Φ20	Φ8@300	Φ16@1500	13.36	581.7
2JTW1b-700-17	1300	2600	7000	7800	1100	100	1700	26Φ20	Φ8@300	Φ16@1500	14.29	631.1
2JTW1c-700-02	1100	2200	6400	5900	900	100	200	24Φ18	Φ8@270	Φ16@1500	7.98	368.2
2JTW1c-700-07	1200	2400	6200	6100	1000	100	700	28Φ18	Φ8@270	Φ16@1500	9.99	445.5
2JTW1c-700-12	1200	2400	6400	6800	1000	100	1200	28Φ18	Φ8@270	Φ16@1500	10.78	489.1
2JTW1c-700-17	1200	2400	6600	7500	1000	100	1700	28Φ18	Φ8@270	Φ16@1500	11.57	532.7

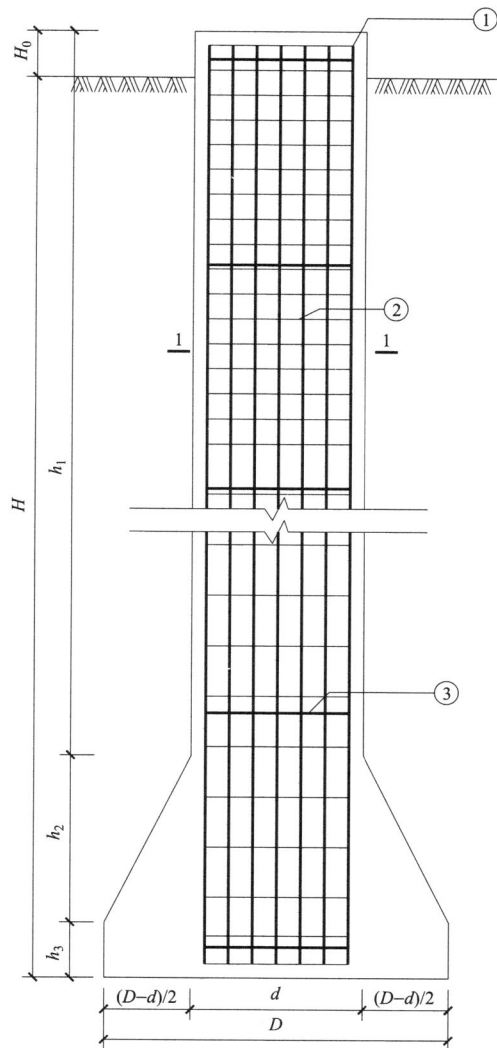

基础立面图

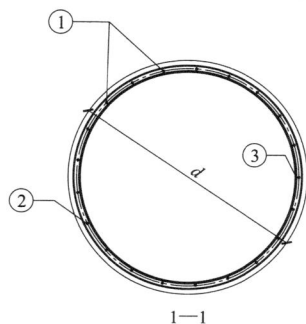

1—1

说明：1. 本基础适用于不受地下水影响的黏性土地质条件。

2. 整体立塔时，混凝土的抗压强度应达到设计强度的100%。分解组塔时，混凝土必须达到抗压强度设计值的70%。

3. 基础根开及地脚螺栓间距与相应杆塔结构图核对无误后，方可施工。

4. 基础混凝土强度等级不应低于C25，主筋采用HRB400级钢筋，箍筋采用HPB300级钢筋。

5. 主筋保护层不小于50mm。

6. 基础施工完毕后，做好基面排水处理。

7. 本基础按机械成孔施工方式，未考虑护壁工程量。

图 12.1-1　2JTW1＊-700 掏挖基础施工图

基 础 参 数 表

基础名称	主柱直径 d (mm)	底板直径 D (mm)	基础埋深 H (mm)	主柱高 h_1 (mm)	圆台高 h_2 (mm)	下圆柱高 h_3 (mm)	基础露头 H_0 (mm)	主筋①	外箍筋②	内箍筋③	单腿混凝土量 (m³)	单腿钢筋量 (kg)
2JTW1a-800-02	1400	2800	7100	6300	1200	100	200	30 Φ 20	Φ 8@300	Φ 16@1500	14.62	610.9
2JTW1a-800-07	1400	2800	7300	7000	1200	100	700	30 Φ 20	Φ 8@300	Φ 16@1500	15.70	667.5
2JTW1a-800-12	1400	2800	7600	7800	1200	100	1200	30 Φ 20	Φ 8@300	Φ 16@1500	16.93	732.3
2JTW1a-800-17	1400	2800	7800	8500	1200	100	1700	30 Φ 20	Φ 8@300	Φ 16@1500	18.01	788.9
2JTW1b-800-02	1300	2600	7000	6300	1100	100	200	26 Φ 20	Φ 8@300	Φ 16@1500	12.30	525.3
2JTW1b-800-07	1300	2600	7300	7100	1100	100	700	26 Φ 20	Φ 8@300	Φ 16@1500	13.36	581.7
2JTW1b-800-12	1400	2800	7100	7300	1200	100	1200	30 Φ 20	Φ 8@300	Φ 16@1500	16.16	691.8
2JTW1b-800-17	1400	2800	7300	8000	1200	100	1700	30 Φ 20	Φ 8@300	Φ 16@1500	17.24	748.5
2JTW1c-800-02	1200	2400	6600	6000	1000	100	200	28 Φ 18	Φ 8@270	Φ 16@1500	9.88	439.3
2JTW1c-800-07	1200	2400	6800	6700	1000	100	700	28 Φ 18	Φ 8@270	Φ 16@1500	10.67	482.9
2JTW1c-800-12	1200	2400	7000	7400	1000	100	1200	28 Φ 18	Φ 8@270	Φ 16@1500	11.46	526.5
2JTW1c-800-17	1300	2600	6800	7600	1100	100	1700	26 Φ 20	Φ 8@300	Φ 16@1500	14.03	617.0

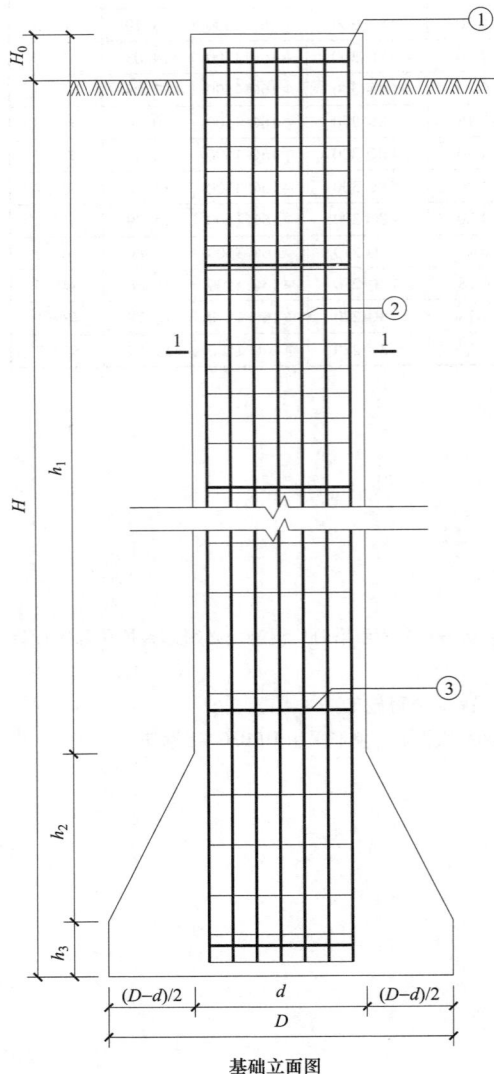

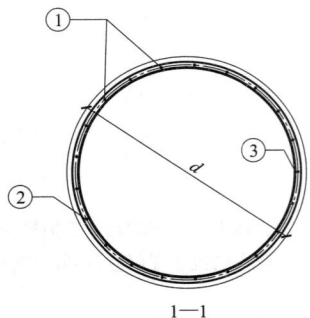

基础立面图

1—1

说明：1. 本基础适用于不受地下水影响的黏性土地质条件。

2. 整体立塔时，混凝土的抗压强度应达到设计强度的100%。分解组塔时，混凝土必须达到抗压强度设计值的70%。

3. 基础根开及地脚螺栓间距与相应杆塔结构图核对无误后，方可施工。

4. 基础混凝土强度等级不应低于C25，主筋采用HRB400级钢筋，箍筋采用HPB300级钢筋。

5. 主筋保护层不小于50mm。

6. 基础施工完毕后，做好基面排水处理。

7. 本基础按机械成孔施工方式，未考虑护壁工程量。

图 12.1-2   2JTW1∗-800 掏挖基础施工图

基 础 参 数 表

基础名称	主柱直径 d（mm）	底板直径 D（mm）	基础埋深 H（mm）	主柱高 h_1（mm）	圆台高 h_2（mm）	下圆柱高 h_3（mm）	基础露头 H_0（mm）	主筋①	外箍筋②	内箍筋③	单腿混凝土量 （m^3）	单腿钢筋量 （kg）
2JTW1a-900-02	1400	2800	7700	6900	1200	100	200	30 Φ 20	Φ 8@ 300	Φ 16@ 1500	15.55	659.4
2JTW1a-900-07	1500	2900	7700	7400	1200	100	700	34 Φ 20	Φ 8@ 300	Φ 16@ 1500	18.45	789.9
2JTW1a-900-12	1500	2900	7900	8100	1200	100	1200	34 Φ 20	Φ 8@ 300	Φ 16@ 1500	19.69	853.8
2JTW1a-900-17	1600	3100	7800	8400	1300	100	1700	32 Φ 22	Φ 8@ 330	Φ 16@ 1500	23.47	1003.5
2JTW1b-900-02	1400	2800	7200	6400	1200	100	200	30 Φ 20	Φ 8@ 300	Φ 16@ 1500	14.78	619.0
2JTW1b-900-07	1400	2800	7400	7100	1200	100	700	30 Φ 20	Φ 8@ 300	Φ 16@ 1500	15.86	675.6
2JTW1b-900-12	1400	2800	7600	7800	1200	100	1200	30 Φ 20	Φ 8@ 300	Φ 16@ 1500	16.93	732.3
2JTW1b-900-17	1400	2800	7800	8500	1200	100	1700	30 Φ 20	Φ 8@ 300	Φ 16@ 1500	18.01	788.9
2JTW1c-900-02	1300	2600	6700	6000	1100	100	200	26 Φ 20	Φ 8@ 300	Φ 16@ 1500	11.90	504.2
2JTW1c-900-07	1300	2600	6900	6700	1100	100	700	26 Φ 20	Φ 8@ 300	Φ 16@ 1500	12.83	553.5
2JTW1c-900-12	1300	2600	7100	7400	1100	100	1200	26 Φ 20	Φ 8@ 300	Φ 16@ 1500	13.76	602.9
2JTW1c-900-17	1300	2600	7300	8100	1100	100	1700	26 Φ 20	Φ 8@ 300	Φ 16@ 1500	14.69	652.2

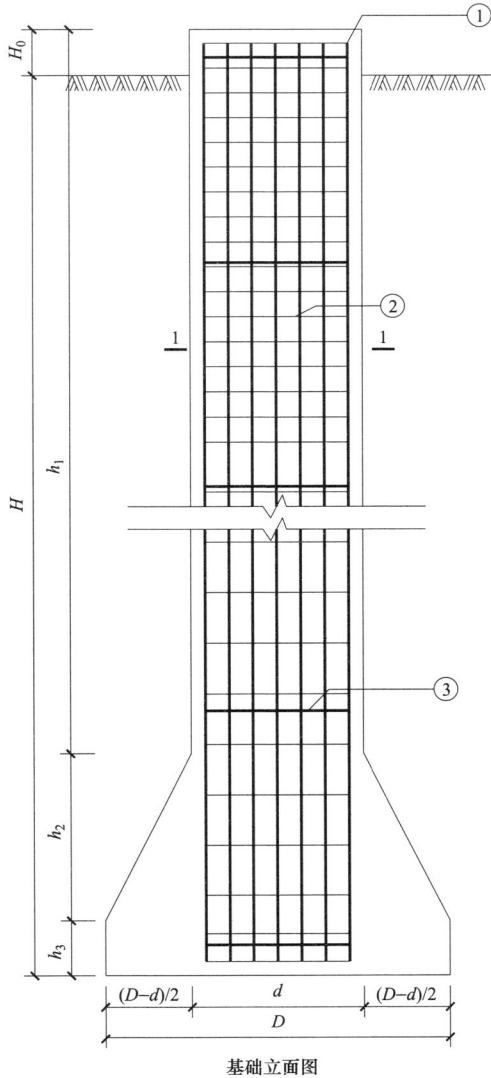

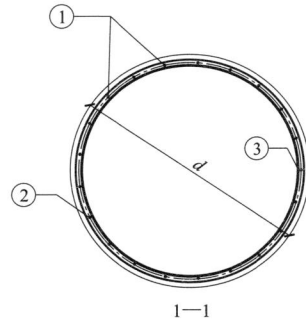

基础立面图

1—1

说明：1. 本基础适用于不受地下水影响的黏性土地质条件。

2. 整体立塔时，混凝土的抗压强度应达到设计强度的100%。分解组塔时，混凝土必须达到抗压强度设计值的70%。

3. 基础根开及地脚螺栓间距与相应杆塔结构图核对无误后，方可施工。

4. 基础混凝土强度等级不应低于 C25，主筋采用 HRB400 级钢筋，箍筋采用 HPB300 级钢筋。

5. 主筋保护层不小于 50mm。

6. 基础施工完毕后，做好基面排水处理。

7. 本基础按机械成孔施工方式，未考虑护壁工程量。

图 12.1-3 2JTW1∗-900 掏挖基础施工图

基础名称	主柱直径 d（mm）	底板直径 D（mm）	基础埋深 H（mm）	主柱高 h_1（mm）	圆台高 h_2（mm）	下圆柱高 h_3（mm）	基础露头 H_0（mm）	主筋①	外箍筋②	内箍筋③	单腿混凝土量（m³）	单腿钢筋量（kg）
2JTW1a-1000-02	1500	2900	8100	7300	1200	100	200	34Φ20	Φ8@300	Φ16@1500	18.28	780.7
2JTW1a-1000-07	1600	3100	7800	7400	1300	100	700	32Φ22	Φ8@330	Φ16@1500	21.46	900.5
2JTW1a-1000-12	1600	3100	8100	8200	1300	100	1200	32Φ22	Φ8@330	Φ16@1500	23.07	982.9
2JTW1a-1000-17	1600	3100	8300	8900	1300	100	1700	32Φ22	Φ8@330	Φ16@1500	24.48	1055.0
2JTW1b-1000-02	1400	2800	7700	6900	1200	100	200	30Φ20	Φ8@300	Φ16@1500	15.55	659.4
2JTW1b-1000-07	1500	2900	7700	7400	1200	100	700	34Φ20	Φ8@300	Φ16@1500	18.45	789.9
2JTW1b-1000-12	1500	2900	7900	8100	1200	100	1200	34Φ20	Φ8@300	Φ16@1500	19.69	853.8
2JTW1b-1000-17	1600	3100	7800	8400	1300	100	1700	32Φ22	Φ8@330	Φ16@1500	23.47	1003.5
2JTW1c-1000-02	1300	2600	7200	6500	1100	100	200	26Φ20	Φ8@300	Φ16@1500	12.57	539.4
2JTW1c-1000-07	1400	2800	7000	6700	1200	100	700	30Φ20	Φ8@300	Φ16@1500	15.24	643.2
2JTW1c-1000-12	1400	2800	7200	7400	1200	100	1200	30Φ20	Φ8@300	Φ16@1500	16.32	699.9
2JTW1c-1000-17	1400	2800	7400	8100	1200	100	1700	30Φ20	Φ8@300	Φ16@1500	17.39	756.5

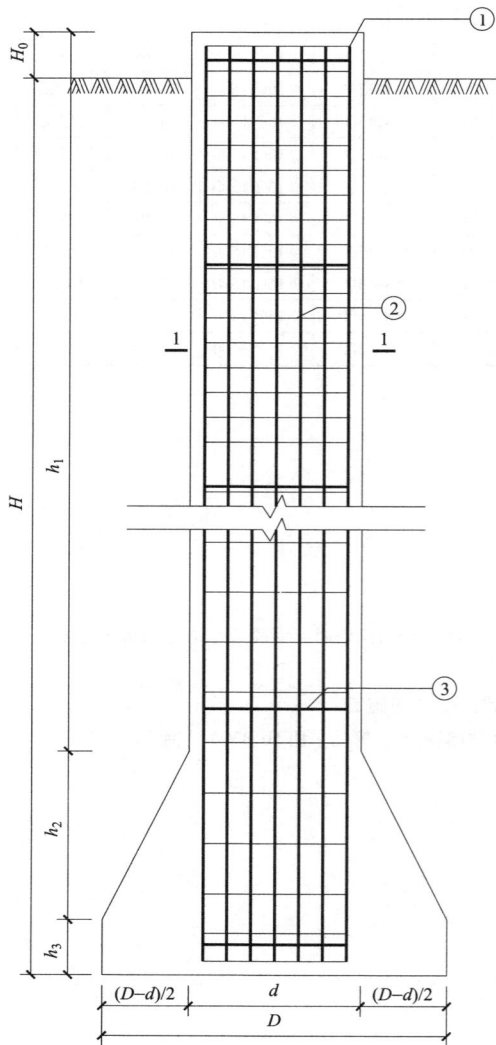

基础立面图

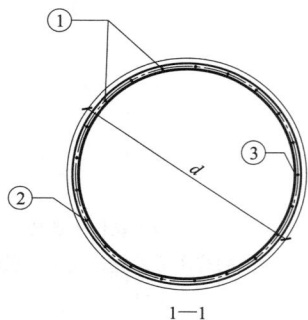

1—1

说明：1. 本基础适用于不受地下水影响的黏性土地质条件。

2. 整体立塔时，混凝土的抗压强度应达到设计强度的100%。分解组塔时，混凝土必须达到抗压强度设计值的70%。

3. 基础根开及地脚螺栓间距与相应杆塔结构图核对无误后，方可施工。

4. 基础混凝土强度等级不应低于C25，主筋采用HRB400级钢筋，箍筋采用HPB300级钢筋。

5. 主筋保护层不小于50mm。

6. 基础施工完毕后，做好基面排水处理。

7. 本基础按机械成孔施工方式，未考虑护壁工程量。

图 12.1-4　2JTW1*-1000 掏挖基础施工图

12.2　2JTW2 子模块

此子模块适用于粉土地基，共包含 4 张图纸，基础施工图图纸清单见表 12.2-1。

表 12.2-1　　　　　　2JTW2 子模块基础施工图图纸清单

序号	图号	图　　名	基础作用力（kN）	
			$T/T_x/T_y$	$N/N_x/N_y$
1	图 12.2-1	2JTW2 * -700 掏挖基础施工图	700/133/133	910/173/173
2	图 12.2-2	2JTW2 * -800 掏挖基础施工图	800/152/152	1040/198/198
3	图 12.2-3	2JTW2 * -900 掏挖基础施工图	900/171/171	1170/222/222
4	图 12.2-4	2JTW2 * -1000 掏挖基础施工图	1000/190/190	1300/247/247

注　2 * 代表 2a、2b、2c 三种地质参数组合。

基 础 参 数 表

基础名称	主柱直径 d（mm）	底板直径 D（mm）	基础埋深 H（mm）	主柱高 h_1（mm）	圆台高 h_2（mm）	下圆柱高 h_3（mm）	基础露头 H_0（mm）	主筋①	外箍筋②	内箍筋③	单腿混凝土量（m³）	单腿钢筋量（kg）
2JTW2a-700-02	1100	2200	6300	5800	900	100	200	24Φ18	Φ8@270	Φ16@1500	7.89	362.8
2JTW2a-700-07	1100	2200	6500	6500	900	100	700	24Φ18	Φ8@270	Φ16@1500	8.55	400.4
2JTW2a-700-12	1200	2400	6300	6700	1000	100	1200	28Φ18	Φ8@270	Φ16@1500	10.67	482.9
2JTW2a-700-17	1200	2400	6500	7400	1000	100	1700	28Φ18	Φ8@270	Φ16@1500	11.46	526.5
2JTW2b-700-02	1100	2200	6100	5600	900	100	200	24Φ18	Φ8@270	Φ16@1500	7.70	352.0
2JTW2b-700-07	1100	2200	6300	6300	900	100	700	24Φ18	Φ8@270	Φ16@1500	8.36	389.6
2JTW2b-700-12	1100	2200	6500	7000	900	100	1200	24Φ18	Φ8@270	Φ16@1500	9.03	427.2
2JTW2b-700-17	1200	2400	6300	7200	1000	100	1700	28Φ18	Φ8@270	Φ16@1500	11.23	514.0
2JTW2c-700-02	1100	2200	6000	5500	900	100	200	24Φ18	Φ8@270	Φ16@1500	7.60	346.7
2JTW2c-700-07	1100	2200	6300	6300	900	100	700	24Φ18	Φ8@270	Φ16@1500	8.36	389.6
2JTW2c-700-12	1200	2400	6300	6700	1000	100	1200	28Φ18	Φ8@270	Φ16@1500	10.67	482.9
2JTW2c-700-17	1200	2400	6600	7500	1000	100	1700	28Φ18	Φ8@270	Φ16@1500	11.57	532.7

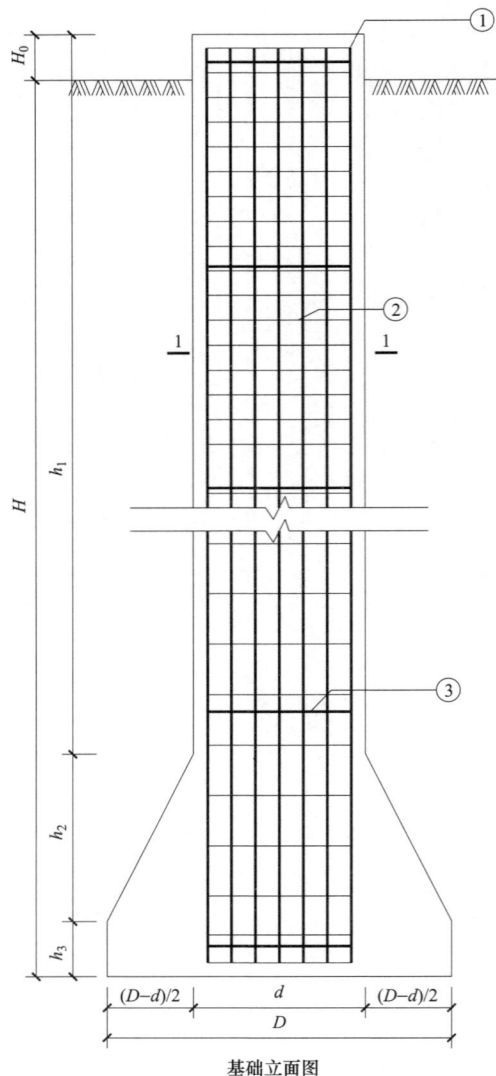

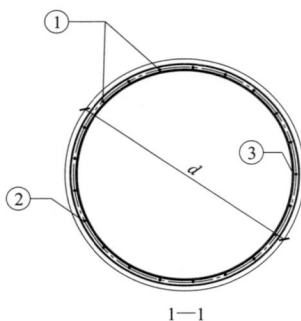

基础立面图

1—1

说明：1. 本基础适用于不受地下水影响的粉土地质条件。

2. 整体立塔时，混凝土的抗压强度应达到设计强度的100%。分解组塔时，混凝土必须达到抗压强度设计值的70%。

3. 基础根开及地脚螺栓间距与相应杆塔结构图核对无误后，方可施工。

4. 基础混凝土强度等级不应低于C25，主筋采用HRB400级钢筋，箍筋采用HPB300级钢筋。

5. 主筋保护层不小于50mm。

6. 基础施工完毕后，做好基面排水处理。

7. 本基础按机械成孔施工方式，未考虑护壁工程量。

图 12.2-1　2JTW2＊-700 掏挖基础施工图

基 础 参 数 表

基础名称	主柱直径 d （mm）	底板直径 D （mm）	基础埋深 H （mm）	主柱高 h_1 （mm）	圆台高 h_2 （mm）	下圆柱高 h_3 （mm）	基础露头 H_0 （mm）	主筋①	外箍筋②	内箍筋③	单腿混凝土量 （m³）	单腿钢筋量 （kg）
2JTW2a-800-02	1200	2400	6400	5800	1000	100	200	28 Φ 18	Φ 8@ 270	Φ 16@ 1500	9.65	426.8
2JTW2a-800-07	1200	2400	6600	6500	1000	100	700	28 Φ 18	Φ 8@ 270	Φ 16@ 1500	10.44	470.4
2JTW2a-800-12	1200	2400	6800	7200	1000	100	1200	28 Φ 18	Φ 8@ 270	Φ 16@ 1500	11.23	514.0
2JTW2a-800-17	1200	2400	7000	7900	1000	100	1700	28 Φ 18	Φ 8@ 270	Φ 16@ 1500	12.03	557.6
2JTW2b-800-02	1200	2400	6200	5600	1000	100	200	28 Φ 18	Φ 8@ 270	Φ 16@ 1500	9.42	414.4
2JTW2b-800-07	1200	2400	6400	6300	1000	100	700	28 Φ 18	Φ 8@ 270	Φ 16@ 1500	10.22	458.0
2JTW2b-800-12	1200	2400	6600	7000	1000	100	1200	28 Φ 18	Φ 8@ 270	Φ 16@ 1500	11.01	501.6
2JTW2b-800-17	1200	2400	6800	7700	1000	100	1700	28 Φ 18	Φ 8@ 270	Φ 16@ 1500	11.80	545.2
2JTW2c-800-02	1100	2200	6600	6100	900	100	200	24 Φ 18	Φ 8@ 270	Φ 16@ 1500	8.17	378.9
2JTW2c-800-07	1200	2400	6600	6500	1000	100	700	28 Φ 18	Φ 8@ 270	Φ 16@ 1500	10.44	470.4
2JTW2c-800-12	1200	2400	6900	7300	1000	100	1200	28 Φ 18	Φ 8@ 270	Φ 16@ 1500	11.35	520.3
2JTW2c-800-17	1300	2600	6900	7700	1100	100	1700	26 Φ 20	Φ 8@ 300	Φ 16@ 1500	14.16	624.0

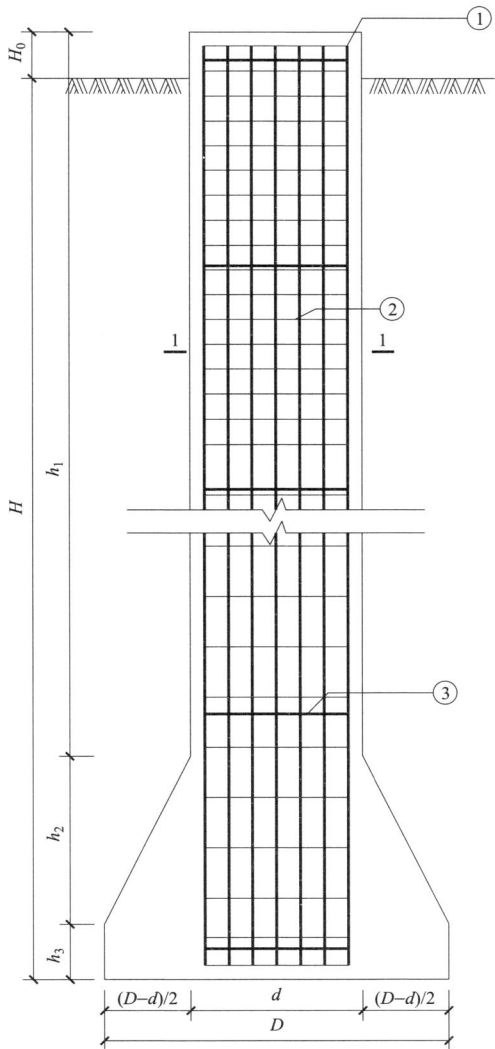

基础立面图

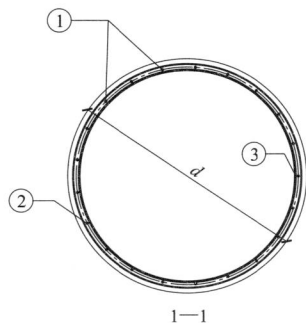

1—1

说明：1. 本基础适用于不受地下水影响的粉土地质条件。

2. 整体立塔时，混凝土的抗压强度应达到设计强度的 100%。分解组塔时，混凝土必须达到抗压强度设计值的 70%。

3. 基础根开及地脚螺栓间距与相应杆塔结构图核对无误后，方可施工。

4. 基础混凝土强度等级不应低于 C25，主筋采用 HRB400 级钢筋，箍筋采用 HPB300 级钢筋。

5. 主筋保护层不小于 50mm。

6. 基础施工完毕后，做好基面排水处理。

7. 本基础按机械成孔施工方式，未考虑护壁工程量。

图 12.2-2 2JTW2＊-800 掘挖基础施工图

基 础 参 数 表

基础名称	主柱直径 d (mm)	底板直径 D (mm)	基础埋深 H (mm)	主柱高 h_1 (mm)	圆台高 h_2 (mm)	下圆柱高 h_3 (mm)	基础露头 H_0 (mm)	主筋①	外箍筋②	内箍筋③	单腿混凝土量 (m³)	单腿钢筋量 (kg)
2JTW2a-900-02	1200	2400	7000	6400	1000	100	200	28Φ18	Φ8@270	Φ16@1500	10.33	464.2
2JTW2a-900-07	1300	2600	6700	6500	1100	100	700	26Φ20	Φ8@300	Φ16@1500	12.57	539.4
2JTW2a-900-12	1300	2600	6900	7200	1100	100	1200	26Φ20	Φ8@300	Φ16@1500	13.49	588.8
2JTW2a-900-17	1300	2600	7100	7900	1100	100	1700	26Φ20	Φ8@300	Φ16@1500	14.42	638.1
2JTW2b-900-02	1200	2400	6800	6200	1000	100	200	28Φ18	Φ8@270	Φ16@1500	10.10	451.8
2JTW2b-900-07	1200	2400	7000	6900	1000	100	700	28Φ18	Φ8@270	Φ16@1500	10.90	495.4
2JTW2b-900-12	1300	2600	6700	7000	1100	100	1200	26Φ20	Φ8@300	Φ16@1500	13.23	574.7
2JTW2b-900-17	1300	2600	6900	7700	1100	100	1700	26Φ20	Φ8@300	Φ16@1500	14.16	624.0
2JTW2c-900-02	1200	2400	6800	6200	1000	100	200	28Φ18	Φ8@270	Φ16@1500	10.10	451.8
2JTW2c-900-07	1300	2600	6800	6600	1100	100	700	26Φ20	Φ8@300	Φ16@1500	12.70	546.5
2JTW2c-900-12	1300	2600	7100	7400	1100	100	1200	26Φ20	Φ8@300	Φ16@1500	13.76	602.9
2JTW2c-900-17	1300	2600	7400	8200	1100	100	1700	26Φ20	Φ8@300	Φ16@1500	14.82	659.3

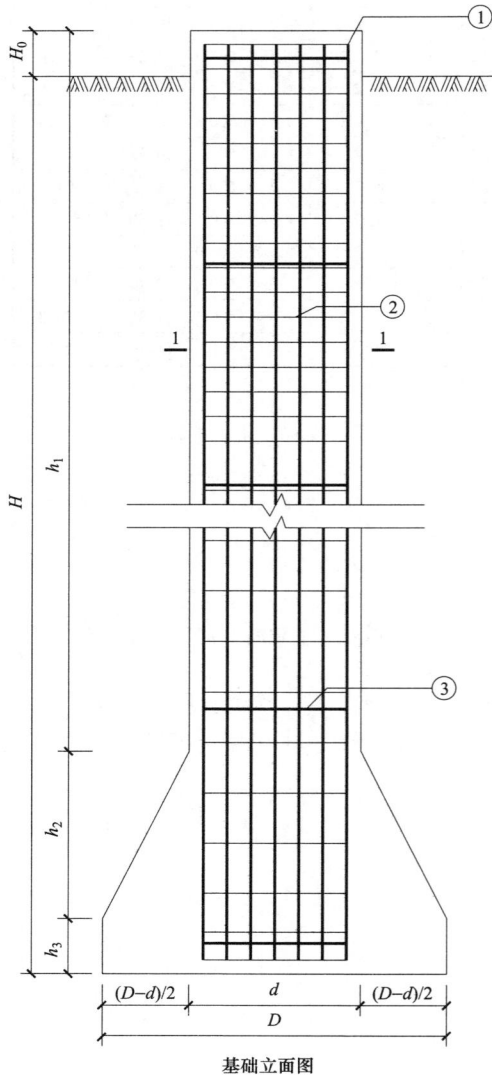

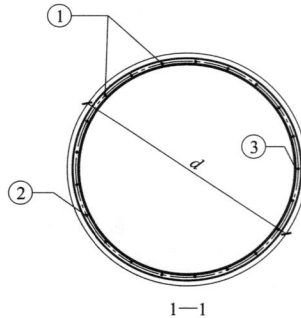

说明：1. 本基础适用于不受地下水影响的粉土地质条件。

2. 整体立塔时，混凝土的抗压强度应达到设计强度的100%。分解组塔时，混凝土必须达到抗压强度设计值的70%。

3. 基础根开及地脚螺栓间距与相应杆塔结构图核对无误后，方可施工。

4. 基础混凝土强度等级不应低于C25，主筋采用HRB400级钢筋，箍筋采用HPB300级钢筋。

5. 主筋保护层不小于50mm。

6. 基础施工完毕后，做好基面排水处理。

7. 本基础按机械成孔施工方式，未考虑护壁工程量。

基础立面图

1—1

图 12.2-3　2JTW2*-900 掏挖基础施工图

基 础 参 数 表

基础名称	主柱直径 d（mm）	底板直径 D（mm）	基础埋深 H（mm）	主柱高 h_1（mm）	圆台高 h_2（mm）	下圆柱高 h_3（mm）	基础露头 H_0（mm）	主筋①	外箍筋②	内箍筋③	单腿混凝土量（m³）	单腿钢筋量（kg）
2JTW2a-1000-02	1300	2600	7000	6300	1100	100	200	26 Φ 20	Φ 8@ 300	Φ 16@ 1500	12.30	525.3
2JTW2a-1000-07	1300	2600	7200	7000	1100	100	700	26 Φ 20	Φ 8@ 300	Φ 16@ 1500	13.23	574.7
2JTW2a-1000-12	1300	2600	7400	7700	1100	100	1200	26 Φ 20	Φ 8@ 300	Φ 16@ 1500	14.16	624.0
2JTW2a-1000-17	1400	2800	7200	7900	1200	100	1700	30 Φ 20	Φ 8@ 300	Φ 16@ 1500	17.09	740.4
2JTW2b-1000-02	1300	2600	6800	6100	1100	100	200	26 Φ 20	Φ 8@ 300	Φ 16@ 1500	12.03	511.2
2JTW2b-1000-07	1300	2600	7000	6800	1100	100	700	26 Φ 20	Φ 8@ 300	Φ 16@ 1500	12.96	560.6
2JTW2b-1000-12	1300	2600	7200	7500	1100	100	1200	26 Φ 20	Φ 8@ 300	Φ 16@ 1500	13.89	609.9
2JTW2b-1000-17	1300	2600	7400	8200	1100	100	1700	26 Φ 20	Φ 8@ 300	Φ 16@ 1500	14.82	659.3
2JTW2c-1000-02	1300	2600	6900	6200	1100	100	200	26 Φ 20	Φ 8@ 300	Φ 16@ 1500	12.17	518.3
2JTW2c-1000-07	1300	2600	7300	7100	1100	100	700	26 Φ 20	Φ 8@ 300	Φ 16@ 1500	13.36	581.7
2JTW2c-1000-12	1400	2800	7300	7500	1200	100	1200	30 Φ 20	Φ 8@ 300	Φ 16@ 1500	16.47	708.0
2JTW2c-1000-17	1400	2800	7600	8300	1200	100	1700	30 Φ 20	Φ 8@ 300	Φ 16@ 1500	17.70	772.7

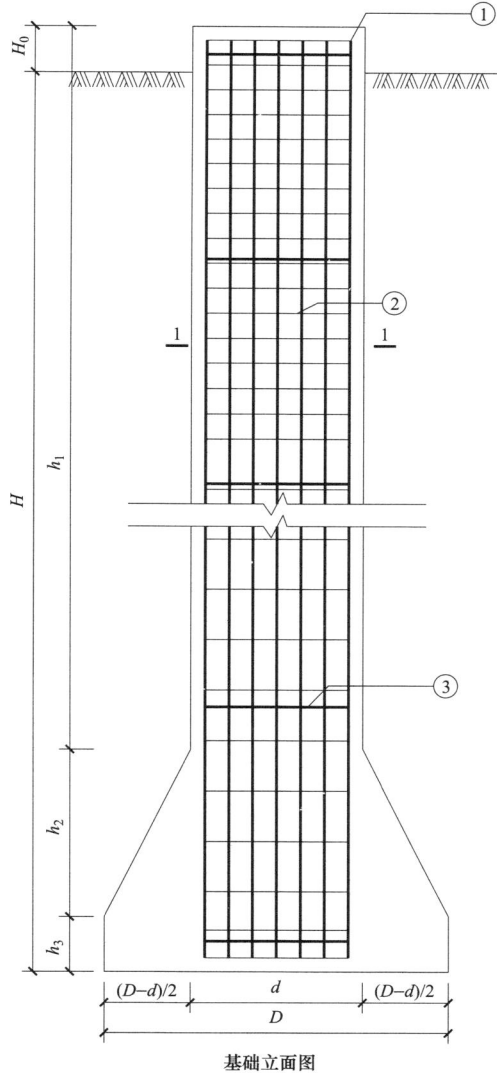

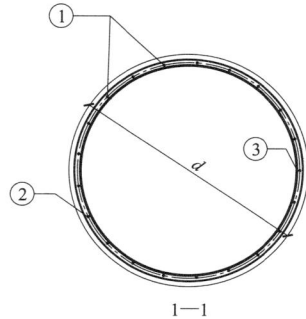

基础立面图

1—1

说明：1. 本基础适用于不受地下水影响的粉土地质条件。

2. 整体立塔时，混凝土的抗压强度应达到设计强度的 100%。分解组塔时，混凝土必须达到抗压强度设计值的 70%。

3. 基础根开及地脚螺栓间距与相应杆塔结构图核对无误后，方可施工。

4. 基础混凝土强度等级不应低于 C25，主筋采用 HRB400 级钢筋，箍筋采用 HPB300 级钢筋。

5. 主筋保护层不小于 50mm。

6. 基础施工完毕后，做好基面排水处理。

7. 本基础按机械成孔施工方式，未考虑护壁工程量。

图 12.2-4 2JTW2＊-1000 掏挖基础施工图

12.3 2JTW3 子模块

此子模块适用于碎石土地基，共包含 4 张图纸，基础施工图图纸清单见表 12.3-1。

表 12.3-1　　　　　2JTW3 子模块基础施工图图纸清单

序号	图号	图　名	基础作用力（kN）	
			$T/T_x/T_y$	$N/N_x/N_y$
1	图 12.3-1	2JTW3 * -700 掏挖基础施工图	700/133/133	910/173/173
2	图 12.3-2	2JTW3 * -800 掏挖基础施工图	800/152/152	1040/198/198
3	图 12.3-3	2JTW3 * -900 掏挖基础施工图	900/171/171	1170/222/222
4	图 12.3-4	2JTW3 * -1000 掏挖基础施工图	1000/190/190	1300/247/247

注　3 * 代表 3a、3b 两种地质参数组合。

基 础 参 数 表

基础名称	主柱直径 d（mm）	底板直径 D（mm）	基础埋深 H（mm）	主柱高 h_1（mm）	圆台高 h_2（mm）	下圆柱高 h_3（mm）	基础露头 H_0（mm）	主筋①	外箍筋②	内箍筋③	单腿混凝土量（m³）	单腿钢筋量（kg）
2JTW3a-700-02	900	1700	5000	4600	800	100	200	20Φ16	Φ8@240	Φ14@1500	4.25	200.1
2JTW3a-700-07	1000	1800	4900	5000	800	100	700	20Φ18	Φ8@270	Φ14@1500	5.45	264.3
2JTW3a-700-12	1000	1800	5300	5900	800	100	1200	20Φ18	Φ8@270	Φ14@1500	6.15	305.0
2JTW3a-700-17	1100	2200	5000	6000	900	100	1700	24Φ18	Φ8@270	Φ16@1500	8.08	373.5
2JTW3b-700-02	1000	2000	4900	4500	800	100	200	20Φ18	Φ8@270	Φ14@1500	5.31	241.8
2JTW3b-700-07	1000	1800	5100	5200	800	100	700	20Φ18	Φ8@270	Φ14@1500	5.60	273.4
2JTW3b-700-12	1000	1800	5200	5800	800	100	1200	20Φ18	Φ8@270	Φ14@1500	6.07	300.4
2JTW3b-700-17	1100	2200	5000	6000	900	100	1700	24Φ18	Φ8@270	Φ16@1500	8.08	373.5

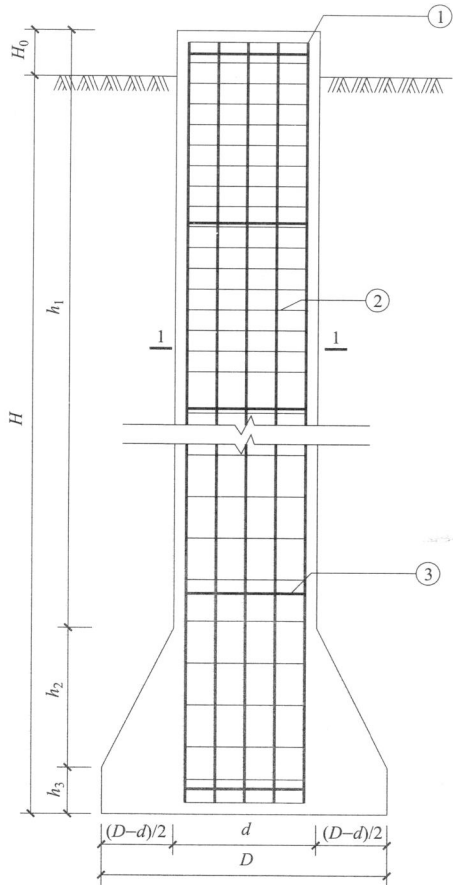

基础立面图

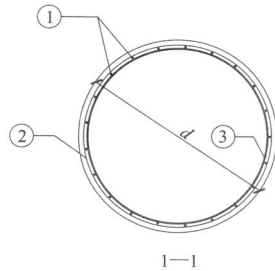

1—1

说明：1. 本基础适用于不受地下水影响的碎石土地质条件。

2. 整体立塔时，混凝土的抗压强度应达到设计强度的100%。分解组塔时，混凝土必须达到抗压强度设计值的70%。

3. 基础根开及地脚螺栓间距与相应杆塔结构图核对无误后，方可施工。

4. 基础混凝土强度等级不应低于C25，主筋采用HRB400级钢筋，箍筋采用HPB300级钢筋。

5. 主筋保护层不小于50mm。

6. 基础施工完毕后，做好基面排水处理。

7. 本基础按机械成孔施工方式，未考虑护壁工程量。

图 12.3-1　2JTW3＊-700 掏挖基础施工图

基 础 参 数 表

基础名称	主柱直径 d（mm）	底板直径 D（mm）	基础埋深 H（mm）	主柱高 h_1（mm）	圆台高 h_2（mm）	下圆柱高 h_3（mm）	基础露头 H_0（mm）	主筋①	外箍筋②	内箍筋③	单腿混凝土量（m³）	单腿钢筋量（kg）
2JTW3a-800-02	1000	1800	5300	4900	800	100	200	20 Φ 18	Φ 8@270	Φ 14@1500	5.37	259.8
2JTW3a-800-07	1000	1800	5300	5400	800	100	700	20 Φ 18	Φ 8@270	Φ 14@1500	5.76	282.4
2JTW3a-800-12	1100	2000	5300	5800	900	100	1200	24 Φ 18	Φ 8@270	Φ 16@1500	7.57	362.8
2JTW3a-800-17	1100	2200	5600	6600	900	100	1700	24 Φ 18	Φ 8@270	Φ 16@1500	8.65	405.7
2JTW3b-800-02	1100	2200	5000	4500	900	100	200	24 Φ 18	Φ 8@270	Φ 16@1500	6.65	293.0
2JTW3b-800-07	1100	2200	5100	5100	900	100	700	24 Φ 18	Φ 8@270	Φ 16@1500	7.22	325.2
2JTW3b-800-12	1100	2000	5300	5800	900	100	1200	24 Φ 18	Φ 8@270	Φ 16@1500	7.57	362.8
2JTW3b-800-17	1100	2000	5600	6600	900	100	1700	24 Φ 18	Φ 8@270	Φ 16@1500	8.33	405.7

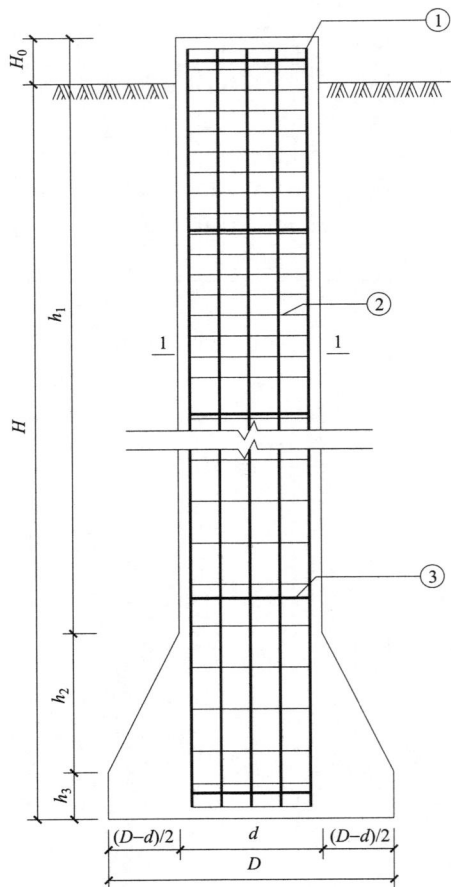

基础立面图

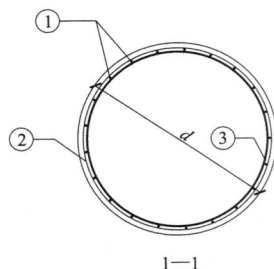

1—1

说明：1. 本基础适用于不受地下水影响的碎石土地质条件。

2. 整体立塔时，混凝土的抗压强度应达到设计强度的 100%。分解组塔时，混凝土必须达到抗压强度设计值的 70%。

3. 基础根开及地脚螺栓间距与相应杆塔结构图核对无误后，方可施工。

4. 基础混凝土强度等级不应低于 C25，主筋采用 HRB400 级钢筋，箍筋采用 HPB300 级钢筋。

5. 主筋保护层不小于 50mm。

6. 基础施工完毕后，做好基面排水处理。

7. 本基础按机械成孔施工方式，未考虑护壁工程量。

图 12.3-2　2JTW3＊-800 掏挖基础施工图

基 础 参 数 表

基础名称	主柱直径 d (mm)	底板直径 D (mm)	基础埋深 H (mm)	主柱高 h_1 (mm)	圆台高 h_2 (mm)	下圆柱高 h_3 (mm)	基础露头 H_0 (mm)	主筋①	外箍筋②	内箍筋③	单腿混凝土量 (m³)	单腿钢筋量 (kg)
2JTW3a-900-02	1100	2000	5300	4800	900	100	200	24 ⌀ 18	Φ 8@ 270	Φ 16@ 1500	6.62	309.1
2JTW3a-900-07	1100	2000	5300	5300	900	100	700	24 ⌀ 18	Φ 8@ 270	Φ 16@ 1500	7.10	335.9
2JTW3a-900-12	1200	2200	5300	5700	1000	100	1200	28 ⌀ 18	Φ 8@ 270	Φ 16@ 1500	9.16	420.6
2JTW3a-900-17	1200	2400	5600	6500	1000	100	1700	28 ⌀ 18	Φ 8@ 270	Φ 16@ 1500	10.44	470.4
2JTW3b-900-02	1100	2000	5500	5000	900	100	200	24 ⌀ 18	Φ 8@ 270	Φ 16@ 1500	6.81	319.8
2JTW3b-900-07	1100	2000	5500	5500	900	100	700	24 ⌀ 18	Φ 8@ 270	Φ 16@ 1500	7.29	346.7
2JTW3b-900-12	1200	2200	5400	5800	1000	100	1200	28 ⌀ 18	Φ 8@ 270	Φ 16@ 1500	9.28	426.8
2JTW3b-900-17	1200	2400	5600	6500	1000	100	1700	28 ⌀ 18	Φ 8@ 270	Φ 16@ 1500	10.44	470.4

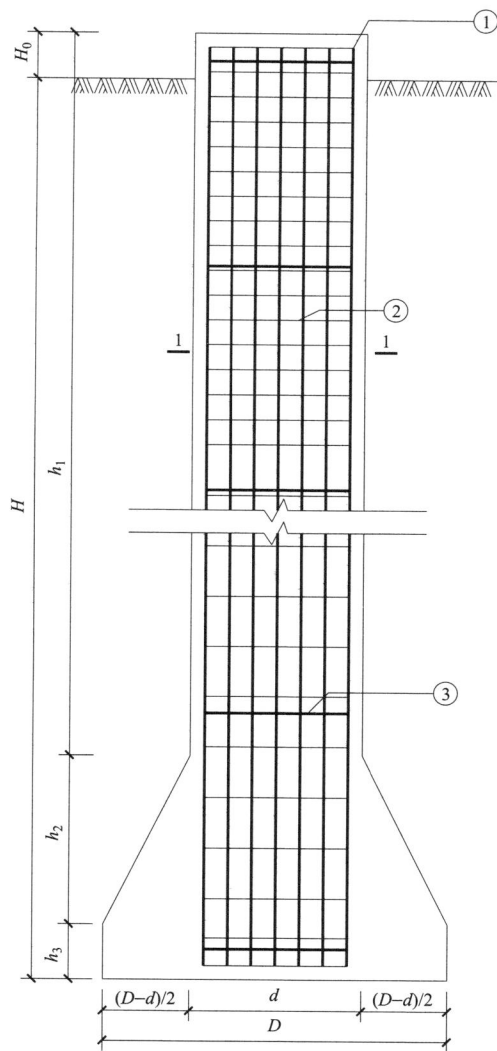

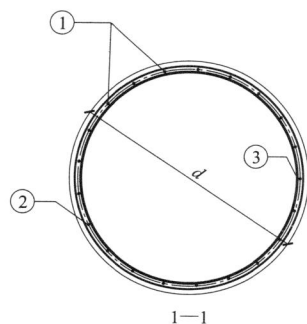

基础立面图

1—1

说明：1. 本基础适用于不受地下水影响的碎石土地质条件。

2. 整体立塔时，混凝土的抗压强度应达到设计强度的100%。分解组塔时，混凝土必须达到抗压强度设计值的70%。

3. 基础根开及地脚螺栓间距与相应杆塔结构图核对无误后，方可施工。

4. 基础混凝土强度等级不应低于C25，主筋采用HRB400级钢筋，箍筋采用HPB300级钢筋。

5. 主筋保护层不小于50mm。

6. 基础施工完毕后，做好基面排水处理。

7. 本基础按机械成孔施工方式，未考虑护壁工程量。

图 12.3-3 2JTW3 ＊ -900 掏挖基础施工图

基 础 参 数 表

基础名称	主柱直径 d (mm)	底板直径 D (mm)	基础埋深 H (mm)	主柱高 h_1 (mm)	圆台高 h_2 (mm)	下圆柱高 h_3 (mm)	基础露头 H_0 (mm)	主筋①	外箍筋②	内箍筋③	单腿混凝土量 (m^3)	单腿钢筋量 (kg)
2JTW3a-1000-02	1100	2000	5600	5100	900	100	200	24 Φ 18	Φ 8@270	Φ 16@1500	6.91	325.2
2JTW3a-1000-07	1200	2200	5400	5300	1000	100	700	28 Φ 18	Φ 8@270	Φ 16@1500	8.71	395.7
2JTW3a-1000-12	1200	2200	5800	6200	1000	100	1200	28 Φ 18	Φ 8@270	Φ 16@1500	9.73	451.8
2JTW3a-1000-17	1300	2600	5600	6400	1100	100	1700	26 Φ 20	Φ 8@300	Φ 16@1500	12.43	532.4
2JTW3b-1000-02	1200	2400	5500	4900	1000	100	200	28 Φ 18	Φ 8@270	Φ 16@1500	8.63	370.8
2JTW3b-1000-07	1200	2200	5500	5400	1000	100	700	28 Φ 18	Φ 8@270	Φ 16@1500	8.82	401.9
2JTW3b-1000-12	1200	2200	5800	6200	1000	100	1200	28 Φ 18	Φ 8@270	Φ 16@1500	9.73	451.8
2JTW3b-1000-17	1300	2600	5600	6400	1100	100	1700	26 Φ 20	Φ 8@300	Φ 16@1500	12.43	532.4

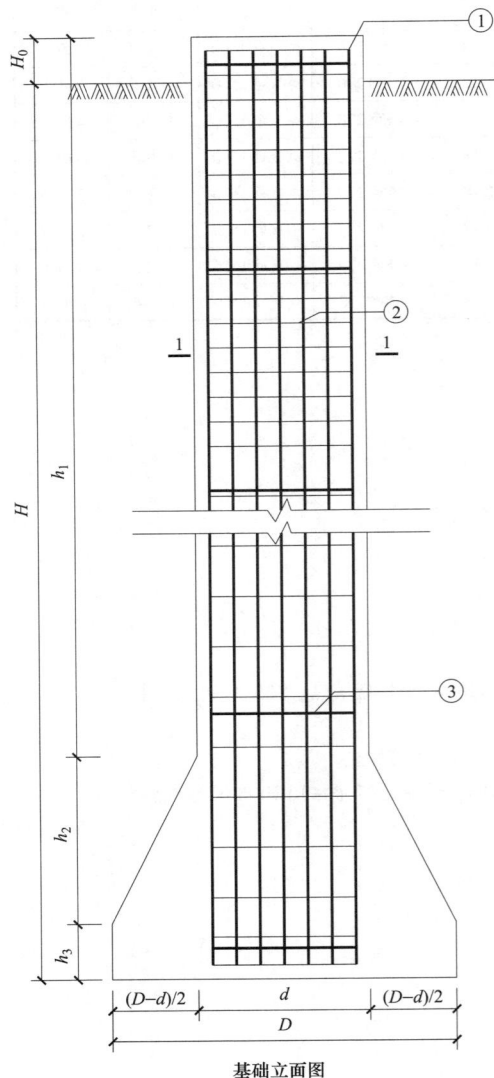

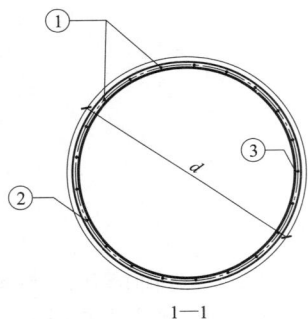

基础立面图

1—1

说明：1. 本基础适用于不受地下水影响的碎石土地质条件。

2. 整体立塔时，混凝土的抗压强度应达到设计强度的 100%。分解组塔时，混凝土必须达到抗压强度设计值的 70%。

3. 基础根开及地脚螺栓间距与相应杆塔结构图核对无误后，方可施工。

4. 基础混凝土强度等级不应低于 C25，主筋采用 HRB400 级钢筋，箍筋采用 HPB300 级钢筋。

5. 主筋保护层不小于 50mm。

6. 基础施工完毕后，做好基面排水处理。

7. 本基础按机械成孔施工方式，未考虑护壁工程量。

图 12.3-4 2JTW3 ∗ -1000 掏挖基础施工图

12.4　2JTW4 子模块

此子模块适用于黄土地基，共包含 4 张图纸，基础施工图图纸清单见表 12.4-1。

表 12.4-1　　　　　**2JTW4 子模块基础施工图图纸清单**

序号	图号	图　　名	基础作用力（kN）	
			$T/T_x/T_y$	$N/N_x/N_y$
1	图 12.4-1	2JTW4*-700 掏挖基础施工图	700/133/133	910/173/173
2	图 12.4-2	2JTW4*-800 掏挖基础施工图	800/152/152	1040/198/198
3	图 12.4-3	2JTW4*-900 掏挖基础施工图	900/171/171	1170/222/222
4	图 12.4-4	2JTW4*-1000 掏挖基础施工图	1000/190/190	1300/247/247

注　4 * 代表 4a 一种地质参数组合。

基础参数表

基础名称	主柱直径 d (mm)	底板直径 D (mm)	基础埋深 H (mm)	主柱高 h_1 (mm)	圆台高 h_2 (mm)	下圆柱高 h_3 (mm)	基础露头 H_0 (mm)	主筋①	外箍筋②	内箍筋③	单腿混凝土量 (m³)	单腿钢筋量 (kg)
2JTW4a-700-02	1500	3000	5600	4200	1500	100	200	19Φ20	Φ8@269	Φ16@1396	14.31	333.6
2JTW4a-700-07	1500	3000	6000	5100	1500	100	700	19Φ20	Φ8@260	Φ16@1297	15.90	390.0
2JTW4a-700-12	1500	3000	6400	6000	1500	100	1200	19Φ20	Φ8@265	Φ16@1477	17.49	437.6
2JTW4a-700-17	1500	3000	6700	6800	1500	100	1700	19Φ20	Φ8@265	Φ16@1364	18.91	487.3

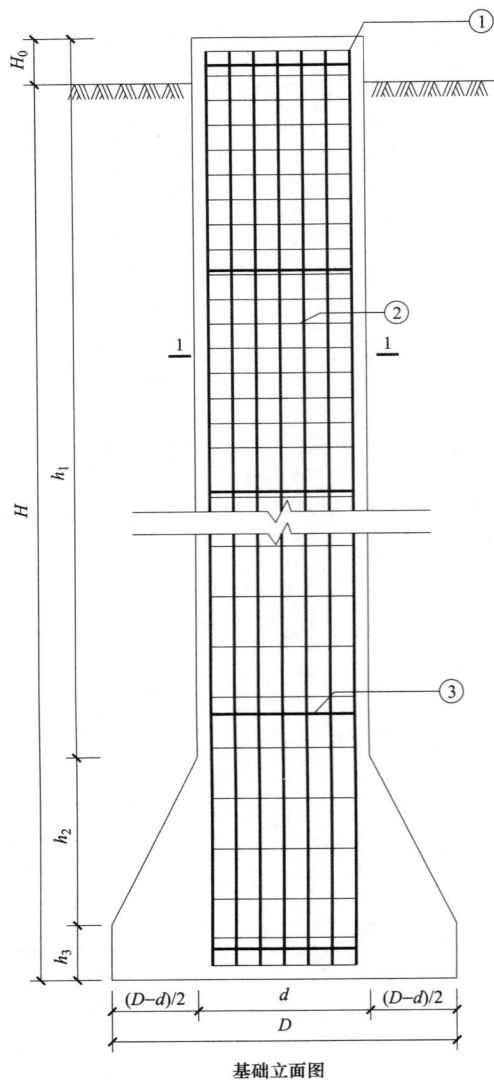

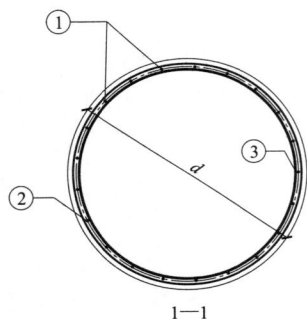

基础立面图

1—1

说明：1. 本基础适用于不受地下水影响的黄土地质条件。

2. 整体立塔时，混凝土的抗压强度应达到设计强度的100%。分解组塔时，混凝土必须达到抗压强度设计值的70%。

3. 基础根开及地脚螺栓间距与相应杆塔结构图核对无误后，方可施工。

4. 基础混凝土强度等级不应低于C25，主筋采用HRB400级钢筋，箍筋采用HPB300级钢筋。

5. 主筋保护层不小于50mm。

6. 基础施工完毕后，做好基面排水处理。

7. 本基础按机械成孔施工方式，未考虑护壁工程量。

图 12.4-1　2JTW4 * -700 掏挖基础施工图

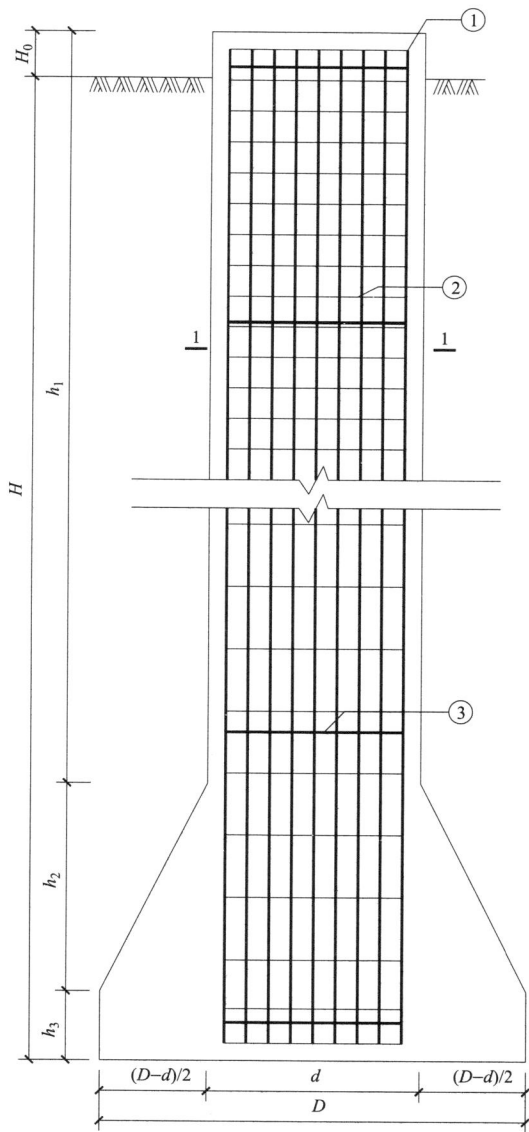

基 础 参 数 表

基础名称	主柱直径 d（mm）	底板直径 D（mm）	基础埋深 H（mm）	主柱高 h_1（mm）	圆台高 h_2（mm）	下圆柱高 h_3（mm）	基础露头 H_0（mm）	主筋①	外箍筋②	内箍筋③	单腿混凝土量（m³）	单腿钢筋量（kg）
2JTW4a-800-02	1600	3200	5900	4400	1600	100	200	20Φ20	Φ8@265	Φ16@1471	17.16	369.2
2JTW4a-800-07	1600	3200	6400	5400	1600	100	700	20Φ20	Φ8@262	Φ16@1377	19.17	433.6
2JTW4a-800-12	1600	3200	6700	6200	1600	100	1200	20Φ20	Φ8@262	Φ16@1280	20.78	486.2
2JTW4a-800-17	1600	3200	7000	7000	1600	100	1700	20Φ20	Φ8@273	Φ16@1414	22.38	529.5

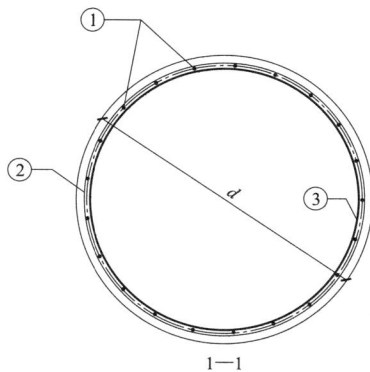

基础立面图

1—1

说明：1. 本基础适用于不受地下水影响的黄土地质条件。

2. 整体立塔时，混凝土的抗压强度应达到设计强度的100%。分解组塔时，混凝土必须达到抗压强度设计值的70%。

3. 基础根开及地脚螺栓间距与相应杆塔结构图核对无误后，方可施工。

4. 基础混凝土强度等级不应低于C25，主筋采用HRB400级钢筋，箍筋采用HPB300级钢筋。

5. 主筋保护层不小于50mm。

6. 基础施工完毕后，做好基面排水处理。

7. 本基础按机械成孔施工方式，未考虑护壁工程量。

图 12.4-2　2JTW4＊-800 掏挖基础施工图

基础参数表

基础名称	主柱直径 d (mm)	底板直径 D (mm)	基础埋深 H (mm)	主柱高 h_1 (mm)	圆台高 h_2 (mm)	下圆柱高 h_3 (mm)	基础露头 H_0 (mm)	主筋①	外箍筋②	内箍筋③	单腿混凝土量 (m^3)	单腿钢筋量 (kg)
2JTW4a-900-02	1700	3400	6200	4600	1700	100	200	21 Φ 20	Φ 8@261	Φ 18@1237	20.35	426.7
2JTW4a-900-07	1700	3400	6600	5500	1700	100	700	21 Φ 20	Φ 8@267	Φ 18@1417	22.40	479.5
2JTW4a-900-12	1700	3400	7000	6400	1700	100	1200	21 Φ 20	Φ 8@271	Φ 18@1330	24.44	542.3
2JTW4a-900-17	1700	3400	7300	7200	1700	100	1700	21 Φ 22	Φ 8@271	Φ 18@1464	26.25	589.9

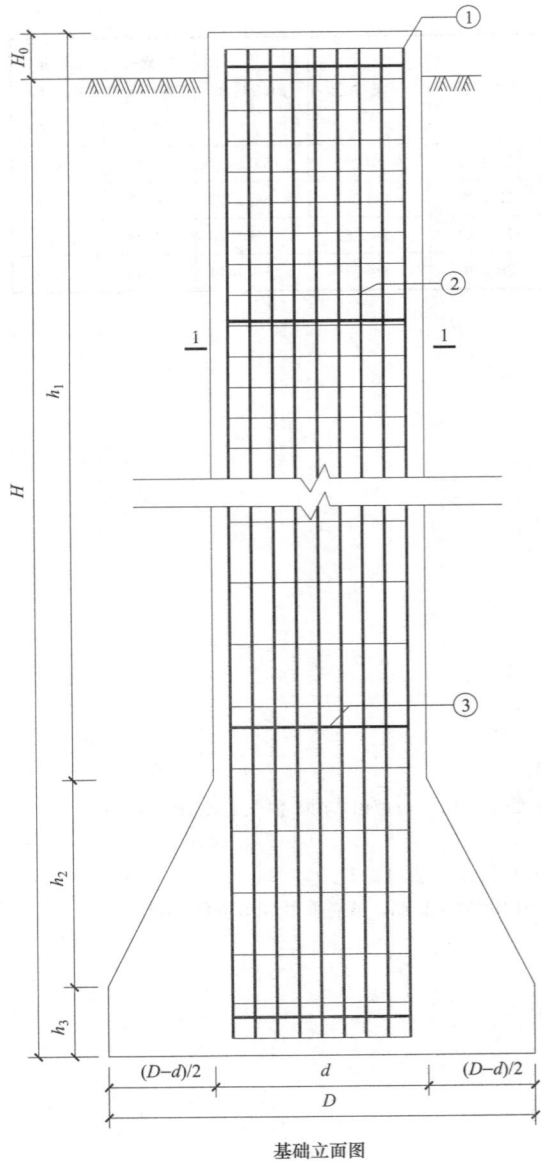

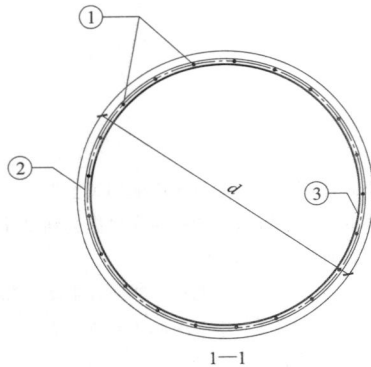

基础立面图

1—1

说明：1. 本基础适用于不受地下水影响的黄土地质条件。

2. 整体立塔时，混凝土的抗压强度应达到设计强度的100%。分解组塔时，混凝土必须达到抗压强度设计值的70%。

3. 基础根开及地脚螺栓间距与相应杆塔结构图核对无误后，方可施工。

4. 基础混凝土强度等级不应低于 C25，主筋采用 HRB400 级钢筋，箍筋采用 HPB300 级钢筋。

5. 主筋保护层不小于 50mm。

6. 基础施工完毕后，做好基面排水处理。

7. 本基础按机械成孔施工方式，未考虑护壁工程量。

图 12.4-3 2JTW4＊-900 掏挖基础施工图

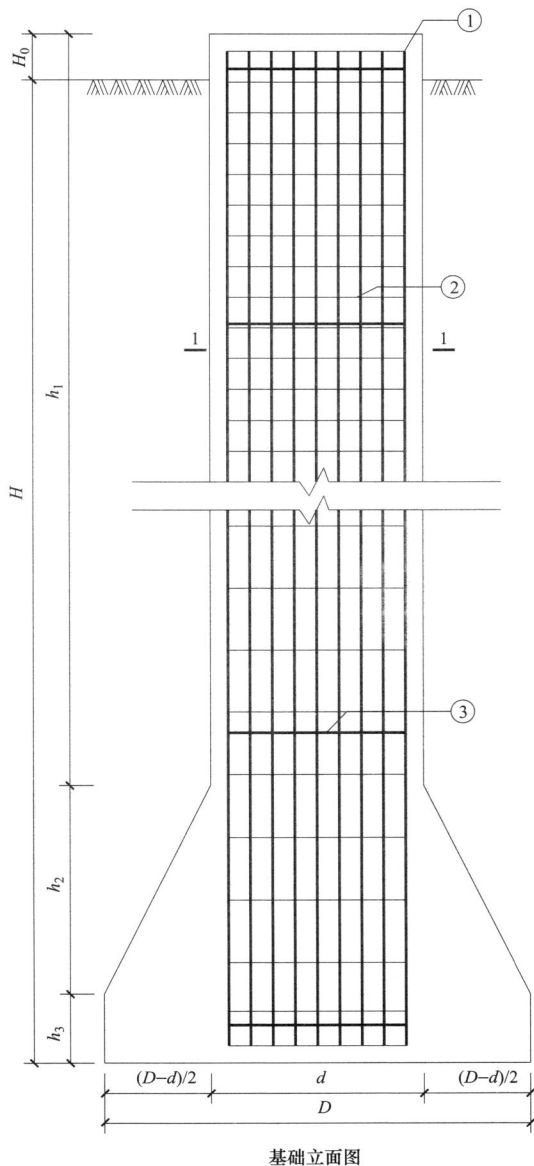

基 础 参 数 表

基础名称	主柱直径 d (mm)	底板直径 D (mm)	基础埋深 H (mm)	主柱高 h_1 (mm)	圆台高 h_2 (mm)	下圆柱高 h_3 (mm)	基础露头 H_0 (mm)	主筋①	外箍筋②	内箍筋③	单腿混凝土量 (m³)	单腿钢筋量 (kg)
2JTW4a-1000-02	1800	3600	6300	4600	1800	100	200	21⌀20	Φ8@261	Φ18@1257	23.41	348.3
2JTW4a-1000-07	1800	3600	6800	5600	1800	100	700	21⌀20	Φ8@272	Φ18@1457	25.96	496.5
2JTW4a-1000-12	1800	3600	7100	6400	1800	100	1200	21⌀20	Φ8@271	Φ18@1347	27.99	555.1
2JTW4a-1000-17	1800	3600	7500	7300	1800	100	1700	21⌀20	Φ8@274	Φ18@1283	30.28	618.7

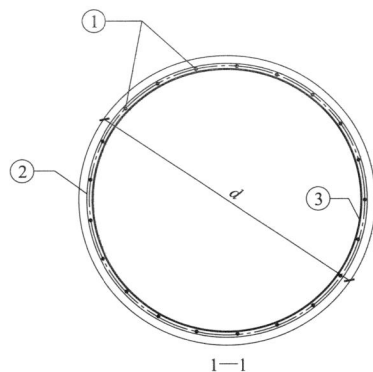

基础立面图

1—1

说明：1. 本基础适用于不受地下水影响的黄土地质条件。

2. 整体立塔时，混凝土的抗压强度应达到设计强度的100%。分解组塔时，混凝土必须达到抗压强度设计值的70%。

3. 基础根开及地脚螺栓间距与相应杆塔结构图核对无误后，方可施工。

4. 基础混凝土强度等级不应低于C25，主筋采用HRB400级钢筋，箍筋采用HPB300级钢筋。

5. 主筋保护层不小于50mm。

6. 基础施工完毕后，做好基面排水处理。

7. 本基础按机械成孔施工方式，未考虑护壁工程量。

图 12.4-4 2JTW4＊-1000 掏挖基础施工图

12.5 2JTW5 子模块

此子模块适用于戈壁碎石土地基，共包含 4 张图纸，基础施工图图纸清单见表 12.5-1。

表 12.5-1　　　　　　　　　2JTW5 子模块基础施工图图纸清单

序号	图号	图　名	基础作用力（kN）	
			$T/T_x/T_y$	$N/N_x/N_y$
1	图 12.5-1	2JTW5＊-700 掏挖基础施工图	700/133/133	910/173/173
2	图 12.5-2	2JTW5＊-800 掏挖基础施工图	800/152/152	1040/198/198
3	图 12.5-3	2JTW5＊-900 掏挖基础施工图	900/171/171	1170/222/222
4	图 12.5-4	2JTW5＊-1000 掏挖基础施工图	1000/190/190	1300/247/247

注　5＊代表 5a 一种地质参数组合。

基 础 参 数 表

基础名称	主柱直径 d (mm)	底板直径 D (mm)	基础埋深 H (mm)	主柱高 h_1 (mm)	圆台高 h_2 (mm)	下圆柱高 h_3 (mm)	基础露头 H_0 (mm)	主筋①	外箍筋②	内箍筋③	单腿混凝土量 (m^3)	单腿钢筋量 (kg)
2JTW5a-700-02	900	1700	4600	3800	900	100	200	16Φ18	Φ8@240	Φ14@1500	3.88	186.7
2JTW5a-700-07	900	1700	4700	4300	1000	100	700	16Φ18	Φ8@240	Φ14@1500	4.33	208.0
2JTW5a-700-12	900	1800	4800	4800	1100	100	1200	16Φ18	Φ8@240	Φ14@1500	4.94	230.3
2JTW5a-700-17	900	1800	4900	5300	1200	100	1700	16Φ18	Φ8@240	Φ14@1500	5.41	254.6

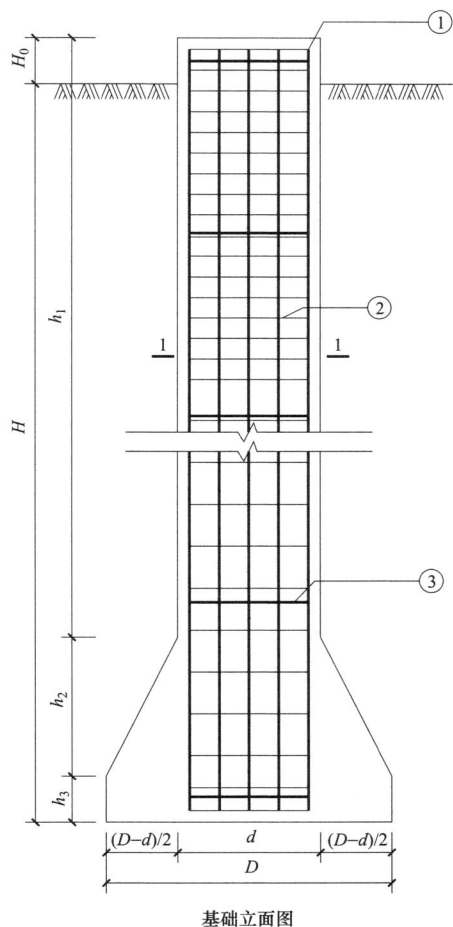

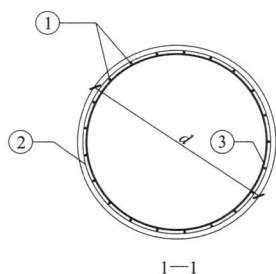

基础立面图

1—1

说明：1. 本基础适用于不受地下水影响的戈壁碎石土地质条件。

2. 整体立塔时，混凝土的抗压强度应达到设计强度的100%。分解组塔时，混凝土必须达到抗压强度设计值的70%。

3. 基础根开及地脚螺栓间距与相应杆塔结构图核对无误后，方可施工。

4. 基础混凝土强度等级不应低于C25，主筋采用HRB400级钢筋，箍筋采用HPB300级钢筋。

5. 主筋保护层不小于50mm。

6. 基础施工完毕后，做好基面排水处理。

7. 本基础按机械成孔施工方式，未考虑护壁工程量。

图 12.5-1　2JTW5*-700 掏挖基础施工图

基 础 参 数 表

基础名称	主柱直径 d (mm)	底板直径 D (mm)	基础埋深 H (mm)	主柱高 h_1 (mm)	圆台高 h_2 (mm)	下圆柱高 h_3 (mm)	基础露头 H_0 (mm)	主筋①	外箍筋②	内箍筋③	单腿混凝土量 (m^3)	单腿钢筋量 (kg)
2JTW5a-800-02	900	1800	4800	3800	1100	100	200	16⊕20	Φ8@240	Φ14@1500	4.31	230.7
2JTW5a-800-07	1000	1800	4900	4400	1100	100	700	16⊕20	Φ8@270	Φ14@1500	5.45	259.0
2JTW5a-800-12	1000	1800	5000	5000	1100	100	1200	16⊕20	Φ8@270	Φ14@1500	5.92	288.4
2JTW5a-800-17	1000	1900	5000	5400	1200	100	1700	16⊕20	Φ8@270	Φ14@1500	6.57	310.5

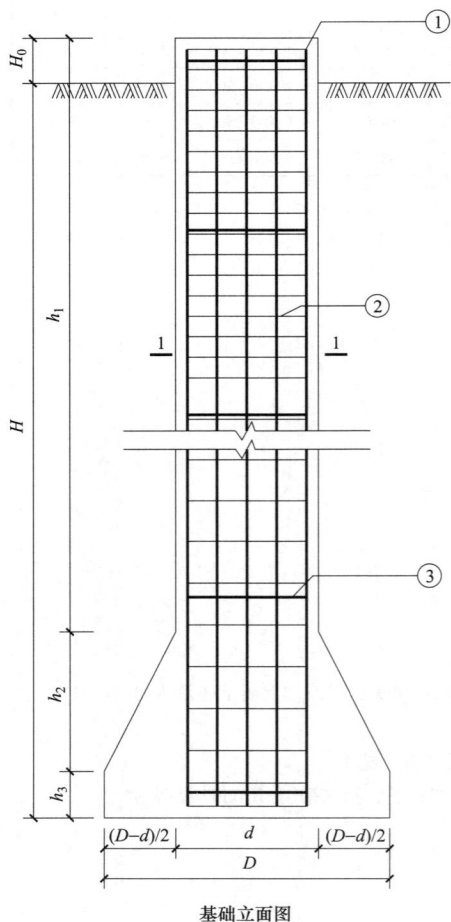

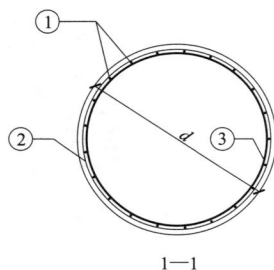

基础立面图

1—1

说明：1. 本基础适用于不受地下水影响的戈壁碎石土地质条件。

2. 整体立塔时，混凝土的抗压强度应达到设计强度的 100%。分解组塔时，混凝土必须达到抗压强度设计值的 70%。

3. 基础根开及地脚螺栓间距与相应杆塔结构图核对无误后，方可施工。

4. 基础混凝土强度等级不应低于 C25，主筋采用 HRB400 级钢筋，箍筋采用 HPB300 级钢筋。

5. 主筋保护层不小于 50mm。

6. 基础施工完毕后，做好基面排水处理。

7. 本基础按机械成孔施工方式，未考虑护壁工程量。

图 12.5-2　2JTW5*-800 掏挖基础施工图

基 础 参 数 表

基础名称	主柱直径 d（mm）	底板直径 D（mm）	基础埋深 H（mm）	主柱高 h_1（mm）	圆台高 h_2（mm）	下圆柱高 h_3（mm）	基础露头 H_0（mm）	主筋①	外箍筋②	内箍筋③	单腿混凝土量（m³）	单腿钢筋量（kg）
2JTW5a-900-02	1000	1900	4900	3900	1100	100	200	16Φ20	Φ8@270	Φ14@1500	5.22	236.9
2JTW5a-900-07	1000	1900	5100	4500	1200	100	700	16Φ20	Φ8@270	Φ14@1500	5.86	268.0
2JTW5a-900-12	1000	2000	5100	5000	1200	100	1200	16Φ20	Φ8@270	Φ14@1500	6.44	292.4
2JTW5a-900-17	1000	2000	5200	5500	1300	100	1700	16Φ20	Φ8@270	Φ14@1500	7.02	319.5

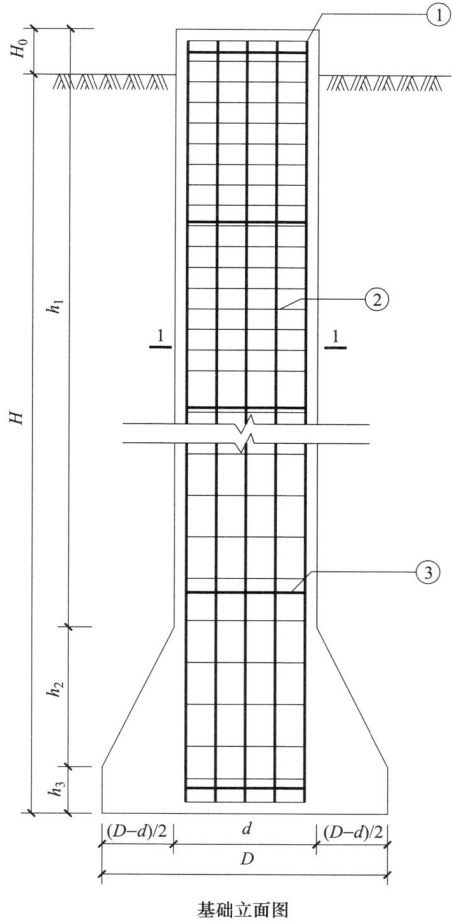

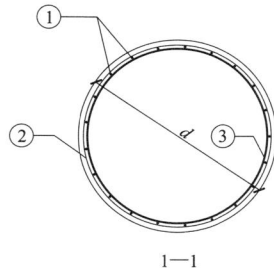

基础立面图

1—1

说明：1. 本基础适用于不受地下水影响的戈壁碎石土地质条件。

2. 整体立塔时，混凝土的抗压强度应达到设计强度的100%。分解组塔时，混凝土必须达到抗压强度设计值的70%。

3. 基础根开及地脚螺栓间距与相应杆塔结构图核对无误后，方可施工。

4. 基础混凝土强度等级不应低于 C25，主筋采用 HRB400 级钢筋，箍筋采用 HPB300 级钢筋。

5. 主筋保护层不小于 50mm。

6. 基础施工完毕后，做好基面排水处理。

7. 本基础按机械成孔施工方式，未考虑护壁工程量。

图 12.5-3　2JTW5∗-900 掏挖基础施工图

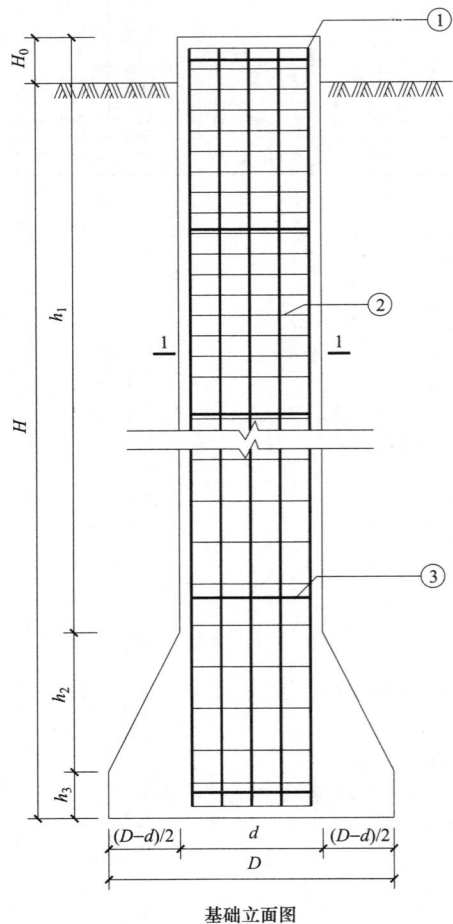

基础立面图

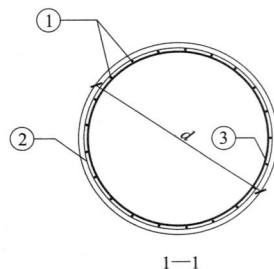

1—1

基 础 参 数 表

基础名称	主柱直径 d (mm)	底板直径 D (mm)	基础埋深 H (mm)	主柱高 h_1 (mm)	圆台高 h_2 (mm)	下圆柱高 h_3 (mm)	基础露头 H_0 (mm)	主筋①	外箍筋②	内箍筋③	单腿混凝土量 (m³)	单腿钢筋量 (kg)
2JTW5a-1000-02	1000	2000	5000	4000	1100	100	200	18 Φ 20	Φ 8@ 270	Φ 14@ 1500	5.47	265.9
2JTW5a-1000-07	1000	2000	5200	4500	1300	100	700	18 Φ 20	Φ 8@ 270	Φ 14@ 1500	6.23	300.5
2JTW5a-1000-12	1100	2000	5300	5200	1200	100	1200	20 Φ 20	Φ 8@ 270	Φ 16@ 1500	7.58	369.7
2JTW5a-1000-17	1100	2000	5500	5800	1300	100	1700	20 Φ 20	Φ 8@ 270	Φ 16@ 1500	8.35	408.1

说明：1. 本基础适用于不受地下水影响的戈壁碎石土地质条件。

2. 整体立塔时，混凝土的抗压强度应达到设计强度的100%。分解组塔时，混凝土必须达到抗压强度设计值的70%。

3. 基础根开及地脚螺栓间距与相应杆塔结构图核对无误后，方可施工。

4. 基础混凝土强度等级不应低于C25，主筋采用HRB400级钢筋，箍筋采用HPB300级钢筋。

5. 主筋保护层不小于50mm。

6. 基础施工完毕后，做好基面排水处理。

7. 本基础按机械成孔施工方式，未考虑护壁工程量。

图 12.5-4 2JTW5∗-1000 掏挖基础施工图

第13章 5ZTW 模 块

本模块为直线塔掏挖基础模块，适用于黏性土、粉土、碎石土、黄土、戈壁碎石土地质，包含4个子模块，共200个基础，相同岩土类别，不同岩土小类及不同露头尺寸合并出图，共25张图纸。

该模块由河北院和甘肃院共同设计。

基础作用力见表13.0-1，岩土类别及设计参数见表13.0-2。

表 13.0-1　　　　　基 础 作 用 力　　　　　（kN）

电压等级（kV）	基础作用力代号	T	T_x	T_y	N	N_x	N_y
500（750）	1200	1200	168	168	1560	218	218
	1400	1400	196	196	1820	255	255
	1600	1600	224	224	2080	291	291
	1800	1800	252	252	2340	328	328
	2000	2000	280	280	2600	364	364
	2200	2200	308	308	2860	400	400
	2400	2400	336	336	3120	437	437
	2600	2600	364	364	3380	473	473
	2800	2800	392	392	3640	510	510
	3000	3000	420	420	3900	546	546

表 13.0-2　　　　　岩土类别及设计参数

序号	代号	岩土类别	c（kPa）	φ（°）	f_{ak}（kPa）	m（kN/m⁴）	γ_s（kN/m³）	土的状态
1	1a	黏性土	20	10	120	20000	16	
2	1b		25	15	140	20000	16	可塑
3	1c		30	20	180	20000	16	
4	2a	粉土	15	20	140	20000	16	
5	2b		20	25	150	20000	16	中密
6	2c		5	20	160	20000	16	
7	3a	碎石土	15	20	140	50000	18	
8	3b		5	30	220	50000	18	中密
9	4a	黄土	8	18	120	14000	13	可塑
10	5a	戈壁碎石土	11	40	180	100000	18	中密

13.1　5ZTW1 子模块

此子模块适用于黏性土地基，共包含 5 张图纸，基础施工图图纸清单见表13.1-1。

表 13.1-1　　　　　5ZTW1 子模块基础施工图图纸清单

序号	图号	图　　名	基础作用力（kN）	
			$T/T_x/T_y$	$N/N_x/N_y$
1	图 13.1-1	5ZTW1∗-1200 掏挖基础施工图	1200/168/168	1560/218/218
2	图 13.1-2	5ZTW1∗-1400 掏挖基础施工图	1400/196/196	1820/255/255
3	图 13.1-3	5ZTW1∗-1600 掏挖基础施工图	1600/224/224	2080/291/291
4	图 13.1-4	5ZTW1∗-1800 掏挖基础施工图	1800/252/252	2340/328/328
5	图 13.1-5	5ZTW1∗-2000 掏挖基础施工图	2000/280/280	2600/364/364

注　1 ∗代表 1a、1b、1c 三种地质参数组合。

基 础 参 数 表

基础名称	主柱直径 d（mm）	底板直径 D（mm）	基础埋深 H（mm）	主柱高 h_1（mm）	圆台高 h_2（mm）	下圆柱高 h_3（mm）	基础露头 H_0（mm）	主筋①	外箍筋②	内箍筋③	单腿混凝土量（m³）	单腿钢筋量（kg）
5ZTW1a-1200-02	1600	3100	8000	7100	1300	100	200	32 ⏀ 22	Φ 8@ 330	Φ 16@ 1500	20.86	869.6
5ZTW1a-1200-07	1600	3100	8300	7900	1300	100	700	32 ⏀ 22	Φ 8@ 330	Φ 16@ 1500	22.47	952.0
5ZTW1a-1200-12	1600	3100	8500	8600	1300	100	1200	32 ⏀ 22	Φ 8@ 330	Φ 16@ 1500	23.88	1024.1
5ZTW1a-1200-17	1600	3100	8700	9300	1300	100	1700	32 ⏀ 22	Φ 8@ 330	Φ 16@ 1500	25.28	1096.2
5ZTW1b-1200-02	1500	2900	8000	7200	1200	100	200	34 ⏀ 20	Φ 8@ 300	Φ 16@ 1500	18.10	771.6
5ZTW1b-1200-07	1500	2900	8200	7900	1200	100	700	34 ⏀ 20	Φ 8@ 300	Φ 16@ 1500	19.34	835.5
5ZTW1b-1200-12	1500	2900	8400	8600	1200	100	1200	34 ⏀ 20	Φ 8@ 300	Φ 16@ 1500	20.57	899.5
5ZTW1b-1200-17	1600	3100	8100	8700	1300	100	1700	32 ⏀ 22	Φ 8@ 330	Φ 16@ 1500	24.08	1034.4
5ZTW1c-1200-02	1400	2800	7100	6300	1200	100	200	30 ⏀ 20	Φ 8@ 300	Φ 16@ 1500	14.62	610.9
5ZTW1c-1200-07	1400	2800	7400	7100	1200	100	700	30 ⏀ 20	Φ 8@ 300	Φ 16@ 1500	15.86	675.6
5ZTW1c-1200-12	1400	2800	7600	7800	1200	100	1200	30 ⏀ 20	Φ 8@ 300	Φ 16@ 1500	16.93	732.3
5ZTW1c-1200-17	1400	2800	7800	8500	1200	100	1700	30 ⏀ 20	Φ 8@ 300	Φ 16@ 1500	18.01	788.9

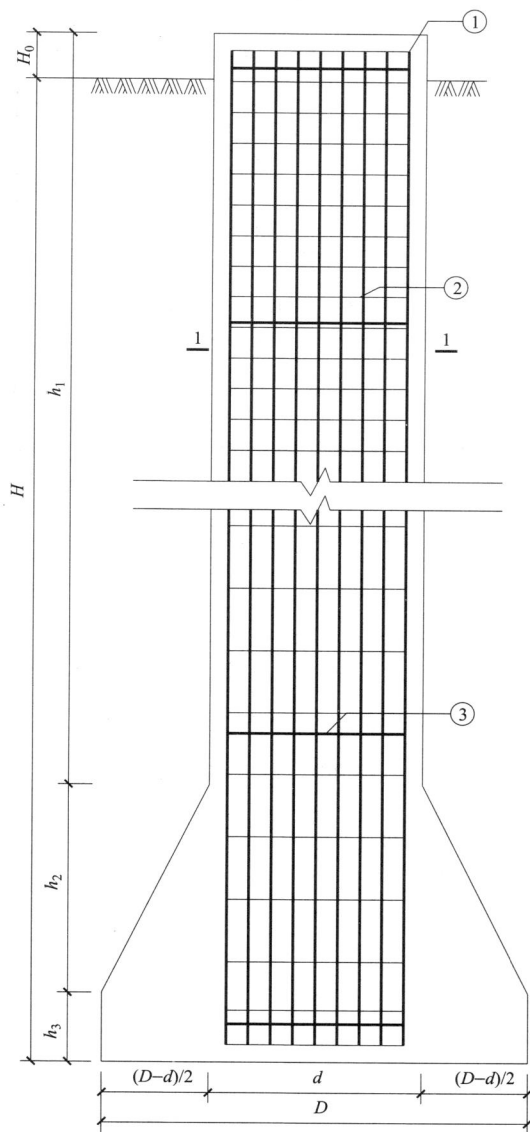

基础立面图

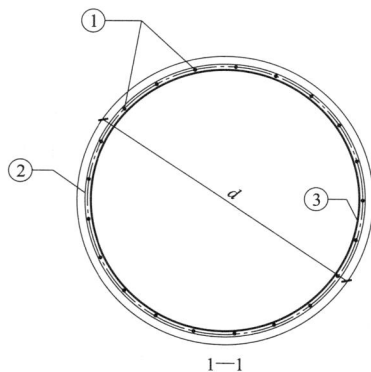

1—1

说明：1. 本基础适用于不受地下水影响的黏性土地质条件。

2. 整体立塔时，混凝土的抗压强度应达到设计强度的100%。分解组塔时，混凝土必须达到抗压强度设计值的70%。

3. 基础根开及地脚螺栓间距与相应杆塔结构图核对无误后，方可施工。

4. 基础混凝土强度等级不应低于 C25，主筋采用 HRB400 级钢筋，箍筋采用 HPB300 级钢筋。

5. 主筋保护层不小于50mm。

6. 基础施工完毕后，做好基面排水处理。

7. 本基础按机械成孔施工方式，未考虑护壁工程量。

图 13.1-1　5ZTW1 ∗ -1200 掏挖基础施工图

基 础 参 数 表

基础名称	主柱直径 d (mm)	底板直径 D (mm)	基础埋深 H (mm)	主柱高 h_1 (mm)	圆台高 h_2 (mm)	下圆柱高 h_3 (mm)	基础露头 H_0 (mm)	主筋①	外箍筋②	内箍筋③	单腿混凝土量 (m³)	单腿钢筋量 (kg)
5ZTW1a-1400-02	1700	3300	8500	7500	1400	100	200	36Φ22	Φ8@330	Φ18@1500	24.99	1032.4
5ZTW1a-1400-07	1700	3300	8700	8200	1400	100	700	36Φ22	Φ8@330	Φ18@1500	26.57	1113.2
5ZTW1a-1400-12	1700	3300	9000	9000	1400	100	1200	36Φ22	Φ8@330	Φ18@1500	28.39	1205.6
5ZTW1a-1400-17	1800	3500	8600	9000	1500	100	1700	42Φ22	Φ8@330	Φ18@1500	32.42	1411.5
5ZTW1b-1400-02	1600	3100	8400	7500	1300	100	200	32Φ22	Φ8@330	Φ16@1500	21.66	910.8
5ZTW1b-1400-07	1600	3100	8600	8200	1300	100	700	32Φ22	Φ8@330	Φ16@1500	23.07	982.9
5ZTW1b-1400-12	1700	3300	8300	8300	1400	100	1200	36Φ22	Φ8@330	Φ18@1500	26.80	1124.8
5ZTW1b-1400-17	1700	3300	8500	9000	1400	100	1700	36Φ22	Φ8@330	Φ18@1500	28.39	1205.6
5ZTW1c-1400-02	1500	2900	7800	7000	1200	100	200	34Φ20	Φ8@300	Φ16@1500	17.75	753.3
5ZTW1c-1400-07	1500	2900	8000	7700	1200	100	700	34Φ20	Φ8@300	Φ16@1500	18.98	817.3
5ZTW1c-1400-12	1500	2900	8300	8500	1200	100	1200	34Φ20	Φ8@300	Φ16@1500	20.40	890.4
5ZTW1c-1400-17	1600	3100	7900	8500	1300	100	1700	32Φ22	Φ8@330	Φ16@1500	23.68	1013.8

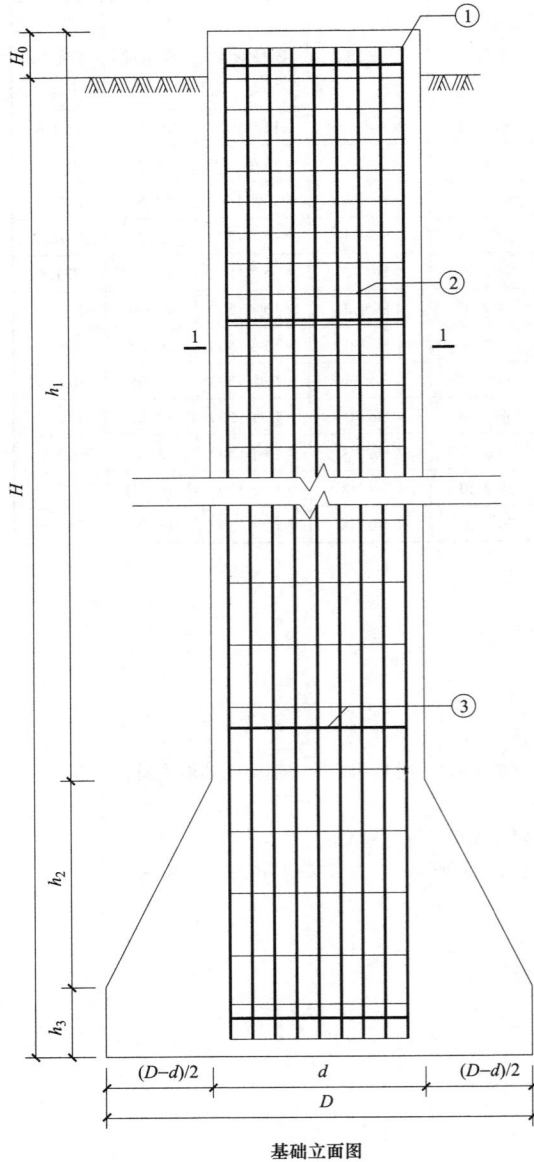

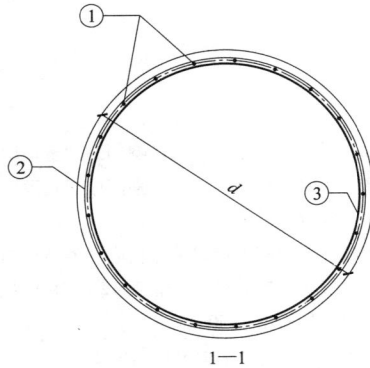

基础立面图

1—1

说明：1. 本基础适用于不受地下水影响的黏性土地质条件。

2. 整体立塔时，混凝土的抗压强度应达到设计强度的100%。分解组塔时，混凝土必须达到抗压强度设计值的70%。

3. 基础根开及地脚螺栓间距与相应杆塔结构图核对无误后，方可施工。

4. 基础混凝土强度等级不应低于C25，主筋采用HRB400级钢筋，箍筋采用HPB300级钢筋。

5. 主筋保护层不小于50mm。

6. 基础施工完毕后，做好基面排水处理。

7. 本基础按机械成孔施工方式，未考虑护壁工程量。

图 13.1-2 5ZTW1*-1400 掏挖基础施工图

基 础 参 数 表

基础名称	主柱直径 d (mm)	底板直径 D (mm)	基础埋深 H (mm)	主柱高 h_1 (mm)	圆台高 h_2 (mm)	下圆柱高 h_3 (mm)	基础露头 H_0 (mm)	主筋①	外箍筋②	内箍筋③	单腿混凝土量 (m^3)	单腿钢筋量 (kg)
5ZTW1a-1600-02	1800	3500	8800	7700	1500	100	200	42 ⌀ 22	Φ 8@ 330	Φ 18@ 1500	29.11	1237.4
5ZTW1a-1600-07	1800	3500	9100	8500	1500	100	700	42 ⌀ 22	Φ 8@ 330	Φ 18@ 1500	31.15	1344.5
5ZTW1a-1600-12	1800	3500	9300	9200	1500	100	1200	42 ⌀ 22	Φ 8@ 330	Φ 18@ 1500	32.93	1438.3
5ZTW1a-1600-17	1800	3500	9500	9900	1500	100	1700	42 ⌀ 22	Φ 8@ 330	Φ 18@ 1500	34.71	1532.1
5ZTW1b-1600-02	1700	3300	8700	7700	1400	100	200	36 ⌀ 22	Φ 8@ 330	Φ 18@ 1500	25.44	1055.5
5ZTW1b-1600-07	1700	3300	9000	8500	1400	100	700	36 ⌀ 22	Φ 8@ 330	Φ 18@ 1500	27.26	1147.9
5ZTW1b-1600-12	1800	3500	8600	8500	1500	100	1200	42 ⌀ 22	Φ 8@ 330	Φ 18@ 1500	31.15	1344.5
5ZTW1b-1600-17	1800	3500	8800	9200	1500	100	1700	42 ⌀ 22	Φ 8@ 330	Φ 18@ 1500	32.93	1438.3
5ZTW1c-1600-02	1600	3100	8100	7200	1300	100	200	32 ⌀ 22	Φ 8@ 330	Φ 16@ 1500	21.06	879.9
5ZTW1c-1600-07	1600	3100	8300	7900	1300	100	700	32 ⌀ 22	Φ 8@ 330	Φ 16@ 1500	22.47	952.0
5ZTW1c-1600-12	1600	3100	8600	8700	1300	100	1200	32 ⌀ 22	Φ 8@ 330	Φ 16@ 1500	24.08	1034.4
5ZTW1c-1600-17	1700	3300	8200	8700	1400	100	1700	36 ⌀ 22	Φ 8@ 330	Φ 18@ 1500	27.71	1171.0

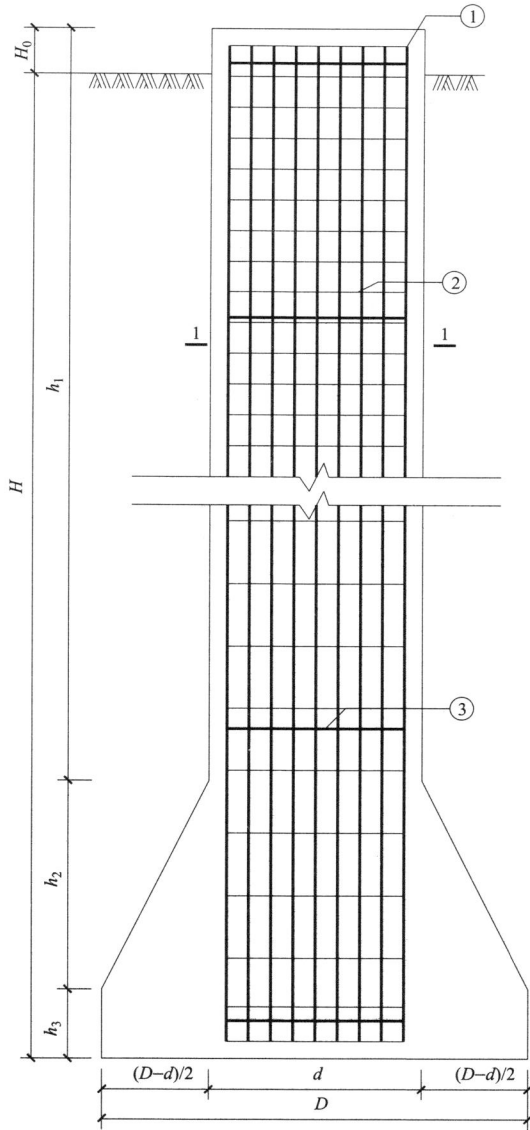

基础立面图

1—1

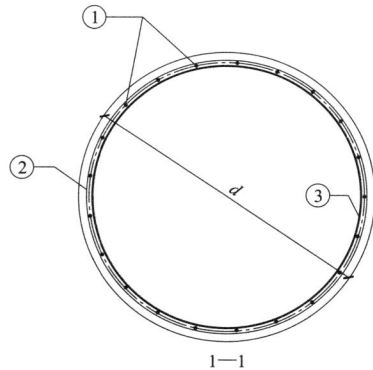

说明：1. 本基础适用于不受地下水影响的黏性土地质条件。

2. 整体立塔时，混凝土的抗压强度应达到设计强度的100%。分解组塔时，混凝土必须达到抗压强度设计值的70%。

3. 基础根开及地脚螺栓间距与相应杆塔结构图核对无误后，方可施工。

4. 基础混凝土强度等级不应低于 C25，主筋采用 HRB400 级钢筋，箍筋采用 HPB300 级钢筋。

5. 主筋保护层不小于 50mm。

6. 基础施工完毕后，做好基面排水处理。

7. 本基础按机械成孔施工方式，未考虑护壁工程量。

图 13.1-3 5ZTW1＊-1600 掏挖基础施工图

基础参数表

基础名称	主柱直径 d (mm)	底板直径 D (mm)	基础埋深 H (mm)	主柱高 h_1 (mm)	圆台高 h_2 (mm)	下圆柱高 h_3 (mm)	基础露头 H_0 (mm)	主筋①	外箍筋②	内箍筋③	单腿混凝土量 (m^3)	单腿钢筋量 (kg)
5ZTW1a-1800-02	1900	3700	9100	7900	1600	100	200	36Φ25	Φ8@370	Φ18@1500	33.67	1403.1
5ZTW1a-1800-07	1900	3700	9300	8600	1600	100	700	36Φ25	Φ8@370	Φ18@1500	35.65	1506.1
5ZTW1a-1800-12	1900	3700	9500	9300	1600	100	1200	36Φ25	Φ8@370	Φ18@1500	37.63	1609.1
5ZTW1a-1800-17	1900	3700	9800	10100	1600	100	1700	36Φ25	Φ8@370	Φ18@1500	39.90	1726.8
5ZTW1b-1800-02	1800	3500	9000	7900	1500	100	200	42Φ22	Φ8@330	Φ18@1500	29.62	1264.2
5ZTW1b-1800-07	1800	3500	9200	8600	1500	100	700	42Φ22	Φ8@330	Φ18@1500	31.40	1357.9
5ZTW1b-1800-12	1800	3500	9400	9300	1500	100	1200	42Φ22	Φ8@330	Φ18@1500	33.18	1451.7
5ZTW1b-1800-17	1900	3700	9100	9400	1600	100	1700	36Φ25	Φ8@370	Φ18@1500	37.92	1623.8
5ZTW1c-1800-02	1700	3300	8300	7300	1400	100	200	36Φ22	Φ8@330	Φ18@1500	24.53	1009.3
5ZTW1c-1800-07	1700	3300	8600	8100	1400	100	700	36Φ22	Φ8@330	Φ18@1500	26.35	1101.7
5ZTW1c-1800-12	1700	3300	8800	8800	1400	100	1200	36Φ22	Φ8@330	Φ18@1500	27.94	1182.5
5ZTW1c-1800-17	1700	3300	9000	9500	1400	100	1700	36Φ22	Φ8@330	Φ18@1500	29.53	1263.4

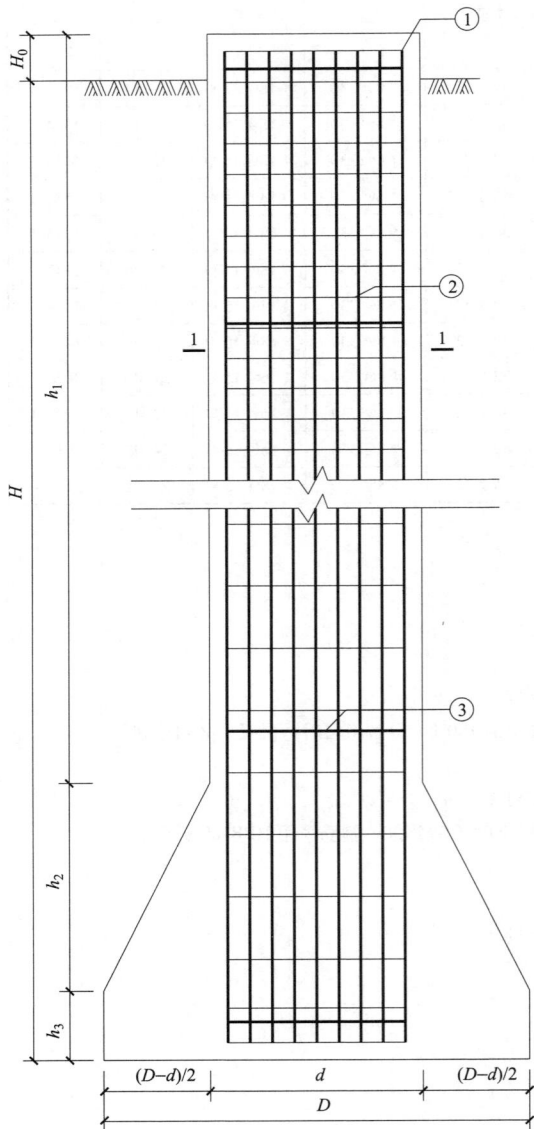

基础立面图

1—1

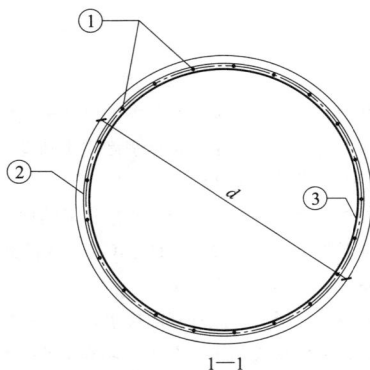

说明：1. 本基础适用于不受地下水影响的黏性土地质条件。

2. 整体立塔时，混凝土的抗压强度应达到设计强度的 100%。分解组塔时，混凝土必须达到抗压强度设计值的 70%。

3. 基础根开及地脚螺栓间距与相应杆塔结构图核对无误后，方可施工。

4. 基础混凝土强度等级不应低于 C25，主筋采用 HRB400 级钢筋，箍筋采用 HPB300 级钢筋。

5. 主筋保护层不小于 50mm。

6. 基础施工完毕后，做好基面排水处理。

7. 本基础按机械成孔施工方式，未考虑护壁工程量。

图 13.1-4　5ZTW1*-1800 掏挖基础施工图

基 础 参 数 表

基础名称	主柱直径 d (mm)	底板直径 D (mm)	基础埋深 H (mm)	主柱高 h_1 (mm)	圆台高 h_2 (mm)	下圆柱高 h_3 (mm)	基础露头 H_0 (mm)	主筋①	外箍筋②	内箍筋③	单腿混凝土量 (m^3)	单腿钢筋量 (kg)
5ZTW1a-2000-02	2000	4000	9000	7800	1600	100	200	40 Φ 25	Φ 8@ 370	Φ 18@ 1500	37.49	1538.4
5ZTW1a-2000-07	2000	4000	9200	8500	1600	100	700	40 Φ 25	Φ 8@ 370	Φ 18@ 1500	39.69	1652.6
5ZTW1a-2000-12	2000	4000	9500	9300	1600	100	1200	40 Φ 25	Φ 8@ 370	Φ 18@ 1500	42.20	1783.1
5ZTW1a-2000-17	2000	4000	9700	10000	1600	100	1700	40 Φ 25	Φ 8@ 370	Φ 18@ 1500	44.40	1897.2
5ZTW1b-2000-02	1900	3700	9100	7900	1600	100	200	36 Φ 25	Φ 8@ 370	Φ 18@ 1500	33.67	1403.1
5ZTW1b-2000-07	1900	3700	9400	8700	1600	100	700	36 Φ 25	Φ 8@ 370	Φ 18@ 1500	35.93	1520.8
5ZTW1b-2000-12	1900	3700	9600	9400	1600	100	1200	36 Φ 25	Φ 8@ 370	Φ 18@ 1500	37.92	1623.8
5ZTW1b-2000-17	1900	3700	9800	10100	1600	100	1700	36 Φ 25	Φ 8@ 370	Φ 18@ 1500	39.90	1726.8
5ZTW1c-2000-02	1700	3300	9100	8100	1400	100	200	36 Φ 22	Φ 8@ 330	Φ 18@ 1500	26.35	1101.7
5ZTW1c-2000-07	1800	3500	8700	8100	1500	100	700	42 Φ 22	Φ 8@ 330	Φ 18@ 1500	30.13	1290.9
5ZTW1c-2000-12	1800	3500	8900	8800	1500	100	1200	42 Φ 22	Φ 8@ 330	Φ 18@ 1500	31.91	1384.7
5ZTW1c-2000-17	1800	3500	9200	9600	1500	100	1700	42 Φ 22	Φ 8@ 330	Φ 18@ 1500	33.95	1491.9

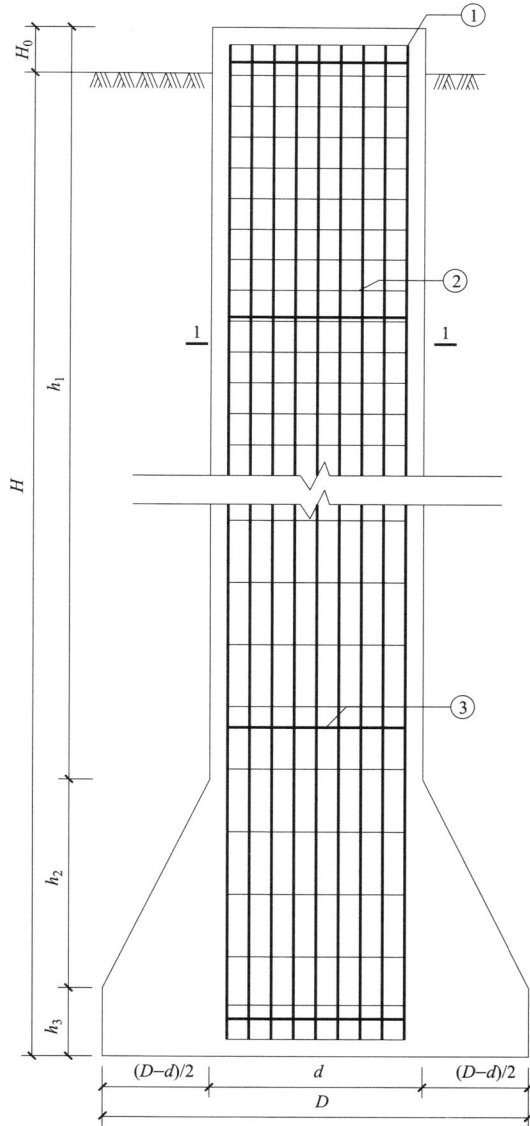

基础立面图

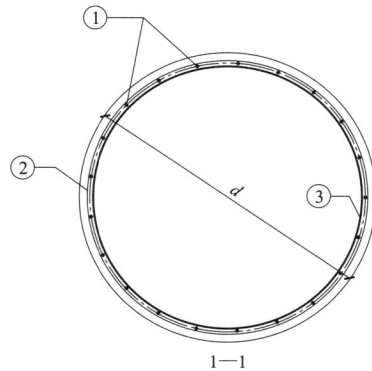

1—1

说明：1. 本基础适用于不受地下水影响的黏性土地质条件。

2. 整体立塔时，混凝土的抗压强度应达到设计强度的 100%。分解组塔时，混凝土必须达到抗压强度设计值的 70%。

3. 基础根开及地脚螺栓间距与相应杆塔结构图核对无误后，方可施工。

4. 基础混凝土强度等级不应低于 C25，主筋采用 HRB400 级钢筋，箍筋采用 HPB300 级钢筋。

5. 主筋保护层不小于 50mm。

6. 基础施工完毕后，做好基面排水处理。

7. 本基础按机械成孔施工方式，未考虑护壁工程量。

图 13.1-5 5ZTW1*-2000 掏挖基础施工图

13.2 5ZTW2 子模块

此子模块适用于粉土地基，共包含 5 张图纸，基础施工图图纸清单见表 13.2-1。

表 13.2-1   5ZTW2 子模块基础施工图图纸清单

序号	图号	图 名	基础作用力（kN）	
			$T/T_x/T_y$	$N/N_x/N_y$
1	图 13.2-1	5ZTW2*-1200 掏挖基础施工图	1200/168/168	1560/218/218
2	图 13.2-2	5ZTW2*-1400 掏挖基础施工图	1400/196/196	1820/255/255
3	图 13.2-3	5ZTW2*-1600 掏挖基础施工图	1600/224/224	2080/291/291
4	图 13.2-4	5ZTW2*-1800 掏挖基础施工图	1800/252/252	2340/328/328
5	图 13.2-5	5ZTW2*-2000 掏挖基础施工图	2000/280/280	2600/364/364

注   2*代表 2a、2b、2c 三种地质参数组合。

基 础 参 数 表

基础名称	主柱直径 d (mm)	底板直径 D (mm)	基础埋深 H (mm)	主柱高 h_1 (mm)	圆台高 h_2 (mm)	下圆柱高 h_3 (mm)	基础露头 H_0 (mm)	主筋①	外箍筋②	内箍筋③	单腿混凝土量 (m³)	单腿钢筋量 (kg)
5ZTW2a-1200-02	1300	2600	7400	6700	1100	100	200	26Φ20	Φ8@300	Φ16@1500	12.83	553.5
5ZTW2a-1200-07	1300	2600	7600	7400	1100	100	700	26Φ20	Φ8@300	Φ16@1500	13.76	602.9
5ZTW2a-1200-12	1400	2800	7200	7400	1200	100	1200	30Φ20	Φ8@300	Φ16@1500	16.32	699.9
5ZTW2a-1200-17	1400	2800	7400	8100	1200	100	1700	30Φ20	Φ8@300	Φ16@1500	17.39	756.5
5ZTW2b-1200-02	1300	2600	7200	6500	1100	100	200	26Φ20	Φ8@300	Φ16@1500	12.57	539.4
5ZTW2b-1200-07	1300	2600	7400	7200	1100	100	700	26Φ20	Φ8@300	Φ16@1500	13.49	588.8
5ZTW2b-1200-12	1300	2600	7600	7900	1100	100	1200	26Φ20	Φ8@300	Φ16@1500	14.42	638.1
5ZTW2b-1200-17	1300	2600	7700	8500	1100	100	1700	26Φ20	Φ8@300	Φ16@1500	15.22	680.4
5ZTW2c-1200-02	1200	2400	6700	6100	1000	100	200	28Φ18	Φ8@270	Φ16@1500	9.99	445.5
5ZTW2c-1200-07	1200	2400	7000	6900	1000	100	700	28Φ18	Φ8@270	Φ16@1500	10.90	495.4
5ZTW2c-1200-12	1300	2600	7000	7300	1100	100	1200	26Φ20	Φ8@300	Φ16@1500	13.63	595.8
5ZTW2c-1200-17	1300	2600	7300	8100	1100	100	1700	26Φ20	Φ8@300	Φ16@1500	14.69	652.2

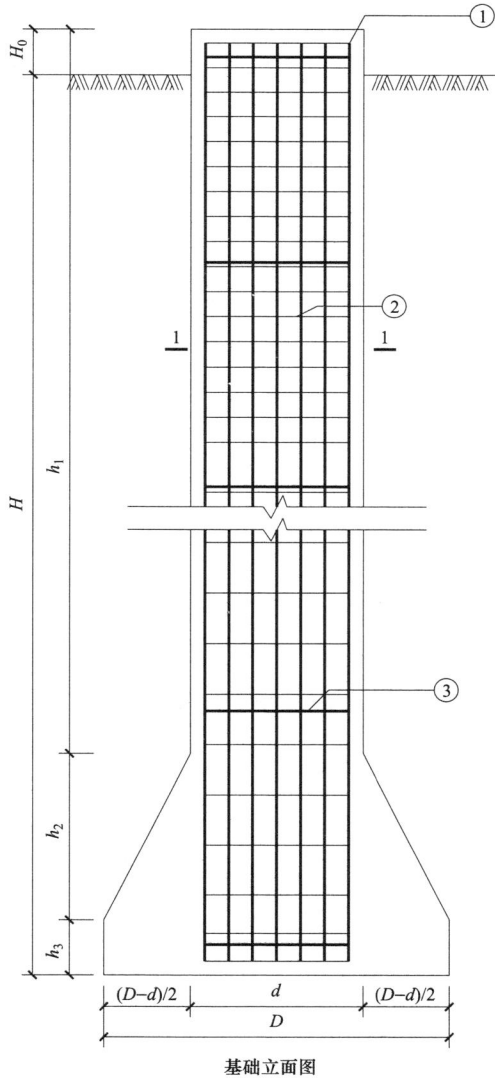

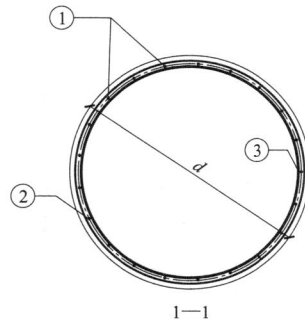

基础立面图

1—1

说明：1. 本基础适用于不受地下水影响的粉土地质条件。

2. 整体立塔时，混凝土的抗压强度应达到设计强度的 100%。分解组塔时，混凝土必须达到抗压强度设计值的 70%。

3. 基础根开及地脚螺栓间距与相应杆塔结构图核对无误后，方可施工。

4. 基础混凝土强度等级不应低于 C25，主筋采用 HRB400 级钢筋，箍筋采用 HPB300 级钢筋。

5. 主筋保护层不小于 50mm。

6. 基础施工完毕后，做好基面排水处理。

7. 本基础按机械成孔施工方式，未考虑护壁工程量。

图 13.2-1 5ZTW2＊-1200 掏挖基础施工图

基 础 参 数 表

基础名称	主柱直径 d (mm)	底板直径 D (mm)	基础埋深 H (mm)	主柱高 h_1 (mm)	圆台高 h_2 (mm)	下圆柱高 h_3 (mm)	基础露头 H_0 (mm)	主筋①	外箍筋②	内箍筋③	单腿混凝土量 (m³)	单腿钢筋量 (kg)
5ZTW2a-1400-02	1400	2800	7700	6900	1200	100	200	30 Φ 20	Φ 8@ 300	Φ 16@ 1500	15.55	659.4
5ZTW2a-1400-07	1400	2800	7900	7600	1200	100	700	30 Φ 20	Φ 8@ 300	Φ 16@ 1500	16.63	716.1
5ZTW2a-1400-12	1400	2800	8100	8300	1200	100	1200	30 Φ 20	Φ 8@ 300	Φ 16@ 1500	17.70	772.7
5ZTW2a-1400-17	1500	2900	8000	8700	1200	100	1700	34 Φ 20	Φ 8@ 300	Φ 16@ 1500	20.75	908.6
5ZTW2b-1400-02	1400	2800	7500	6700	1200	100	200	30 Φ 20	Φ 8@ 300	Φ 16@ 1500	15.24	643.2
5ZTW2b-1400-07	1400	2800	7700	7400	1200	100	700	30 Φ 20	Φ 8@ 300	Φ 16@ 1500	16.32	699.9
5ZTW2b-1400-12	1400	2800	7800	8000	1200	100	1200	30 Φ 20	Φ 8@ 300	Φ 16@ 1500	17.24	748.5
5ZTW2b-1400-17	1400	2800	8000	8700	1200	100	1700	30 Φ 20	Φ 8@ 300	Φ 16@ 1500	18.32	805.1
5ZTW2c-1400-02	1300	2600	7100	6400	1100	100	200	26 Φ 20	Φ 8@ 300	Φ 16@ 1500	12.43	532.4
5ZTW2c-1400-07	1300	2600	7500	7300	1100	100	700	26 Φ 20	Φ 8@ 300	Φ 16@ 1500	13.63	595.8
5ZTW2c-1400-12	1400	2800	7400	7600	1200	100	1200	30 Φ 20	Φ 8@ 300	Φ 16@ 1500	16.63	716.1
5ZTW2c-1400-17	1400	2800	7700	8400	1200	100	1700	30 Φ 20	Φ 8@ 300	Φ 16@ 1500	17.86	780.8

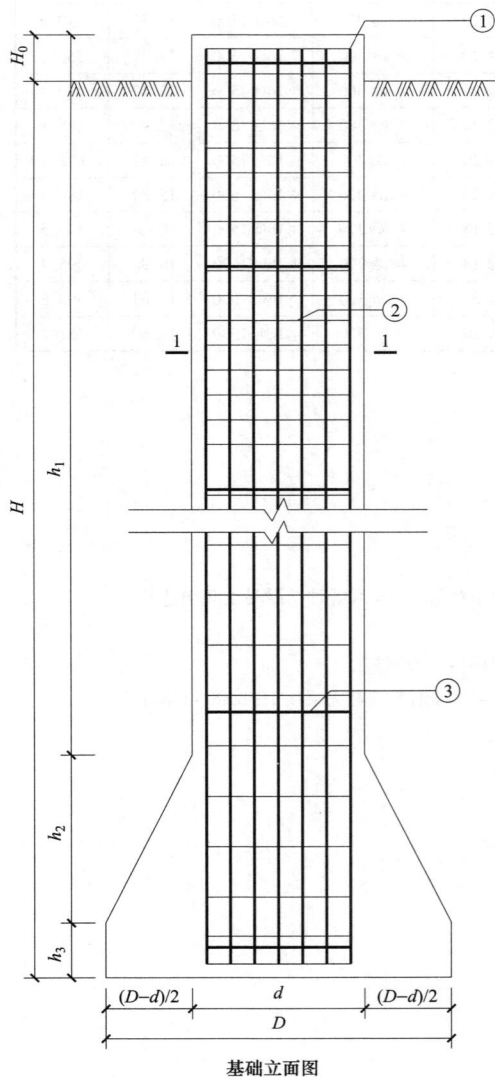

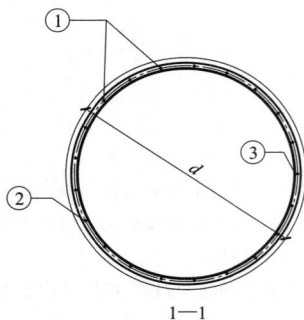

基础立面图

1—1

说明：1. 本基础适用于不受地下水影响的粉土地质条件。

2. 整体立塔时，混凝土的抗压强度应达到设计强度的 100% 。分解组塔时，混凝土必须达到抗压强度设计值的 70% 。

3. 基础根开及地脚螺栓间距与相应杆塔结构图核对无误后，方可施工。

4. 基础混凝土强度等级不应低于 C25，主筋采用 HRB400 级钢筋，箍筋采用 HPB300 级钢筋。

5. 主筋保护层不小于 50mm。

6. 基础施工完毕后，做好基面排水处理。

7. 本基础按机械成孔施工方式，未考虑护壁工程量。

图 13.2-2　5ZTW2 ＊ -1400 掏挖基础施工图

基 础 参 数 表

基础名称	主柱直径 d (mm)	底板直径 D (mm)	基础埋深 H (mm)	主柱高 h_1 (mm)	圆台高 h_2 (mm)	下圆柱高 h_3 (mm)	基础露头 H_0 (mm)	主筋①	外箍筋②	内箍筋③	单腿混凝土量 (m³)	单腿钢筋量 (kg)
5ZTW2a-1600-02	1500	2900	8200	7400	1200	100	200	34 Φ 20	Φ 8@ 300	Φ 16@ 1500	18.45	789.9
5ZTW2a-1600-07	1500	2900	8400	8100	1200	100	700	34 Φ 20	Φ 8@ 300	Φ 16@ 1500	19.69	853.8
5ZTW2a-1600-12	1600	3100	8000	8100	1300	100	1200	32 Φ 22	Φ 8@ 330	Φ 16@ 1500	22.87	972.6
5ZTW2a-1600-17	1600	3100	8200	8800	1300	100	1700	32 Φ 22	Φ 8@ 330	Φ 16@ 1500	24.28	1044.7
5ZTW2b-1600-02	1500	2900	8000	7200	1200	100	200	34 Φ 20	Φ 8@ 300	Φ 16@ 1500	18.10	771.6
5ZTW2b-1600-07	1500	2900	8200	7900	1200	100	700	34 Φ 20	Φ 8@ 300	Φ 16@ 1500	19.34	835.5
5ZTW2b-1600-12	1500	2900	8300	8500	1200	100	1200	34 Φ 20	Φ 8@ 300	Φ 16@ 1500	20.40	890.4
5ZTW2b-1600-17	1600	3100	8000	8600	1300	100	1700	32 Φ 22	Φ 8@ 330	Φ 16@ 1500	23.88	1024.1
5ZTW2c-1600-02	1400	2800	7400	6600	1200	100	200	30 Φ 20	Φ 8@ 300	Φ 16@ 1500	15.09	635.1
5ZTW2c-1600-07	1400	2800	7800	7500	1200	100	700	30 Φ 20	Φ 8@ 300	Φ 16@ 1500	16.47	708.0
5ZTW2c-1600-12	1400	2800	8100	8300	1200	100	1200	30 Φ 20	Φ 8@ 300	Φ 16@ 1500	17.70	772.7
5ZTW2c-1600-17	1500	2900	8100	8800	1200	100	1700	34 Φ 20	Φ 8@ 300	Φ 16@ 1500	20.93	917.8

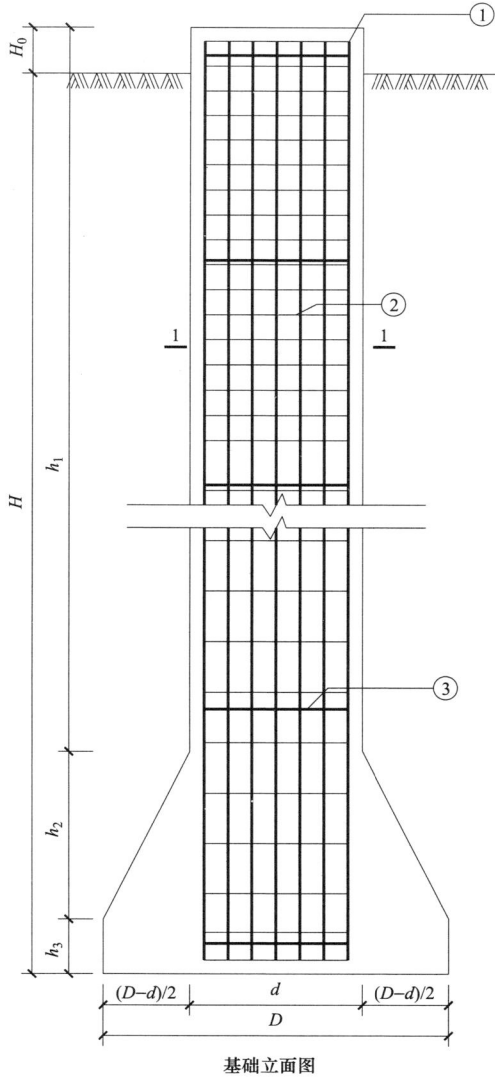

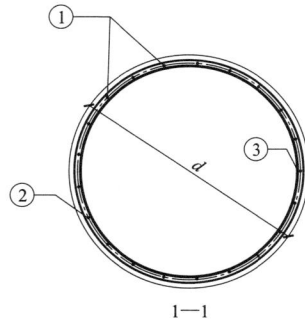

基础立面图

1—1

说明：1. 本基础适用于不受地下水影响的粉土地质条件。

2. 整体立塔时，混凝土的抗压强度应达到设计强度的100%。分解组塔时，混凝土必须达到抗压强度设计值的70%。

3. 基础根开及地脚螺栓间距与相应杆塔结构图核对无误后，方可施工。

4. 基础混凝土强度等级不应低于C25，主筋采用HRB400级钢筋，箍筋采用HPB300级钢筋。

5. 主筋保护层不小于50mm。

6. 基础施工完毕后，做好基面排水处理。

7. 本基础按机械成孔施工方式，未考虑护壁工程量。

图 13.2-3　5ZTW2*-1600 掏挖基础施工图

基 础 参 数 表

基础名称	主柱直径 d (mm)	底板直径 D (mm)	基础埋深 H (mm)	主柱高 h_1 (mm)	圆台高 h_2 (mm)	下圆柱高 h_3 (mm)	基础露头 H_0 (mm)	主筋①	外箍筋②	内箍筋③	单腿混凝土量 (m³)	单腿钢筋量 (kg)
5ZTW2a-1800-02	1600	3100	8300	7400	1300	100	200	32Φ22	Φ8@330	Φ16@1500	21.46	900.5
5ZTW2a-1800-07	1600	3100	8500	8100	1300	100	700	32Φ22	Φ8@330	Φ16@1500	22.87	972.6
5ZTW2a-1800-12	1600	3100	8700	8800	1300	100	1200	32Φ22	Φ8@330	Φ16@1500	24.28	1044.7
5ZTW2a-1800-17	1700	3300	8400	8900	1400	100	1700	36Φ22	Φ8@330	Φ18@1500	28.16	1194.1
5ZTW2b-1800-02	1600	3100	8100	7200	1300	100	200	32Φ22	Φ8@330	Φ16@1500	21.06	879.9
5ZTW2b-1800-07	1600	3100	8300	7900	1300	100	700	32Φ22	Φ8@330	Φ16@1500	22.47	952.0
5ZTW2b-1800-12	1600	3100	8500	8600	1300	100	1200	32Φ22	Φ8@330	Φ16@1500	23.88	1024.1
5ZTW2b-1800-17	1600	3100	8700	9300	1300	100	1700	32Φ22	Φ8@330	Φ16@1500	25.28	1096.2
5ZTW2c-1800-02	1400	2800	8100	7300	1200	100	200	30Φ20	Φ8@300	Φ16@1500	16.16	691.8
5ZTW2c-1800-07	1500	2900	8100	7800	1200	100	700	34Φ20	Φ8@300	Φ16@1500	19.16	826.4
5ZTW2c-1800-12	1600	3100	8100	8200	1300	100	1200	32Φ22	Φ8@330	Φ16@1500	23.07	982.9
5ZTW2c-1800-17	1600	3100	8400	9000	1300	100	1700	32Φ22	Φ8@330	Φ16@1500	24.68	1065.3

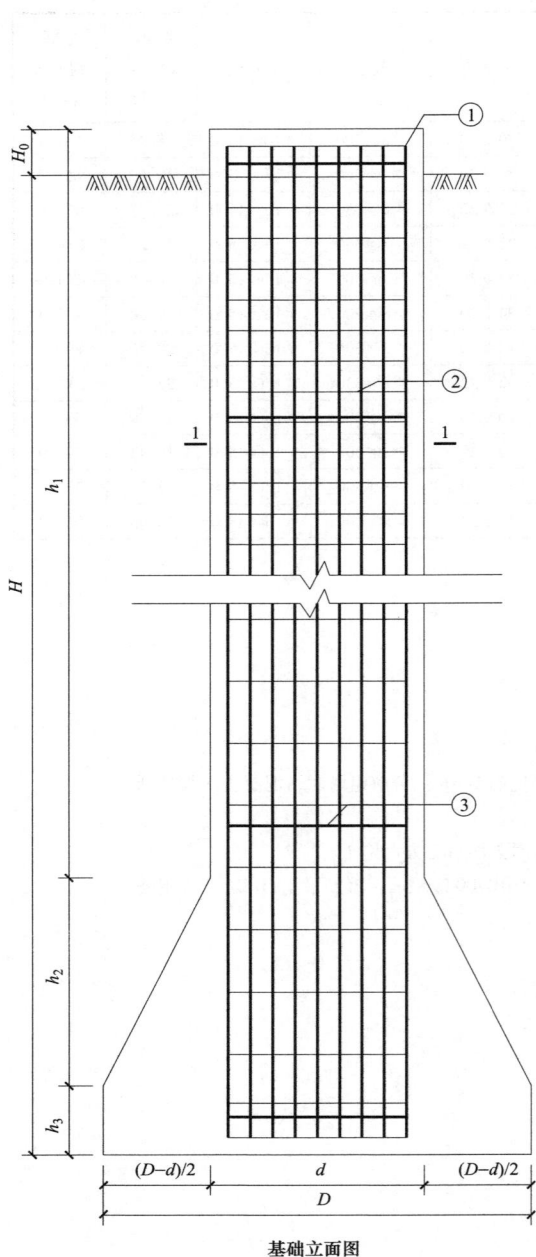

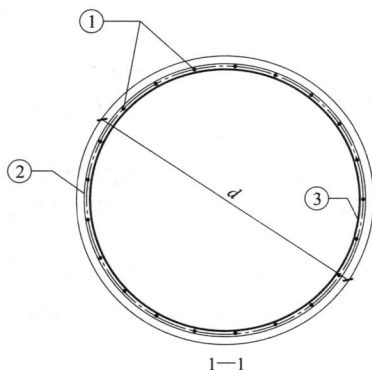

基础立面图

1—1

说明: 1. 本基础适用于不受地下水影响的粉土地质条件。

2. 整体立塔时，混凝土的抗压强度应达到设计强度的100%。分解组塔时，混凝土必须达到抗压强度设计值的70%。

3. 基础根开及地脚螺栓间距与相应杆塔结构图核对无误后，方可施工。

4. 基础混凝土强度等级不应低于C25，主筋采用HRB400级钢筋，箍筋采用HPB300级钢筋。

5. 主筋保护层不小于50mm。

6. 基础施工完毕后，做好基面排水处理。

7. 本基础按机械成孔施工方式，未考虑护壁工程量。

图 13.2-4 5ZTW2*-1800掘挖基础施工图

基 础 参 数 表

基础名称	主柱直径 d (mm)	底板直径 D (mm)	基础埋深 H (mm)	主柱高 h_1 (mm)	圆台高 h_2 (mm)	下圆柱高 h_3 (mm)	基础露头 H_0 (mm)	主筋①	外箍筋②	内箍筋③	单腿混凝土量 (m³)	单腿钢筋量 (kg)
5ZTW2a-2000-02	1700	3300	8400	7400	1400	100	200	36 Φ 22	Φ 8@ 330	Φ 18@ 1500	24.76	1020.9
5ZTW2a-2000-07	1700	3300	8600	8100	1400	100	700	36 Φ 22	Φ 8@ 330	Φ 18@ 1500	26.35	1101.7
5ZTW2a-2000-12	1700	3300	8800	8800	1400	100	1200	36 Φ 22	Φ 8@ 330	Φ 18@ 1500	27.94	1182.5
5ZTW2a-2000-17	1700	3300	9000	9500	1400	100	1700	36 Φ 22	Φ 8@ 330	Φ 18@ 1500	29.53	1263.4
5ZTW2b-2000-02	1700	3300	8200	7200	1400	100	200	36 Φ 22	Φ 8@ 330	Φ 18@ 1500	24.30	997.8
5ZTW2b-2000-07	1700	3300	8400	7900	1400	100	700	36 Φ 22	Φ 8@ 330	Φ 18@ 1500	25.89	1078.6
5ZTW2b-2000-12	1700	3300	8600	8600	1400	100	1200	36 Φ 22	Φ 8@ 330	Φ 18@ 1500	27.48	1159.4
5ZTW2b-2000-17	1700	3300	8800	9300	1400	100	1700	36 Φ 22	Φ 8@ 330	Φ 18@ 1500	29.07	1240.3
5ZTW2c-2000-02	1600	3100	8000	7100	1300	100	200	32 Φ 22	Φ 8@ 330	Φ 16@ 1500	20.86	869.6
5ZTW2c-2000-07	1600	3100	8400	8000	1300	100	700	32 Φ 22	Φ 8@ 330	Φ 16@ 1500	22.67	962.3
5ZTW2c-2000-12	1600	3100	8700	8800	1300	100	1200	32 Φ 22	Φ 8@ 330	Φ 16@ 1500	24.28	1044.7
5ZTW2c-2000-17	1700	3300	8700	9200	1400	100	1700	36 Φ 22	Φ 8@ 330	Φ 18@ 1500	28.84	1228.7

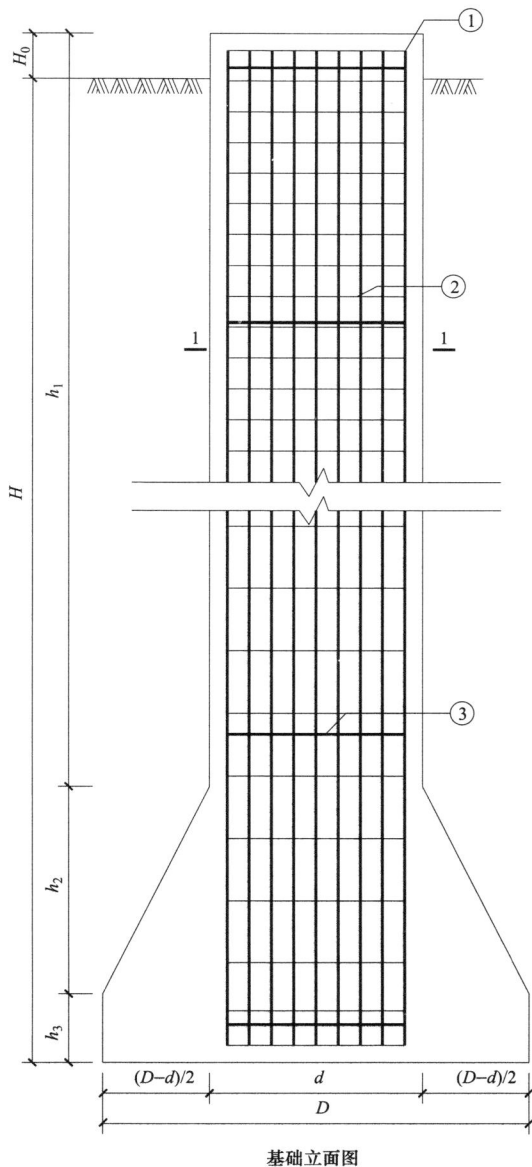

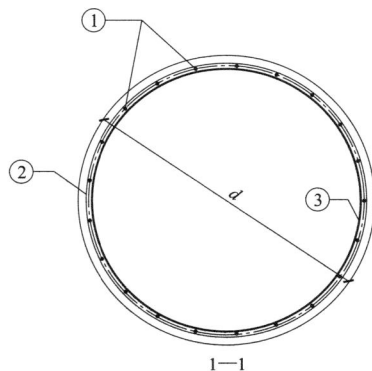

基础立面图

说明：1. 本基础适用于不受地下水影响的粉土地质条件。

2. 整体立塔时，混凝土的抗压强度应达到设计强度的 100%。分解组塔时，混凝土必须达到抗压强度设计值的 70%。

3. 基础根开及地脚螺栓间距与相应杆塔结构图核对无误后，方可施工。

4. 基础混凝土强度等级不应低于 C25，主筋采用 HRB400 级钢筋，箍筋采用 HPB300 级钢筋。

5. 主筋保护层不小于 50mm。

6. 基础施工完毕后，做好基面排水处理。

7. 本基础按机械成孔施工方式，未考虑护壁工程量。

1—1

图 13.2-5　5ZTW2＊-2000 掏挖基础施工图

13.3　5ZTW3 子模块

此子模块适用于碎石土地基，共包含 5 张图纸，基础施工图图纸清单见表 13.3-1。

表 13.3-1　　　　5ZTW3 子模块基础施工图图纸清单

序号	图号	图　　名	基础作用力（kN）	
			$T/T_x/T_y$	$N/N_x/N_y$
1	图 13.3-1	5ZTW3＊-1200 掏挖基础施工图	1200/168/168	1560/218/218
2	图 13.3-2	5ZTW3＊-1400 掏挖基础施工图	1400/196/196	1820/255/255
3	图 13.3-3	5ZTW3＊-1600 掏挖基础施工图	1600/224/224	2080/291/291
4	图 13.3-4	5ZTW3＊-1800 掏挖基础施工图	1800/252/252	2340/328/328
5	图 13.3-5	5ZTW3＊-2000 掏挖基础施工图	2000/280/280	2600/364/364

注　3＊代表 3a、3b 两种地质参数组合。

基 础 参 数 表

基础名称	主柱直径 d (mm)	底板直径 D (mm)	基础埋深 H (mm)	主柱高 h_1 (mm)	圆台高 h_2 (mm)	下圆柱高 h_3 (mm)	基础露头 H_0 (mm)	主筋①	外箍筋②	内箍筋③	单腿混凝土量 (m³)	单腿钢筋量 (kg)
5ZTW3a-1200-02	1200	2200	5200	4600	1000	100	200	28 Φ 18	Φ 8@ 270	Φ 16@ 1500	7. 92	352. 1
5ZTW3a-1200-07	1200	2200	5400	5300	1000	100	700	28 Φ 18	Φ 8@ 270	Φ 16@ 1500	8. 71	395. 7
5ZTW3a-1200-12	1200	2200	5700	6100	1000	100	1200	28 Φ 18	Φ 8@ 270	Φ 16@ 1500	9. 61	445. 5
5ZTW3a-1200-17	1200	2200	5900	6800	1000	100	1700	28 Φ 18	Φ 8@ 270	Φ 16@ 1500	10. 41	489. 1
5ZTW3b-1200-02	1200	2200	5200	4600	1000	100	200	28 Φ 18	Φ 8@ 270	Φ 16@ 1500	7. 92	352. 1
5ZTW3b-1200-07	1200	2200	5400	5300	1000	100	700	28 Φ 18	Φ 8@ 270	Φ 16@ 1500	8. 71	395. 7
5ZTW3b-1200-12	1200	2200	5700	6100	1000	100	1200	28 Φ 18	Φ 8@ 270	Φ 16@ 1500	9. 61	445. 5
5ZTW3b-1200-17	1200	2200	5900	6800	1000	100	1700	28 Φ 18	Φ 8@ 270	Φ 16@ 1500	10. 41	489. 1

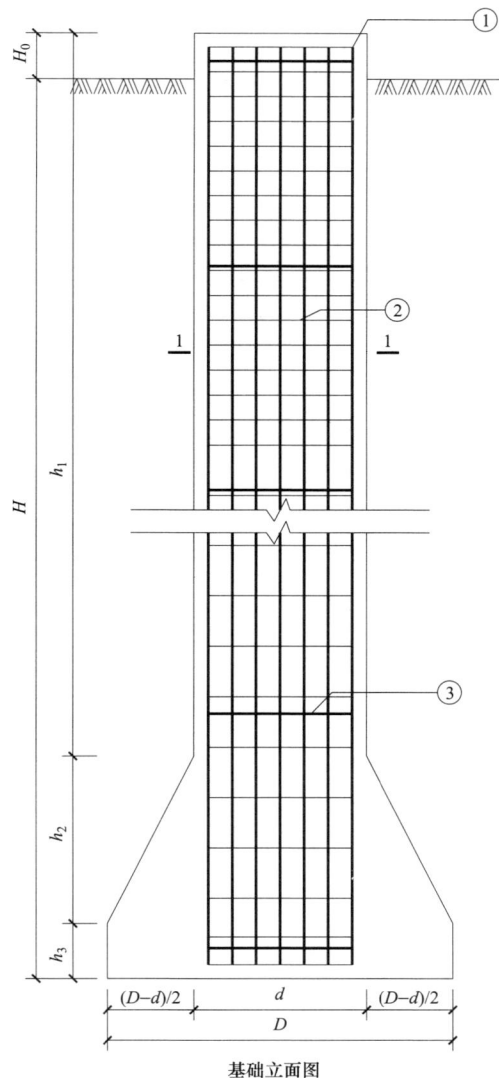

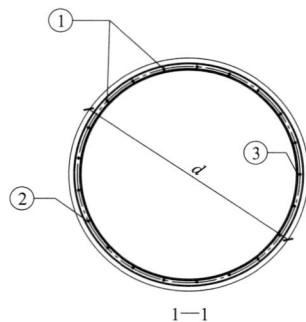

基础立面图

1—1

说明：1. 本基础适用于不受地下水影响的碎石土地质条件。

2. 整体立塔时，混凝土的抗压强度应达到设计强度的 100%。分解组塔时，混凝土必须达到抗压强度设计值的 70%。

3. 基础根开及地脚螺栓间距与相应杆塔结构图核对无误后，方可施工。

4. 基础混凝土强度等级不应低于 C25，主筋采用 HRB400 级钢筋，箍筋采用 HPB300 级钢筋。

5. 主筋保护层不小于 50mm。

6. 基础施工完毕后，做好基面排水处理。

7. 本基础按机械成孔施工方式，未考虑护壁工程量。

图 13. 3-1　5ZTW3*-1200 掏挖基础施工图

基 础 参 数 表

基础名称	主柱直径 d (mm)	底板直径 D (mm)	基础埋深 H (mm)	主柱高 h_1 (mm)	圆台高 h_2 (mm)	下圆柱高 h_3 (mm)	基础露头 H_0 (mm)	主筋①	外箍筋②	内箍筋③	单腿混凝土量 (m^3)	单腿钢筋量 (kg)
5ZTW3a-1400-02	1300	2400	5400	4700	1100	100	200	26 Φ 20	Φ 8@ 300	Φ 16@ 1500	9.73	412.5
5ZTW3a-1400-07	1300	2400	5700	5500	1100	100	700	26 Φ 20	Φ 8@ 300	Φ 16@ 1500	10.80	468.9
5ZTW3a-1400-12	1300	2400	6000	6300	1100	100	1200	26 Φ 20	Φ 8@ 300	Φ 16@ 1500	11.86	525.3
5ZTW3a-1400-17	1300	2400	6200	7000	1100	100	1700	26 Φ 20	Φ 8@ 300	Φ 16@ 1500	12.79	574.7
5ZTW3b-1400-02	1300	2400	5400	4700	1100	100	200	26 Φ 20	Φ 8@ 300	Φ 16@ 1500	9.73	412.5
5ZTW3b-1400-07	1300	2400	5700	5500	1100	100	700	26 Φ 20	Φ 8@ 300	Φ 16@ 1500	10.80	468.9
5ZTW3b-1400-12	1300	2400	6000	6300	1100	100	1200	26 Φ 20	Φ 8@ 300	Φ 16@ 1500	11.86	525.3
5ZTW3b-1400-17	1300	2400	6200	7000	1100	100	1700	26 Φ 20	Φ 8@ 300	Φ 16@ 1500	12.79	574.7

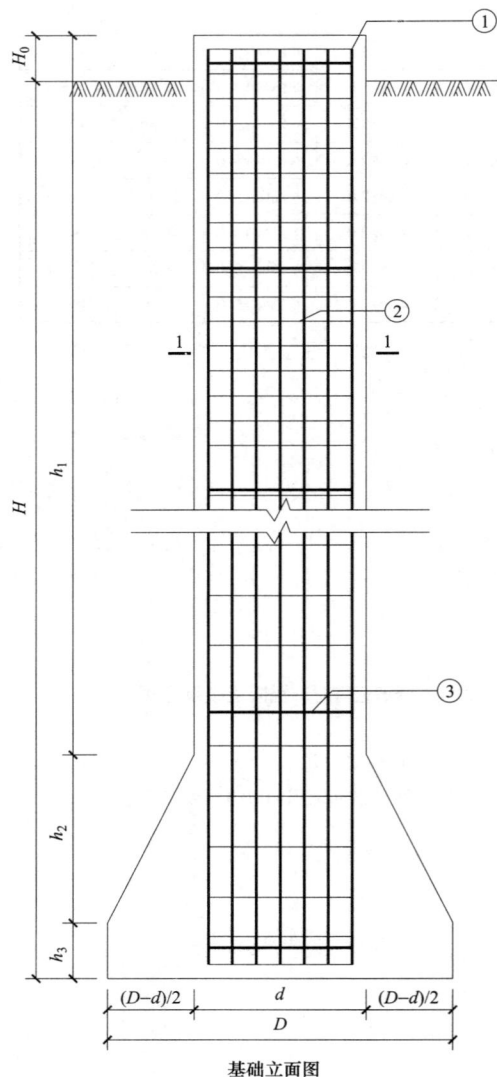

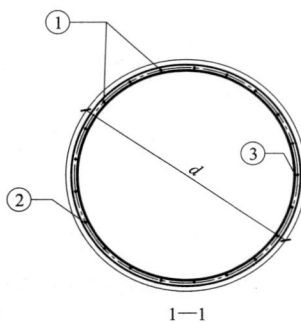

基础立面图

1—1

说明： 1. 本基础适用于不受地下水影响的碎石土地质条件。

2. 整体立塔时，混凝土的抗压强度应达到设计强度的100%。分解组塔时，混凝土必须达到抗压强度设计值的70%。

3. 基础根开及地脚螺栓间距与相应杆塔结构图核对无误后，方可施工。

4. 基础混凝土强度等级不应低于C25，主筋采用HRB400级钢筋，箍筋采用HPB300级钢筋。

5. 主筋保护层不小于50mm。

6. 基础施工完毕后，做好基面排水处理。

7. 本基础按机械成孔施工方式，未考虑护壁工程量。

图 13.3-2　5ZTW3*-1400 掏挖基础施工图

基 础 参 数 表

基础名称	主柱直径 d (mm)	底板直径 D (mm)	基础埋深 H (mm)	主柱高 h_1 (mm)	圆台高 h_2 (mm)	下圆柱高 h_3 (mm)	基础露头 H_0 (mm)	主筋①	外箍筋②	内箍筋③	单腿混凝土量 (m^3)	单腿钢筋量 (kg)
5ZTW3a-1600-02	1400	2600	5500	4700	1200	100	200	30Φ20	Φ8@300	Φ16@1500	11.65	481.4
5ZTW3a-1600-07	1400	2600	5800	5500	1200	100	700	30Φ20	Φ8@300	Φ16@1500	12.88	546.1
5ZTW3a-1600-12	1400	2600	6100	6300	1200	100	1200	30Φ20	Φ8@300	Φ16@1500	14.11	610.9
5ZTW3a-1600-17	1400	2600	6300	7000	1200	100	1700	30Φ20	Φ8@300	Φ16@1500	15.19	667.5
5ZTW3b-1600-02	1400	2600	5500	4700	1200	100	200	30Φ20	Φ8@300	Φ16@1500	11.65	481.4
5ZTW3b-1600-07	1400	2600	5800	5500	1200	100	700	30Φ20	Φ8@300	Φ16@1500	12.88	546.1
5ZTW3b-1600-12	1400	2600	6100	6300	1200	100	1200	30Φ20	Φ8@300	Φ16@1500	14.11	610.9
5ZTW3b-1600-17	1400	2600	6300	7000	1200	100	1700	30Φ20	Φ8@300	Φ16@1500	15.19	667.5

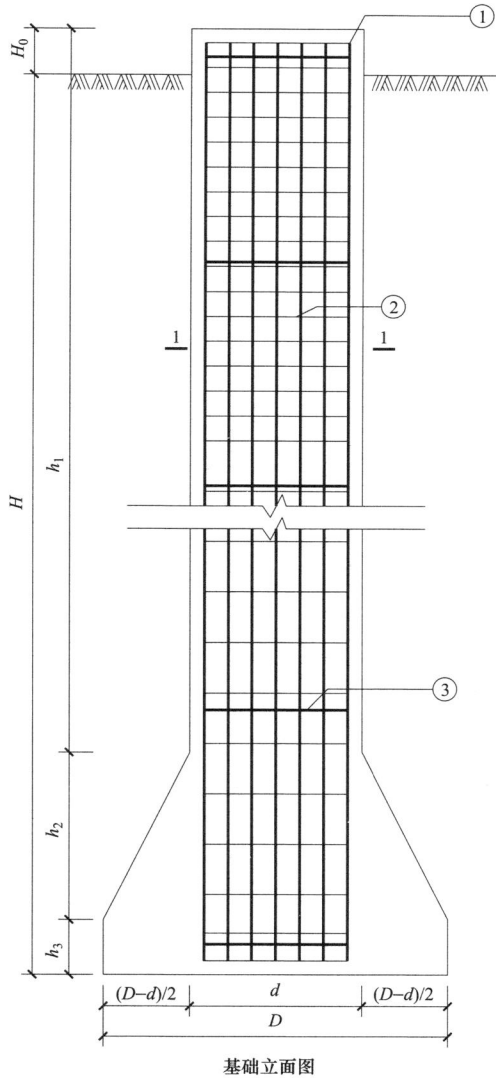

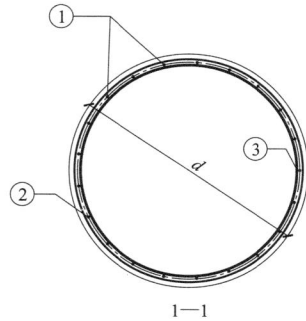

基础立面图

1—1

说明：1. 本基础适用于不受地下水影响的碎石土地质条件。

2. 整体立塔时，混凝土的抗压强度应达到设计强度的100%。分解组塔时，混凝土必须达到抗压强度设计值的70%。

3. 基础根开及地脚螺栓间距与相应杆塔结构图核对无误后，方可施工。

4. 基础混凝土强度等级不应低于C25，主筋采用HRB400级钢筋，箍筋采用HPB300级钢筋。

5. 主筋保护层不小于50mm。

6. 基础施工完毕后，做好基面排水处理。

7. 本基础按机械成孔施工方式，未考虑护壁工程量。

图 13.3-3 5ZTW3＊-1600 掏挖基础施工图

基 础 参 数 表

基础名称	主柱直径 d (mm)	底板直径 D (mm)	基础埋深 H (mm)	主柱高 h_1 (mm)	圆台高 h_2 (mm)	下圆柱高 h_3 (mm)	基础露头 H_0 (mm)	主筋①	外箍筋②	内箍筋③	单腿混凝土量 (m³)	单腿钢筋量 (kg)
5ZTW3a-1800-02	1400	2600	6600	5800	1200	100	200	30Φ20	Φ8@300	Φ16@1500	13.34	570.4
5ZTW3a-1800-07	1400	2600	6900	6600	1200	100	700	30Φ20	Φ8@300	Φ16@1500	14.57	635.1
5ZTW3a-1800-12	1500	2700	6800	7000	1200	100	1200	34Φ20	Φ8@300	Φ16@1500	17.21	753.3
5ZTW3a-1800-17	1500	2700	7000	7700	1200	100	1700	34Φ20	Φ8@300	Φ16@1500	18.45	817.3
5ZTW3b-1800-02	1400	2600	6600	5800	1200	100	200	30Φ20	Φ8@300	Φ16@1500	13.34	570.4
5ZTW3b-1800-07	1400	2600	6900	6600	1200	100	700	30Φ20	Φ8@300	Φ16@1500	14.57	635.1
5ZTW3b-1800-12	1500	2700	6800	7000	1200	100	1200	34Φ20	Φ8@300	Φ16@1500	17.21	753.3
5ZTW3b-1800-17	1500	2700	7000	7700	1200	100	1700	34Φ20	Φ8@300	Φ16@1500	18.45	817.3

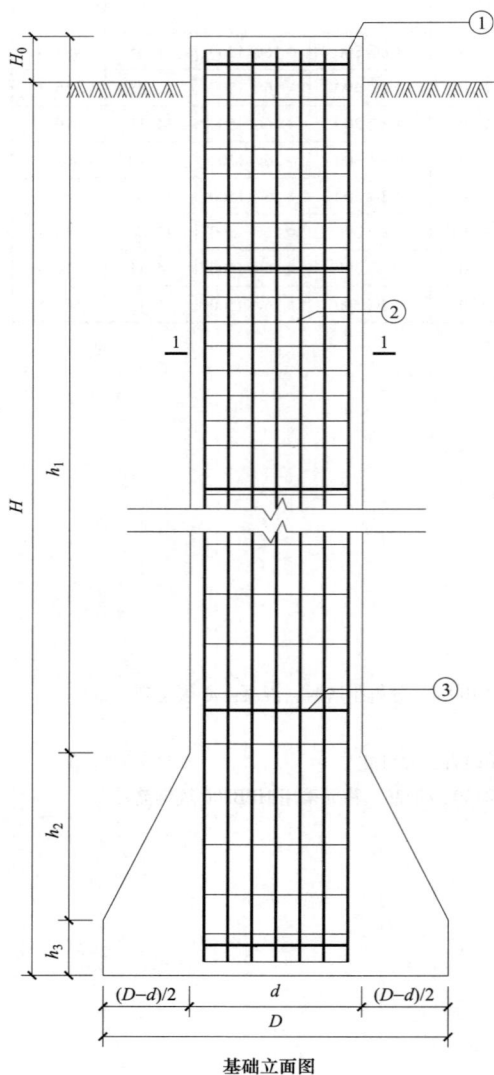

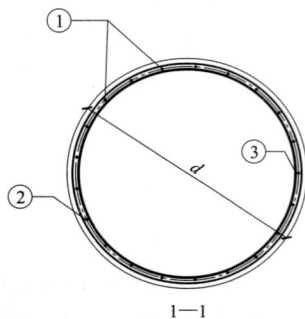

基础立面图

1—1

说明：1. 本基础适用于不受地下水影响的碎石土地质条件。

2. 整体立塔时，混凝土的抗压强度应达到设计强度的100%。分解组塔时，混凝土必须达到抗压强度设计值的70%。

3. 基础根开及地脚螺栓间距与相应杆塔结构图核对无误后，方可施工。

4. 基础混凝土强度等级不应低于C25，主筋采用HRB400级钢筋，箍筋采用HPB300级钢筋。

5. 主筋保护层不小于50mm。

6. 基础施工完毕后，做好基面排水处理。

7. 本基础按机械成孔施工方式，未考虑护壁工程量。

图 13.3-4 5ZTW3*-1800 掏挖基础施工图

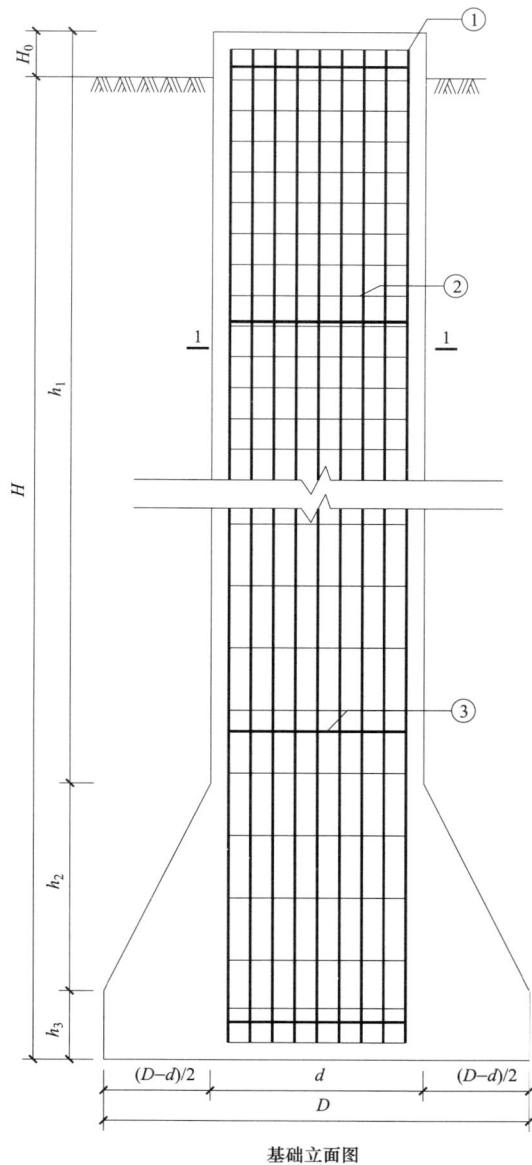

基础立面图

基 础 参 数 表

基础名称	主柱直径 d（mm）	底板直径 D（mm）	基础埋深 H（mm）	主柱高 h_1（mm）	圆台高 h_2（mm）	下圆柱高 h_3（mm）	基础露头 H_0（mm）	主筋①	外箍筋②	内箍筋③	单腿混凝土量（m^3）	单腿钢筋量（kg）
5ZTW3a-2000-02	1600	2900	6300	5400	1300	100	200	32Φ22	Φ8@330	Φ16@1500	16.83	694.5
5ZTW3a-2000-07	1600	2900	6600	6200	1300	100	700	32Φ22	Φ8@330	Φ16@1500	18.44	776.9
5ZTW3a-2000-12	1600	2900	6900	7000	1300	100	1200	32Φ22	Φ8@330	Φ16@1500	20.05	859.3
5ZTW3a-2000-17	1600	2900	7100	7700	1300	100	1700	32Φ22	Φ8@330	Φ16@1500	21.45	931.4
5ZTW3b-2000-02	1600	2900	6300	5400	1300	100	200	32Φ22	Φ8@330	Φ16@1500	16.83	694.5
5ZTW3b-2000-07	1600	2900	6600	6200	1300	100	700	32Φ22	Φ8@330	Φ16@1500	18.44	776.9
5ZTW3b-2000-12	1600	2900	6900	7000	1300	100	1200	32Φ22	Φ8@330	Φ16@1500	20.05	859.3
5ZTW3b-2000-17	1600	2900	7100	7700	1300	100	1700	32Φ22	Φ8@330	Φ16@1500	21.45	931.4

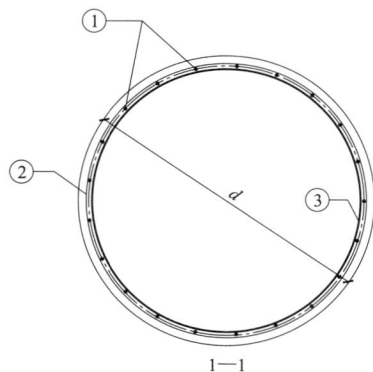

1—1

说明：1. 本基础适用于不受地下水影响的碎石土地质条件。

2. 整体立塔时，混凝土的抗压强度应达到设计强度的 100%。分解组塔时，混凝土必须达到抗压强度设计值的 70%。

3. 基础根开及地脚螺栓间距与相应杆塔结构图核对无误后，方可施工。

4. 基础混凝土强度等级不应低于 C25，主筋采用 HRB400 级钢筋，箍筋采用 HPB300 级钢筋。

5. 主筋保护层不小于 50mm。

6. 基础施工完毕后，做好基面排水处理。

7. 本基础按机械成孔施工方式，未考虑护壁工程量。

图 13.3-5 5ZTW3＊-2000 掏挖基础施工图

13.4 5ZTW5 子模块

此子模块适用于戈壁碎石土地基，共包含 10 张图纸，基础施工图图纸清单见表 13.4-1。

表 13.4-1　　　　　　　　　　5ZTW5 子模块基础施工图图纸清单

序号	图号	图　　名	基础作用力（kN）	
			$T/T_x/T_y$	$N/N_x/N_y$
1	图 13.4-1	5ZTW5*-1200 掏挖基础施工图	1200/168/168	1560/218/218
2	图 13.4-2	5ZTW5*-1400 掏挖基础施工图	1400/196/196	1820/255/255
3	图 13.4-3	5ZTW5*-1600 掏挖基础施工图	1600/224/224	2080/291/291
4	图 13.4-4	5ZTW5*-1800 掏挖基础施工图	1800/252/252	2340/328/328
5	图 13.4-5	5ZTW5*-2000 掏挖基础施工图	2000/280/280	2600/364/364
6	图 13.4-6	5ZTW5*-2200 掏挖基础施工图	1200/168/168	1560/218/218
7	图 13.4-7	5ZTW5*-2400 掏挖基础施工图	1400/196/196	1820/255/255
8	图 13.4-8	5ZTW5*-2600 掏挖基础施工图	1600/224/224	2080/291/291
9	图 13.4-9	5ZTW5*-2800 掏挖基础施工图	1800/252/252	2340/328/328
10	图 13.4-10	5ZTW5*-3000 掏挖基础施工图	2000/280/280	2600/364/364

注　5*代表 5a 一种地质参数组合。

基 础 参 数 表

基础名称	主柱直径 d (mm)	底板直径 D (mm)	基础埋深 H (mm)	主柱高 h_1 (mm)	圆台高 h_2 (mm)	下圆柱高 h_3 (mm)	基础露头 H_0 (mm)	主筋①	外箍筋②	内箍筋③	单腿混凝土量 (m^3)	单腿钢筋量 (kg)
5ZTW5a-1200-02	1000	2000	5200	4200	1100	100	200	20Φ20	Φ8@270	Φ14@1500	5.63	302.0
5ZTW5a-1200-07	1000	2000	5400	4700	1300	100	700	20Φ20	Φ8@270	Φ14@1500	6.39	340.0
5ZTW5a-1200-12	1000	2000	5500	5200	1400	100	1200	20Φ20	Φ8@270	Φ14@1500	6.96	375.4
5ZTW5a-1200-17	1100	2000	5600	5900	1300	100	1700	20Φ20	Φ8@270	Φ16@1500	8.44	413.1

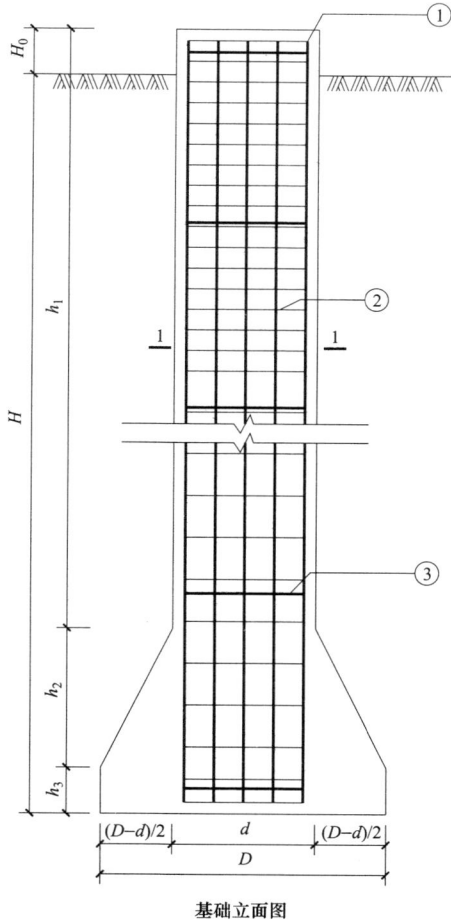

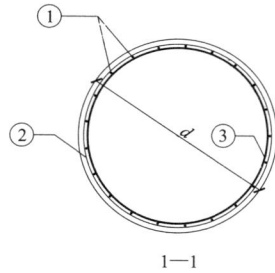

基础立面图

1—1

说明：1. 本基础适用于不受地下水影响的戈壁碎石土地质条件。

2. 整体立塔时，混凝土的抗压强度应达到设计强度的100%。分解组塔时，混凝土必须达到抗压强度设计值的70%。

3. 基础根开及地脚螺栓间距与相应杆塔结构图核对无误后，方可施工。

4. 基础混凝土强度等级不应低于 C25，主筋采用 HRB400 级钢筋，箍筋采用 HPB300 级钢筋。

5. 主筋保护层不小于 50mm。

6. 基础施工完毕后，做好基面排水处理。

7. 本基础按机械成孔施工方式，未考虑护壁工程量。

图 13.4-1 5ZTW5∗-1200 掏挖基础施工图

基 础 参 数 表

基础名称	主柱直径 d（mm）	底板直径 D（mm）	基础埋深 H（mm）	主柱高 h_1（mm）	圆台高 h_2（mm）	下圆柱高 h_3（mm）	基础露头 H_0（mm）	主筋①	外箍筋②	内箍筋③	单腿混凝土量（m³）	单腿钢筋量（kg）
5ZTW5a-1400-02	1100	2100	5500	4300	1300	100	200	22Φ20	Φ8@270	Φ16@1500	7.13	350.1
5ZTW5a-1400-07	1100	2100	5700	4900	1400	100	700	22Φ20	Φ8@270	Φ16@1500	7.91	395.8
5ZTW5a-1400-12	1100	2100	5800	5400	1500	100	1200	22Φ20	Φ8@270	Φ16@1500	8.59	430.9
5ZTW5a-1400-17	1100	2200	5800	5900	1500	100	1700	22Φ20	Φ8@270	Φ16@1500	9.31	460.6

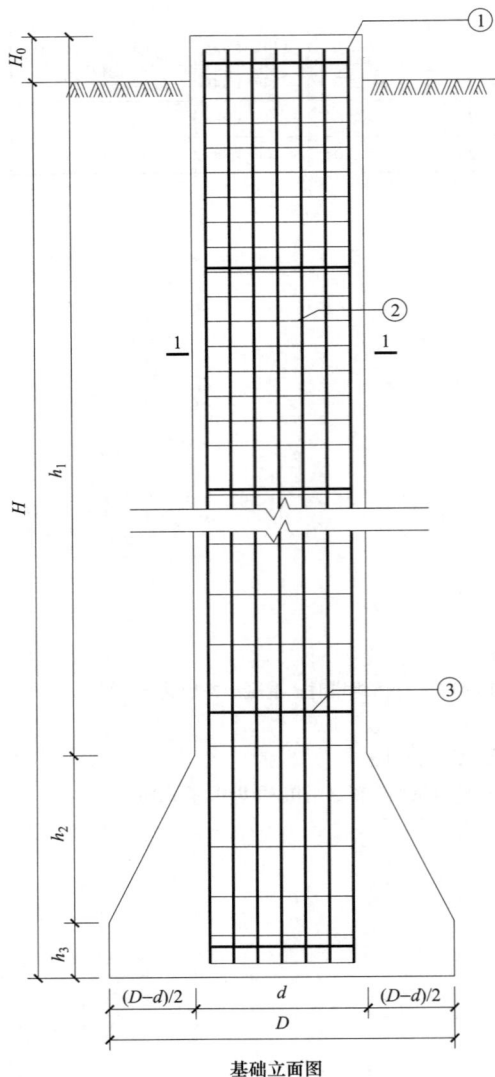

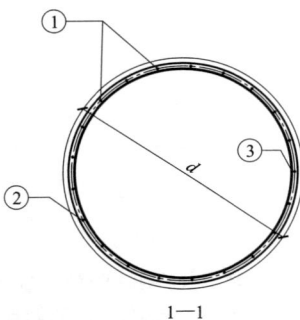

基础立面图

1—1

说明：1. 本基础适用于不受地下水影响的戈壁碎石土地质条件。

2. 整体立塔时，混凝土的抗压强度应达到设计强度的100%。分解组塔时，混凝土必须达到抗压强度设计值的70%。

3. 基础根开及地脚螺栓间距与相应杆塔结构图核对无误后，方可施工。

4. 基础混凝土强度等级不应低于C25，主筋采用HRB400级钢筋，箍筋采用HPB300级钢筋。

5. 主筋保护层不小于50mm。

6. 基础施工完毕后，做好基面排水处理。

7. 本基础按机械成孔施工方式，未考虑护壁工程量。

图 13.4-2　5ZTW5＊-1400 掏挖基础施工图

基 础 参 数 表

基础名称	主柱直径 d （mm）	底板直径 D （mm）	基础埋深 H （mm）	主柱高 h_1 （mm）	圆台高 h_2 （mm）	下圆柱高 h_3 （mm）	基础露头 H_0 （mm）	主筋①	外箍筋②	内箍筋③	单腿混凝土量 （m³）	单腿钢筋量 （kg）
5ZTW5a-1600-02	1100	2200	5800	4400	1500	100	200	22 Φ 22	Φ 8@ 270	Φ 16@ 1500	7. 89	434. 6
5ZTW5a-1600-07	1200	2200	5900	5000	1500	100	700	22 Φ 22	Φ 8@ 270	Φ 16@ 1500	9. 54	485. 7
5ZTW5a-1600-12	1200	2300	5900	5500	1500	100	1200	22 Φ 22	Φ 8@ 270	Φ 16@ 1500	10. 36	521. 4
5ZTW5a-1600-17	1200	2300	6000	6100	1500	100	1700	22 Φ 22	Φ 8@ 270	Φ 16@ 1500	11. 04	569. 2

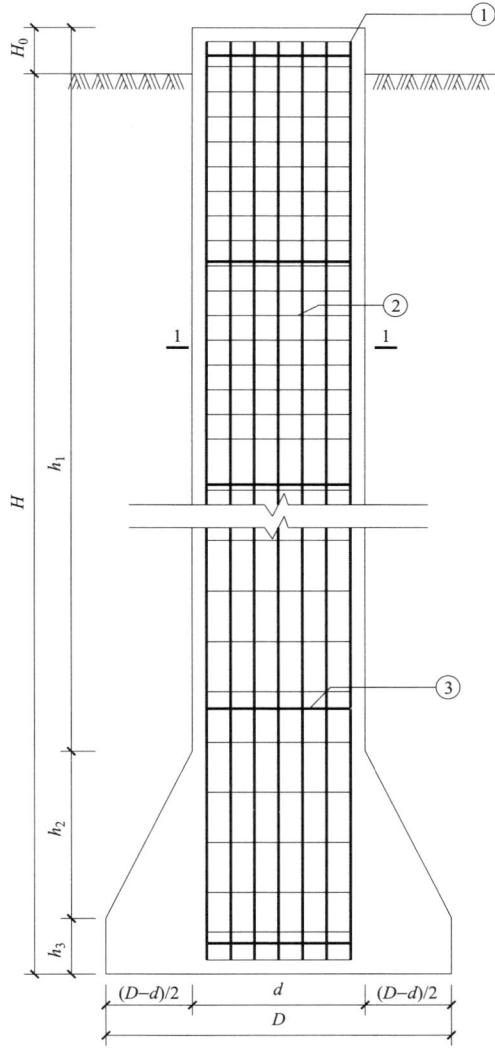

基础立面图

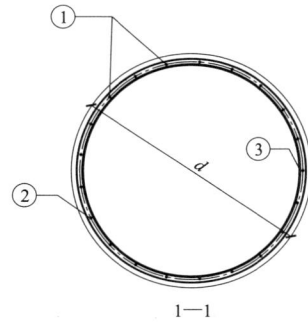

1—1

说明： 1. 本基础适用于不受地下水影响的戈壁碎石土地质条件。

2. 整体立塔时，混凝土的抗压强度应达到设计强度的 100% 。分解组塔时，混凝土必须达到抗压强度设计值的 70% 。

3. 基础根开及地脚螺栓间距与相应杆塔结构图核对无误后，方可施工。

4. 基础混凝土强度等级不应低于 C25，主筋采用 HRB400 级钢筋，箍筋采用 HPB300 级钢筋。

5. 主筋保护层不小于 50mm。

6. 基础施工完毕后，做好基面排水处理。

7. 本基础按机械成孔施工方式，未考虑护壁工程量。

图 13. 4-3　5ZTW5 * -1600 掏挖基础施工图

基 础 参 数 表

基础名称	主柱直径 d (mm)	底板直径 D (mm)	基础埋深 H (mm)	主柱高 h_1 (mm)	圆台高 h_2 (mm)	下圆柱高 h_3 (mm)	基础露头 H_0 (mm)	主筋①	外箍筋②	内箍筋③	单腿混凝土量 (m³)	单腿钢筋量 (kg)
5ZTW5a-1800-02	1200	2300	6100	4600	1600	100	200	24 Φ 22	Φ 8@ 270	Φ 16@ 1500	9.59	501.5
5ZTW5a-1800-07	1200	2400	6100	5100	1600	100	700	24 Φ 22	Φ 8@ 270	Φ 16@ 1500	10.44	540.1
5ZTW5a-1800-12	1200	2400	6100	5600	1600	100	1200	24 Φ 22	Φ 8@ 270	Φ 16@ 1500	11.01	578.8
5ZTW5a-1800-17	1200	2400	6300	6100	1800	100	1700	24 Φ 22	Φ 8@ 270	Φ 16@ 1500	12.10	637.3

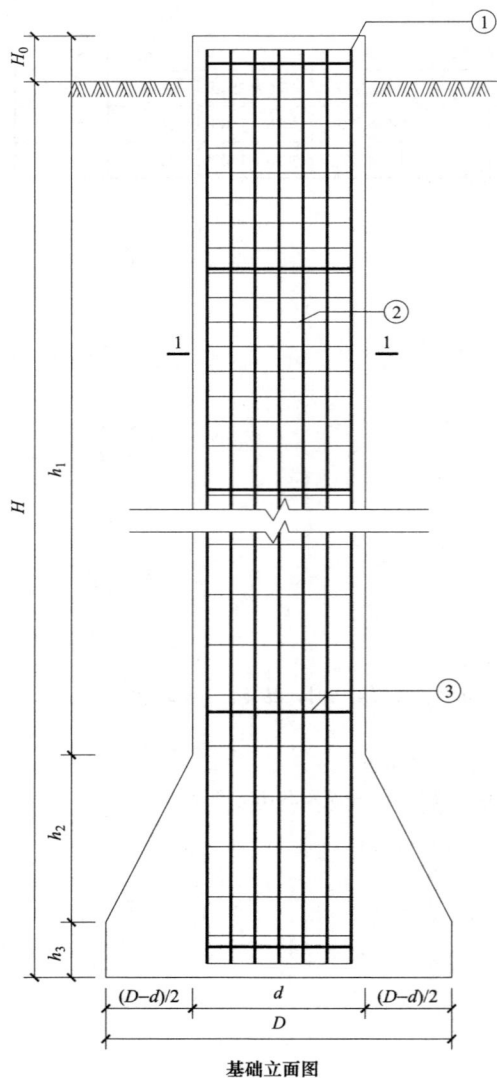

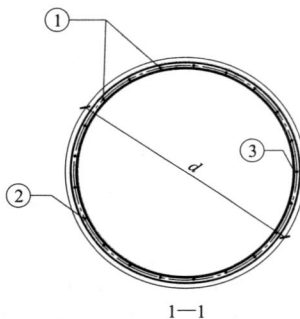

基础立面图

1—1

说明：1. 本基础适用于不受地下水影响的戈壁碎石土地质条件。

2. 整体立塔时，混凝土的抗压强度应达到设计强度的100%。分解组塔时，混凝土必须达到抗压强度设计值的70%。

3. 基础根开及地脚螺栓间距与相应杆塔结构图核对无误后，方可施工。

4. 基础混凝土强度等级不应低于C25，主筋采用HRB400级钢筋，箍筋采用HPB300级钢筋。

5. 主筋保护层不小于50mm。

6. 基础施工完毕后，做好基面排水处理。

7. 本基础按机械成孔施工方式，未考虑护壁工程量。

图 13.4-4 5ZTW5∗-1800 掏挖基础施工图

基 础 参 数 表

基础名称	主柱直径 d（mm）	底板直径 D（mm）	基础埋深 H（mm）	主柱高 h_1（mm）	圆台高 h_2（mm）	下圆柱高 h_3（mm）	基础露头 H_0（mm）	主筋①	外箍筋②	内箍筋③	单腿混凝土量 （m³）	单腿钢筋量 （kg）
5ZTW5a-2000-02	1200	2400	6200	4600	1700	100	200	26 Φ 22	Φ 8@270	Φ 16@1500	10.14	547.6
5ZTW5a-2000-07	1300	2400	6300	5300	1600	100	700	26 Φ 22	Φ 8@300	Φ 16@1500	11.92	598.0
5ZTW5a-2000-12	1300	2500	6300	5800	1600	100	1200	26 Φ 22	Φ 8@300	Φ 16@1500	12.88	639.8
5ZTW5a-2000-17	1300	2500	6400	6200	1800	100	1700	26 Φ 22	Φ 8@300	Φ 16@1500	13.99	694.0

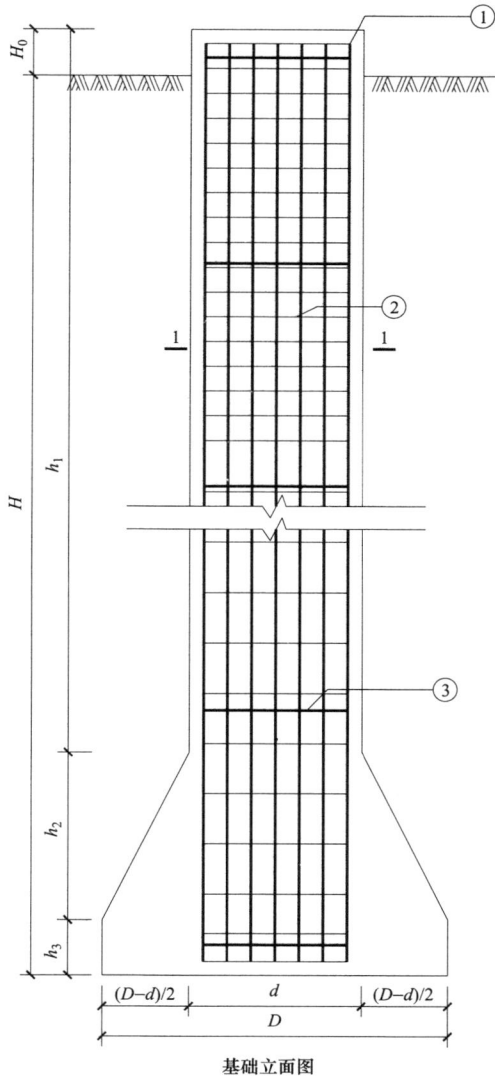

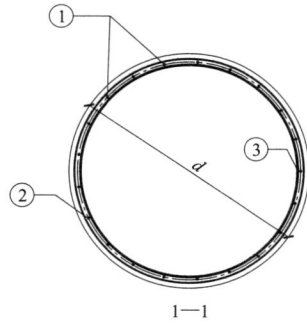

基础立面图

1—1

说明：1. 本基础适用于不受地下水影响的戈壁碎石土地质条件。

2. 整体立塔时，混凝土的抗压强度应达到设计强度的100%。分解组塔时，混凝土必须达到抗压强度设计值的70%。

3. 基础根开及地脚螺栓间距与相应杆塔结构图核对无误后，方可施工。

4. 基础混凝土强度等级不应低于C25，主筋采用HRB400级钢筋，箍筋采用HPB300级钢筋。

5. 主筋保护层不小于50mm。

6. 基础施工完毕后，做好基面排水处理。

7. 本基础按机械成孔施工方式，未考虑护壁工程量。

图 13.4-5　5ZTW5＊-2000 掏挖基础施工图

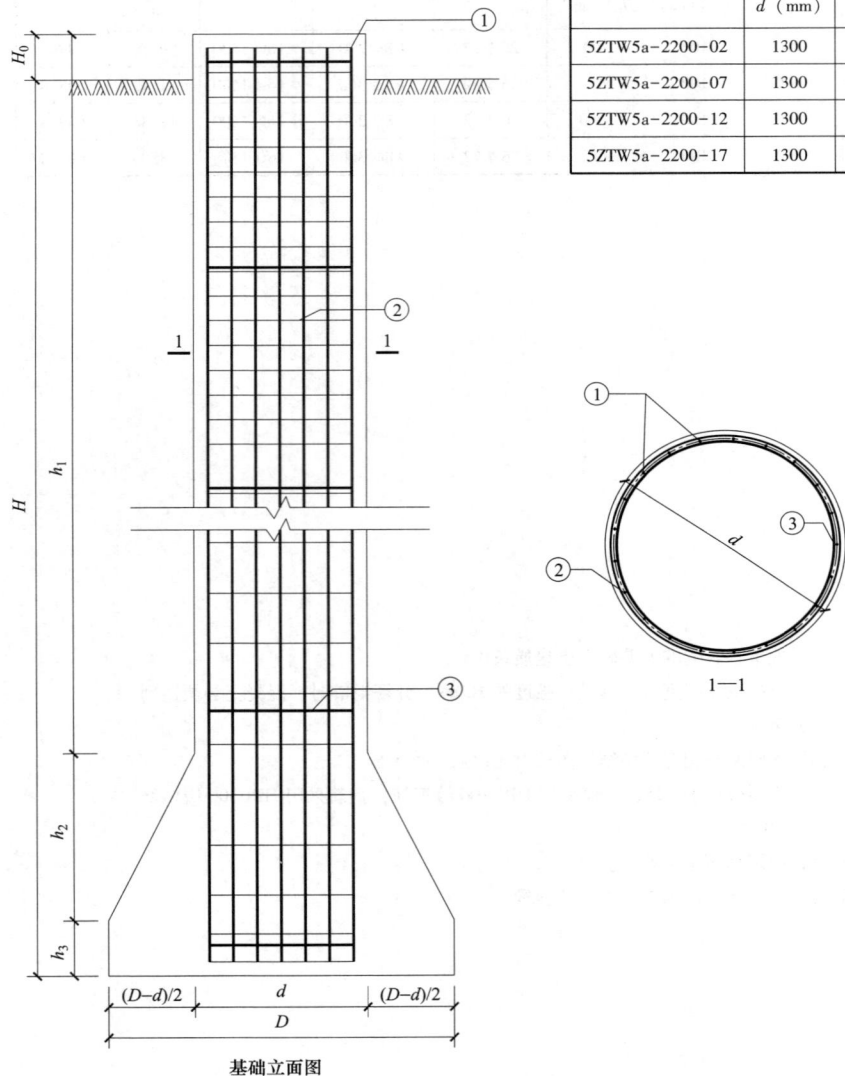

基础立面图

基 础 参 数 表

基础名称	主柱直径 d (mm)	底板直径 D (mm)	基础埋深 H (mm)	主柱高 h_1 (mm)	圆台高 h_2 (mm)	下圆柱高 h_3 (mm)	基础露头 H_0 (mm)	主筋①	外箍筋②	内箍筋③	单腿混凝土量 (m^3)	单腿钢筋量 (kg)
5ZTW5a-2200-02	1300	2500	6300	4700	1700	100	200	28Φ22	Φ8@300	Φ16@1500	11.71	595.7
5ZTW5a-2200-07	1300	2500	6500	5400	1700	100	700	28Φ22	Φ8@300	Φ16@1500	12.64	657.3
5ZTW5a-2200-12	1300	2500	6600	5900	1800	100	1200	28Φ22	Φ8@300	Φ16@1500	13.60	715.0
5ZTW5a-2200-17	1300	2600	6600	6400	1800	100	1700	28Φ22	Φ8@300	Φ16@1500	14.60	759.9

1—1

说明：1. 本基础适用于不受地下水影响的戈壁碎石土地质条件。

2. 整体立塔时，混凝土的抗压强度应达到设计强度的100%。分解组塔时，混凝土必须达到抗压强度设计值的70%。

3. 基础根开及地脚螺栓间距与相应杆塔结构图核对无误后，方可施工。

4. 基础混凝土强度等级不应低于C25，主筋采用HRB400级钢筋，箍筋采用HPB300级钢筋。

5. 主筋保护层不小于50mm。

6. 基础施工完毕后，做好基面排水处理。

7. 本基础按机械成孔施工方式，未考虑护壁工程量。

图 13.4-6　5ZTW5*-2200 掏挖基础施工图

基 础 参 数 表

基础名称	主柱直径 d (mm)	底板直径 D (mm)	基础埋深 H (mm)	主柱高 h_1 (mm)	圆台高 h_2 (mm)	下圆柱高 h_3 (mm)	基础露头 H_0 (mm)	主筋①	外箍筋②	内箍筋③	单腿混凝土量 (m³)	单腿钢筋量 (kg)
5ZTW5a-2400-02	1300	2600	6500	4900	1700	100	200	26 Φ 25	Φ 8@300	Φ 16@1500	12.30	721.7
5ZTW5a-2400-07	1300	2600	6700	5400	1900	100	700	26 Φ 25	Φ 8@300	Φ 16@1500	13.58	796.5
5ZTW5a-2400-12	1400	2600	6800	6100	1800	100	1200	26 Φ 25	Φ 8@300	Φ 16@1500	15.75	870.3
5ZTW5a-2400-17	1400	2700	6700	6400	1900	100	1700	26 Φ 25	Φ 8@300	Φ 16@1500	16.91	912.0

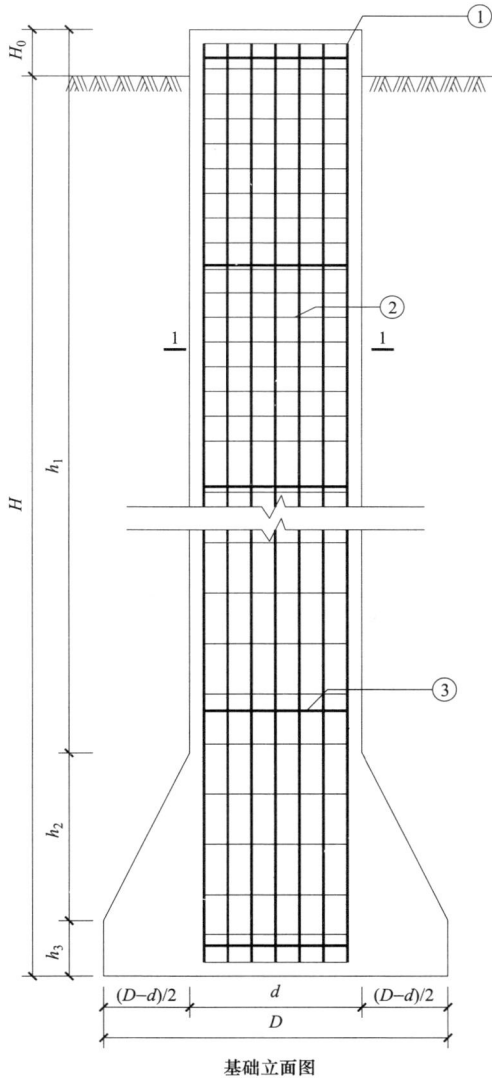

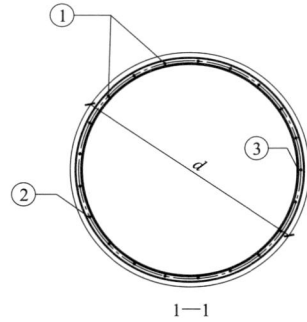

基础立面图

1—1

说明：1. 本基础适用于不受地下水影响的戈壁碎石土地质条件。

2. 整体立塔时，混凝土的抗压强度应达到设计强度的100%。分解组塔时，混凝土必须达到抗压强度设计值的70%。

3. 基础根开及地脚螺栓间距与相应杆塔结构图核对无误后，方可施工。

4. 基础混凝土强度等级不应低于 C25，主筋采用 HRB400 级钢筋，箍筋采用 HPB300 级钢筋。

5. 主筋保护层不小于 50mm。

6. 基础施工完毕后，做好基面排水处理。

7. 本基础按机械成孔施工方式，未考虑护壁工程量。

图 13.4-7 5ZTW5 ∗-2400 掏挖基础施工图

基础立面图

基 础 参 数 表

基础名称	主柱直径 d（mm）	底板直径 D（mm）	基础埋深 H（mm）	主柱高 h_1（mm）	圆台高 h_2（mm）	下圆柱高 h_3（mm）	基础露头 H_0（mm）	主筋①	外箍筋②	内箍筋③	单腿混凝土量（m³）	单腿钢筋量（kg）
5ZTW5a-2600-02	1400	2700	6600	5000	1700	100	200	26Φ25	Φ8@300	Φ16@1500	14.07	747.7
5ZTW5a-2600-07	1400	2700	6800	5500	1900	100	700	26Φ25	Φ8@300	Φ16@1500	15.52	821.2
5ZTW5a-2600-12	1400	2700	6900	6100	1900	100	1200	26Φ25	Φ8@300	Φ16@1500	16.44	891.0
5ZTW5a-2600-17	1400	2800	6900	6600	1900	100	1700	26Φ25	Φ8@300	Φ16@1500	17.60	944.5

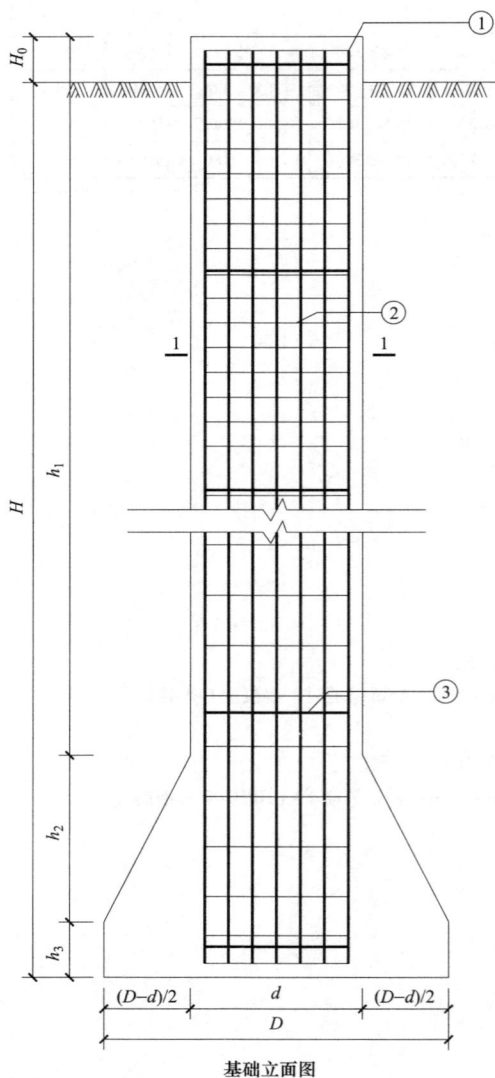

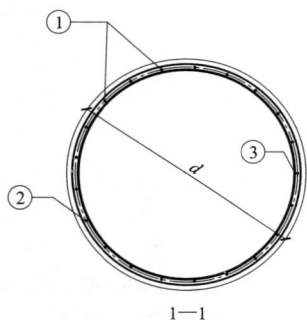

1—1

说明：1. 本基础适用于不受地下水影响的戈壁碎石土地质条件。

2. 整体立塔时，混凝土的抗压强度应达到设计强度的 100%。分解组塔时，混凝土必须达到抗压强度设计值的 70%。

3. 基础根开及地脚螺栓间距与相应杆塔结构图核对无误后，方可施工。

4. 基础混凝土强度等级不应低于 C25，主筋采用 HRB400 级钢筋，箍筋采用 HPB300 级钢筋。

5. 主筋保护层不小于 50mm。

6. 基础施工完毕后，做好基面排水处理。

7. 本基础按机械成孔施工方式，未考虑护壁工程量。

图 13.4-8　5ZTW5＊-2600 掏挖基础施工图

基 础 参 数 表

基础名称	主柱直径 d (mm)	底板直径 D (mm)	基础埋深 H (mm)	主柱高 h₁ (mm)	圆台高 h₂ (mm)	下圆柱高 h₃ (mm)	基础露头 H₀ (mm)	主筋①	外箍筋②	内箍筋③	单腿混凝土量 (m³)	单腿钢筋量 (kg)
5ZTW5a-2800-02	1400	2800	6700	5000	1800	100	200	24 Φ 28	Φ 8@ 300	Φ 16@ 1500	14.78	864.8
5ZTW5a-2800-07	1400	2800	6900	5600	1900	100	700	24 Φ 28	Φ 8@ 300	Φ 16@ 1500	16.06	949.4
5ZTW5a-2800-12	1400	2800	7000	6100	2000	100	1200	24 Φ 28	Φ 8@ 300	Φ 16@ 1500	17.19	1028.7
5ZTW5a-2800-17	1500	2800	7100	6800	1900	100	1700	24 Φ 28	Φ 8@ 300	Φ 16@ 1500	19.74	1108.8

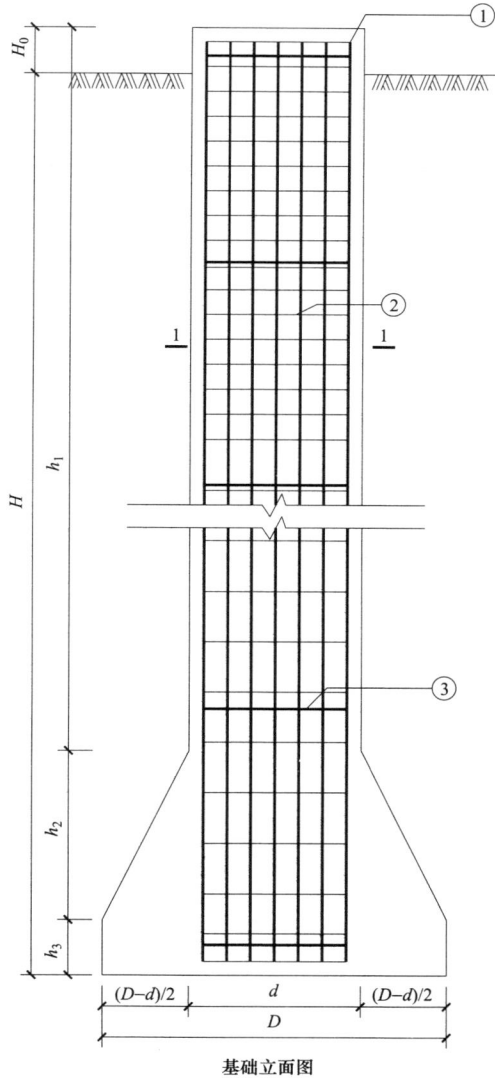

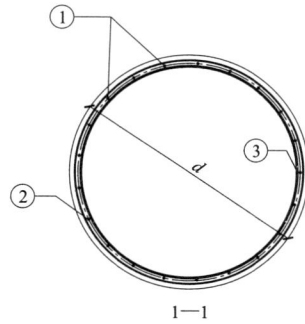

基础立面图

1—1

说明：1. 本基础适用于不受地下水影响的戈壁碎石土地质条件。

2. 整体立塔时，混凝土的抗压强度应达到设计强度的 100%。分解组塔时，混凝土必须达到抗压强度设计值的 70%。

3. 基础根开及地脚螺栓间距与相应杆塔结构图核对无误后，方可施工。

4. 基础混凝土强度等级不应低于 C25，主筋采用 HRB400 级钢筋，箍筋采用 HPB300 级钢筋。

5. 主筋保护层不小于 50mm。

6. 基础施工完毕后，做好基面排水处理。

7. 本基础按机械成孔施工方式，未考虑护壁工程量。

图 13.4-9 5ZTW5∗-2800 掏挖基础施工图

基 础 参 数 表

基础名称	主柱直径 d (mm)	底板直径 D (mm)	基础埋深 H (mm)	主柱高 h_1 (mm)	圆台高 h_2 (mm)	下圆柱高 h_3 (mm)	基础露头 H_0 (mm)	主筋①	外箍筋②	内箍筋③	单腿混凝土量 (m^3)	单腿钢筋量 (kg)
5ZTW5a-3000-02	1500	2800	7000	5300	1800	100	200	24Φ28	Φ8@300	Φ16@1500	16.72	907.4
5ZTW5a-3000-07	1500	2800	7100	5800	1900	100	700	24Φ28	Φ8@300	Φ16@1500	17.97	987.4
5ZTW5a-3000-12	1500	2900	7100	6300	1900	100	1200	24Φ28	Φ8@300	Φ16@1500	19.26	1049.0
5ZTW5a-3000-17	1500	2900	7300	6800	2100	100	1700	24Φ28	Φ8@300	Φ16@1500	20.93	1133.8

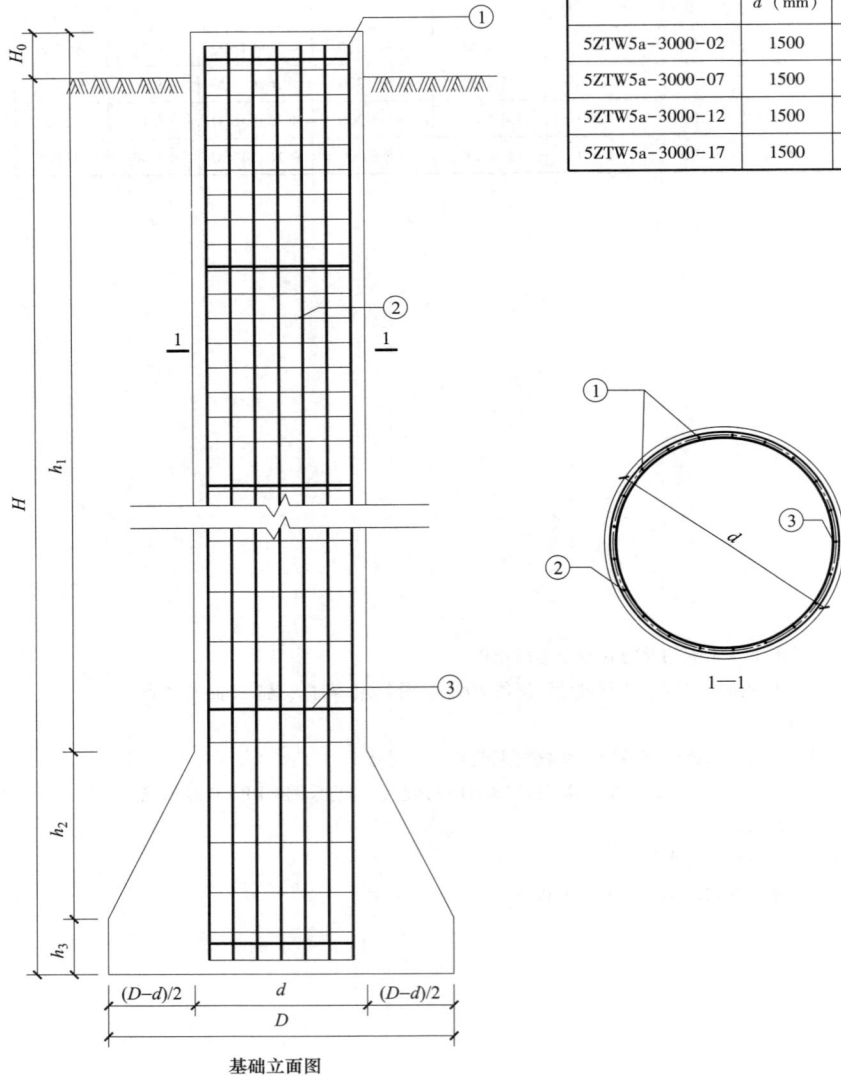

基础立面图

1—1

说明：1. 本基础适用于不受地下水影响的戈壁碎石土地质条件。

2. 整体立塔时，混凝土的抗压强度应达到设计强度的100%。分解组塔时，混凝土必须达到抗压强度设计值的70%。

3. 基础根开及地脚螺栓间距与相应杆塔结构图核对无误后，方可施工。

4. 基础混凝土强度等级不应低于C25，主筋采用HRB400级钢筋，箍筋采用HPB300级钢筋。

5. 主筋保护层不小于50mm。

6. 基础施工完毕后，做好基面排水处理。

7. 本基础按机械成孔施工方式，未考虑护壁工程量。

图 13.4-10 5ZTW5＊-3000 掏挖基础施工图

第 14 章 5JTW 模 块

本模块为转角塔掏挖基础模块，适用于黏性土、粉土、碎石土、黄土、戈壁碎石土地质，包含 4 个子模块，共 196 个基础，相同岩土类别，不同岩土小类及不同露头尺寸合并出图，共 24 张图纸。

该模块由河北院和甘肃院共同设计。

基础作用力见表 14.0-1，岩土类别及设计参数见表 14.0-2。

表 14.0-1　　　　　　　　　　基 础 作 用 力　　　　　　　　　　（kN）

电压等级（kV）	基础作用力代号	T	T_x	T_y	N	N_x	N_y
	1200	1200	168	168	1560	218	218
	1400	1400	196	196	1820	255	255
	1600	1600	224	224	2080	291	291
	1800	1800	252	252	2340	328	328
500（750）	2000	2000	280	280	2600	364	364
	2200	2200	418	418	2860	543	543
	2400	2400	456	456	3120	593	593
	2600	2600	494	494	3380	642	642
	2800	2800	532	532	3640	692	692

表 14.0-2　　　　　　　　　岩土类别及设计参数

序号	代号	岩土类别	c（kPa）	φ（°）	f_{ak}（kPa）	m（kN/m⁴）	γ_s（kN/m³）	土的状态
1	1a		20	10	120	20000	16	
2	1b	黏性土	25	15	140	20000	16	可塑
3	1c		30	20	180	20000	16	
4	2a		15	20	140	20000	16	
5	2b	粉土	20	25	150	20000	16	中密
6	2c		5	20	160	20000	16	
7	3a	碎石土	15	20	140	50000	18	中密
8	3b		5	30	220	50000	18	
9	4a	黄土	8	18	120	14000	13	可塑
10	5a	戈壁碎石土	11	40	180	100000	18	中密

14.1　5JTW1 子模块

此子模块适用于黏性土地基，共包含 5 张图纸，基础施工图图纸清单见表14.1-1。

表 14.1-1　　　　　　　　5JTW1 子模块基础施工图图纸清单

序号	图号	图　名	基础作用力（kN）	
			$T/T_x/T_y$	$N/N_x/N_y$
1	图 14.1-1	5JTW1*-1200 掏挖基础施工图	1200/228/228	1560/296/296
2	图 14.1-2	5JTW1*-1400 掏挖基础施工图	1400/266/266	1820/346/346
3	图 14.1-3	5JTW1*-1600 掏挖基础施工图	1600/304/304	2080/395/395
4	图 14.1-4	5JTW1*-1800 掏挖基础施工图	1800/342/342	2340/445/445
5	图 14.1-5	5JTW1*-2000 掏挖基础施工图	2000/380/380	2600/494/494

注　1 *代表 1a、1b、1c 三种地质参数组合。

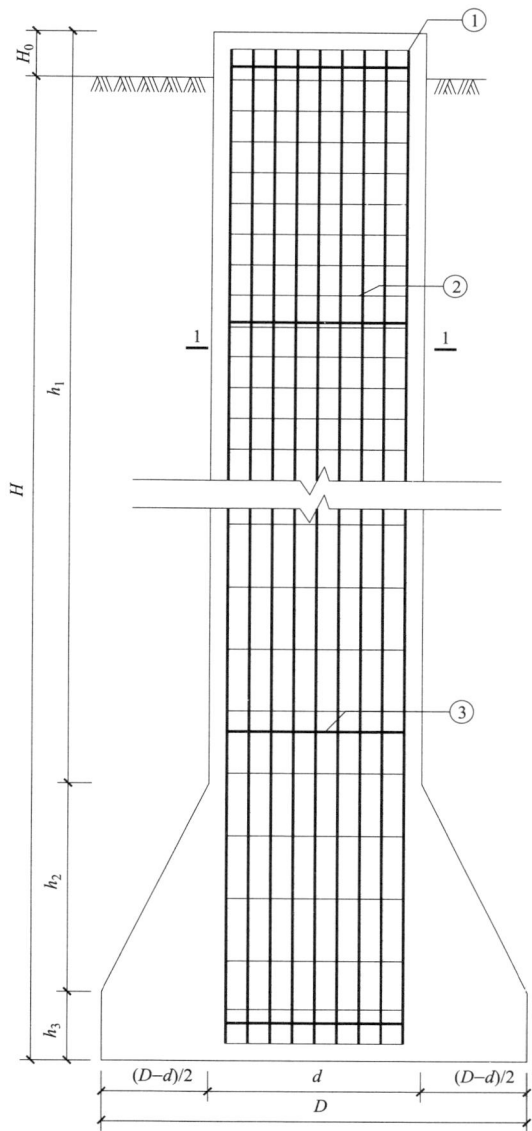

基 础 参 数 表

基础名称	主柱直径 d (mm)	底板直径 D (mm)	基础埋深 H (mm)	主柱高 h_1 (mm)	圆台高 h_2 (mm)	下圆柱高 h_3 (mm)	基础露头 H_0 (mm)	主筋①	外箍筋②	内箍筋③	单腿混凝土量 (m³)	单腿钢筋量 (kg)
5JTW1a-1200-02	1700	3300	8200	7200	1400	100	200	36 ⌀ 22	Φ 8@ 330	Φ 18@ 1500	24.30	997.8
5JTW1a-1200-07	1700	3300	8400	7900	1400	100	700	36 ⌀ 22	Φ 8@ 330	Φ 18@ 1500	25.89	1078.6
5JTW1a-1200-12	1700	3300	8700	8700	1400	100	1200	36 ⌀ 22	Φ 8@ 330	Φ 18@ 1500	27.71	1171.0
5JTW1a-1200-17	1800	3500	8500	8900	1500	100	1700	42 ⌀ 22	Φ 8@ 330	Φ 18@ 1500	32.17	1398.1
5JTW1b-1200-02	1600	3100	8000	7100	1300	100	200	32 ⌀ 22	Φ 8@ 330	Φ 16@ 1500	20.86	869.6
5JTW1b-1200-07	1600	3100	8300	7900	1300	100	700	32 ⌀ 22	Φ 8@ 330	Φ 16@ 1500	22.47	952.0
5JTW1b-1200-12	1600	3100	8500	8600	1300	100	1200	32 ⌀ 22	Φ 8@ 330	Φ 16@ 1500	23.88	1024.1
5JTW1b-1200-17	1700	3300	8300	8800	1400	100	1700	36 ⌀ 22	Φ 8@ 330	Φ 18@ 1500	27.94	1182.5
5JTW1c-1200-02	1400	2800	7800	7000	1200	100	200	30 ⌀ 20	Φ 8@ 300	Φ 16@ 1500	15.70	667.5
5JTW1c-1200-07	1500	2900	7700	7400	1200	100	700	34 ⌀ 20	Φ 8@ 300	Φ 16@ 1500	18.45	789.9
5JTW1c-1200-12	1500	2900	7900	8100	1200	100	1200	34 ⌀ 20	Φ 8@ 300	Φ 16@ 1500	19.69	853.8
5JTW1c-1200-17	1600	3100	7700	8300	1300	100	1700	32 ⌀ 22	Φ 8@ 330	Φ 16@ 1500	23.27	993.2

基础立面图

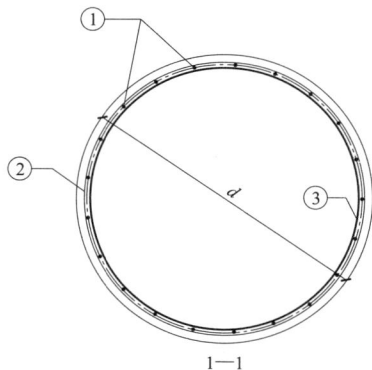

1—1

说明：1. 本基础适用于不受地下水影响的黏性土地质条件。

2. 整体立塔时，混凝土的抗压强度应达到设计强度的 100%。分解组塔时，混凝土必须达到抗压强度设计值的 70%。

3. 基础根开及地脚螺栓间距与相应杆塔结构图核对无误后，方可施工。

4. 基础混凝土强度等级不应低于 C25，主筋采用 HRB400 级钢筋，箍筋采用 HPB300 级钢筋。

5. 主筋保护层不小于 50mm。

6. 基础施工完毕后，做好基面排水处理。

7. 本基础按机械成孔施工方式，未考虑护壁工程量。

图 14.1-1 5JTW1∗-1200 掏挖基础施工图

基础立面图

基 础 参 数 表

基础名称	主柱直径 d (mm)	底板直径 D (mm)	基础埋深 H (mm)	主柱高 h_1 (mm)	圆台高 h_2 (mm)	下圆柱高 h_3 (mm)	基础露头 H_0 (mm)	主筋①	外箍筋②	内箍筋③	单腿混凝土量 (m^3)	单腿钢筋量 (kg)
5JTW1a-1400-02	1800	3500	8600	7500	1500	100	200	42 Φ 22	Φ 8@330	Φ 18@1500	28.60	1210.6
5JTW1a-1400-07	1800	3500	8900	8300	1500	100	700	42 Φ 22	Φ 8@330	Φ 18@1500	30.64	1317.7
5JTW1a-1400-12	1800	3500	9100	9000	1500	100	1200	42 Φ 22	Φ 8@330	Φ 18@1500	32.42	1411.5
5JTW1a-1400-17	1900	3700	8900	9200	1600	100	1700	36 Φ 25	Φ 8@370	Φ 18@1500	37.35	1594.4
5JTW1b-1400-02	1700	3300	8500	7500	1400	100	200	36 Φ 22	Φ 8@330	Φ 18@1500	24.99	1032.4
5JTW1b-1400-07	1700	3300	8700	8200	1400	100	700	36 Φ 22	Φ 8@330	Φ 18@1500	26.57	1113.2
5JTW1b-1400-12	1800	3500	8500	8400	1500	100	1200	42 Φ 22	Φ 8@330	Φ 18@1500	30.89	1331.1
5JTW1b-1400-17	1800	3500	8700	9100	1500	100	1700	42 Φ 22	Φ 8@330	Φ 18@1500	32.68	1424.9
5JTW1c-1400-02	1600	3100	7900	7000	1300	100	200	32 Φ 22	Φ 8@330	Φ 16@1500	20.66	859.3
5JTW1c-1400-07	1600	3100	8100	7700	1300	100	700	32 Φ 22	Φ 8@330	Φ 16@1500	22.07	931.4
5JTW1c-1400-12	1600	3100	8400	8500	1300	100	1200	32 Φ 22	Φ 8@330	Φ 16@1500	23.68	1013.8
5JTW1c-1400-17	1700	3300	8200	8700	1400	100	1700	36 Φ 22	Φ 8@330	Φ 18@1500	27.71	1171.0

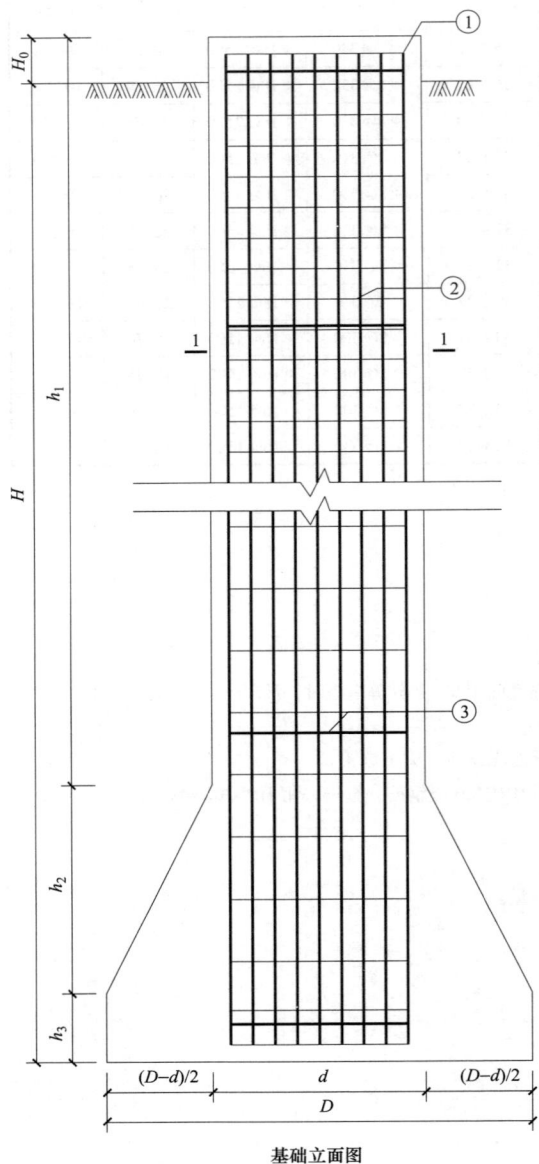

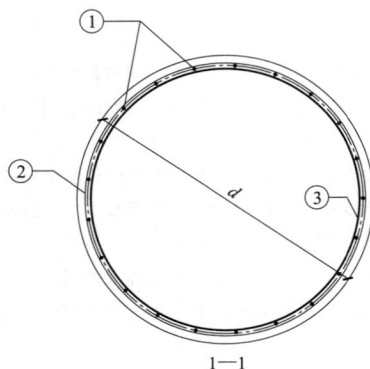

说明：1. 本基础适用于不受地下水影响的黏性土地质条件。
2. 整体立塔时，混凝土的抗压强度应达到设计强度的100%。分解组塔时，混凝土必须达到抗压强度设计值的70%。
3. 基础根开及地脚螺栓间距与相应杆塔结构图核对无误后，方可施工。
4. 基础混凝土强度等级不应低于C25，主筋采用HRB400级钢筋，箍筋采用HPB300级钢筋。
5. 主筋保护层不小于50mm。
6. 基础施工完毕后，做好基面排水处理。
7. 本基础按机械成孔施工方式，未考虑护壁工程量。

图 14.1-2 5JTW1*-1400 掏挖基础施工图

基 础 参 数 表

基础名称	主柱直径 d (mm)	底板直径 D (mm)	基础埋深 H (mm)	主柱高 h_1 (mm)	圆台高 h_2 (mm)	下圆柱高 h_3 (mm)	基础露头 H_0 (mm)	主筋①	外箍筋②	内箍筋③	单腿混凝土量 (m³)	单腿钢筋量 (kg)
5JTW1a-1600-02	1900	3700	9000	7800	1600	100	200	36φ25	Φ8@370	Φ18@1500	33.38	1388.4
5JTW1a-1600-07	1900	3700	9200	8500	1600	100	700	36φ25	Φ8@370	Φ18@1500	35.37	1491.4
5JTW1a-1600-12	1900	3700	9500	9300	1600	100	1200	36φ25	Φ8@370	Φ18@1500	37.63	1609.1
5JTW1a-1600-17	2000	4000	9100	9400	1600	100	1700	40φ25	Φ8@370	Φ18@1500	42.52	1799.4
5JTW1b-1600-02	1800	3500	8800	7700	1500	100	200	42φ22	Φ8@330	Φ18@1500	29.11	1237.4
5JTW1b-1600-07	1800	3500	9100	8500	1500	100	700	42φ22	Φ8@330	Φ18@1500	31.15	1344.5
5JTW1b-1600-12	1900	3700	8900	8700	1600	100	1200	36φ25	Φ8@370	Φ18@1500	35.93	1520.8
5JTW1b-1600-17	1900	3700	9100	9400	1600	100	1700	36φ25	Φ8@370	Φ18@1500	37.92	1623.8
5JTW1c-1600-02	1700	3300	8200	7200	1400	100	200	36φ22	Φ8@330	Φ18@1500	24.30	997.8
5JTW1c-1600-07	1700	3300	8500	8000	1400	100	700	36φ22	Φ8@330	Φ18@1500	26.12	1090.1
5JTW1c-1600-12	1700	3300	8700	8700	1400	100	1200	36φ22	Φ8@330	Φ18@1500	27.71	1171.0
5JTW1c-1600-17	1800	3500	8500	8900	1500	100	1700	42φ22	Φ8@330	Φ18@1500	32.17	1398.1

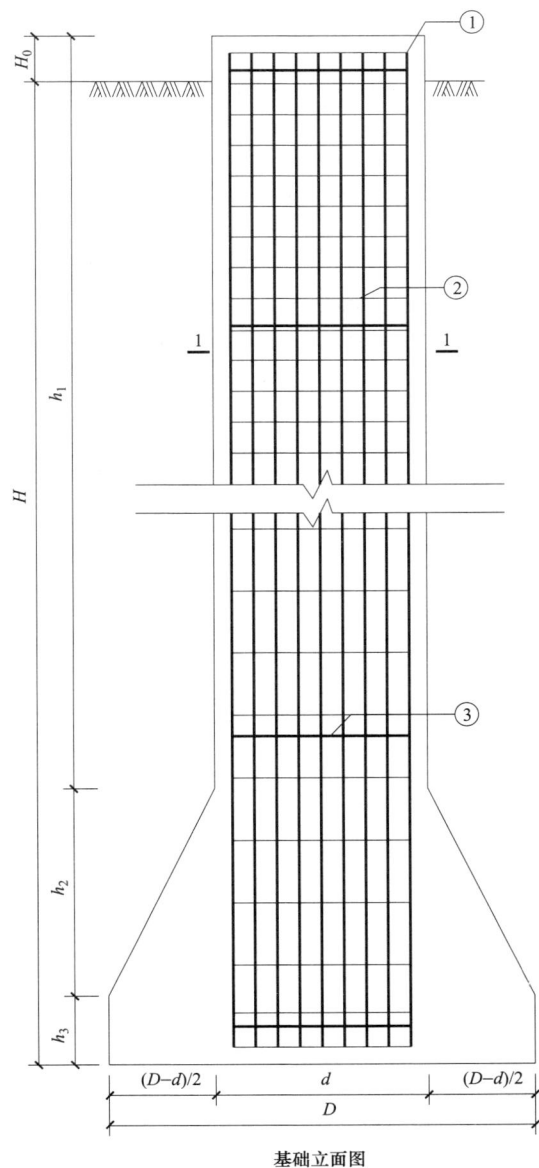

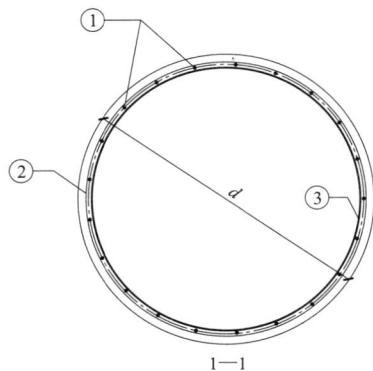

基础立面图

说明：1. 本基础适用于不受地下水影响的黏性土地质条件。

2. 整体立塔时，混凝土的抗压强度应达到设计强度的100%。分解组塔时，混凝土必须达到抗压强度设计值的70%。

3. 基础根开及地脚螺栓间距与相应杆塔结构图核对无误后，方可施工。

4. 基础混凝土强度等级不应低于C25，主筋采用HRB400级钢筋，箍筋采用HPB300级钢筋。

5. 主筋保护层不小于50mm。

6. 基础施工完毕后，做好基面排水处理。

7. 本基础按机械成孔施工方式，未考虑护壁工程量。

图 14.1-3　5JTW1∗-1600 掏挖基础施工图

基 础 参 数 表

基础名称	主柱直径 d (mm)	底板直径 D (mm)	基础埋深 H (mm)	主柱高 h_1 (mm)	圆台高 h_2 (mm)	下圆柱高 h_3 (mm)	基础露头 H_0 (mm)	主筋①	外箍筋②	内箍筋③	单腿混凝土量 (m³)	单腿钢筋量 (kg)
5JTW1a-1800-02	2000	4000	9000	7800	1600	100	200	40Φ25	Φ8@370	Φ18@1500	37.49	1538.4
5JTW1a-1800-07	2000	4000	9300	8600	1600	100	700	40Φ25	Φ8@370	Φ18@1500	40.00	1668.9
5JTW1a-1800-12	2000	4000	9600	9400	1600	100	1200	40Φ25	Φ8@370	Φ18@1500	42.52	1799.4
5JTW1a-1800-17	2000	4000	9800	10100	1600	100	1700	40Φ25	Φ8@370	Φ18@1500	44.72	1913.5
5JTW1b-1800-02	1900	3700	9100	7900	1600	100	200	36Φ25	Φ8@370	Φ18@1500	33.67	1403.1
5JTW1b-1800-07	1900	3700	9400	8700	1600	100	700	36Φ25	Φ8@370	Φ18@1500	35.93	1520.8
5JTW1b-1800-12	2000	4000	9000	8800	1600	100	1200	40Φ25	Φ8@370	Φ18@1500	40.63	1701.5
5JTW1b-1800-17	2000	4000	9200	9500	1600	100	1700	40Φ25	Φ8@370	Φ18@1500	42.83	1815.7
5JTW1c-1800-02	1800	3500	8500	7400	1500	100	200	42Φ22	Φ8@330	Φ18@1500	28.35	1197.2
5JTW1c-1800-07	1800	3500	8700	8100	1500	100	700	42Φ22	Φ8@330	Φ18@1500	30.13	1290.9
5JTW1c-1800-12	1800	3500	9000	8900	1500	100	1200	42Φ22	Φ8@330	Φ18@1500	32.17	1398.1
5JTW1c-1800-17	1800	3500	9200	9600	1500	100	1700	42Φ22	Φ8@330	Φ18@1500	33.95	1491.9

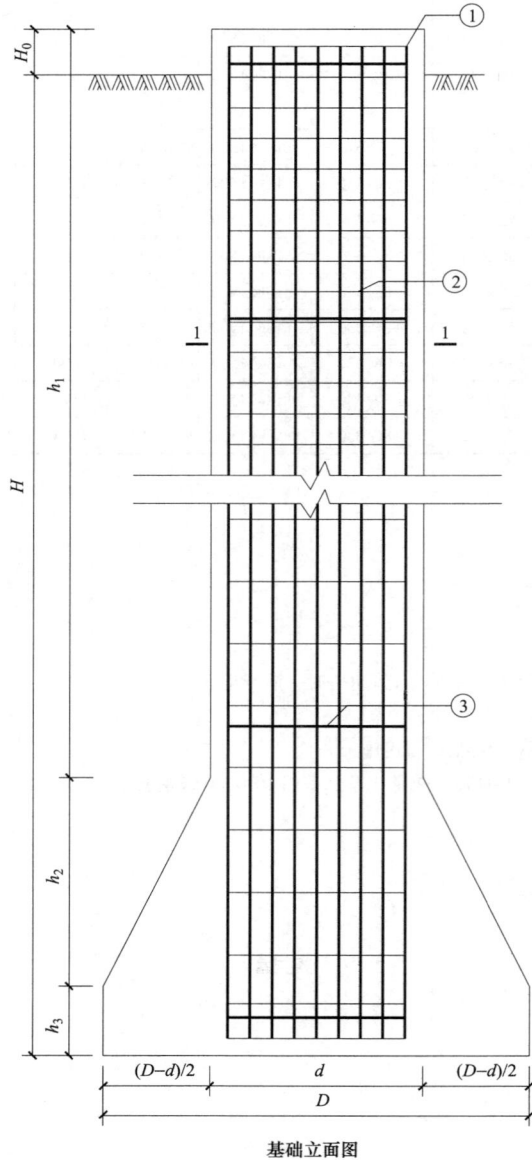

基础立面图

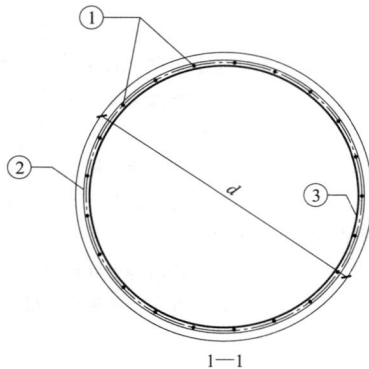

1—1

说明：1. 本基础适用于不受地下水影响的黏性土地质条件。

2. 整体立塔时，混凝土的抗压强度应达到设计强度的 100% 。分解组塔时，混凝土必须达到抗压强度设计值的 70% 。

3. 基础根开及地脚螺栓间距与相应杆塔结构图核对无误后，方可施工。

4. 基础混凝土强度等级不应低于 C25，主筋采用 HRB400 级钢筋，箍筋采用 HPB300 级钢筋。

5. 主筋保护层不小于 50mm。

6. 基础施工完毕后，做好基面排水处理。

7. 本基础按机械成孔施工方式，未考虑护壁工程量。

图 14.1-4　5JTW1∗-1800 掏挖基础施工图

基 础 参 数 表

基础名称	主柱直径 d（mm）	底板直径 D（mm）	基础埋深 H（mm）	主柱高 h_1（mm）	圆台高 h_2（mm）	下圆柱高 h_3（mm）	基础露头 H_0（mm）	主筋①	外箍筋②	内箍筋③	单腿混凝土量（m^3）	单腿钢筋量（kg）
5JTW1a-2000-02	2000	4000	9700	8500	1600	100	200	40 Φ 25	Φ 8@ 370	Φ 18@ 1500	39.69	1652.6
5JTW1a-2000-07	2100	4200	9600	8800	1700	100	700	44 Φ 25	Φ 8@ 370	Φ 18@ 1500	45.60	1885.4
5JTW1a-2000-12	2100	4200	9800	9500	1700	100	1200	44 Φ 25	Φ 8@ 370	Φ 18@ 1500	48.03	2010.7
5JTW1a-2000-17	2100	4200	10100	10300	1700	100	1700	44 Φ 25	Φ 8@ 370	Φ 18@ 1500	50.80	2153.9
5JTW1b-2000-02	2000	4000	9100	7900	1600	100	200	40 Φ 25	Φ 8@ 370	Φ 18@ 1500	37.80	1554.7
5JTW1b-2000-07	2000	4000	9400	8700	1600	100	700	40 Φ 25	Φ 8@ 370	Φ 18@ 1500	40.32	1685.2
5JTW1b-2000-12	2000	4000	9600	9400	1600	100	1200	40 Φ 25	Φ 8@ 370	Φ 18@ 1500	42.52	1799.4
5JTW1b-2000-17	2000	4000	9800	10100	1600	100	1700	40 Φ 25	Φ 8@ 370	Φ 18@ 1500	44.72	1913.5
5JTW1c-2000-02	1800	3500	9200	8100	1500	100	200	42 Φ 22	Φ 8@ 330	Φ 18@ 1500	30.13	1290.9
5JTW1c-2000-07	1900	3700	8900	8200	1600	100	700	36 Φ 25	Φ 8@ 370	Φ 18@ 1500	34.52	1447.2
5JTW1c-2000-12	1900	3700	9200	9000	1600	100	1200	36 Φ 25	Φ 8@ 370	Φ 18@ 1500	36.78	1565.0
5JTW1c-2000-17	1900	3700	9400	9700	1600	100	1700	36 Φ 25	Φ 8@ 370	Φ 18@ 1500	38.77	1668.0

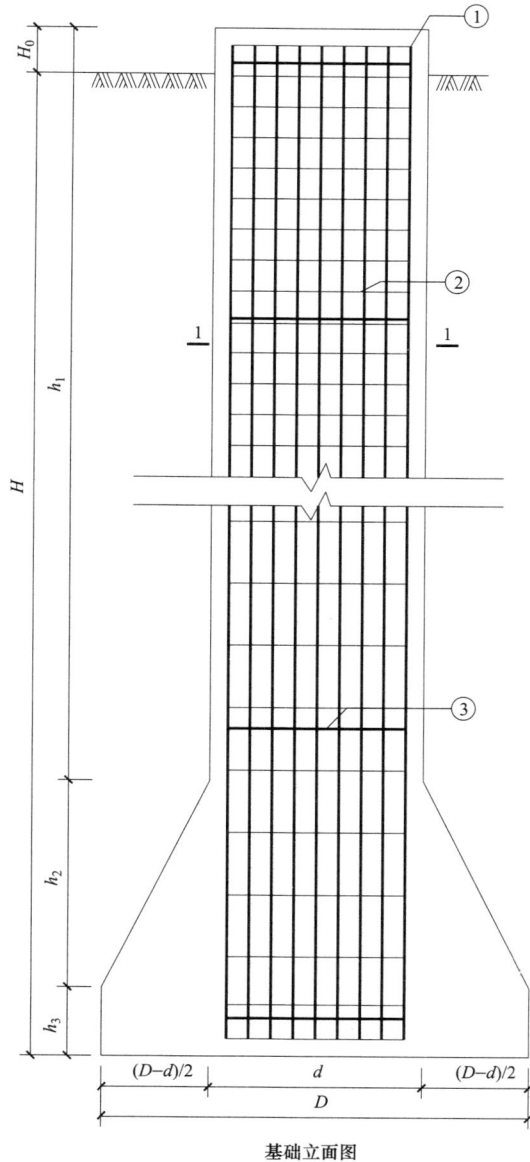

基础立面图

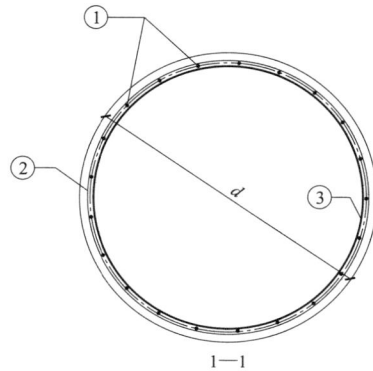

1—1

说明：1. 本基础适用于不受地下水影响的黏性土地质条件。

2. 整体立塔时，混凝土的抗压强度应达到设计强度的 100%。分解组塔时，混凝土必须达到抗压强度设计值的 70%。

3. 基础根开及地脚螺栓间距与相应杆塔结构图核对无误后，方可施工。

4. 基础混凝土强度等级不应低于 C25，主筋采用 HRB400 级钢筋，箍筋采用 HPB300 级钢筋。

5. 主筋保护层不小于 50mm。

6. 基础施工完毕后，做好基面排水处理。

7. 本基础按机械成孔施工方式，未考虑护壁工程量。

图 14.1-5　5JTW1∗-2000 掏挖基础施工图

14.2 5JTW2 子模块

此子模块适用于粉土地基，共包含 5 张图纸，基础施工图图纸清单见表 14.2-1。

表 14.2-1   5JTW2 子模块基础施工图图纸清单

序号	图号	图 名	基础作用力（kN）	
			$T/T_x/T_y$	$N/N_x/N_y$
1	图 14.2-1	5JTW2∗-1200 掏挖基础施工图	1200/228/228	1560/296/296
2	图 14.2-2	5JTW2∗-1400 掏挖基础施工图	1400/266/266	1820/346/346
3	图 14.2-3	5JTW2∗-1600 掏挖基础施工图	1600/304/304	2080/395/395
4	图 14.2-4	5JTW2∗-1800 掏挖基础施工图	1800/342/342	2340/445/445
5	图 14.2-5	5JTW2∗-2000 掏挖基础施工图	2000/380/380	2600/494/494

注   2∗代表 2a、2b、2c 三种地质参数组合。

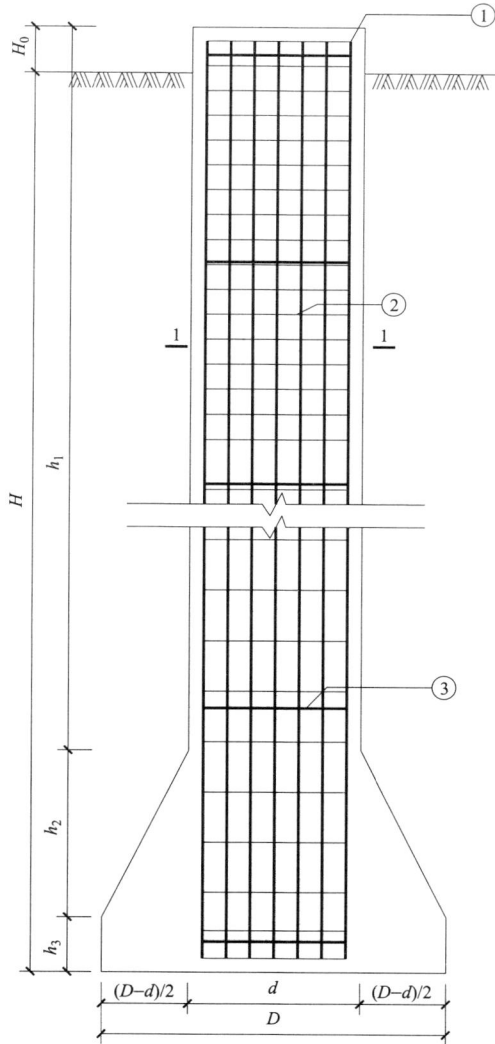

基础立面图

基 础 参 数 表

基础名称	主柱直径 d (mm)	底板直径 D (mm)	基础埋深 H (mm)	主柱高 h_1 (mm)	圆台高 h_2 (mm)	下圆柱高 h_3 (mm)	基础露头 H_0 (mm)	主筋①	外箍筋②	内箍筋③	单腿混凝土量 (m³)	单腿钢筋量 (kg)
5JTW2a-1200-02	1400	2800	7400	6600	1200	100	200	30 Φ 20	Φ 8@ 300	Φ 16@ 1500	15.09	635.1
5JTW2a-1200-07	1400	2800	7600	7300	1200	100	700	30 Φ 20	Φ 8@ 300	Φ 16@ 1500	16.16	691.8
5JTW2a-1200-12	1400	2800	7800	8000	1200	100	1200	30 Φ 20	Φ 8@ 300	Φ 16@ 1500	17.24	748.5
5JTW2a-1200-17	1500	2900	7800	8500	1200	100	1700	34 Φ 20	Φ 8@ 300	Φ 16@ 1500	20.40	890.4
5JTW2b-1200-02	1400	2800	7200	6400	1200	100	200	30 Φ 20	Φ 8@ 300	Φ 16@ 1500	14.78	619.0
5JTW2b-1200-07	1400	2800	7400	7100	1200	100	700	30 Φ 20	Φ 8@ 300	Φ 16@ 1500	15.86	675.6
5JTW2b-1200-12	1400	2800	7600	7800	1200	100	1200	30 Φ 20	Φ 8@ 300	Φ 16@ 1500	16.93	732.3
5JTW2b-1200-17	1400	2800	7800	8500	1200	100	1700	30 Φ 20	Φ 8@ 300	Φ 16@ 1500	18.01	788.9
5JTW2c-1200-02	1400	2800	7500	6700	1200	100	200	30 Φ 20	Φ 8@ 300	Φ 16@ 1500	15.24	643.2
5JTW2c-1200-07	1500	2900	7600	7300	1200	100	700	34 Φ 20	Φ 8@ 300	Φ 16@ 1500	18.28	780.7
5JTW2c-1200-12	1500	2900	7900	8100	1200	100	1200	34 Φ 20	Φ 8@ 300	Φ 16@ 1500	19.69	853.8
5JTW2c-i200-17	1600	3100	7900	8500	1300	100	1700	32 Φ 22	Φ 8@ 330	Φ 16@ 1500	23.68	1013.8

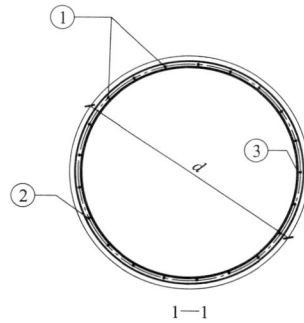

1—1

说明：1. 本基础适用于不受地下水影响的粉土地质条件。

2. 整体立塔时，混凝土的抗压强度应达到设计强度的100%。分解组塔时，混凝土必须达到抗压强度设计值的70%。

3. 基础根开及地脚螺栓间距与相应杆塔结构图核对无误后，方可施工。

4. 基础混凝土强度等级不应低于C25，主筋采用HRB400级钢筋，箍筋采用HPB300级钢筋。

5. 主筋保护层不小于50mm。

6. 基础施工完毕后，做好基面排水处理。

7. 本基础按机械成孔施工方式，未考虑护壁工程量。

图 14. 2-1　5JTW2＊-1200 掏挖基础施工图

基 础 参 数 表

基础名称	主柱直径 d (mm)	底板直径 D (mm)	基础埋深 H (mm)	主柱高 h_1 (mm)	圆台高 h_2 (mm)	下圆柱高 h_3 (mm)	基础露头 H_0 (mm)	主筋①	外箍筋②	内箍筋③	单腿混凝土量 (m^3)	单腿钢筋量 (kg)
5JTW2a-1400-02	1500	2900	7900	7100	1200	100	200	34⌀20	Φ8@300	Φ16@1500	17.92	762.5
5JTW2a-1400-07	1600	3100	7700	7300	1300	100	700	32⌀22	Φ8@330	Φ16@1500	21.26	890.2
5JTW2a-1400-12	1600	3100	7900	8000	1300	100	1200	32⌀22	Φ8@330	Φ16@1500	22.67	962.3
5JTW2a-1400-17	1600	3100	8100	8700	1300	100	1700	32⌀22	Φ8@330	Φ16@1500	24.08	1034.4
5JTW2b-1400-02	1500	2900	7700	6900	1200	100	200	34⌀20	Φ8@300	Φ16@1500	17.57	744.2
5JTW2b-1400-07	1500	2900	8000	7700	1200	100	700	34⌀20	Φ8@300	Φ16@1500	18.98	817.3
5JTW2b-1400-12	1500	2900	8100	8300	1200	100	1200	34⌀20	Φ8@300	Φ16@1500	20.04	872.1
5JTW2b-1400-17	1600	3100	7900	8500	1300	100	1700	32⌀22	Φ8@330	Φ16@1500	23.68	1013.8
5JTW2c-1400-02	1500	2900	8100	7300	1200	100	200	34⌀20	Φ8@300	Φ16@1500	18.28	780.7
5JTW2c-1400-07	1600	3100	8100	7700	1300	100	700	32⌀22	Φ8@330	Φ16@1500	22.07	931.4
5JTW2c-1400-12	1600	3100	8400	8500	1300	100	1200	32⌀22	Φ8@330	Φ16@1500	23.68	1013.8
5JTW2c-1400-17	1700	3300	8400	8900	1400	100	1700	36⌀22	Φ8@330	Φ18@1500	28.16	1194.1

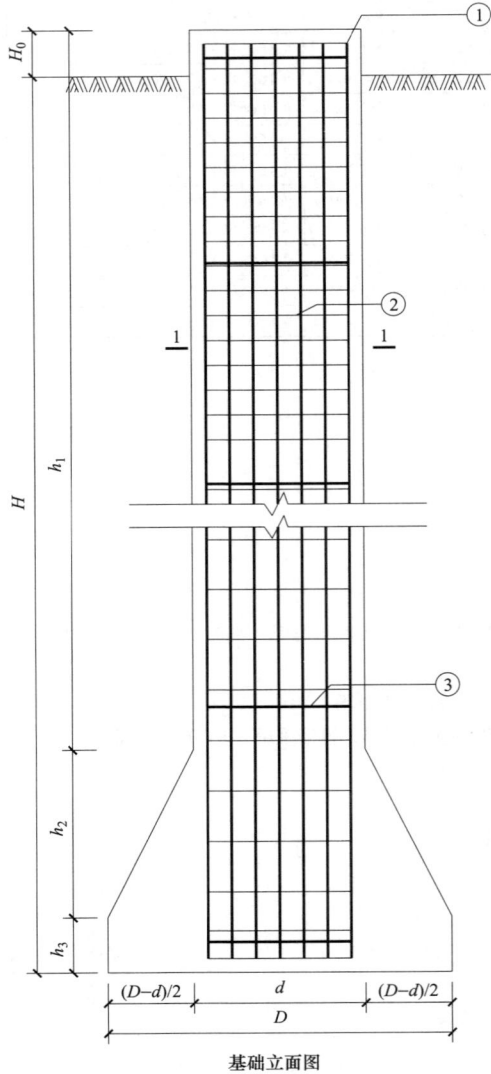

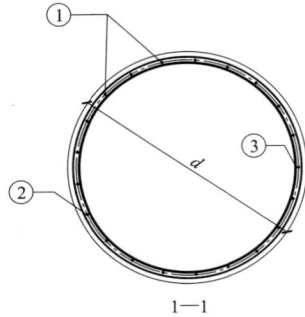

基础立面图

1—1

说明：1. 本基础适用于不受地下水影响的粉土地质条件。

2. 整体立塔时，混凝土的抗压强度应达到设计强度的100%。分解组塔时，混凝土必须达到抗压强度设计值的70%。

3. 基础根开及地脚螺栓间距与相应杆塔结构图核对无误后，方可施工。

4. 基础混凝土强度等级不应低于C25，主筋采用HRB400级钢筋，箍筋采用HPB300级钢筋。

5. 主筋保护层不小于50mm。

6. 基础施工完毕后，做好基面排水处理。

7. 本基础按机械成孔施工方式，未考虑护壁工程量。

图 14.2-2　5JTW2*-1400 掏挖基础施工图

基 础 参 数 表

基础名称	主柱直径 d（mm）	底板直径 D（mm）	基础埋深 H（mm）	主柱高 h_1（mm）	圆台高 h_2（mm）	下圆柱高 h_3（mm）	基础露头 H_0（mm）	主筋①	外箍筋②	内箍筋③	单腿混凝土量（m^3）	单腿钢筋量（kg）
5JTW2a-1600-02	1600	3100	8200	7300	1300	100	200	32 Φ 22	Φ 8@ 330	Φ 16@ 1500	21.26	890.2
5JTW2a-1600-07	1600	3100	8400	8000	1300	100	700	32 Φ 22	Φ 8@ 330	Φ 16@ 1500	22.67	962.3
5JTW2a-1600-12	1700	3300	8200	8200	1400	100	1200	36 Φ 22	Φ 8@ 330	Φ 18@ 1500	26.57	1113.2
5JTW2a-1600-17	1700	3300	8400	8900	1400	100	1700	36 Φ 22	Φ 8@ 330	Φ 18@ 1500	28.16	1194.1
5JTW2b-1600-02	1600	3100	8000	7100	1300	100	200	32 Φ 22	Φ 8@ 330	Φ 16@ 1500	20.86	869.6
5JTW2b-1600-07	1600	3100	8200	7800	1300	100	700	32 Φ 22	Φ 8@ 330	Φ 16@ 1500	22.27	941.7
5JTW2b-1600-12	1600	3100	8400	8500	1300	100	1200	32 Φ 22	Φ 8@ 330	Φ 16@ 1500	23.68	1013.8
5JTW2b-1600-17	1700	3300	8200	8700	1400	100	1700	36 Φ 22	Φ 8@ 330	Φ 18@ 1500	27.71	1171.0
5JTW2c-1600-02	1600	3100	8500	7600	1300	100	200	32 Φ 22	Φ 8@ 330	Φ 16@ 1500	21.87	921.1
5JTW2c-1600-07	1700	3300	8500	8000	1400	100	700	36 Φ 22	Φ 8@ 330	Φ 18@ 1500	26.12	1090.1
5JTW2c-1600-12	1700	3300	8800	8800	1400	100	1200	36 Φ 22	Φ 8@ 330	Φ 18@ 1500	27.94	1182.5
5JTW2c-1600-17	1800	3500	8800	9200	1500	100	1700	42 Φ 22	Φ 8@ 330	Φ 18@ 1500	32.93	1438.3

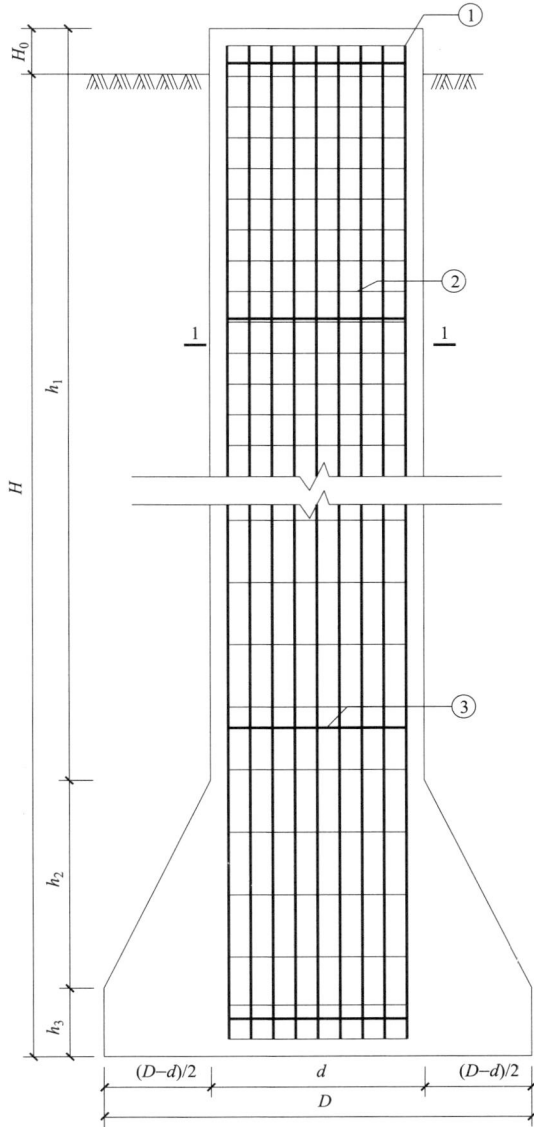

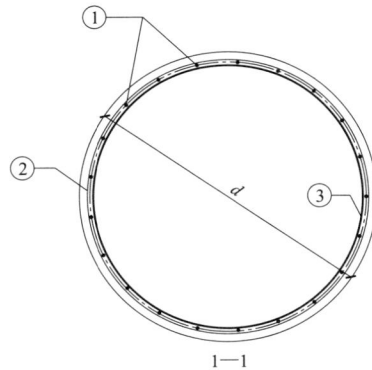

基础立面图

1—1

说明：1. 本基础适用于不受地下水影响的粉土地质条件。

2. 整体立塔时，混凝土的抗压强度应达到设计强度的100%。分解组塔时，混凝土必须达到抗压强度设计值的70%。

3. 基础根开及地脚螺栓间距与相应杆塔结构图核对无误后，方可施工。

4. 基础混凝土强度等级不应低于 C25，主筋采用 HRB400 级钢筋，箍筋采用 HPB300 级钢筋。

5. 主筋保护层不小于 50mm。

6. 基础施工完毕后，做好基面排水处理。

7. 本基础按机械成孔施工方式，未考虑护壁工程量。

图 14. 2-3　5JTW2＊-1600 掏挖基础施工图

基 础 参 数 表

基础名称	主柱直径 d (mm)	底板直径 D (mm)	基础埋深 H (mm)	主柱高 h_1 (mm)	圆台高 h_2 (mm)	下圆柱高 h_3 (mm)	基础露头 H_0 (mm)	主筋①	外箍筋②	内箍筋③	单腿混凝土量 (m³)	单腿钢筋量 (kg)
5JTW2a-1800-02	1700	3300	8400	7400	1400	100	200	36Φ22	Φ8@330	Φ18@1500	24.76	1020.9
5JTW2a-1800-07	1700	3300	8600	8100	1400	100	700	36Φ22	Φ8@330	Φ18@1500	26.35	1101.7
5JTW2a-1800-12	1700	3300	8800	8800	1400	100	1200	36Φ22	Φ8@330	Φ18@1500	27.94	1182.5
5JTW2a-1800-17	1800	3500	8600	9000	1500	100	1700	42Φ22	Φ8@330	Φ18@1500	32.42	1411.5
5JTW2b-1800-02	1700	3300	8200	7200	1400	100	200	36Φ22	Φ8@330	Φ18@1500	24.30	997.8
5JTW2b-1800-07	1700	3300	8400	7900	1400	100	700	36Φ22	Φ8@330	Φ18@1500	25.89	1078.6
5JTW2b-1800-12	1700	3300	8600	8600	1400	100	1200	36Φ22	Φ8@330	Φ18@1500	27.48	1159.4
5JTW2b-1800-17	1700	3300	8800	9300	1400	100	1700	36Φ22	Φ8@330	Φ18@1500	29.07	1240.3
5JTW2c-1800-02	1700	3300	8800	7800	1400	100	200	36Φ22	Φ8@330	Φ18@1500	25.67	1067.1
5JTW2c-1800-07	1800	3500	8900	8300	1500	100	700	42Φ22	Φ8@330	Φ18@1500	30.64	1317.7
5JTW2c-1800-12	1800	3500	9200	9100	1500	100	1200	42Φ22	Φ8@330	Φ18@1500	32.68	1424.9
5JTW2c-1800-17	1900	3700	9200	9500	1600	100	1700	36Φ25	Φ8@370	Φ18@1500	38.20	1638.5

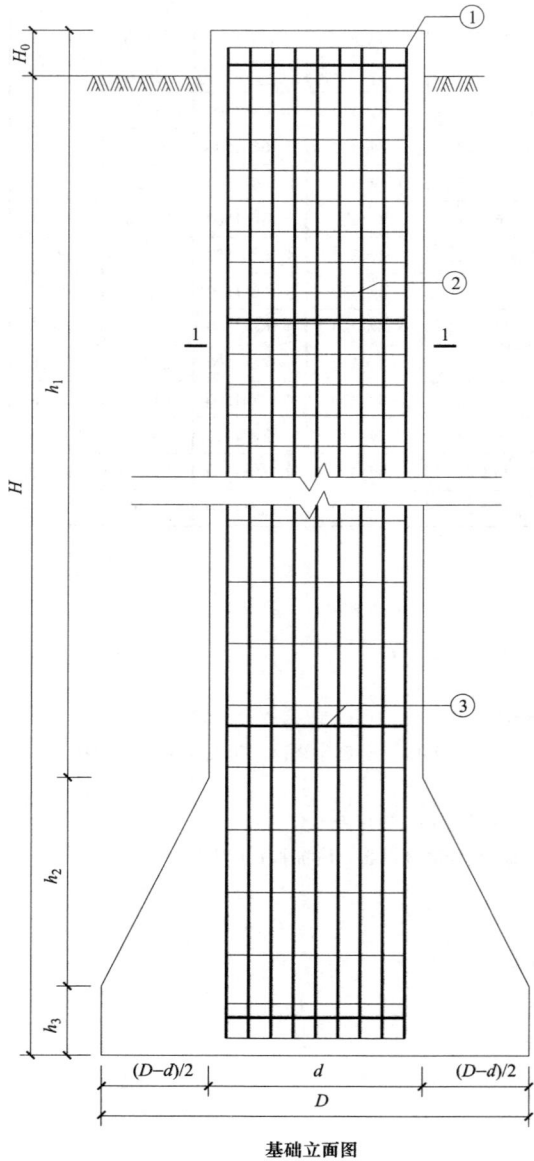

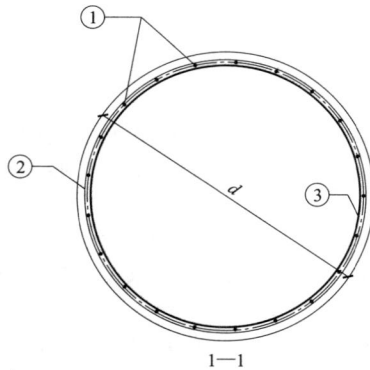

基础立面图

1—1

说明：1. 本基础适用于不受地下水影响的粉土地质条件。

2. 整体立塔时，混凝土的抗压强度应达到设计强度的100%。分解组塔时，混凝土必须达到抗压强度设计值的70%。

3. 基础根开及地脚螺栓间距与相应杆塔结构图核对无误后，方可施工。

4. 基础混凝土强度等级不应低于C25，主筋采用HRB400级钢筋，箍筋采用HPB300级钢筋。

5. 主筋保护层不小于50mm。

6. 基础施工完毕后，做好基面排水处理。

7. 本基础按机械成孔施工方式，未考虑护壁工程量。

图 14.2-4 5JTW2∗-1800 掏挖基础施工图

基 础 参 数 表

基础名称	主柱直径 d（mm）	底板直径 D（mm）	基础埋深 H（mm）	主柱高 h_1（mm）	圆台高 h_2（mm）	下圆柱高 h_3（mm）	基础露头 H_0（mm）	主筋①	外箍筋②	内箍筋③	单腿混凝土量（m³）	单腿钢筋量（kg）
5JTW2a-2000-02	1800	3500	8600	7500	1500	100	200	42 ϕ 22	Φ 8@ 330	Φ 18@ 1500	28.60	1210.6
5JTW2a-2000-07	1800	3500	8800	8200	1500	100	700	42 ϕ 22	Φ 8@ 330	Φ 18@ 1500	30.39	1304.3
5JTW2a-2000-12	1800	3500	9000	8900	1500	100	1200	42 ϕ 22	Φ 8@ 330	Φ 18@ 1500	32.17	1398.1
5JTW2a-2000-17	1800	3500	9200	9600	1500	100	1700	42 ϕ 22	Φ 8@ 330	Φ 18@ 1500	33.95	1491.9
5JTW2b-2000-02	1700	3300	8800	7800	1400	100	200	36 ϕ 22	Φ 8@ 330	Φ 18@ 1500	25.67	1067.1
5JTW2b-2000-07	1800	3500	8600	8000	1500	100	700	42 ϕ 22	Φ 8@ 330	Φ 18@ 1500	29.88	1277.5
5JTW2b-2000-12	1800	3500	8800	8700	1500	100	1200	42 ϕ 22	Φ 8@ 330	Φ 18@ 1500	31.66	1371.3
5JTW2b-2000-17	1800	3500	9000	9400	1500	100	1700	42 ϕ 22	Φ 8@ 330	Φ 18@ 1500	33.44	1465.1
5JTW2c-2000-02	1800	3500	9200	8100	1500	100	200	42 ϕ 22	Φ 8@ 330	Φ 18@ 1500	30.13	1290.9
5JTW2c-2000-07	1900	3700	9200	8500	1600	100	700	36 ϕ 25	Φ 8@ 370	Φ 18@ 1500	35.37	1491.4
5JTW2c-2000-12	1900	3700	9500	9300	1600	100	1200	36 ϕ 25	Φ 8@ 370	Φ 18@ 1500	37.63	1609.1
5JTW2c-2000-17	2000	4000	9400	9700	1600	100	1700	40 ϕ 25	Φ 8@ 370	Φ 18@ 1500	43.46	1848.3

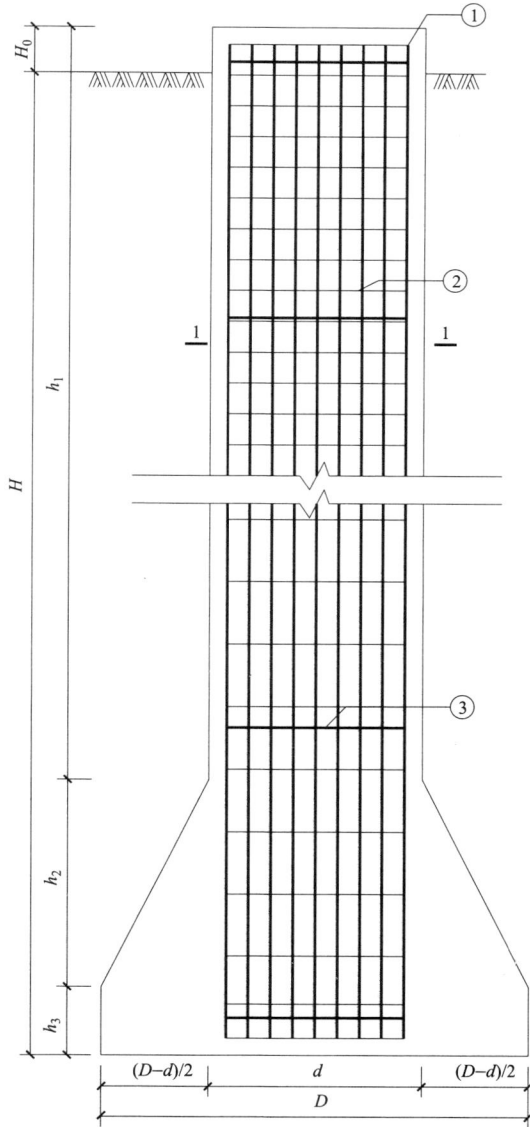

基础立面图

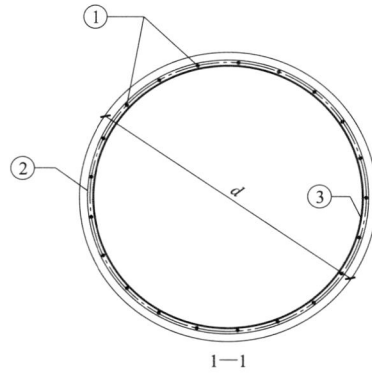

1—1

说明：1. 本基础适用于不受地下水影响的粉土地质条件。

2. 整体立塔时，混凝土的抗压强度应达到设计强度的100%。分解组塔时，混凝土必须达到抗压强度设计值的70%。

3. 基础根开及地脚螺栓间距与相应杆塔结构图核对无误后，方可施工。

4. 基础混凝土强度等级不应低于 C25，主筋采用 HRB400 级钢筋，箍筋采用 HPB300 级钢筋。

5. 主筋保护层不小于 50mm。

6. 基础施工完毕后，做好基面排水处理。

7. 本基础按机械成孔施工方式，未考虑护壁工程量。

图 14.2-5　5JTW2*-2000 掏挖基础施工图

14.3 5JTW3 子模块

此子模块适用于碎石土地基，共包含 5 张图纸，基础施工图图纸清单见表14.3-1。

表 14.3-1　　　　　5JTW3 子模块基础施工图图纸清单

序号	图号	图　名	基础作用力（kN）	
			$T/T_x/T_y$	$N/N_x/N_y$
1	图 14.3-1	5JTW3 * -1200 掏挖基础施工图	1200/228/228	1560/296/296
2	图 14.3-2	5JTW3 * -1400 掏挖基础施工图	1400/266/266	1820/346/346
3	图 14.3-3	5JTW3 * -1600 掏挖基础施工图	1600/304/304	2080/395/395
4	图 14.3-4	5JTW3 * -1800 掏挖基础施工图	1800/342/342	2340/445/445
5	图 14.3-5	5JTW3 * -2000 掏挖基础施工图	2000/380/380	2600/494/494

注　3 * 代表 3a、3b 两种地质参数组合。

基 础 参 数 表

基础名称	主柱直径 d（mm）	底板直径 D（mm）	基础埋深 H（mm）	主柱高 h_1（mm）	圆台高 h_2（mm）	下圆柱高 h_3（mm）	基础露头 H_0（mm）	主筋①	外箍筋②	内箍筋③	单腿混凝土量（m³）	单腿钢筋量（kg）
5JTW3a-1200-02	1200	2200	6000	5400	1000	100	200	28 Φ 18	Φ 8@ 270	Φ 16@ 1500	8.82	401.9
5JTW3a-1200-07	1300	2400	5800	5600	1100	100	700	26 Φ 20	Φ 8@ 300	Φ 16@ 1500	10.93	476.0
5JTW3a-1200-12	1300	2400	6200	6500	1100	100	1200	26 Φ 20	Φ 8@ 300	Φ 16@ 1500	12.12	539.4
5JTW3a-1200-17	1400	2800	6000	6700	1200	100	1700	30 Φ 20	Φ 8@ 300	Φ 16@ 1500	15.24	643.2
5JTW3b-1200-02	1300	2600	5800	5100	1100	100	200	26 Φ 20	Φ 8@ 300	Φ 16@ 1500	10.71	440.7
5JTW3b-1200-07	1300	2400	5900	5700	1100	100	700	26 Φ 20	Φ 8@ 300	Φ 16@ 1500	11.06	483.0
5JTW3b-1200-12	1300	2400	6200	6500	1100	100	1200	26 Φ 20	Φ 8@ 300	Φ 16@ 1500	12.12	539.4
5JTW3b-1200-17	1400	2800	6000	6700	1200	100	1700	30 Φ 20	Φ 8@ 300	Φ 16@ 1500	15.24	643.2

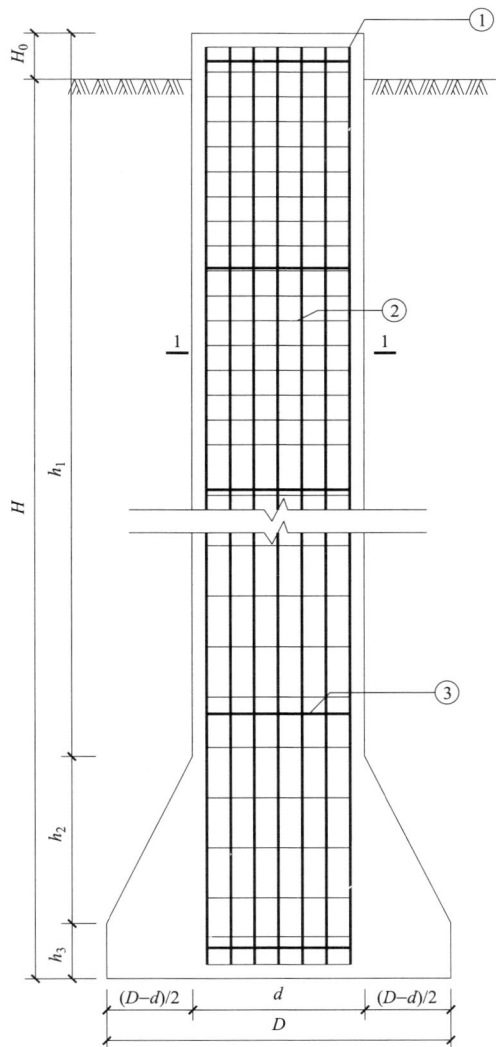

基础立面图

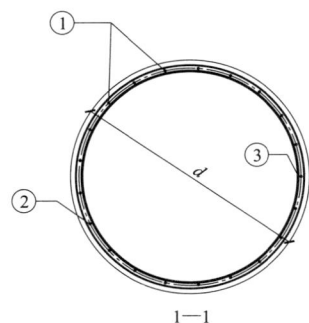

1—1

说明：1. 本基础适用于不受地下水影响的碎石土地质条件。

2. 整体立塔时，混凝土的抗压强度应达到设计强度的 100%。分解组塔时，混凝土必须达到抗压强度设计值的 70%。

3. 基础根开及地脚螺栓间距与相应杆塔结构图核对无误后，方可施工。

4. 基础混凝土强度等级不应低于 C25，主筋采用 HRB400 级钢筋，箍筋采用 HPB300 级钢筋。

5. 主筋保护层不小于 50mm。

6. 基础施工完毕后，做好基面排水处理。

7. 本基础按机械成孔施工方式，未考虑护壁工程量。

图 14.3-1　5JTW3 ∗ -1200 掏挖基础施工图

基 础 参 数 表

基础名称	主柱直径 d (mm)	底板直径 D (mm)	基础埋深 H (mm)	主柱高 h_1 (mm)	圆台高 h_2 (mm)	下圆柱高 h_3 (mm)	基础露头 H_0 (mm)	主筋①	外箍筋②	内箍筋③	单腿混凝土量 (m^3)	单腿钢筋量 (kg)
5JTW3a-1400-02	1300	2400	6200	5500	1100	100	200	26 Φ 20	Φ 8@ 300	Φ 16@ 1500	10. 80	468. 9
5JTW3a-1400-07	1400	2600	6200	5900	1200	100	700	30 Φ 20	Φ 8@ 300	Φ 16@ 1500	13. 50	578. 5
5JTW3a-1400-12	1400	2600	6700	6900	1200	100	1200	30 Φ 20	Φ 8@ 300	Φ 16@ 1500	15. 04	659. 4
5JTW3a-1400-17	1500	2700	6700	7400	1200	100	1700	34 Φ 20	Φ 8@ 300	Φ 16@ 1500	17. 92	789. 9
5JTW3b-1400-02	1300	2400	6300	5600	1100	100	200	26 Φ 20	Φ 8@ 300	Φ 16@ 1500	10. 93	476. 0
5JTW3b-1400-07	1400	2600	6200	5900	1200	100	700	30 Φ 20	Φ 8@ 300	Φ 16@ 1500	13. 50	578. 5
5JTW3b-1400-12	1400	2600	6500	6700	1200	100	1200	30 Φ 20	Φ 8@ 300	Φ 16@ 1500	14. 73	643. 2
5JTW3b-1400-17	1500	2700	6600	7300	1200	100	1700	34 Φ 20	Φ 8@ 300	Φ 16@ 1500	17. 74	780. 7

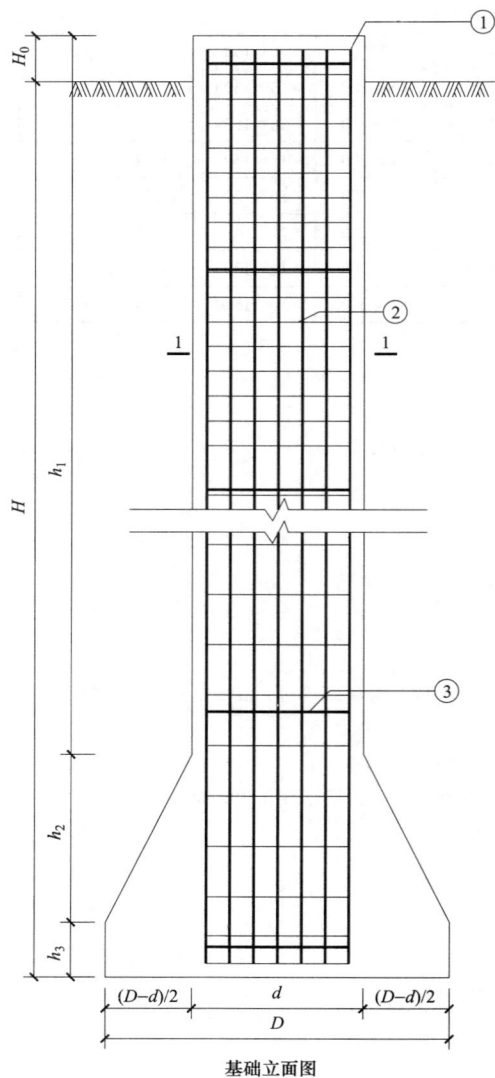

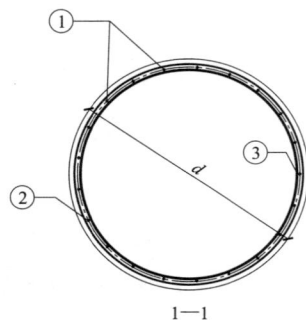

基础立面图

1—1

说明： 1. 本基础适用于不受地下水影响的碎石土地质条件。

2. 整体立塔时，混凝土的抗压强度应达到设计强度的 100%。分解组塔时，混凝土必须达到抗压强度设计值的 70% 。

3. 基础根开及地脚螺栓间距与相应杆塔结构图核对无误后，方可施工。

4. 基础混凝土强度等级不应低于 C25，主筋采用 HRB400 级钢筋，箍筋采用 HPB300 级钢筋。

5. 主筋保护层不小于 50mm。

6. 基础施工完毕后，做好基面排水处理。

7. 本基础按机械成孔施工方式，未考虑护壁工程量。

图 14. 3-2 5JTW3 ＊-1400 掏挖基础施工图

基 础 参 数 表

基础名称	主柱直径 d (mm)	底板直径 D (mm)	基础埋深 H (mm)	主柱高 h_1 (mm)	圆台高 h_2 (mm)	下圆柱高 h_3 (mm)	基础露头 H_0 (mm)	主筋①	外箍筋②	内箍筋③	单腿混凝土量 (m^3)	单腿钢筋量 (kg)
5JTW3a-1600-02	1400	2600	6600	5800	1200	100	200	30 Φ 20	Φ 8@ 300	Φ 16@ 1500	13.34	570.4
5JTW3a-1600-07	1500	2700	6700	6400	1200	100	700	34 Φ 20	Φ 8@ 300	Φ 16@ 1500	16.15	698.5
5JTW3a-1600-12	1600	2900	6600	6700	1300	100	1200	32 Φ 22	Φ 8@ 330	Φ 16@ 1500	19.44	828.4
5JTW3a-1600-17	1600	3100	7000	7600	1300	100	1700	32 Φ 22	Φ 8@ 330	Φ 16@ 1500	21.87	921.1
5JTW3b-1600-02	1400	2600	6500	5700	1200	100	200	30 Φ 20	Φ 8@ 300	Φ 16@ 1500	13.19	562.3
5JTW3b-1600-07	1500	2700	6600	6300	1200	100	700	34 Φ 20	Φ 8@ 300	Φ 16@ 1500	15.97	689.4
5JTW3b-1600-12	1500	2700	6900	7100	1200	100	1200	34 Φ 20	Φ 8@ 300	Φ 16@ 1500	17.39	762.5
5JTW3b-1600-17	1600	2900	6800	7400	1300	100	1700	32 Φ 22	Φ 8@ 330	Φ 16@ 1500	20.85	900.5

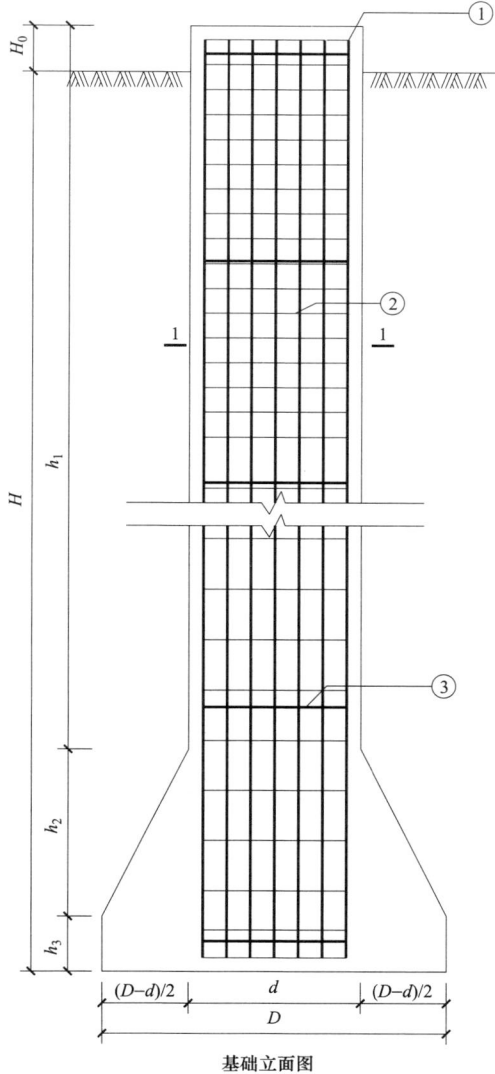

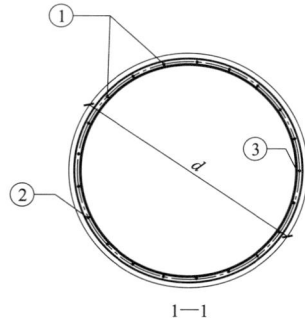

基础立面图

1—1

说明：1. 本基础适用于不受地下水影响的碎石土地质条件。

2. 整体立塔时，混凝土的抗压强度应达到设计强度的 100%。分解组塔时，混凝土必须达到抗压强度设计值的 70%。

3. 基础根开及地脚螺栓间距与相应杆塔结构图核对无误后，方可施工。

4. 基础混凝土强度等级不应低于 C25，主筋采用 HRB400 级钢筋，箍筋采用 HPB300 级钢筋。

5. 主筋保护层不小于 50mm。

6. 基础施工完毕后，做好基面排水处理。

7. 本基础按机械成孔施工方式，未考虑护壁工程量。

图 14.3-3　5JTW3∗-1600 掏挖基础施工图

基础立面图

基 础 参 数 表

基础名称	主柱直径 d (mm)	底板直径 D (mm)	基础埋深 H (mm)	主柱高 h_1 (mm)	圆台高 h_2 (mm)	下圆柱高 h_3 (mm)	基础露头 H_0 (mm)	主筋①	外箍筋②	内箍筋③	单腿混凝土量 (m³)	单腿钢筋量 (kg)
5JTW3a-1800-02	1600	2900	6400	5500	1300	100	200	32 Φ 22	Φ 8@ 330	Φ 16@ 1500	17.03	704.8
5JTW3a-1800-07	1600	2900	7000	6600	1300	100	700	32 Φ 22	Φ 8@ 330	Φ 16@ 1500	19.24	818.1
5JTW3a-1800-12	1700	3300	6800	6800	1400	100	1200	36 Φ 22	Φ 8@ 330	Φ 18@ 1500	23.40	951.6
5JTW3a-1800-17	1700	3300	7100	7600	1400	100	1700	36 Φ 22	Φ 8@ 330	Φ 18@ 1500	25.21	1044.0
5JTW3b-1800-02	1600	2900	6500	5600	1300	100	200	32 Φ 22	Φ 8@ 330	Φ 16@ 1500	17.23	715.1
5JTW3b-1800-07	1600	2900	6700	6300	1300	100	700	32 Φ 22	Φ 8@ 330	Φ 16@ 1500	18.64	787.2
5JTW3b-1800-12	1600	2900	7100	7200	1300	100	1200	32 Φ 22	Φ 8@ 330	Φ 16@ 1500	20.45	879.9
5JTW3b-1800-17	1700	3100	7000	7500	1400	100	1700	36 Φ 22	Φ 8@ 330	Φ 18@ 1500	24.29	1032.4

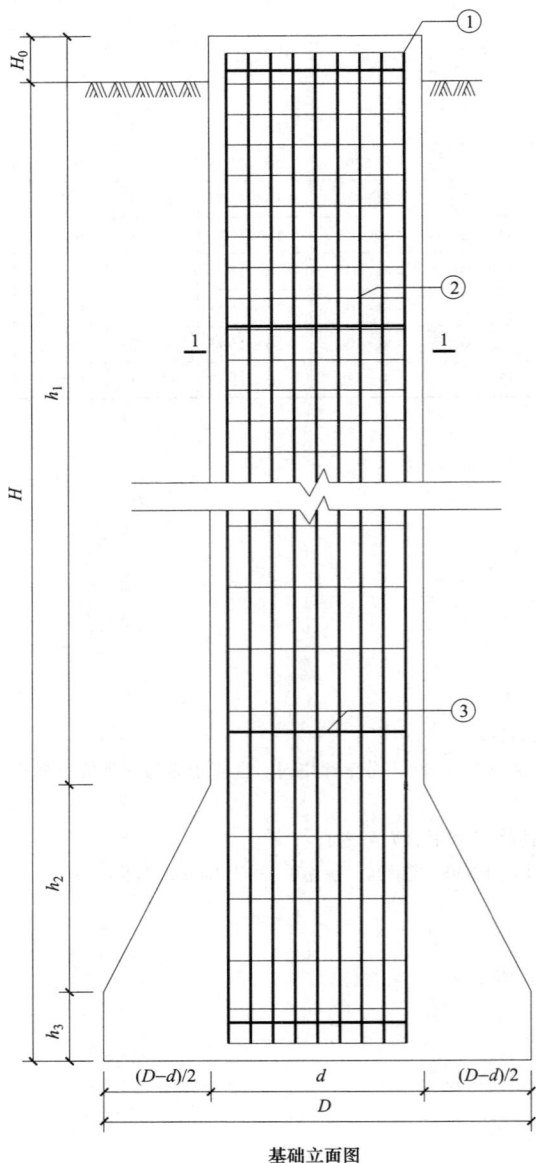

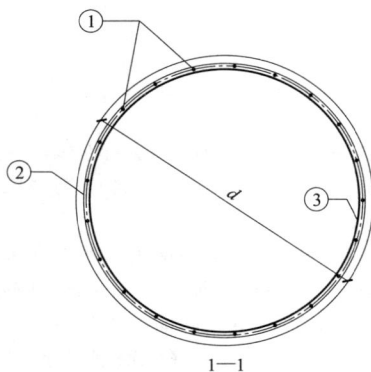

1—1

说明：1. 本基础适用于不受地下水影响的碎石土地质条件。

2. 整体立塔时，混凝土的抗压强度应达到设计强度的 100%。分解组塔时，混凝土必须达到抗压强度设计值的 70%。

3. 基础根开及地脚螺栓间距与相应杆塔结构图核对无误后，方可施工。

4. 基础混凝土强度等级不应低于 C25，主筋采用 HRB400 级钢筋，箍筋采用 HPB300 级钢筋。

5. 主筋保护层不小于 50mm。

6. 基础施工完毕后，做好基面排水处理。

7. 本基础按机械成孔施工方式，未考虑护壁工程量。

图 14.3-4　5JTW3∗-1800 掏挖基础施工图

基 础 参 数 表

基础名称	主柱直径 d (mm)	底板直径 D (mm)	基础埋深 H (mm)	主柱高 h_1 (mm)	圆台高 h_2 (mm)	下圆柱高 h_3 (mm)	基础露头 H_0 (mm)	主筋①	外箍筋②	内箍筋③	单腿混凝土量 (m³)	单腿钢筋量 (kg)
5JTW3a-2000-02	1600	2900	7200	6300	1300	100	200	32 Φ 22	Φ 8@ 330	Φ 16@ 1500	18.64	787.2
5JTW3a-2000-07	1700	3100	7200	6700	1400	100	700	36 Φ 22	Φ 8@ 330	Φ 18@ 1500	22.48	940.0
5JTW3a-2000-12	1700	3100	7600	7600	1400	100	1200	36 Φ 22	Φ 8@ 330	Φ 18@ 1500	24.52	1044.0
5JTW3a-2000-17	1800	3500	7300	7700	1500	100	1700	42 Φ 22	Φ 8@ 330	Φ 18@ 1500	29.11	1237.4
5JTW3b-2000-02	1600	2900	7200	6300	1300	100	200	32 Φ 22	Φ 8@ 330	Φ 16@ 1500	18.64	787.2
5JTW3b-2000-07	1700	3100	6900	6400	1400	100	700	36 Φ 22	Φ 8@ 330	Φ 18@ 1500	21.79	905.4
5JTW3b-2000-12	1700	3100	7300	7300	1400	100	1200	36 Φ 22	Φ 8@ 330	Φ 18@ 1500	23.84	1009.3
5JTW3b-2000-17	1700	3100	7600	8100	1400	100	1700	36 Φ 22	Φ 8@ 330	Φ 18@ 1500	25.65	1101.7

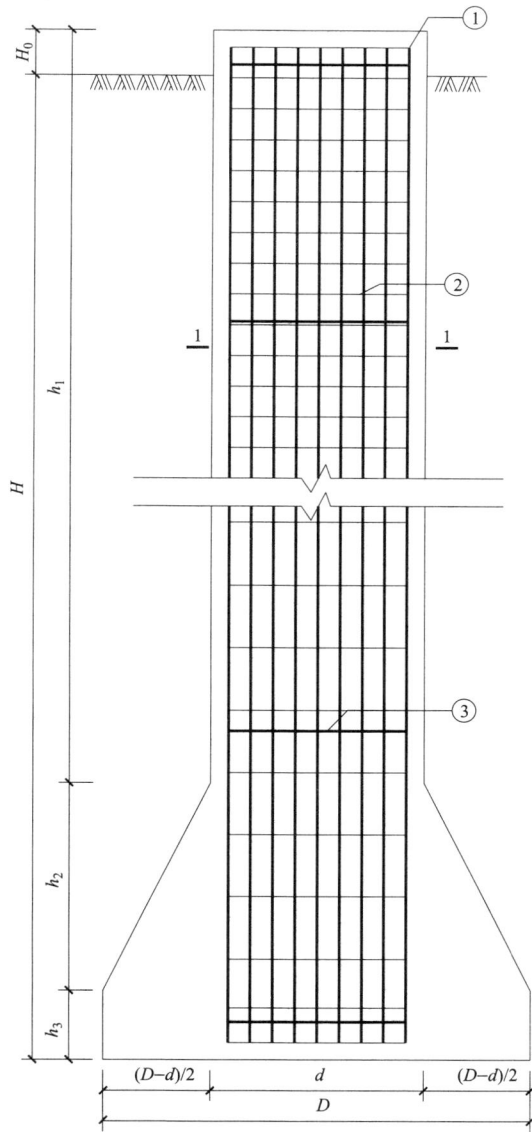

基础立面图

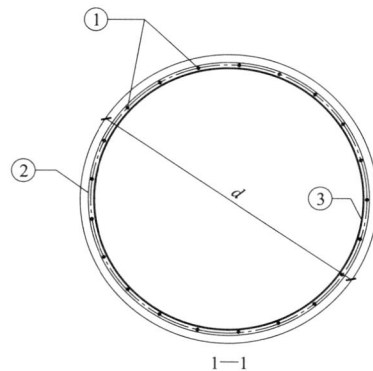

1—1

说明：1. 本基础适用于不受地下水影响的碎石土地质条件。

2. 整体立塔时，混凝土的抗压强度应达到设计强度的100%。分解组塔时，混凝土必须达到抗压强度设计值的70%。

3. 基础根开及地脚螺栓间距与相应杆塔结构图核对无误后，方可施工。

4. 基础混凝土强度等级不应低于 C25，主筋采用 HRB400 级钢筋，箍筋采用 HPB300 级钢筋。

5. 主筋保护层不小于 50mm。

6. 基础施工完毕后，做好基面排水处理。

7. 本基础按机械成孔施工方式，未考虑护壁工程量。

图 14.3-5 5JTW3∗-2000 掏挖基础施工图

14.4 5JTW5 子模块

此子模块适用于戈壁碎石土地基，共包含 9 张图纸，基础施工图图纸清单见表 14.4-1。

表 14.4-1　　　　　5JTW5 子模块基础施工图图纸清单

序号	图号	图　名	基础作用力（kN）	
			$T/T_x/T_y$	$N/N_x/N_y$
1	图 14.4-1	5JTW5 * -1200 掏挖基础施工图	1200/168/168	1560/218/218
2	图 14.4-2	5JTW5 * -1400 掏挖基础施工图	1400/196/196	1820/255/255
3	图 14.4-3	5JTW5 * -1600 掏挖基础施工图	1600/224/224	2080/291/291
4	图 14.4-4	5JTW5 * -1800 掏挖基础施工图	1800/252/252	2340/328/328
5	图 14.4-5	5JTW5 * -2000 掏挖基础施工图	2000/280/280	2600/364/364
6	图 14.4-6	5JTW5 * -2200 掏挖基础施工图	1200/168/168	1560/218/218
7	图 14.4-7	5JTW5 * -2400 掏挖基础施工图	1400/196/196	1820/255/255
8	图 14.4-8	5JTW5 * -2600 掏挖基础施工图	1600/224/224	2080/291/291
9	图 14.4-9	5JTW5 * -2800 掏挖基础施工图	1800/252/252	2340/328/328

注　5 * 代表 5a 一种地质参数组合。

基 础 参 数 表

基础名称	主柱直径 d (mm)	底板直径 D (mm)	基础埋深 H (mm)	主柱高 h_1 (mm)	圆台高 h_2 (mm)	下圆柱高 h_3 (mm)	基础露头 H_0 (mm)	主筋①	外箍筋②	内箍筋③	单腿混凝土量 (m^3)	单腿钢筋量 (kg)
5JTW5a-1200-02	1100	2100	5400	4300	1200	100	200	20 ϕ 20	Φ 8@270	Φ 16@1500	6.92	323.6
5JTW5a-1200-07	1100	2200	5400	4800	1200	100	700	20 ϕ 20	Φ 8@270	Φ 16@1500	7.60	350.9
5JTW5a-1200-12	1100	2200	5600	5300	1400	100	1200	20 ϕ 20	Φ 8@270	Φ 16@1500	8.52	393.0
5JTW5a-1200-17	1100	2200	5700	5800	1500	100	1700	20 ϕ 20	Φ 8@270	Φ 16@1500	9.22	425.1

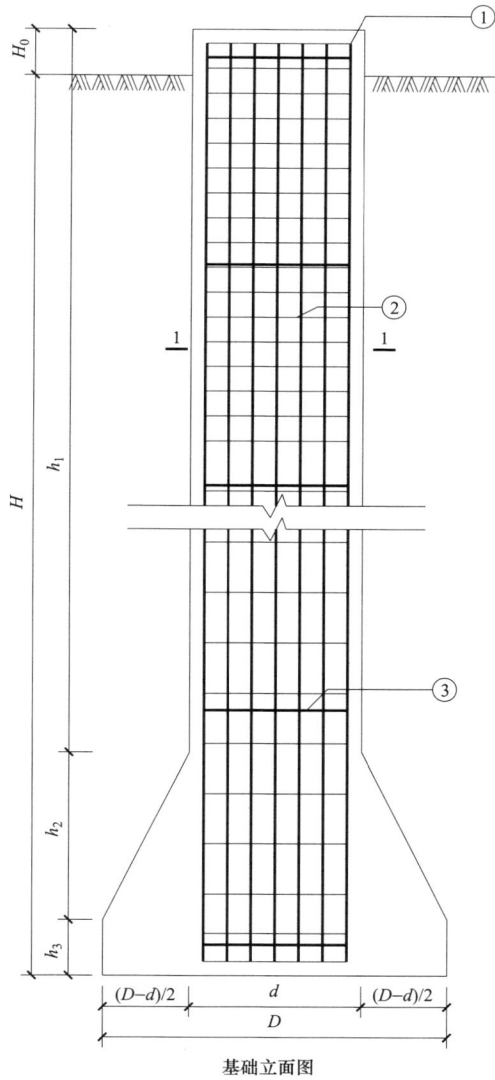

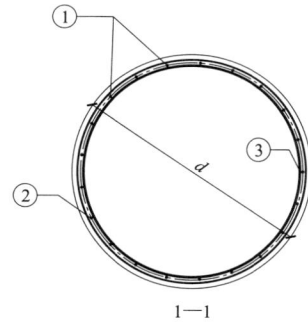

基础立面图

1—1

说明：1. 本基础适用于不受地下水影响的戈壁碎石土地质条件。

2. 整体立塔时，混凝土的抗压强度应达到设计强度的 100%。分解组塔时，混凝土必须达到抗压强度设计值的 70%。

3. 基础根开及地脚螺栓间距与相应杆塔结构图核对无误后，方可施工。

4. 基础混凝土强度等级不应低于 C25，主筋采用 HRB400 级钢筋，箍筋采用 HPB300 级钢筋。

5. 主筋保护层不小于 50mm。

6. 基础施工完毕后，做好基面排水处理。

7. 本基础按机械成孔施工方式，未考虑护壁工程量。

图 14.4-1　5JTW5∗-1200 掏挖基础施工图

基 础 参 数 表

基础名称	主柱直径 d（mm）	底板直径 D（mm）	基础埋深 H（mm）	主柱高 h_1（mm）	圆台高 h_2（mm）	下圆柱高 h_3（mm）	基础露头 H_0（mm）	主筋①	外箍筋②	内箍筋③	单腿混凝土量（m³）	单腿钢筋量（kg）
5JTW5a-1400-02	1200	2300	5500	4400	1200	100	200	22Φ20	Φ8@270	Φ16@1500	8.37	361.3
5JTW5a-1400-07	1200	2300	5700	5000	1300	100	700	22Φ20	Φ8@270	Φ16@1500	9.30	409.0
5JTW5a-1400-12	1200	2400	5700	5400	1400	100	1200	22Φ20	Φ8@270	Φ16@1500	10.25	439.0
5JTW5a-1400-17	1200	2400	5900	6000	1500	100	1700	22Φ20	Φ8@270	Φ16@1500	11.20	479.8

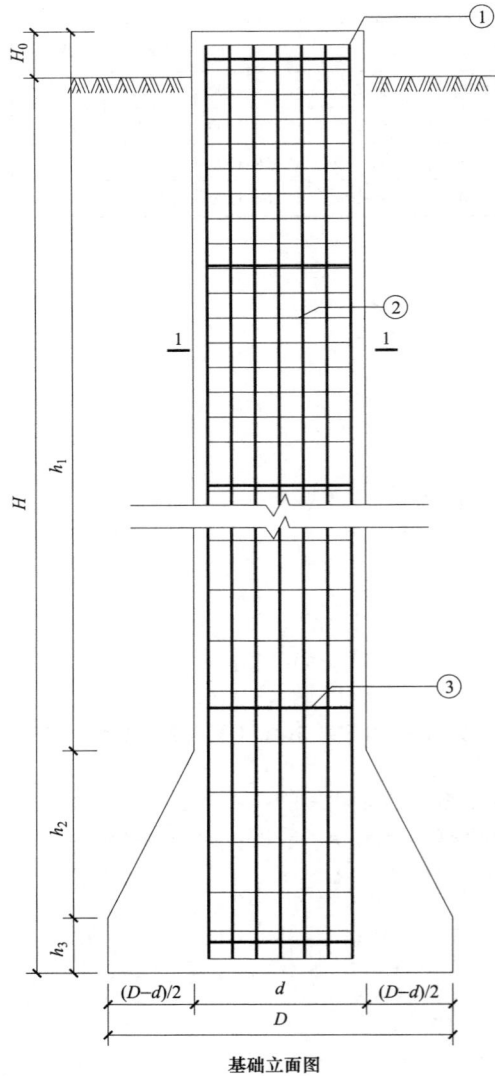

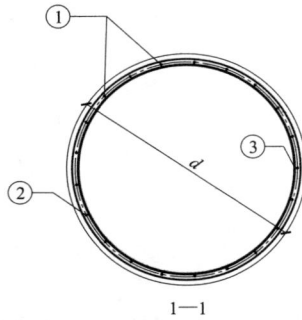

基础立面图

1—1

说明：1. 本基础适用于不受地下水影响的戈壁碎石土地质条件。

2. 整体立塔时，混凝土的抗压强度应达到设计强度的100%。分解组塔时，混凝土必须达到抗压强度设计值的70%。

3. 基础根开及地脚螺栓间距与相应杆塔结构图核对无误后，方可施工。

4. 基础混凝土强度等级不应低于C25，主筋采用HRB400级钢筋，箍筋采用HPB300级钢筋。

5. 主筋保护层不小于50mm。

6. 基础施工完毕后，做好基面排水处理。

7. 本基础按机械成孔施工方式，未考虑护壁工程量。

图 14.4-2 5JTW5＊-1400 掏挖基础施工图

基 础 参 数 表

基础名称	主柱直径 d（mm）	底板直径 D（mm）	基础埋深 H（mm）	主柱高 h_1（mm）	圆台高 h_2（mm）	下圆柱高 h_3（mm）	基础露头 H_0（mm）	主筋①	外箍筋②	内箍筋③	单腿混凝土量（m^3）	单腿钢筋量（kg）
5JTW5a-1600-02	1300	2400	5800	4600	1300	100	200	22Φ22	Φ8@300	Φ16@1500	10.16	448.1
5JTW5a-1600-07	1300	2400	5900	5200	1300	100	700	22Φ22	Φ8@300	Φ16@1500	10.95	496.6
5JTW5a-1600-12	1300	2400	6100	5700	1500	100	1200	22Φ22	Φ8@300	Φ16@1500	12.17	545.6
5JTW5a-1600-17	1300	2500	6100	6200	1500	100	1700	22Φ22	Φ8@300	Φ16@1500	13.12	587.5

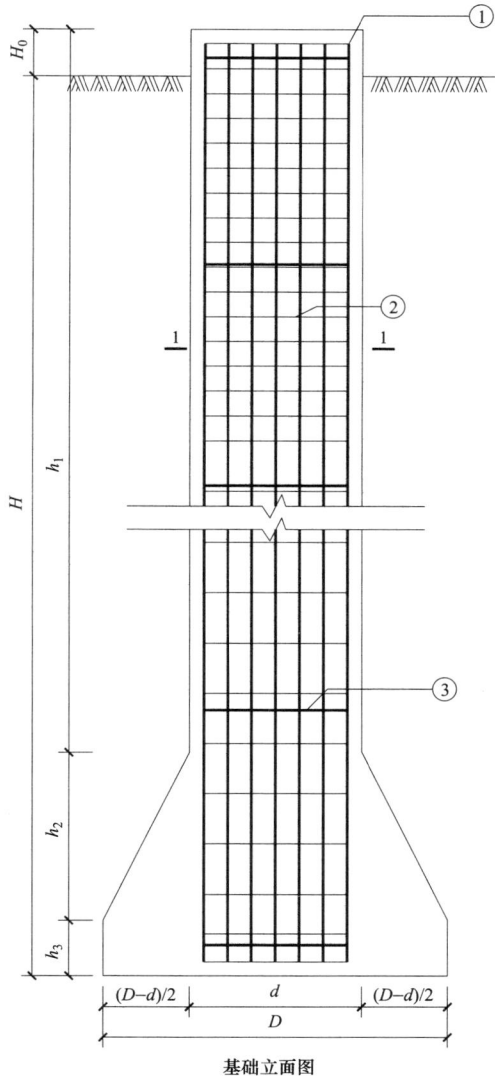

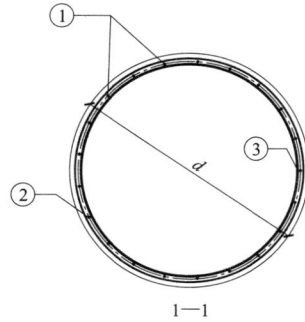

基础立面图

1—1

说明：1. 本基础适用于不受地下水影响的戈壁碎石土地质条件。

2. 整体立塔时，混凝土的抗压强度应达到设计强度的100%。分解组塔时，混凝土必须达到抗压强度设计值的70%。

3. 基础根开及地脚螺栓间距与相应杆塔结构图核对无误后，方可施工。

4. 基础混凝土强度等级不应低于 C25，主筋采用 HRB400 级钢筋，箍筋采用 HPB300 级钢筋。

5. 主筋保护层不小于 50mm。

6. 基础施工完毕后，做好基面排水处理。

7. 本基础按机械成孔施工方式，未考虑护壁工程量。

图 14.4-3　5JTW5*-1600 掏挖基础施工图

基 础 参 数 表

基础名称	主柱直径 d (mm)	底板直径 D (mm)	基础埋深 H (mm)	主柱高 h_1 (mm)	圆台高 h_2 (mm)	下圆柱高 h_3 (mm)	基础露头 H_0 (mm)	主筋①	外箍筋②	内箍筋③	单腿混凝土量 (m^3)	单腿钢筋量 (kg)
5JTW5a-1800-02	1300	2500	6000	4700	1400	100	200	24ϕ22	Φ8@300	Φ16@1500	10.83	505.1
5JTW5a-1800-07	1300	2600	6100	5200	1500	100	700	24ϕ22	Φ8@300	Φ16@1500	12.08	551.1
5JTW5a-1800-12	1300	2600	6200	5700	1600	100	1200	24ϕ22	Φ8@300	Φ16@1500	13.05	597.1
5JTW5a-1800-17	1400	2600	6300	6200	1700	100	1700	20ϕ25	Φ8@300	Φ16@1500	15.58	698.8

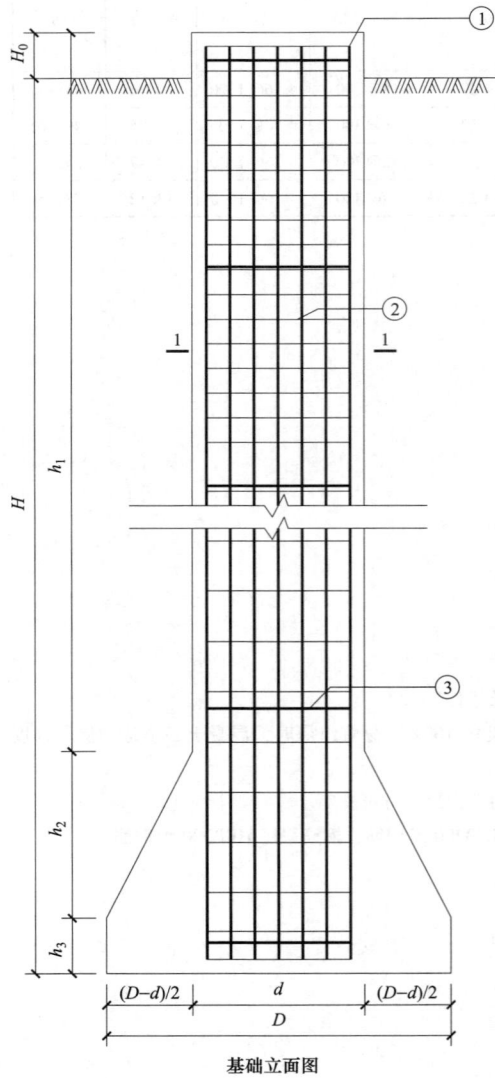

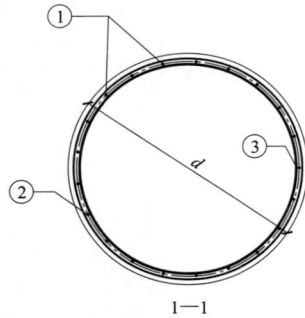

基础立面图

1—1

说明：1. 本基础适用于不受地下水影响的戈壁碎石土地质条件。

2. 整体立塔时，混凝土的抗压强度应达到设计强度的100%。分解组塔时，混凝土必须达到抗压强度设计值的70%。

3. 基础根开及地脚螺栓间距与相应杆塔结构图核对无误后，方可施工。

4. 基础混凝土强度等级不应低于 C25，主筋采用 HRB400 级钢筋，箍筋采用 HPB300 级钢筋。

5. 主筋保护层不小于 50mm。

6. 基础施工完毕后，做好基面排水处理。

7. 本基础按机械成孔施工方式，未考虑护壁工程量。

图 14.4-4 5JTW5*-1800 掏挖基础施工图

基 础 参 数 表

基础名称	主柱直径 d (mm)	底板直径 D (mm)	基础埋深 H (mm)	主柱高 h_1 (mm)	圆台高 h_2 (mm)	下圆柱高 h_3 (mm)	基础露头 H_0 (mm)	主筋①	外箍筋②	内箍筋③	单腿混凝土量 (m³)	单腿钢筋量 (kg)
5JTW5a-2000-02	1400	2600	6200	4800	1500	100	200	20 Φ 25	Φ 8@ 300	Φ 16@ 1500	12.77	559.1
5JTW5a-2000-07	1400	2600	6400	5400	1600	100	700	20 Φ 25	Φ 8@ 300	Φ 16@ 1500	14.02	618.1
5JTW5a-2000-12	1400	2600	6500	5900	1700	100	1200	20 Φ 25	Φ 8@ 300	Φ 16@ 1500	15.11	674.1
5JTW5a-2000-17	1400	2700	6600	6400	1800	100	1700	20 Φ 25	Φ 8@ 300	Φ 16@ 1500	16.57	723.6

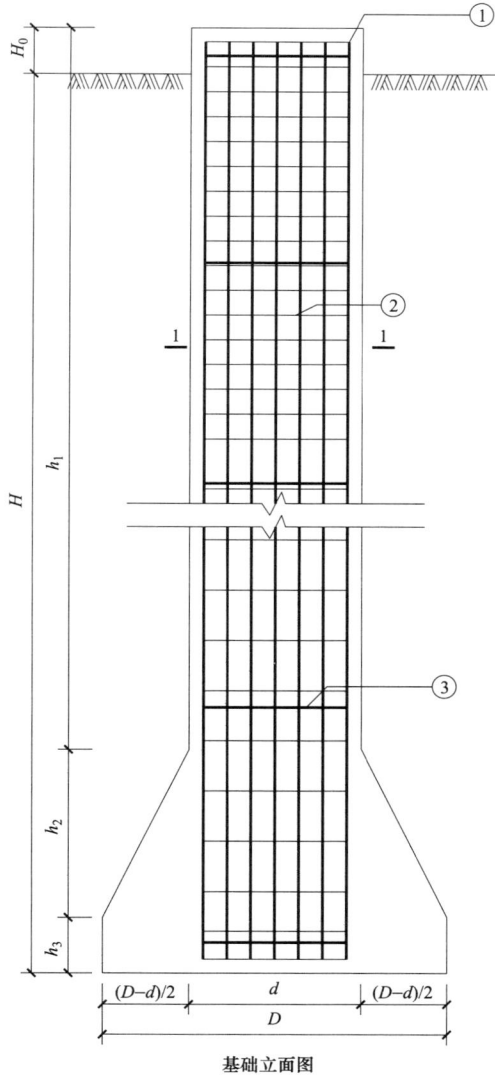

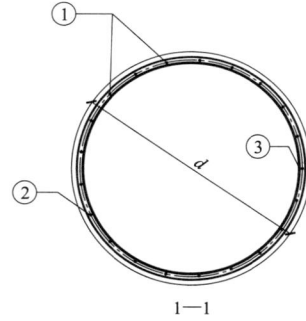

基础立面图

1—1

说明： 1. 本基础适用于不受地下水影响的戈壁碎石土地质条件。

2. 整体立塔时，混凝土的抗压强度应达到设计强度的 100% 。分解组塔时，混凝土必须达到抗压强度设计值的 70% 。

3. 基础根开及地脚螺栓间距与相应杆塔结构图核对无误后，方可施工。

4. 基础混凝土强度等级不应低于 C25，主筋采用 HRB400 级钢筋，箍筋采用 HPB300 级钢筋。

5. 主筋保护层不小于 50mm。

6. 基础施工完毕后，做好基面排水处理。

7. 本基础按机械成孔施工方式，未考虑护壁工程量。

图 14. 4-5　5JTW5∗-2000 掏挖基础施工图

基 础 参 数 表

基础名称	主柱直径 d (mm)	底板直径 D (mm)	基础埋深 H (mm)	主柱高 h_1 (mm)	圆台高 h_2 (mm)	下圆柱高 h_3 (mm)	基础露头 H_0 (mm)	主筋①	外箍筋②	内箍筋③	单腿混凝土量 (m^3)	单腿钢筋量 (kg)
5JTW5a-2200-02	1400	2700	6400	4900	1600	100	200	24Φ25	Φ8@300	Φ16@1500	13.57	676.1
5JTW5a-2200-07	1400	2700	6600	5400	1800	100	700	24Φ25	Φ8@300	Φ16@1500	15.03	744.1
5JTW5a-2200-12	1400	2800	6600	5900	1800	100	1200	24Φ25	Φ8@300	Φ16@1500	16.16	800.1
5JTW5a-2200-17	1400	2800	6800	6400	2000	100	1700	24Φ25	Φ8@300	Φ16@1500	17.65	868.2

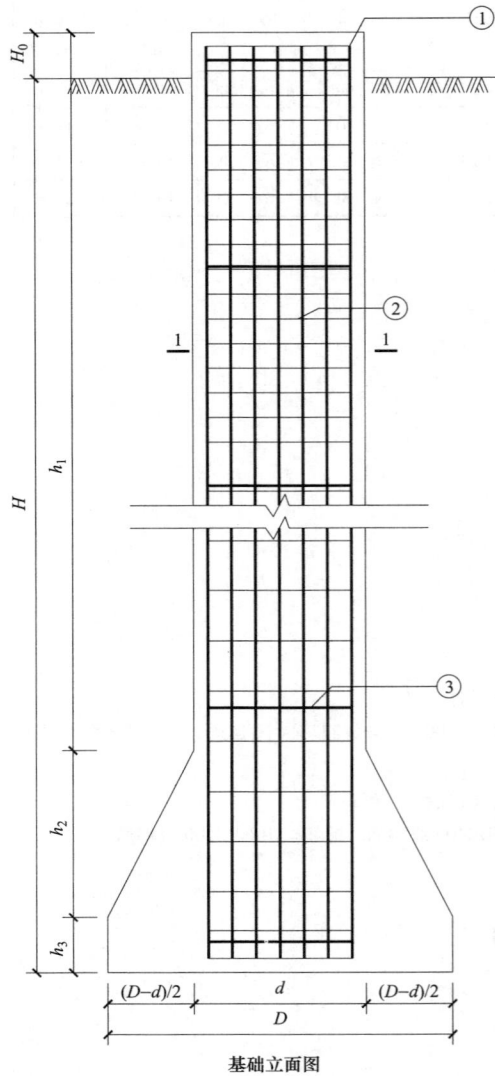

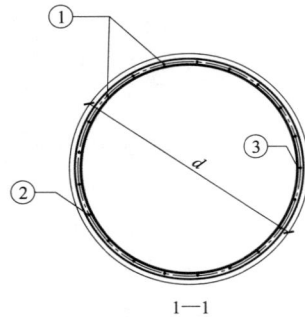

基础立面图

1—1

说明：1. 本基础适用于不受地下水影响的戈壁碎石土地质条件。

2. 整体立塔时，混凝土的抗压强度应达到设计强度的 100%。分解组塔时，混凝土必须达到抗压强度设计值的 70%。

3. 基础根开及地脚螺栓间距与相应杆塔结构图核对无误后，方可施工。

4. 基础混凝土强度等级不应低于 C25，主筋采用 HRB400 级钢筋，箍筋采用 HPB300 级钢筋。

5. 主筋保护层不小于 50mm。

6. 基础施工完毕后，做好基面排水处理。

7. 本基础按机械成孔施工方式，未考虑护壁工程量。

图 14.4-6　5JTW5∗-2200 掏挖基础施工图

基 础 参 数 表

基础名称	主柱直径 d (mm)	底板直径 D (mm)	基础埋深 H (mm)	主柱高 h_1 (mm)	圆台高 h_2 (mm)	下圆柱高 h_3 (mm)	基础露头 H_0 (mm)	主筋①	外箍筋②	内箍筋③	单腿混凝土量 (m³)	单腿钢筋量 (kg)
5JTW5a-2400-02	1500	2800	6500	5000	1600	100	200	26Φ25	Φ8@300	Φ16@1500	15.44	741.9
5JTW5a-2400-07	1500	2800	6700	5500	1800	100	700	26Φ25	Φ8@300	Φ16@1500	17.07	817.4
5JTW5a-2400-12	1500	2800	6900	6100	1900	100	1200	26Φ25	Φ8@300	Φ16@1500	18.50	898.0
5JTW5a-2400-17	1500	2900	6900	6500	2000	100	1700	26Φ25	Φ8@300	Φ16@1500	20.01	951.7

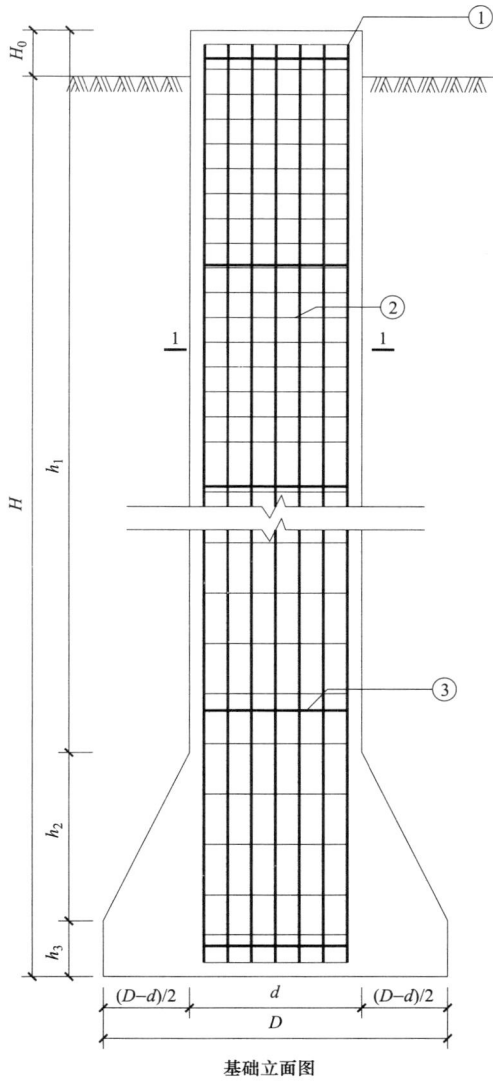

基础立面图

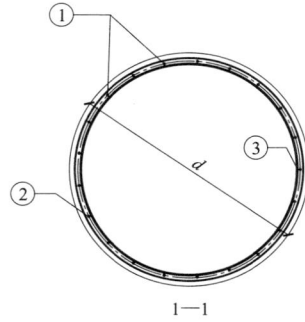

1—1

说明：1. 本基础适用于不受地下水影响的戈壁碎石土地质条件。

2. 整体立塔时，混凝土的抗压强度应达到设计强度的100%。分解组塔时，混凝土必须达到抗压强度设计值的70%。

3. 基础根开及地脚螺栓间距与相应杆塔结构图核对无误后，方可施工。

4. 基础混凝土强度等级不应低于C25，主筋采用HRB400级钢筋，箍筋采用HPB300级钢筋。

5. 主筋保护层不小于50mm。

6. 基础施工完毕后，做好基面排水处理。

7. 本基础按机械成孔施工方式，未考虑护壁工程量。

图 14.4-7　5JTW5*-2400 掏挖基础施工图

基础名称	主柱直径 d (mm)	底板直径 D (mm)	基础埋深 H (mm)	主柱高 h_1 (mm)	圆台高 h_2 (mm)	下圆柱高 h_3 (mm)	基础露头 H_0 (mm)	主筋①	外箍筋②	内箍筋③	单腿混凝土量 (m³)	单腿钢筋量 (kg)
5JTW5a-2600-02	1500	2900	6800	5100	1800	100	200	24 Φ 28	Φ 8@ 300	Φ 16@ 1500	16. 75	882. 4
5JTW5a-2600-07	1500	2900	6900	5600	1900	100	700	24 Φ 28	Φ 8@ 300	Φ 16@ 1500	18. 02	955. 6
5JTW5a-2600-12	1500	2900	7000	6100	2000	100	1200	24 Φ 28	Φ 8@ 300	Φ 16@ 1500	19. 30	1035. 6
5JTW5a-2600-17	1500	3000	7100	6600	2100	100	1700	24 Φ 28	Φ 8@ 300	Φ 16@ 1500	21. 03	1108. 8

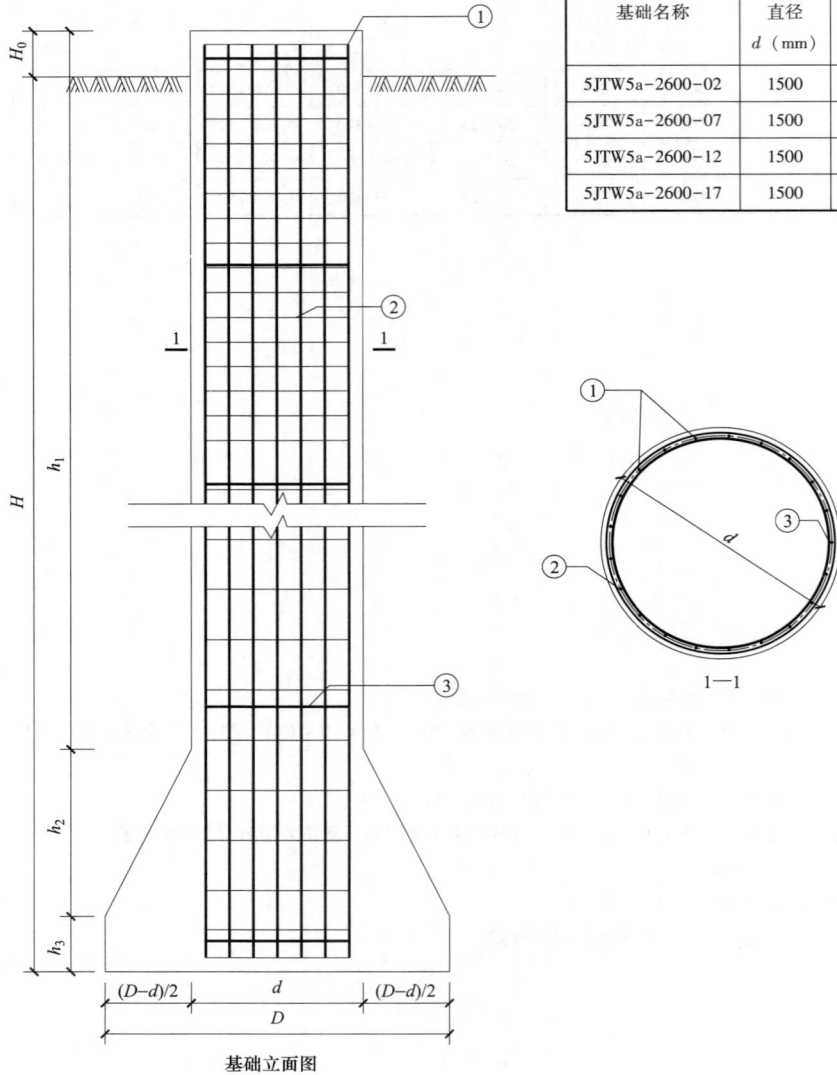

基础立面图

1—1

说明：1. 本基础适用于不受地下水影响的戈壁碎石土地质条件。

2. 整体立塔时，混凝土的抗压强度应达到设计强度的 100%。分解组塔时，混凝土必须达到抗压强度设计值的 70%。

3. 基础根开及地脚螺栓间距与相应杆塔结构图核对无误后，方可施工。

4. 基础混凝土强度等级不应低于 C25，主筋采用 HRB400 级钢筋，箍筋采用 HPB300 级钢筋。

5. 主筋保护层不小于 50mm。

6. 基础施工完毕后，做好基面排水处理。

7. 本基础按机械成孔施工方式，未考虑护壁工程量。

图 14. 4-8 5JTW5∗-2600 掏挖基础施工图

基 础 参 数 表

基础名称	主柱直径 d（mm）	底板直径 D（mm）	基础埋深 H（mm）	主柱高 h_1（mm）	圆台高 h_2（mm）	下圆柱高 h_3（mm）	基础露头 H_0（mm）	主筋①	外箍筋②	内箍筋③	单腿混凝土量（m³）	单腿钢筋量（kg）
5JTW5a-2800-02	1500	3000	6900	5100	1900	100	200	26Φ28	Φ8@300	Φ16@1500	17.55	963.2
5JTW5a-2800-07	1500	3000	7000	5600	2000	100	700	26Φ28	Φ8@300	Φ16@1500	18.85	1049.1
5JTW5a-2800-12	1500	3000	7200	6100	2200	100	1200	26Φ28	Φ8@300	Φ16@1500	20.56	1140.7
5JTW5a-2800-17	1600	3000	7300	6800	2100	100	1700	26Φ28	Φ8@330	Φ16@1500	23.37	1221.2

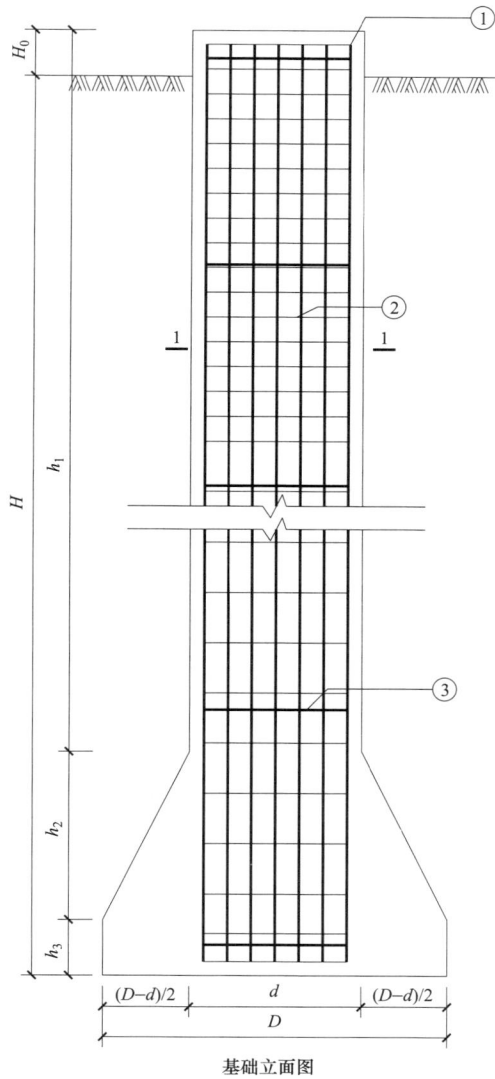

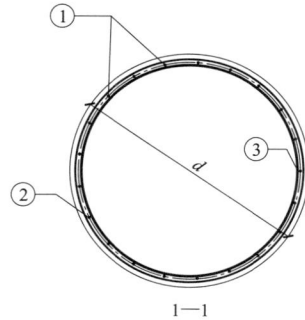

基础立面图

1—1

说明：1. 本基础适用于不受地下水影响的戈壁碎石土地质条件。

2. 整体立塔时，混凝土的抗压强度应达到设计强度的100%。分解组塔时，混凝土必须达到抗压强度设计值的70%。

3. 基础根开及地脚螺栓间距与相应杆塔结构图核对无误后，方可施工。

4. 基础混凝土强度等级不应低于C25，主筋采用HRB400级钢筋，箍筋采用HPB300级钢筋。

5. 主筋保护层不小于50mm。

6. 基础施工完毕后，做好基面排水处理。

7. 本基础按机械成孔施工方式，未考虑护壁工程量。

图 14.4-9　5JTW5*-2800 掏挖基础施工图